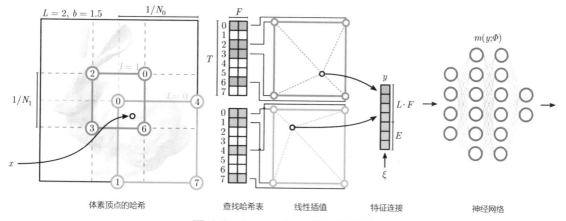

图 4.9 Instant-NGP 原理图

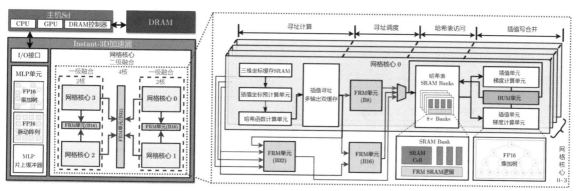

图 4.22 Instant-3D 硬件系统（左侧为整体设计，右侧为网格核心部分设计）

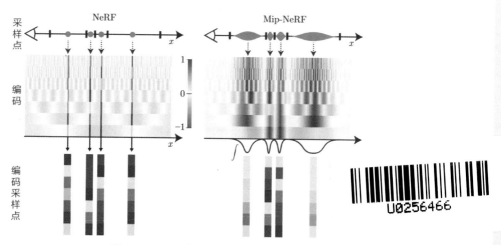

图 5.6 IPE 与 PE 的效果

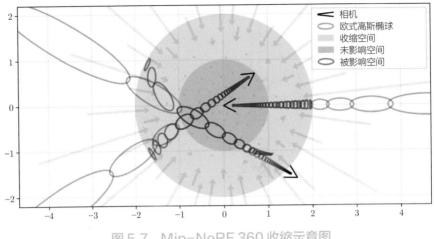

图 5.7　Mip-NeRF 360 收缩示意图

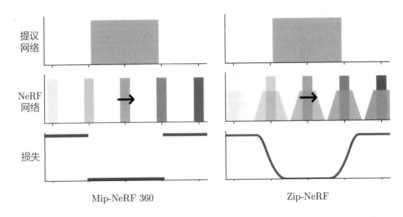

图 5.10　Mip-NeRF 360 使用 NeRF 网络监督提议网络时所遇到的问题

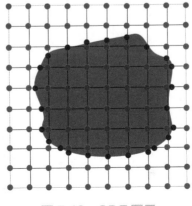

图 5.13　SDF 图示

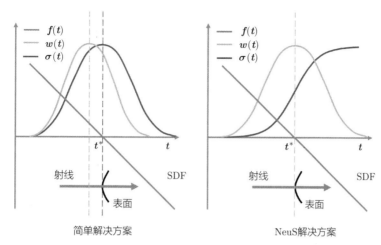

图 5.14　在 SDF 曲面上的点的权重无法达到最大值，而 NeuS 得到数学最优解

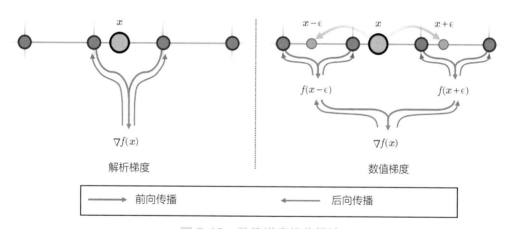

图 5.16　数值梯度优化算法

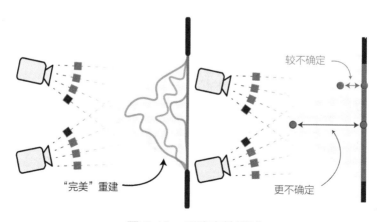

图 5.18　不确定性描述

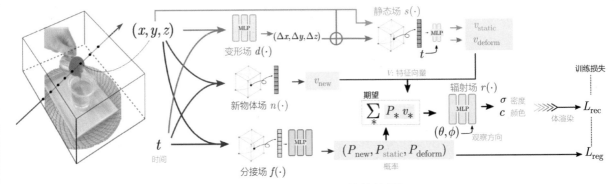

图 6.6 NeRFPlayer 的算法框架

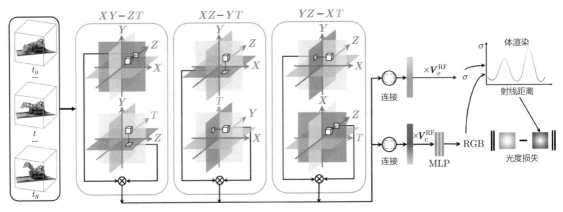

图 6.7 Hex-Plane 的算法框架

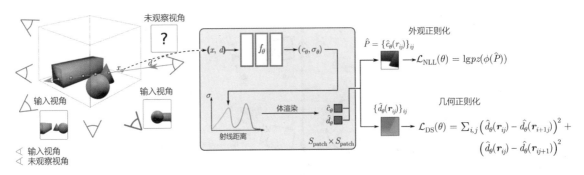

图 7.1 RegNeRF 的算法框架

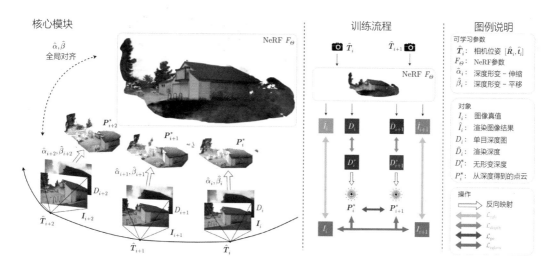

图 7.14　NoPe-NeRF 算法框架

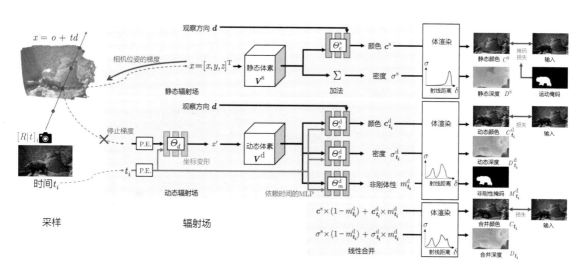

图 7.15　RoDynRF 的算法框架

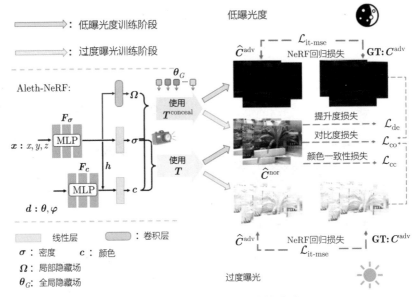

图 7.19　Aleth-NeRF 的算法流程

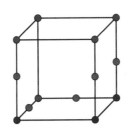

图 8.1　行进立方体处理的体素单元

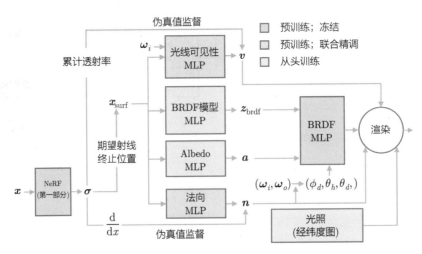

图 8.4　Nerfactor 的算法框架

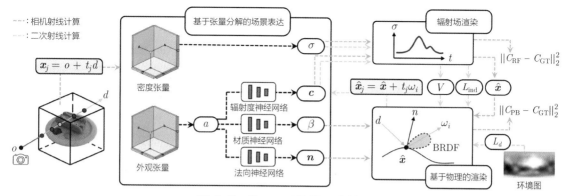

图 8.5　TensoIR 的工作流程

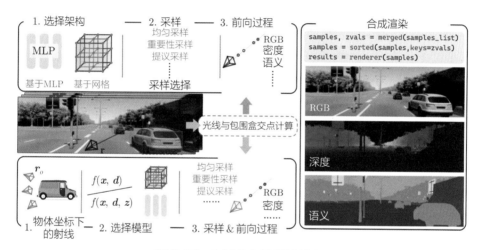

图 9.20　MARS 的算法流程

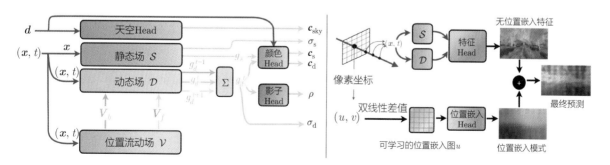

图9.21　EmerNeRF的算法流程

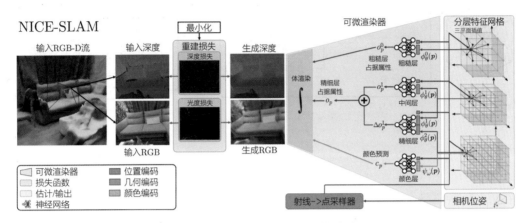

图 9.22 NICE-SLAM 的算法流程

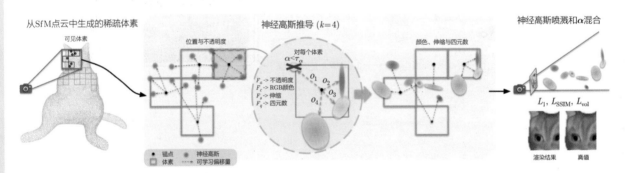

图 11.7 Scaffold-GS 的算法流程

通用智能与大模型丛书

三维视觉新范式

深度解析NeRF与3DGS技术

杨继珩◎编著

电子工业出版社

Publishing House of Electronics Industry

北京·BEIJING

内 容 简 介

本书系统地阐述了 NeRF（神经辐射场）技术与 3DGS（三维高斯喷溅）技术的背景、原理与细节。为了深入解读这两种技术如何在速度优化、质量优化、动态场景生成、弱条件生成等方面实现技术创新，本书对它们的核心技术问题与解决方案进行了分类讲解。另外，针对 NeRF 与 3DGS 在实际应用过程中可能遇到的挑战进行了深入的分析与讨论。本书旨在帮助读者全方位地理解与认识这两种正在快速发展的技术，并为其进一步的学习、研究以及三维视觉应用的实践提供坚实的基础。

本书适合作为 NeRF 与 3DGS 技术的入门研究人员、相关专业人员或行业从业人员的自学资料，也可作为技术性综述材料，供研究人员参考。

图书在版编目（CIP）数据

三维视觉新范式: 深度解析 NeRF 与 3DGS 技术/杨继珩编著. -- 北京: 电子工业出版社, 2024. 8. --（通用智能与大模型丛书). -- ISBN 978-7-121-48465-0

Ⅰ. TP302.7

中国国家版本馆 CIP 数据核字第 2024SY3550 号

责任编辑：郑柳洁
文字编辑：张　晶
印　　刷：中国电影出版社印刷厂
装　　订：中国电影出版社印刷厂
出版发行：电子工业出版社
　　　　　北京市海淀区万寿路 173 信箱　　邮编：100036
开　　本：787×980　1/16　印张：23.75　字数：500 千字　彩插：4
版　　次：2024 年 8 月第 1 版
印　　次：2025 年 1 月第 3 次印刷
定　　价：109.00 元

凡所购买电子工业出版社图书有缺损问题，请向购买书店调换。若书店售缺，请与本社发行部联系，联系及邮购电话：（010）88254888，88258888。

质量投诉请发邮件至 zlts@phei.com.cn，盗版侵权举报请发邮件至 dbqq@phei.com.cn。

本书咨询联系方式：（010）88254360，zhenglj@phei.com.cn。

前 言

为什么写这本书

近年来，NeRF 和 3DGS 作为三维视觉领域的新技术方向，以其独特的优势推动了新视角生成、基于图像的三维重建等视觉基础问题的突破，为该领域带来了重要的进步。当亲眼看到对沉浸式媒体体验的追求突然变为现实时，笔者感到震撼无比。

随着技术的突破和新机遇的出现，越来越多的研究人员投入技术优化和迭代的工作，使得技术发展速度大幅提升。并且，NeRF 和 3DGS 改变了基础的三维表达方式和逻辑，其影响逐渐扩展到动态场景建模、现实世界仿真、三维场景理解等更加复杂的问题的解决方案中。因此，近年来，在这两个方向上出现了大量新的研究成果，且尚无减速的趋势，对新进入该领域的研究人员、从业人员以及技术爱好者来说，跟上技术的发展变得充满挑战。笔者一直认为，技术发展的一个核心要素就是该技术背后的研究人员和他们在该研究方向上的长期积累。正是他们在这些技术问题上不断深入思考和沉淀，才赋予了技术强大的生命力，才可能在某些时刻实现技术突破。因此，深度理解和跟进技术，不仅需要了解技术本身，更需要了解从事这些技术的研究人员，以便更好地理解和预判未来的发展。

考虑到这些因素，笔者在过去一年的时间里，尝试搜集和归纳行业的进展，并将这些信息开放供大家参考。在这个过程中，笔者结识了大量领域专家和相关实验室人员，并且创建了专业社区（NeRF/3DGS & Beyond），便于交换信息。回头来看，笔者发现这对于从业人员是有一定价值的，也为构建这个社区所做出的贡献感到无比兴奋。

然而，随着技术的不断发展和社区的不断成长，笔者发现，NeRF 与 3DGS 的知识体系在不断成熟的同时，也变得日益碎片化。对于大部分实验室或公司中的新手来说，由于缺乏良好的引导，跟上技术发展的步伐变得越来越困难。

一次偶然的机会，电子工业出版社的郑柳洁老师联系笔者，询问是否可以在这个方向编写一本入门书，以填补这个领域的空白。起初笔者对此有些犹豫，毕竟个人的精力和能力都是有限的，可能无法抽出足够的时间把这个项目做得完美。然而，在一次与产业决策者的讨论中，笔者发现了非常严重的信息差和认知差，内心无比烦躁，于是决定着手编写这本书。

希望通过这本书和社区平台，能够解决新手入门困难和从业人员存在信息差与认知差的问题，让优秀的技术更易于在行业中得到应用。同时，笔者也想借此机会，向所有在这些技术背后默默付出的技术专家表示感谢，正是你们的努力，让这个领域充满了活力和激情。

本书特色

本书在满足出版要求的前提下，力求保留涉及的各项工作的原始形态，其中包括但不限于关键的图片、表格及核心代码，这是为了避免读者在后续阅读相关文献及实现代码的过程中需要二次适应。此外，本书尽量对各个发展方向的技术路线进行分类，以利于读者进行结构化思考。

值得一提的是，书中提到的很多工作的作者都活跃于社区中，因此，若读者在阅读过程中遇到相关问题，或产生独特的想法，都可以通过社区进行联系和反馈，以获取最准确的信息。期望本书不仅能帮助读者在线下了解行业与技术的最新进展，也可以在线上提供后续的衍生知识，发挥更高的价值。

勘误与反馈

在编写本书的过程中，笔者感受到了个人知识体系、写作水平等方面的限制，因此，如果读者在阅读过程中发现任何问题，请随时通过电子邮件（jiheng.yang@gmail.com）或是 NeRF/3DGS & Beyond 的相关媒体渠道联系笔者，笔者将尽可能快地进行更正。感谢您的关注、支持与反馈！

致谢

本书得以顺利出版，首先应向电子工业出版社的郑柳洁老师和张晶老师表示深深的感谢。若非郑老师的悉心引导和协助，我可能无法鼓起勇气完成本书。她们细致、严谨、专业的工作态度，令我深感敬仰。感谢在本书完成的过程中，为我提供宝贵意见的中国科学技术大学的陈志波教授、腾讯 AI 实验室的胡文博博士以及新加坡国立大学的颜志文博士等。

同时，衷心感谢在 NeRF/3DGS & Beyond 社区中无私奉献的各位朋友和老师们，包括中国科学院的高林老师、清华大学 AIR 的赵昊老师、自动驾驶资深专家赵京伟老师、贝壳集团资深专家李臻老师、香港中文大学的叶崇杰博士、香港大学的黄熠华博士、上海 AI 实验室的鲁涛博士、浙江大学的杨子逸博士、深圳大学的周星辰先生。此外，特别感谢声网的创始人赵斌先生和我的挚友杨松先生，以及所有曾经关心和帮助过我的师长和朋友们。若没有你们的支持和帮助，这一切都没有可能。

特别感谢我的爱人刘利霞、我们的孩子杨瓒和杨翔，以及四位宽容的长辈。多年来，家庭的支持一直是我前进的基石和动力源泉，你们的陪伴让我战胜了所有的困难，并享受了人生的幸福。我对你们的爱，胜过一切！

读者服务

为了便于读者更好地利用参考文献，我们将其电子版放在网上，以便读者下载。微信扫描本书封底二维码，回复 48465，获取本书配套资源和参考文献。

数学符号表

P	空间中的点
$\boldsymbol{v}$	空间中的坐标
α	标量
$\boldsymbol{A}$	矩阵
$(\cdot)^{\mathrm{T}}$	矩阵或向量的转置
$\mathcal{A}$	张量
$\boldsymbol{c}$	颜色
σ	体密度
$\gamma(\cdot)$	位置编码算法
MLP	多层感知机
$F_{\Theta}, \mathcal{F}_{\Theta}$	神经网络
Re	虚数的实部
Im	虚数的虚部
diag	对角阵
$\|\cdot\|_p$	L_p 范数
$\mathcal{I}$	指示函数
$\mathcal{L}$	损失函数、正则项
$\boldsymbol{\Sigma}$	协方差矩阵
$\mathcal{N}(\cdot,\cdot)$	正态分布
$\{\cdots\}$	集合
$|\{\cdots\}|$	集合中元素的个数
$(\cdot,\cdot,\cdot)$	行向量
$\mathrm{sign}(\cdot)$	符号函数
$\mathrm{interp}(\cdot,\cdot)$	插值函数
$\mathrm{Trilinear}(\cdot,\cdot)$	三次线性插值
$\cancel{\nabla}$	停止梯度传播

目 录

第一部分　NeRF 入门

1 NeRF 简介 ···························· 2

1.1 何谓 NeRF ······················· 2

　　1.1.1 光栅化渲染与可微渲染 ······ 3

　　1.1.2 人工建模与自动建模 ········ 4

　　1.1.3 离散表示法与连续表示法 ··· 5

1.2 三维表达方式演化史与对比 ······ 7

　　1.2.1 点云 ·························· 7

　　1.2.2 三维网格 ···················· 8

　　1.2.3 体素网格 ···················· 9

　　1.2.4 占据网络 ··················· 10

　　1.2.5 NeRF ······················ 11

1.3 NeRF 的行业现状和推动者 ····· 12

　　1.3.1 国外主要实验室 ··········· 12

　　1.3.2 国内主要实验室 ··········· 14

1.4 如何阅读本书 ··················· 15

　　1.4.1 本书的结构 ··············· 15

　　1.4.2 本书面向的读者 ··········· 16

　　1.4.3 代码要求 ·················· 16

　　1.4.4 写作风格 ·················· 17

2 NeRF 基础知识 ···················· 18

2.1 三维空间基础 ··················· 18

　　2.1.1 坐标系、点与向量 ········· 18

　　2.1.2 刚体运动的欧氏变换 ······ 22

　　2.1.3 变换矩阵与齐次坐标 ······ 24

　　2.1.4 四元数 ···················· 25

　　2.1.5 小结 ······················ 26

2.2 三维视觉与图形学基础 ········· 27

　　2.2.1 相机模型 ·················· 27

　　2.2.2 辐射测量基础 ············· 31

　　2.2.3 光源 ······················ 33

　　2.2.4 简单材质建模与着色 ······ 34

　　2.2.5 复杂材质建模与着色 ······ 38

　　2.2.6 光线追踪 ·················· 40

2.3 深度学习基础 ··················· 42

　　2.3.1 神经网络基础 ············· 44

　　2.3.2 基于神经网络学习的核心 ··· 45

　　2.3.3 小结 ······················ 50

2.4 质量评价方法基础 ··············· 50

　　2.4.1 二维平面空间质量评价 ····· 50

　　2.4.2 三维立体空间质量评价 ····· 52

2.5 总结 ···························· 53

3 NeRF 的技术细节 ················· 54

3.1 NeRF 解决的问题 ··············· 54

　　3.1.1 辐射场 ···················· 55

　　3.1.2 神经辐射场 ··············· 55

3.2 小试牛刀：NeRF 原理介绍与代码
实现 ···························· 57

　　3.2.1 数据准备 ·················· 57

　　3.2.2 环境准备 ·················· 58

　　3.2.3 数据加载 ·················· 60

　　3.2.4 生成射线 ·················· 64

　　3.2.5 位置编码 ·················· 66

　　3.2.6 MLP 的结构 ··············· 68

3.2.7 分层采样 · · · · · · · · · · · · · · · · 72

3.2.8 体渲染技术 · · · · · · · · · · · · · · 76

3.2.9 射线渲染 · · · · · · · · · · · · · · · · 78

3.2.10 训练过程 · · · · · · · · · · · · · · · 81

3.2.11 模型渲染过程 · · · · · · · · · · · 85

3.2.12 小结 · · · · · · · · · · · · · · · · · · · 86

3.3 NeRF 的开源项目：nerfstudio · · 87

3.3.1 nerfstudio 的安装 · · · · · · · · · · 88

3.3.2 nerfstudio 的架构 · · · · · · · · · · 90

3.3.3 nerfstudio 的运行方法 · · · · · · 92

3.3.4 nerfstudio 的调试方法 · · · · · · 96

3.3.5 整合自定义的算法模型 · · · · · 99

3.3.6 小结 · · · · · · · · · · · · · · · · · · · 103

3.4 NeRF 常用的数据集 · · · · · · · · · · · 104

3.4.1 公开的数据集 · · · · · · · · · · · · 104

3.4.2 构造自定义的数据集 · · · · · · · 113

3.5 总结 · 113

第二部分 NeRF 进阶探索

4 优化 NeRF 的生成与渲染速度 · · · · · · 115

4.1 基于多 MLP 的加速方法 · · · · · · · 116

4.1.1 kiloNeRF 的架构 · · · · · · · · · · 116

4.1.2 采样优化方法加速训练和
推理 · · · · · · · · · · · · · · · · · · · 117

4.1.3 蒸馏方法提升重建质量 · · · · 118

4.2 取代神经网络的方法 · · · · · · · · · · 119

4.2.1 PlenOctrees · · · · · · · · · · · · · · 119

4.2.2 Plenoxels · · · · · · · · · · · · · · · · 124

4.3 体素网格与 MLP 混合表达的
方法 · 126

4.3.1 DVGO 场景表达方法 · · · · · · 126

4.3.2 DVGO 快速优化方法 · · · · · · 128

4.4 基于多分辨率网格的速度提升
方法 · 130

4.4.1 多分辨率网格表达方法 · · · · · 130

4.4.2 哈希存储 · · · · · · · · · · · · · · · · 131

4.4.3 Instant-NGP 的实现 · · · · · · · 132

4.5 基于张量分解的速度提升方法 · · · 133

4.5.1 张量分解方法 · · · · · · · · · · · · 133

4.5.2 基于张量分解方法的神经
场 TensoRF · · · · · · · · · · · · · · 135

4.5.3 TensoRF 的实现 · · · · · · · · · · 136

4.6 基于烘焙方法的超实时渲染
方法 · 136

4.6.1 开山之作：SNeRG · · · · · · · · 137

4.6.2 进一步优化的 MERF · · · · · · 141

4.6.3 支持超高速渲染的
MobileNeRF · · · · · · · · · · · · · 143

4.7 NeRF 结合点云的速度提升
方法 · 148

4.7.1 Point-NeRF 场景表达方法 · · 149

4.7.2 Point-NeRF 神经点云的重
建方法 · · · · · · · · · · · · · · · · · · 149

4.7.3 非 Point-NeRF 生成点云的
优化方法 · · · · · · · · · · · · · · · · 150

4.8 基于硬件的 NeRF 加速的方法 · · 151

4.8.1 当前 NeRF 训练算法的性
能分析 · · · · · · · · · · · · · · · · · · 152

4.8.2 Instant-3D 算法的设计 · · · · · 153

4.8.3 Instant-3D 硬件加速器的
设计 · 154

4.8.4 性能结果 · · · · · · · · · · · · · · · · 155

4.9 总结 · 155

5 提升 NeRF 的生成与渲染质量 · · · · · · 157

5.1 反走样类提升方法 · · · · · · · · · · · · 157

5.1.1 反走样的开山之作
Mip-NeRF · · · · · · · · · · · · · · · 158

5.1.2 应对无界场景锯齿效应的
Mip-NeRF 360 · · · · · · · · · · · 167

5.1.3 快速反走样算法 Zip-NeRF · · 171

5.1.4　基于三平面的反走样算法
　　　　Tri-MipRF·············· 174

5.2　提升几何重建质量的方法······· 177

5.2.1　神经隐式曲面生成算法····· 178

5.2.2　NeuS2：NeuS 的加速与动态
　　　　支持升级 ··········· 184

5.2.3　重建质量再次升级的
　　　　Neuralangelo············ 187

5.3　飘浮物去除方法 ·············· 189

5.3.1　NeRFBuster：消除场景中
　　　　的鬼影··············· 190

5.3.2　Bayes' Rays：不确定性即飘
　　　　浮物 ················· 192

5.4　总结 ··················· 195

6　动态场景 NeRF 的探索和进展 ······ 196

6.1　基于变形场的方法 ············· 197

6.1.1　早期基于变形场的动态方
　　　　法 D-NeRF ·············· 197

6.1.2　动态自拍场景的方法
　　　　Nerfies ············· 199

6.1.3　基于超空间的动态场景重
　　　　建方法 HyperNeRF ······ 202

6.2　基于动静分离建模的方法······· 204

6.2.1　动态场景解耦方法
　　　　D²NeRF ············· 204

6.2.2　更通用的动静分离方法
　　　　NeRFPlayer ············ 208

6.3　基于三平面的方法 ············ 210

6.3.1　四维空间建模方法 Hex-
　　　　Plane················ 210

6.3.2　更通用的多维平面建模方
　　　　法 K-Planes··········· 213

6.4　基于流式动态建模的方法······· 216

6.4.1　OD-NeRF 的框架 ········· 217

6.4.2　基于投影颜色引导的动态
　　　　NeRF ············· 218

6.4.3　占据网络的转移与更新····· 218

6.5　总结 ·················· 219

7　弱条件 NeRF 生成 ··············· 220

7.1　稀疏视角的 NeRF 重建方法····· 220

7.1.1　基于策略优化与正则化的
　　　　生成方法 ············ 221

7.1.2　基于图像特征提取的生成
　　　　方法················ 224

7.1.3　基于几何监督的生成方法 ··· 235

7.2　无相机位姿的 NeRF 重建方法·· 242

7.2.1　静态无相机位姿重建方法 ··· 242

7.2.2　动态场景弱相机位姿重建
　　　　方法 RoDynRF ·········· 245

7.3　弱图像采集条件 NeRF 重建
　　方法 ···················· 250

7.3.1　采集图像偏暗的重建方法 ··· 250

7.3.2　采集图像模糊的重建方法 ··· 255

7.4　总结 ··················· 257

第三部分　NeRF 实践

8　NeRF 的其他关键技术 ·············· 259

8.1　将 NeRF 导出为三维网格的
　　方法···················· 259

8.1.1　传统导出三维网格模型的
　　　　方法················ 260

8.1.2　基于 NeRF 的三维网格导
　　　　出方法 NeRF2Mesh ······· 261

8.2　NeRF 的逆渲染与重照明技术··· 264

8.2.1　经典的基于 NeRF 的逆渲
　　　　染方法 NeRFactor········ 265

8.2.2　TensoIR 等后续逆渲染方法 · 268

8.3　基于文本的 NeRF 交互式搜索、
　　编辑与风格化 ····················· 269

8.3.1　使用文本风格化的 NeRF-
　　　　Art ··············· 269

8.3.2　基于反馈式学习的 Instruct-
　　　　NeRF2NeRF ··············· 272

8.3.3　使用文本语义搜索三维场
　　　　景的 LERF ·············· 273

8.4　NeRF 物体分割、去除、修复、
　　操控和合成方法 ················ 274

8.4.1　基于少量交互的编辑方法
　　　　SPIn-NeRF ·············· 274

8.4.2　将二维分割提升至三维的
　　　　方法 Panoptic-Lifting ······ 276

8.5　基于 NeRF 的动画方法 ········ 279

8.5.1　基于笼体控制的动画方法
　　　　CageNeRF ··············· 280

8.5.2　基于物理规则的 NeRF 动
　　　　画方法 ················· 282

8.6　NeRF 压缩与传输方法 ········· 284

8.6.1　ReRF 的设计框架和思路 ···· 284

8.6.2　运动估计与残差估计 ······· 286

8.6.3　压缩算法的设计与常用表
　　　　达技巧 ················· 286

8.7　NeRF 其他方向的一些技术 ····· 288

8.7.1　NeRF 用于开放曲面建模的
　　　　技术 ················ 288

8.7.2　使用特殊场景线索引导
　　　　NeRF 重建的技术 ········ 290

8.7.3　其他相关工作 ············· 291

8.8　总结 ······················ 291

9　NeRF 的落地与应用场景探索 ······ 292

9.1　NeRF 在基于拍摄的三维生成
　　中的落地 ··················· 293

9.2　NeRF 在文本生成三维模型中的
　　应用 ····················· 294

9.2.1　文本生成三维模型的一些
　　　　关键技术 ·············· 294

9.2.2　文本生成三维模型的部分
　　　　产品 ················· 298

9.3　NeRF 在数字人中的应用 ······· 302

9.3.1　NeRF 生成数字人的主要
　　　　技术 ················ 303

9.3.2　NeRF 生成数字人的应用
　　　　说明 ················ 307

9.4　NeRF 在大规模场景中的应用 ··· 307

9.4.1　大规模场景 NeRF 的建模
　　　　技术 ················ 308

9.4.2　大规模场景 NeRF 建模技
　　　　术的商业产品 ············· 314

9.5　NeRF 在自动驾驶场景中的
　　应用 ····················· 315

9.5.1　自动驾驶闭环仿真方案
　　　　UniSim ··············· 316

9.5.2　开源的高度模块化的自动
　　　　驾驶仿真框架 MARS ······· 320

9.5.3　自动动静分离的自动驾驶
　　　　方案 EmerNeRF ·········· 323

9.5.4　NeRF 在自动驾驶中的现状
　　　　和未来 ················· 324

9.6　NeRF 在 SLAM 中的应用 ······· 324

9.6.1　NICE-SLAM 的总体架构 ··· 325

9.6.2　NICE-SLAM 的场景表示
　　　　方法 ················ 326

9.6.3　NICE-SLAM 的场景渲染
　　　　方法 ················ 327

9.6.4　NICE-SLAM 的地图构建
　　　　与轨迹跟踪方法 ·········· 327

9.6.5　另一种 SLAM 思路
　　　　NerfBridge ··············· 328

9.7　NeRF 在电商场景中的应用 ····· 329

9.7.1　物品展示类的应用 ········· 329

9.7.2　基于 NeRF 的虚拟试衣应用··· 330

9.8　NeRF 在游戏中的应用 ········· 331

9.9　NeRF 在其他领域的应用 ······· 332

9.9.1　NeRF 在卫星图像中的应用··· 332

9.9.2　NeRF 在医疗中的应用 ····· 334

9.9.3　NeRF 在动物与植物建模中的应用 ···················· 336

9.9.4　NeRF 在工业监控中的应用··· 337

9.9.5　NeRF 与地理信息系统的结合应用 ·················· 338

9.10　总结 ····················· 338

10　NeRF 面临的问题和突破点 ······· 340

10.1　硬件资源消耗的问题 ········· 341

10.2　隐式表达的格式标准化 ········ 341

10.3　与现有图形管线整合的问题 ···· 342

10.4　上下游工具链的问题 ·········· 343

10.5　NeRF 导出几何的质量问题 ···· 343

10.6　总结 ····················· 344

11.1.2　3DGS 流程的数学表达····· 347

11.1.3　3DGS 的算法流程 ········ 349

11.2　3DGS 在重建效果和效率上的提升 ···················· 351

11.2.1　3DGS 混叠效应优化 ····· 351

11.2.2　视角适应的渲染方法 ······· 354

11.3　3DGS 在动态场景中的方法 ···· 355

11.3.1　动态 3DGS ··········· 356

11.3.2　可支持运动编辑的动态稀疏控制高斯喷溅方法 ···· 357

11.4　3DGS 在弱条件下的重建方法 ··· 358

11.4.1　联合学习位姿的 CF-3DGS··· 358

11.4.2　实时的稀疏视角 3DGS 合成 FSGS ················· 359

11.5　3DGS 在应用层的进展 ······· 360

11.5.1　3DGS 在大规模场景和自动驾驶中的进展 ······ 360

11.5.2　3DGS 在数字人重建方向上的进展 ··············· 361

11.5.3　3DGS 在文本生成三维模型上的进展 ············ 362

11.5.4　3DGS 后期编辑 ········· 364

11.5.5　3DGS 在游戏中的应用 ···· 365

11.6　总结 ···················· 365

第四部分　3DGS 技术

11　三维高斯喷溅，开启新纪元 ········ 346

11.1　3DGS 原理与方法 ·········· 347

11.1.1　3DGS 的建模原理 ········ 347

后记 ································· **367**

第一部分

NeRF入门

1 NeRF 简介

Three years ago today, the project that eventually became NeRF started working (positional encoding was the missing piece that got us from "hmm" to "wow").

— Jonathon T. Barron (2023.1.17)

1.1 何谓 NeRF

NeRF，英文全称为 **N**eural **R**adiance **F**ield，意为神经辐射场，是一种**可微的**、**自动生成的**、**连续的**三维隐式表达方法，最初用于解决新视角生成（Novel View Synthesis，NVS）这个计算视觉里最基础的问题之一。从 2020 年其框架被提出[1] 到本书完稿，仅仅三年半时间，NeRF 已经成为一种重要的高质量三维表达方法，被不断拓展到众多应用场景中。

Neural Radiance Field 三个词准确地诠释了整个方法的核心。Neural 指通过神经网络模型实现三维表达，Radiance 指神经网络描述了场景空间中每个点在每个方向发射的辐射情况，Field 指这种表达是一个连续的五维函数。NeRF 以多视角图像为输入，使用神经网络技术，自动将场景中的几何与纹理信息训练成连续的三维神经辐射场模型。在渲染时，通过任意角度查询神经网络，使用体渲染生成高真实感的新视角图像。NeRF 的三维渲染效果如图 1.1 所示。

如果读者对 NeRF 很陌生，则会感觉图 1.1 与二维的高清照片没有区别。实际上，图 1.1 是三维的，而且是通过自监督自动生成的，这恰恰说明了 NeRF 渲染的真实感。图书形式的展示无法动态地呈现其三维效果，读者可通过笔者提供的项目链接在线体验 NeRF 带来的真实、自然的三维效果。

上文提到了可微渲染、自动建模、连续表达等概念，为什么它们如此重要？它们与对应的传统方法有什么区别，又有什么优势？接下来笔者逐个分析。

图 1.1　NeRF 的三维渲染效果，引自参考文献[1, 2]

1.1.1　光栅化渲染与可微渲染

渲染一般指正向渲染的过程，即以三维表达为输入，使用局部或全局光将模型光栅化为二维图像的过程，这个过程也被称为**光栅化渲染**（Rasterized Rendering）。经过几十年的发展，光栅化渲染的管线已经高度成熟和工业化。此外，不同的系统已经引入了完善的可编程渲染管线技术，例如 OpenGL[3]、DirectX 和 Metal[4] 等。以 OpenGL 为例，它可以清楚地呈现光栅化渲染的过程，如图 1.2 所示。

可微渲染（Differentiable Rendering），如图 1.3 所示，是一种能进行微分求导的渲染过程。该过程不仅支持前述正向渲染，也可以在已有二维图像的基础上，进行精确的**逆渲染**（Inverse Rendering），即通过摄像机拍摄的二维图像重建与实际世界对应的三维世界。2017 年前后，可微渲染领域开始快速发展，得到学术界和产业界的高度重视。它对解决场景理解、物体检测、自动标注、形态估计等计算视觉基础问题具有至关重要的作用。近些年，在自动驾驶、智能识别、数字人、机器人技术等众多应用领域中，可微渲染的重要性已得到充分体现。

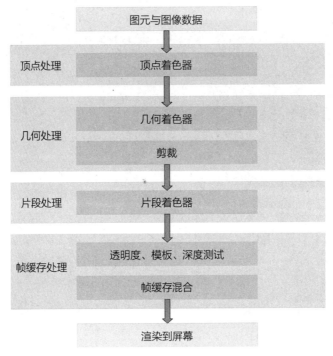

图 1.2　OpenGL 基于着色器的渲染管线

图 1.3　可微渲染的示意图

1.1.2　人工建模与自动建模

从三维场景建模和渲染的视角出发，传统的三维手工建模过程对于建模师、动画师等专业人员的人力成本的消耗是极大的。尽管有各类建模工具的辅助，但重建的质量与细致程度仍与专业人员的时间投入正相关。对一些复杂的场景，如图 1.4 所示，或其他高度真实的自然环境等，人工建模就显得极为困难。在传统的流程中，虽然人工建模过程是保证高质量渲染的关键，但也限制了规模性的三维应用。

图 1.4 手动建模的非常复杂的衣服

自动建模方法摒弃了对专业制作团队的依赖，能够捕获高分辨率的真实世界几何细节及复杂场景内容，并将其高质量地转化为三维表达。这对于三维数字资产和三维内容制作行业具有重大的意义，显著降低了人力和生产成本。例如，本书提到的 NeRF 或 3DGS 技术，可以通过拍摄照片或视频，使用软件来生成三维模型。

1.1.3 离散表示法与连续表示法

离散表示法通过一组有限、不同且独立的元素或样本来描绘三维物体。传统的三维表示方法，如点云、网格和体素，大多采用离散表示法。这些方法储存了所有的空间位置坐标及各点的纹理和光照信息，从而可以直接通过光栅化渲染管线进行绘制。尽管此类表示法相当直观，但其固有的一些缺点也显而易见。离散表示法的表现力取决于节点或体素的密度，因此，当场景拓扑复杂或分辨率需求较高时，需要巨大的数据量，在某些情况下甚至无法进行表示。此外，重建三维离散表示的难度极大，精度也相对较低，过去多年，基于图像的离散表示的重建效果在现今看来已较为落后。

而连续表示法通过数学函数定义或三维空间的连续表面描绘三维物体，其中包括参数化曲线和曲面方法，以及基于神经网络的技术等。连续表示法具有众多优点，例如，能实现无限分辨率、有效表达具有复杂拓扑的表面；存储效率极高，仅需存储参数即可高精度地复现表面效果。此外，连续表示法对机器学习非常友好，可以轻松地在其参数空间内进行梯度优化，这不仅可以完成重建任务，也可以方便地进行并行处理（离散表达与连续表达对比图如图 1.5 所示）。

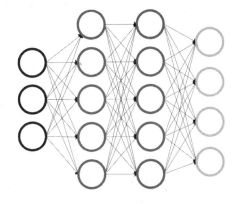

离散表达（以体素为例）　　　　　　　连续表达（以神经网络为例）

图 1.5　离散表达与连续表达对比图（离散表达受制于分辨率，而连续表达可实现无限分辨率）

NeRF 就是一个融合了可微渲染的、可自动建模的、连续的三维隐式表达方式。既实现了令人惊叹的具有真实感的渲染效果，也实现了高质量的基于二维图像重建三维世界的逆渲染效果。该技术深入研究计算视觉、人工智能、计算机图形、信号处理等多个基础科学领域，并且被跨行业应用到各个领域，以全新的思维范式重构各类问题。正因如此，NeRF 吸引了来自学术界和产业界的广泛关注，成为近年来最热门的研究方向之一。

随着虚拟现实和增强现实等领域的快速发展，许多大型公司，包括谷歌（Google）、英伟达（NVIDIA）、脸书（Meta）、苹果、腾讯、阿里巴巴、百度等，都投入了大量的研发资源，并开始在产品中使用 NeRF 技术。同时，NeRF 技术催生了众多独角兽级别的创业公司，如 Luma AI[5]，已经成为产业界创新的焦点。

近年来，每年都有数百篇与 NeRF 相关的论文被发表，新的技术思路、新的研究方向、新的应用场景持续涌现，很多新出炉的技术在短时间内就被应用于产业界。

在 AI 爆发的时代，学术界与产业界的关系无比紧密，这是前所未有的，也是令人振奋的。目前，NeRF 的专著在国内外都较为少见，本书旨在总结截至 2024 年年初与 NeRF 相关的关键技术与应用场景，希望提供全面的视角，帮助读者了解 NeRF 的发展现状，客观、准确地理解该技术，并在实战应用中做出正确的选择。

1.2　三维表达方式演化史与对比

本节主要按照时间顺序进行介绍，详细阐述 NeRF 的产生背景及意义。此外，本节将对较典型的表示法的优缺点进行简要介绍，以便与 NeRF 进行比较，从而帮助读者更深入地理解各表示法在不同应用场景下的适用性。

1.2.1　点云

点云可被视为最直观且简洁的三维表达方式，可以追溯至 20 世纪 60 年代。随着激光雷达技术、光检测与测距技术以及地面激光扫描技术的持续进步与发展，点云的精确度也在不断提高。在点云中，每个三维点都被表示为一个三元组 (x, y, z)，这个三元组用于标定该点在空间中的位置，如图 1.6 所示。因此，点云本质上是一系列三维点坐标的集合。点云可以由三维扫描仪直接扫描得到，甚至可以通过手机进行扫描收集。除此之外，还可以通过**运动恢复结构**（Structure from Motion，SfM）等技术从图像中提取点云。

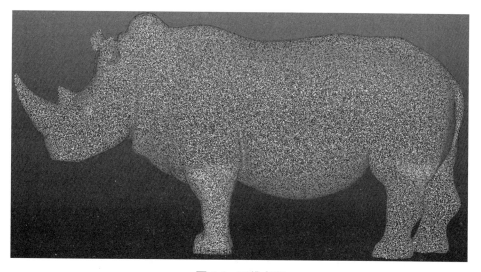

图 1.6　三维点云

点云结构简洁，其采集和渲染过程极度精准且高效，能够实现极其稠密的点分布。然而，点云的局限性也相当突出。

（1）点云的数据中并不包含表面信息，因此一般不直接用于渲染和工业生产等场景。

（2）从数学角度看，点云无法直接表示严谨的曲线，故其表现力可能不会十分理想。

（3）从机器学习的视角出发，点云数据的无序性和不规则性使得诸如卷积等工具无法在点云上直接应用。

（4）点云是异构数据（Heterogeneous Data），不同点云之间，以及不同帧之间的三维点数差异可能较大，且无法保证处理后的点数一致，这会给机器学习的过程带来一定的困扰。

（5）点云的表达方法并不是直接可微的，无法直接从二维图像中恢复点云数据，因此需要设计特定的算法。

一般来说，点云并不直接作为三维表达方式在产业中应用。更常见的是将采集到的点云转换为其他表达形式，供后续的应用程序使用。

1.2.2　三维网格

作为一种被广泛应用的三维表达方式，**三维网格**（Mesh）与点云相似，都包含被称为**顶点**（Vertex）的一系列三维点坐标，如图 1.7 所示。然而，三维网格不仅包括点坐标，还包括由数个顶点构成的多边形**面**（Face）。一般而言，三维网格主要源于点云扫描的后处理结果或三维建模软件的输出。这种基于多边形的建模方法自 20 世纪 80 年代起便开始快速发展，并在工业建模、游戏等多个领域占据了主导地位。

图 1.7　三维网格

相较于点云，三维网格具有更强大的表面表达能力，其优点主要体现在以下几个方面。

（1）极强的灵活性使得三维网格能够描述非常广泛的三维物体状态，无论是小至一个方块，还是大至复杂的现实世界场景。此外，三维网格具有强大的表达复杂曲线和拓扑的能力，并且可以被细分为更高分辨率的网格。

（2）三维网格的表达丰富且高保真，结合高质量的纹理、材质以及光照效果等信息，能够渲染出真实感非常强的物体和场景。

（3）三维网格具有高效性，当前的图形渲染管线对三维网格的支持和优化非常出色，能够在消费级别的显卡上实现超过每秒 120 帧的渲染速度。

（4）三维网格的可控性也非常高，通过控制三维网格节点的相应算法，可以对三维网格进行后期编辑和动画设计，从而实现高保真的动画效果。

然而，三维网格也存在一些缺点，影响了其生产效率以及在可微渲染中的应用。

（1）在三维建模过程中，构建高质量、具有真实感的网格模型所需要的人工投入极为巨大。建模师和动画师的酬劳通常是三维建模成本中花费最多的部分。其优化过程极具挑战性，特别是在构建真实世界模型的过程中，由于细节丰富且光照条件复杂，通过大量人工创建高质量模型的目标几乎是无法实现的。

（2）像点云一样，三维网格也存在异构性，这使得使用机器学习算法处理三维网格变得相对困难，并且需要进行适当的预处理。

（3）与点云相同，三维网格的渲染过程并不直接可微，无法直接从二维图像中恢复网格信息。因此，需要独立设计算法进行处理，然而，这样做的效果往往并不理想。

三维网格作为光栅化渲染最成功的表达形式，被广泛应用于游戏、影视制作等传统的渲染场景，并取得了巨大的成功。但是，由于三维网格不可微，基于它的可微渲染受复杂的拓扑结构、遮挡关系等因素的影响，效率和质量都相对较低，从二维图像直接恢复三维网格存在一定的难度。

1.2.3 体素网格

体素（Voxels）在三维空间中的功能与像素（Pixels）在二维图像中的功能相对应。可以将体素比作由三维立方体分割成的一个个小立方体。在这个概念下，整个空间构成了**体素网格**（Voxel Grid），如图 1.8 所示。体素网格的概念在 20 世纪 70 年代被提出，最初主要用于计算机断层扫描（CT）、和磁共振成像（MRI）等医学图像领域。随着时间的推移，体素网格技术逐渐被引入三维地形和三维打印等领域。

体素网格为点云和三维网格在微分渲染及机器学习领域中遇到的问题提供了解决方案。体素网格的优点在于，其数据结构的有序性和规范性使其成为神经网络和可微渲染的友好表达形式。例如，卷积操作或其他对相关位置敏感的运算，都可以在体素网格上比较容易地进行。

然而，体素网格也存在明显的缺点。首先，高分辨率的体素网格模型的存储成本极高，且在大多数情况下，体素网格呈稀疏状态，表达效率较低。其次，分辨率的提升会使存储占用呈指数（n^3）增加，这在处理和渲染过程中对内存和显存的要求相当高。体素网格表达的场景占用的存储空间通常在 1GB 到 10GB 之间，这使其在实用性方面存在问题。虽然通过基于哈希的方法可以缓解这个问题，但与其他表达方式相比，其效果仍有相当大的差距。这也是体素网格一直以来被批评的主要原因之一。最后，体素网格仍然是一种离散的三维表达方式，在逆渲染过程中直接重建的效果也难以令人满意。

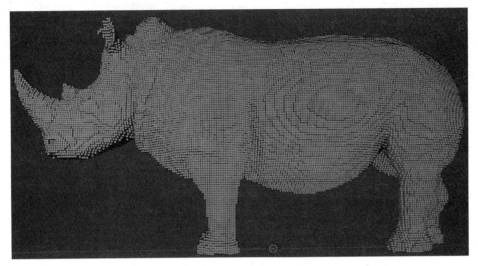

图 1.8　体素网格

1.2.4　占据网络

随着隐式三维重建技术的快速发展，大部分研究工作集中在如何重建离散化表达的问题上。经过多年在学术界和产业界的深入探索和迭代，2019 年，一项名为**占据网络**（Occupancy Networks）[6] 的研究取得了重大进展，这被视为一个里程碑式的成果。这种新的方法与传统表达不同，它采用神经网络直接学习连续的三维占据函数，而不是通过预测固定分辨率的体素网格来实现三维重建。这个创新有效地减少了内存消耗，并能够重构高质量的三维网格。2022 年，特斯拉在 AI Day 上展示了基于占据网络的自动驾驶方案，该方案的演示效果令全球震惊，将这项技术推向了新的高度。

然而，占据网络的应用还存在一定的局限性，它需要依赖三维几何基准真值（Ground Truth）进行监督。在现实情况中，拥有三维数据的物体并不多，这限制了占据网络的应用范围和场景。基于占据网络的研究进展，卷积占据网络（Convolutional Occupancy Network）[7] 和可微体积渲染（Differentiable Volume Rendering，DVR）[8] 相继被提出，这些方法可以使用多视角图像进行重建，尽管其效果尚未达到令人惊艳的程度，但距离 NeRF 只有一步之遥。

1.2.5　NeRF

2019—2020 年，加利福尼亚大学伯克利分校的 Ben Mildenhall、Pratul P. Srinivasan 和 Matthew Tancik，谷歌研究院的 Jonathon T. Barron，以及加利福尼亚大学圣迭戈分校的 Ravi Ramamoorthi 和 Ren Ng 等科学家开始探索新的研究方向[1]。他们尝试将位置和方向的五维数据作为输入，使用**多层感知机**（Multilayer Perceptron）来近似三维辐射场，从而预测 RGB 色值和密度值。随后，借助**体渲染**（Volumetric Rendering）方法生成最终的新视角图片。2020 年 1 月 17 日，该团队发现**位置编码**（Positional Encoding）完美地解决了高频特征的编码问题，这一发现被誉为 NeRF 诞生的最后一把钥匙，使得逼真而锐利的三维效果得以呈现。

NeRF 主要有以下优点。

（1）训练过程完全采用自监督方式，只需使用场景的多视角图像作为输入，即可进行完整训练，无须依赖其他信息进行监督。这一特性大大降低了对输入数据构造的要求。

（2）天生支持可微渲染。利用 NeRF 模型，可以渲染出高度真实的二维图像，亦可通过二维图像应用 NeRF 算法生成隐式三维表达。此功能借助摄像头即可实现，成本极低，至今已在三维重建、数字人、自动驾驶、医学图像、遥感、后期处理等众多领域得到验证并取得了优秀的成果。

（3）生成的新视角的细节超越了其他现有方法，实现了相片级别的真实感。随着技术的不断发展与完善，新算法的效果令人惊叹，成为三维视觉、图形学发展的重要方向。

为了实现以上优点，NeRF 也付出了一定代价，主要包括以下几个方面。

（1）与传统的三维表达方式相比，NeRF 在训练和渲染方面的成本更高。早期的 NeRF 生成算法通常需要数十小时，甚至数天的时间才能完成训练并收敛。此外，其渲染速度与实时渲染有相当大的差距。然而，经过三年多的发展，目前这个问题已经得到了极大的缓解。现在，训练可以在接近实时的情况下完成，渲染速度也可以达到每秒上百帧。因此，训练和渲染速度已经不再是主要的问题。

（2）NeRF 与传统的三维渲染管线的融合应用仍然存在一定困难。所有的三维应用最终都会依赖可视化渲染。现有的渲染硬件支持的管线主要基于光栅化渲染，并没有针对神经渲染方法的特定加速。在游戏、工业等应用场景中，与其他三维表达方式的融合是必要的，但在联合渲染、碰撞检测、光影效果等方面可能会遇到挑战。目前，业界已经针对这个问题提出了一些解决方案，并针对主流的三维引擎（例如 Unreal[9] 和 Unity[10]）给出了插件，在一定程度上解决了这个问题。

（3）NeRF 对相机位姿和输入视角数量有一定要求，这在日常应用场景中可能难以有效获取。由于这是 NeRF 训练的基础，因此直接影响生成的质量。目前，研究者已经针对无相机位姿、稀疏视角输入等多种弱环境 NeRF 生成的问题提出了多种算法，从一定程度上解决了这个问题。

（4）NeRF 是逐场景进行优化的，本身并没有泛化能力，这意味着每次面对新的场景都需要重新进行训练。尽管后续有一些研究在泛化性 NeRF 上取得了一定的突破，但绝大部分的 NeRF 模型仍然无法被泛化。

技术的快速发展常令从业者感叹不已，新的突破时刻不断到来。在这样一个多学科融合的环境中，NeRF 提供了一个广阔的平台，它在几乎无边界的情况下极大地激发了人们的想象力，从理论和实践的角度进行全面的探索。对于技术从业者来说，这也正是 NeRF 的巨大吸引力所在。

1.3　NeRF 的行业现状和推动者

技术的发展无一例外地依赖其背后推动者的辛勤努力和奉献。从新技术的诞生、成长、成熟，到最终的市场化，其背后的一系列尝试都是成就的源泉。对于那些专注于基础技术发展的领军人物，笔者怀有深深的敬仰之情。对于不熟悉该领域的读者，这些团队和科学家将成为引导其入门的导师。对于行业从业者和 NeRF 方向的研究者来说，关注这些科学家的代表作、最新动态和研究进展，将有助于获取最新的、高质量的技术信息。行业领军人物对技术发展路线的思考和启发，也可以为从业者的工作提供有效的帮助。由于篇幅所限，本节难以穷尽这些优秀的团队，文中的团队排名并无先后之分，仅供读者参考了解。

1.3.1　国外主要实验室

谷歌研究团队。包括 NeRF 的创始人 Ben Mildenhall、Pratul P. Srinivasan、Jonathan T. Barron、Peter Hedman，以及 Dor Verbin 等一众科学家，他们被公认为 NeRF 研究领域的奠基人，其团队是该领域最强大的推动力之一。该团队取得了 Mip-NeRF[11]、Mip-NeRF 360[12] 和 Zip-NeRF[2] 等多项有深远影响的成果，进一步提升了体验的真实感。与此同时，他们与谷歌产品团队合作，在多个产品中引入 NeRF 技术，对整个产业的发展起到了全面的推动作用。可以说，如果 NeRF 领域有一个中心，那么必然是谷歌研究团队。

慕尼黑工业大学计算视觉与人工智能团队。在 Matthias Nießner 教授的领导下，该团队在三维视觉、图形学、神经渲染等领域都达到了世界顶尖水平。在 NeRF 技术诞生后，该团队取得了 DiffRF[13]、HumanRF[14] 等多项技术突破，并发布了多个高质量的数据集，是值得关注的行业先驱者和领军者。

多伦多大学计算机学院。以 Sanja Fidler 教授为代表，多伦多大学计算机学院在三维场景理解、三维建模等领域有着卓越的贡献。Sanja 教授也是加拿大 Vector Institute 的联合创始人，以及英伟达的 AI 研究副总裁，其在科研和产业界都有着重要的影响力。在 NeRF 领域，其团队提出了 FEGR[15]、NKSR[16] 等重要的研究成果，值得关注和学习。

Luma AI 团队。Luma AI 是在 NeRF 领域被誉为独角兽企业的创业公司。在完成 C 轮融资后，公司估值已接近四亿美元。公司的创始人 Alex Yu 博士是加利福尼亚大学伯克利分校的博士毕业生，也是 PlenOctrees[17]、Plenoxels[18]、pixelNeRF[19] 等 NeRF 方向重要研究的主要发起人。在他的带领下，Luma AI 不断推出基于图像和视频的物体重建、场景重建应用，并首次在全球推出了 Unreal 5 的 NeRF 插件[20]，大大提高了该新技术的普及性。随着 NeRF 创始人 Matthew Tancik 和日本科学家 Angjoo Kanazawa 的加入，Luma AI 的研发能力进一步提升。

马克斯普朗克研究院。又称马克斯·普朗克研究所，是三维视觉科学研究的先驱，代表人物是 Christian Theobalt 教授。该研究所的实验室活动频繁，取得了 F2-NeRF[21]、NeuS[22]、NeuS2[23] 等重要的研究成果，这些成果充分展示了该百年研究所的生命力和活力。在 NeRF 领域，马克斯·普朗克研究所的多个实验室团队都在进行深入研究，成果显著。

图宾根大学的 AVG 实验室。图宾根大学的 AVG 实验室在 Andreas Geiger 教授的指导下，在三维重建和三维视觉等领域取得了卓越的成就。Occupancy Network[6]、DVR[8]、GIRAFFE[24]、KiloNeRF[25]，以及 NeRFPlayer[26] 等主要技术进展都是由该实验室取得的。他们的每一项研究成果都具有很高的价值，值得深入探究。

ETH Zurich 的 CVG 团队。ETH Zurich 的 CVG 团队由多位三维视觉领域的专家组成，包括 Marc Pollefeys 教授、Martin R. Oswald 博士和彭崧猷博士等。近年来，该团队发表了 NICE-SLAM[27]、MonoSDF[28] 等多项成果，并与多家顶级公司如微软、谷歌等合作，实现了高质量的产研结合。

加利福尼亚大学圣迭戈分校（UCSD）苏昊教授团队。苏昊教授的近期重要工作，如 TensoRF[29]、TensoIR[30]、MVSNeRF[31] 等都是该领域重要的突破。团队的研究范围涵盖计算视觉与图形学、机器学习与生成式 AI，以及机器人技术等多个领域。

新加坡国立大学 Gim Hee Lee 教授团队。新加坡国立大学 Gim Hee Lee 教授团队每年在顶级会议上发表大量论文，这些论文的实用性极强，OD-NeRF[32]、DBARF[29] 等成果都源自该团队。

新加坡南洋理工大学刘子纬教授领导的 S-Lab 团队。刘子纬教授是神经渲染、计算视觉和图形学方向的顶尖专家。CityDreamer[33]、SceneDreamer[34]、F2NeRF[21] 等近年的核心工作都与刘子纬教授所在的实验室密切相关。

康奈尔大学 Noah Snavely 教授团队。Noah Snavely 教授是计算视觉技术在图形学方向的应用，以及三维场景理解方面的世界级顶尖专家，取得过 DynIBaR[35] 等有影响力的成果。

宾夕法尼亚大学刘玲洁教授团队。 刘玲洁教授在加入宾夕法尼亚大学之前，曾担任 MPI 的博士后研究员，是自然场景表达与建模、三维重建方向的专家。在过去的几年里，刘玲洁教授的团队取得了 NeuS[22]、NeuS2[23] 和 F2NeRF[21] 等与 NeRF 相关的成果。

马里兰大学黄嘉斌教授团队。 黄嘉斌教授兼任脸书的科学家职位，在计算视觉、图形学、人工智能等诸多方向成绩卓著。在 NeRF 方向，取得了 RoDynRF[36]、HyperReel[37]、ClimateNeRF[38] 等成果。

1.3.2　国内主要实验室

浙江大学在图形学和计算视觉领域有显著的影响力，有 CAD&CG、ReLER 等多个重点实验室。在 NeRF 和 3DGS 方向，杨易教授、周晓巍教授、朱建科教授，廖依伊研究员、彭思达研究员等诸多知名专家的团队经常取得令人瞩目的突破，如 READ[39]、Dyn-E[40]、TensoIR[30] 等。实验室拥有优秀的文化传承，常有在本科阶段的学生产出高级会议的研究成果，这在全球范围内并不常见。

清华大学被公认为国内首屈一指的高等学府，汇集了国内最优秀的学者，在各个研究方向上表现优异。值得一提的是，清华大学在基础科技研究方面非常优秀，经常提出关键的新技术观点，影响多个领域。例如，朱军教授在三维生成领域提出的 ProlificDreamer[41]，清华大学 AIR 实验室的赵昊教授提出的 MARS[42]，以及刘烨斌教授在数字人方向提出的 Next3D[43]、LatentAvatar[44] 等，都值得产业界和学术界关注。

中国科学院计算技术研究所高林教授团队在几何学习与处理、网格处理和三维视觉方向具有强大的实力。该团队在 NeRF 的三维人体、人脸、三维编辑等方向的研究有着高质量的产出，例如 NeRF-Editing[45]、Tri-MipRF[46]、SketchFaceNeRF[47] 等。

上海科技大学虞晶怡教授团队在国内的 NeRF 研究领域表现卓越，他们的代表性研究成果包括 TensoRF[29]、MVSNeRF[31]、PREF[48] 等。此外，上海科技大学具有浓厚的创新创业氛围，众多团队已经成功创建了自己的企业，获得了投资。他们在学术研究和产业实践的双轨发展中，不断探索数字人和虚拟现实领域的新技术。

腾讯公司在 NeRF 技术上的探索较早且深入。腾讯公司出色的产品开发能力使其始终能够顺应商业化需求，推动技术创新。据了解，腾讯公司有多个部门在 NeRF 相关领域进行深入研究，例如腾讯应用研究中心（ARC Lab）、腾讯游戏等。他们在三维内容生成、衣服建模等方向产出的研究成果包括 Dream3D[49]、Text2NeRF[50]、NeAT[51] 和 NeuralUDF[52] 等。

除了前述团队，还有众多公司和实验室在 NeRF 方向做出了重要的贡献，包括自动驾驶公司 Waabi、卡内基梅隆大学、麻省理工学院、斯坦福大学的机器人实验室，以及加利福尼亚大学伯克利分校、香港大学、香港科技大学、香港中文大学的三维视觉团队。此外，中国科学技术大学的 GCL 实验室和太极图形公司等也有重要的研究成果。由于篇幅所限,这里无法逐一介绍。在接下来的章节中,笔者将筛选出在各领域中较为重要的突破,进行详尽的介绍,以便读者了解技术的发展脉络。

1.4　如何阅读本书

1.4.1　本书的结构

本书主要分为四部分。第一部分为 NeRF 入门,主要涉及 NeRF 的发展背景、相关基础理论,编码实现等基础知识。

第 1 章为 NeRF 简介,详细讨论了 NeRF 的起源和发展过程、现行行业状态,以及全球致力于该领域的主要团队。

第 2 章为 NeRF 基础知识,讲解了 NeRF 涉及的几何学、图形学、三维视觉、人工智能等基础知识。对三维视觉和基础图形学知识有所了解的读者可以跳过本章。

第 3 章为 NeRF 技术细节,深入探讨了 NeRF 的技术细节,并逐行展示了简单 NeRF 框架的编码实现。

第二部分涉及对 NeRF 优化与提升的全面回顾,主要对近年来基于 NeRF 原始算法实现的优化算法进行了详尽的回顾。

第 4 章为优化 NeRF 的生成与渲染速度,第 5 章为提升 NeRF 的生成与渲染质量。这两章分析了 NeRF 的两个核心问题,对相关核心技术进行深入剖析,并清楚阐述其构建思路和背后的原理。

第 6 章为动态场景 NeRF 的探索和进展,介绍动态 NeRF 的生成原理与方法。

第 7 章为弱条件 NeRF 生成,涉及某些特定的弱场景重建问题的解决方案,例如在没有相机位姿信息、视野输入有限,或者在弱光照条件下的 NeRF 生成算法设计。这能帮助读者理解在非理想数据状态下应如何进行优化。

第三部分为 NeRF 实践,详细讨论 NeRF 在实践中的关键技术、应用场景,以及所需面对的挑战和考验。

第 8 章为 NeRF 的其他关键技术,讨论在实战之前需要了解的 NeRF 关键技术和问题。

第 9 章为 NeRF 的落地与应用场景探索,全面探讨 NeRF 在实际场景中的应用。具体包括大规模场景建模、自动驾驶、数字人等多个领域的 NeRF 应用的详细情况。

第 10 章为 NeRF 面临的问题和突破点,分析 NeRF 目前还需要面对的挑战和可能的突破点,以期激发从业者和读者对于如何突破这些核心技术点的思考。

第四部分为 3DGS 技术,详述 2023 年出现的一种新的三维场景真实感建模方法——三维高斯喷溅模型，同时探讨该模型在短时间内在各应用场景中的发展，作为对新技术发展趋势的预判与研究。

第 11 章为三维高斯喷溅，开启新纪元，深入介绍具有卓越效果和强大竞争力的三维高斯喷溅（3D Gaussian Splatting）模型。该模型凭借其超快的训练和渲染速度，在极短的时间内赢得了广泛的关注。NeRF 和 3DGS 的应用具有很高的重叠度，预计将在未来并驾齐驱，相互促进。

1.4.2 本书面向的读者

本书主要针对 NeRF 和 3DGS，以及其他三维隐式神经表达相关领域的专业人士、科研人员、产业研究者和对此类技术感兴趣的读者的需求进行编写，同时准备了相应的代码库以便读者快速获取相关知识。初级读者应能相对轻松地理解和掌握书中的内容。本书的目标是以观察者的视角，对截至 2024 年年初的 NeRF 技术特性和发展态势进行全面展示。如果读者希望持续关注 NeRF 和 3DGS 技术的进展，并获取更多相关信息，那么可加入 NeRF & Beyond 社区，与众多行业专家和专业人士讨论相关问题。

1.4.3 代码要求

在三维视觉技术领域，要求学习者具有扎实的数学基础和一定工程实施能力。本书将致力于以实用的、简单的工程化手段介绍所讨论的技术的实施问题，以期读者在阅读后对新技术有深入的理解。为了更好地帮助读者理解，本书将引入部分代码解释。

本书对于代码实现能力的要求如下。

（1）所有代码均基于 Python 3 编写，推荐使用 Python 3.9 版本运行相关代码。如果读者对 Python 编程尚不熟练，也无须担忧，Python 语言的学习难度相对于 C++ 等语言要低许多。有编程基础的读者，能在较短时间内达到阅读和编写相关代码的水平。

（2）本书涉及的神经网络和机器学习的实现都基于 PyTorch 1.17 以上版本。考虑到 NeRF 技术源自谷歌团队，扩展学习过程中会使用谷歌提供的 JAX 版本实现。一般情况下，同时会有 PyTorch 实现的版本。建议读者优先选择 PyTorch 版本的代码进行学习，以便获得更多的平台协作机会。

（3）部分技术将涉及 CUDA[53] 的代码实现，本书会对一些重要的代码进行介绍。同时，可供直接调用的 nerfacc[54]、tinycudann[55] 等库提供的功能应能满足大多数应用场景的需求，为避免重复开发，可直接使用功能匹配的 API。如果读者有对 CUDA 技术和代码编写的需求或兴趣，那么笔者推荐参阅英伟达官方文档[53] 或相关书籍[56]。本书将不重点介绍 CUDA 在 NeRF 或 3DGS 加速中的实现细节。

1.4.4　写作风格

1. 本书的写作风格

本书致力于采用轻松的文字描述技术问题，然而在涉及数学和工程方面的内容时，会显得严肃。对于学术或技术专家，这些内容并不会太过复杂。对 NeRF 技术和应用感兴趣，但不希望深入理解数学理论的读者也无须担心，本书所有数学证明后都附带了详细的解释。

2. 数学公式

本书所使用的数学符号列在目录前的数学符号表中。所有的公式将在单独的行内居中书写，如：

$$\omega_i = T_i(1 - \exp(-\sigma_i \delta_i)) \tag{1.1}$$

3. 代码示例

本书中的 Python 代码遵循 PIP 8 规范，代码中的内容使用不同的字体以及较小的字号展示，代码左侧标出每行的行号，以方便在文中进行引用和解释。为了方便读者理解并阅读相关开源代码，大部分代码取自或改编自开源代码库，部分代码由笔者重新编写。以下是一个代码片段示例。

代码清单 1.1　代码片段示例

```
1  if __name__ == "main":
2      print("Hello World!")
```

4. 黑体标注

本书使用**黑体**展示重要的内容或新引入的概念，以帮助读者更好地关注和理解阅读重点。

5. 书中图表

本书的大部分图表引自公开发表的论文，以最大程度地保持对原文的忠实，每张图表都会清晰标注来源。在对图表内容进行翻译时，尽可能保持图表的原始状态及其所表达的含义。另外，部分示意图为作者原创或引自网络开放版权资源，旨在便于读者理解相关原理。若读者在阅读中发现任何问题，请及时予以反馈，笔者将尽快修正。

6. 内容疏漏与更新

本书涉及的知识领域广泛，尽管笔者已尽全力审阅和校对，仍可能存在错误或遗漏。如对本书有任何疑问，或有任何建议或反馈，欢迎通过电子邮件 jiheng.yang@gmail.com 或 NeRF/3DGS & Beyond 公众号联系笔者。对所有反馈不胜感激！

2 | NeRF 基础知识

If you want to do high-impact research, start by reading papers from 20+ years ago. Then, apply these fundamental concepts to modern science. Most importantly, you'll get an advantage over everyone else who is only superficially parsing the latest paper feed on social media.

— Matthias Nießner

在深入探讨 NeRF 的技术细节之前，首先需要对相关基础知识进行系统的整理。NeRF 是一项由计算视觉、图形学、机器学习、信号处理等多学科交叉融合的技术，其涉及的知识领域相当广泛。本章将从掌握 NeRF 所必需的基础知识入手，以简洁明了的逻辑和数学语言进行阐述，旨在帮助读者更好地理解，并为后续章节做好铺垫。每个学科都可能衍生出大量的新话题，如果读者对此感兴趣，可参考相关学科的专著进行深入学习。基础问题中往往潜藏着大量的突破点，许多重大的进展也往往是通过对基础环节不断地进行推敲取得的。希望整理基础知识的过程能激发读者新的思考。

以生活环境为例，如果忽略时间维度，整个空间将呈现为一个静态的三维空间，我们称之为**三维欧几里得空间**或**欧氏空间**，通常表示为 $\mathbb{E}^3$。假设存在一个空白的欧氏空间，然后逐步运用本章的知识对其进行填充。

2.1 三维空间基础

初始阶段，必须对三维空间进行数学和几何描述，目的是实现三维空间的量化、计算及表达，进而使三维空间有规则。

2.1.1 坐标系、点与向量

首要任务是确定空间内每一物体的具体位置，并在此基础上建立点与点间的关系。坐标系、点等基础概念在中学几何中就有所涉及，本节将用严谨的数学语言重新阐述这些概念。

1. 坐标系与点

在三维欧氏空间里，通常采用**笛卡儿坐标系**表示空间内的点。基于空间位置的相对性，通过**坐标轴**便能确定空间内每一点的坐标值。常见的坐标系，如笛卡儿直角坐标系，由三个相互正交的坐标轴组成（当三条坐标轴并非正交时，可以构成笛卡儿斜角坐标系。由于其实用性较低，因此不在本书的讨论范围内）。坐标轴的交点被定义为**原点**，其坐标为 $O(0,0,0)$，三条坐标轴可两两组合形成坐标超平面，进而将空间划分为八个子空间，如图 2.1 所示。

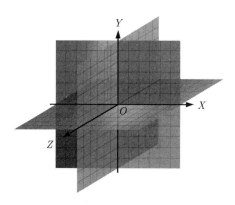

图 2.1　笛卡儿坐标系

在笛卡儿坐标系中，空间中任意一点 V 的**坐标**（Coordinate）以其到三个坐标超平面之间的**最小**有符号距离来表示，记作 $V(v_1, v_2, v_3)$，如图 2.2 所示。需要明确的是，空间中的点并不具有长度或体积，只是最小的几何单位。

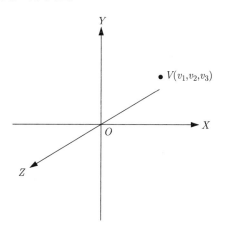

图 2.2　三维空间中的点 V

2. 向量

确定了空间中的点后，我们来深入探讨点与点之间的关系。以点 P 为基点，绘制指向点 Q 的有向箭头，将其定义为**向量**（Vector）$\boldsymbol{v}$。通过计算两个点的坐标差，即可得出该向量起点的坐标，公式为

$$\boldsymbol{v} = Q - P \tag{2.1}$$

在空间坐标系中，将以原点为基点，长度为 1，方向沿着坐标轴发射的三个向量称为**标准基向量**。所有空间中的向量均可由标准基向量的线性组合构成。在三维空间中，标准基向量通常被标记为 $(\boldsymbol{i}, \boldsymbol{j}, \boldsymbol{k})$ 或 $(\boldsymbol{e}_1, \boldsymbol{e}_2, \boldsymbol{e}_3)$。因此，向量 $\boldsymbol{v}$ 也可以表述为

$$\boldsymbol{v} = v_1\boldsymbol{i} + v_2\boldsymbol{j} + v_3\boldsymbol{k} \tag{2.2}$$

或直接用 $\begin{bmatrix} v_1 \\ v_2 \\ v_3 \end{bmatrix}$ 表示。

标准基向量具有许多重要的特性，比如：

$$\begin{bmatrix} \boldsymbol{i}^{\mathrm{T}} \\ \boldsymbol{j}^{\mathrm{T}} \\ \boldsymbol{k}^{\mathrm{T}} \end{bmatrix} \begin{bmatrix} \boldsymbol{i} & \boldsymbol{j} & \boldsymbol{k} \end{bmatrix} = \boldsymbol{I} \tag{2.3}$$

设点 P、Q、P'、Q' 满足以下条件（如图 2.3 所示）。

$$Q' - P' = Q - P \tag{2.4}$$

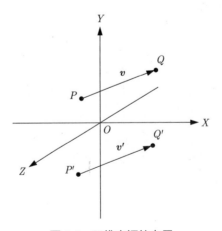

图 2.3　三维空间的向量

此时，可以得到两个完全相同的向量，这两个向量在空间中的位置完全不同。点和向量是两种不同的几何结构。在欧氏空间 $\mathbb{E}^3$ 中，向量具有平移的能力。

向量的**内积**（Inner Product）也叫**点积**（Dot Product），可以方便地用于对欧氏空间进行测量。举例来说，向量 $\boldsymbol{u}$ 和 $\boldsymbol{v}$ 的内积可以描绘出这两个向量的角度和投影关系。

$$\boldsymbol{u} \cdot \boldsymbol{v} = \boldsymbol{u}^{\mathrm{T}} \boldsymbol{v} = \sum_{i=1}^{3} u_i v_i = |\boldsymbol{u}||\boldsymbol{v}| \cos \theta \tag{2.5}$$

向量 $\boldsymbol{u}$ 的长度可以由符号 $|\boldsymbol{u}|$ 表示，通过 $\boldsymbol{u}$ 与自己的内积得到。

$$|\boldsymbol{u}| = \sqrt{\boldsymbol{u} \cdot \boldsymbol{u}} = \sqrt{\sum_{i=1}^{3} u_i^2} \tag{2.6}$$

因此，通过内积，可以很容易地计算出两个向量之间的夹角 θ 的大小。

$$\theta = \arccos \frac{\boldsymbol{u} \cdot \boldsymbol{v}}{|\boldsymbol{u}||\boldsymbol{v}|} \tag{2.7}$$

在三维空间内，向量 $\boldsymbol{u}$ 和 $\boldsymbol{v}$ 的**外积**（Outer Product）是它们所构成平面的法向量。换言之，该向量与由 $\boldsymbol{u}$ 和 $\boldsymbol{v}$ 形成的平面正交，长度等于 $|\boldsymbol{u}||\boldsymbol{v}| \sin \theta$。向量外积的物理意义如图 2.4 所示。值得注意的是，在三维空间内，向量的外积与**叉积**（Cross Product）的几何含义是相同的，因此这两个名称在三维空间内可以互相替换。

$$\begin{aligned}
\boldsymbol{u} \times \boldsymbol{v} &= \begin{vmatrix} \boldsymbol{i} & \boldsymbol{j} & \boldsymbol{k} \\ u_1 & u_2 & u_3 \\ v_1 & v_2 & v_3 \end{vmatrix} = \begin{vmatrix} u_2 & u_3 \\ v_2 & v_3 \end{vmatrix} \boldsymbol{i} + \begin{vmatrix} u_3 & u_1 \\ v_3 & v_1 \end{vmatrix} \boldsymbol{j} + \begin{vmatrix} u_1 & u_2 \\ v_1 & v_2 \end{vmatrix} \boldsymbol{k} \\
&= \begin{bmatrix} u_2 v_3 - u_3 v_2 \\ u_3 v_1 - u_1 v_3 \\ u_1 v_2 - u_2 v_1 \end{bmatrix} = \begin{bmatrix} 0 & -u_3 & u_2 \\ u_3 & 0 & -u_1 \\ -u_2 & u_1 & 0 \end{bmatrix} \boldsymbol{v}
\end{aligned} \tag{2.8}$$

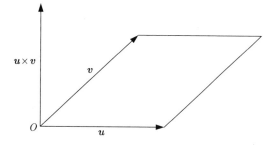

图 2.4　向量外积的物理意义

从上述推导中可以明确地看出，向量外积可以被重构为矩阵和向量的乘积，此处将该矩阵命名为 U。值得注意的是，此矩阵实际上是一个反对称矩阵（Skew-Symmetric Matrix）。其特性在于，其转置矩阵与其负矩阵是相等的。在刚体变换和坐标系转换过程中，这个矩阵发挥着重要的作用。

$$U^{\mathrm{T}} = -U \tag{2.9}$$

进一步观察可以发现，两个向量的内积实际上是空间降维的过程（从二维降至一维），而向量外积则是空间升维的过程（从二维升至三维）。

基于以上对坐标系、点和向量的定义，可以描述出空间中的许多几何形状。例如，一组点能描绘出一个物体的几何形状（产生了点云的概念）。又如，一条光线可以被描述为从点 X 发出，方向与向量 v 相同的有向射线。

2.1.2　刚体运动的欧氏变换

物理学中，**刚体**（Rigid Body）指由粒子集合构成的整体，在整体运动的过程中，粒子间的相对距离不发生改变，或者说改变的程度可以忽略。生活中常见的刚体有金属球、雕塑等。刚体运动的示意图如图 2.5 所示。

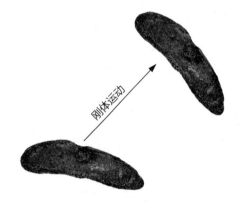

图 2.5　刚体运动

同样，在欧氏空间中，刚体由一组三维空间中的点构成，并在建模过程中使用特定的坐标系 C 来表示。如果将这个刚体放置到坐标系 W 中，那么由于两个坐标系的差异，其间的几何关系无法直接计算。当连续地将处于不同坐标系中的物体放置到坐标系 W 中时，物体间的位置关系可能难以处理。

将刚体运动和坐标系转换这两个问题一起考虑，可以将两者看作同一种运动的不同角度。为解决这一问题，可以采用**欧氏变换**（Euclidean Transformation）。在欧氏变换中，变换过程分为**旋转**和**平移**两个步骤。

1. 刚体的旋转

假设坐标系 W 的标准基向量为 (i_w, j_w, k_w)，向量 u_w 的坐标为 (u_{wx}, u_{wy}, u_{wz})。同时，设坐标系 C 的标准基向量为 (i_c, j_c, k_c)，向量 u_c 的坐标为 (u_{cx}, u_{cy}, u_{cz})。根据 2.1.1 节的讨论，两个向量的坐标是一致的，只是偏移量不同。因此，可以构建坐标等式。

$$\begin{bmatrix} i_w & j_w & k_w \end{bmatrix} u_w = \begin{bmatrix} i_c & j_c & k_c \end{bmatrix} u_c \tag{2.10}$$

根据 2.1.1 节关于标准基向量的性质，等式两边都可以乘以 $\begin{bmatrix} i_w^{\mathrm{T}} \\ j_w^{\mathrm{T}} \\ k_w^{\mathrm{T}} \end{bmatrix}$，以进一步简化问题。

$$u_w = \begin{bmatrix} i_w^{\mathrm{T}} \\ j_w^{\mathrm{T}} \\ k_w^{\mathrm{T}} \end{bmatrix} \begin{bmatrix} i_c & j_c & k_c \end{bmatrix} u_c = \begin{bmatrix} i_w^{\mathrm{T}}i_c & i_w^{\mathrm{T}}j_c & i_w^{\mathrm{T}}k_c \\ j_w^{\mathrm{T}}i_c & j_w^{\mathrm{T}}j_c & j_w^{\mathrm{T}}k_c \\ k_w^{\mathrm{T}}i_c & k_w^{\mathrm{T}}j_c & k_w^{\mathrm{T}}k_c \end{bmatrix} u_c \tag{2.11}$$

将 u_w 和 u_c 之间的转换矩阵定义为旋转矩阵 R_{wc}，用于将点从坐标系 C 映射到坐标系 W。

$$u_w = R_{wc} u_c \tag{2.12}$$

旋转矩阵具有几个便利的性质。首先，其行列式值为 1。其次，它是一个正交矩阵，其逆矩阵等于转置矩阵。

$$\det(R_{wc}) = 1 \tag{2.13}$$
$$R_{wc}^{-1} = R_{wc}^{\mathrm{T}} \tag{2.14}$$

因此，式 (2.12) 两边左乘 R_{wc}^{-1}，可以得到反向转换的公式。

$$u_c = R_{wc}^{-1} u_w = R_{wc}^{\mathrm{T}} u_w \tag{2.15}$$

只要构建了两个坐标系之间的旋转矩阵，就可以在两个坐标系之间实现坐标的转换和旋转。

2. 刚体的平移

平移操作相对简单。在两个坐标系中，对应点之间的平移量与两个坐标系原点之间的平移量 t 一致。因此，在进行坐标系转换或刚体平移时，只需将每个点的坐标值加上平移向量 t。将刚体的旋转和平移结合，可以实现从坐标系 C 转换至坐标系 W 的数学计算。

$$u_w = R_{wc}^{\mathrm{T}} u_c + t \tag{2.16}$$

2.1.3 变换矩阵与齐次坐标

目前，已经实现了将经过建模的球体置于欧氏空间之中，也可以在任何空间坐标系之间进行坐标转换或刚体运动。然而，在这一过程中出现了一个问题，即欧氏转换实际上是一种仿射变换。如果需要叠加多次坐标转换，仿射变换之间的嵌套会使得计算难度急速提升。

$$u' = R_3(R_2(R_1 u + t_1) + t_2) + t_3 \tag{2.17}$$

在面对这类问题时，线性代数提供了一种有效的解决方案，即**齐次坐标**（Homogeneous Coordinate）。通过将一个 $\mathbb{E}^3$ 空间嵌套在 $\mathbb{R}^4$ 空间中，将转换过程变为线性变换，只需要在现有坐标下增加一维。

$$\begin{bmatrix} u_w \\ 1 \end{bmatrix} = \begin{bmatrix} R_{wc} & t \\ 0^T & 1 \end{bmatrix} \begin{bmatrix} u_c \\ 1 \end{bmatrix} \tag{2.18}$$

在此基础上，可以构造变换矩阵 T_{wc}。

$$\begin{bmatrix} u_w \\ 1 \end{bmatrix} = T_{wc} \begin{bmatrix} u_c \\ 1 \end{bmatrix} \tag{2.19}$$

若进行多次坐标系转换，只需叠加转换矩阵的乘法。例如，假设最终坐标为 u，初始坐标系为 u'，如果需要连续经过三个变换矩阵 T_1, T_2, T_3，那么转换过程可以表示为

$$\begin{bmatrix} u \\ 1 \end{bmatrix} = T_3 T_2 T_1 \begin{bmatrix} u' \\ 1 \end{bmatrix} \tag{2.20}$$

可见，齐次坐标的使用使得计算复杂度显著降低，同时使得计算逻辑更加清晰。此外，转换矩阵 T 拥有一些便捷的特性，这些特性使得构造其逆矩阵成为可能。

$$T^{-1} = \begin{bmatrix} R^T & -R^T t \\ 0^T & 1 \end{bmatrix} \tag{2.21}$$

因此，从 u 转换为 u' 的逆向操作也能轻易完成。

$$\begin{bmatrix} u' \\ 1 \end{bmatrix} = T_1^{-1} T_2^{-1} T_3^{-1} \begin{bmatrix} u \\ 1 \end{bmatrix} \tag{2.22}$$

至此，在三维欧氏空间中可以放置任意数量的刚体，它们的坐标系可以灵活转换，实现高效运动。

2.1.4 四元数

在表示刚体的旋转运动时，旋转矩阵利用了 9 个变量来实现三个**自由度**（Degree of Freedom，DOF）的旋转，这其中存在一定的冗余。从表达的角度来看，越简洁的表达方式越优越。此外，在进行空间几何预测时，旋转表达需要易于插值计算，以实现运动过程中的平滑过渡。除旋转矩阵外，**欧拉角**（Euler Angles）和**四元数**（Quaternion）是两种更为紧凑的刚体旋转表达方式。

欧拉角将旋转定义为围绕 Z、Y、X 三个坐标轴的旋转过程，包括偏航（Yaw）角、俯仰（Pitch）角和滚转（Roll）角。因此，欧拉角仅需三个变量来表示旋转。然而，在插值和优化过程中，欧拉角无法避免奇异性问题，这导致了所谓的"万向节死锁"问题。尽管在图形学中被广泛应用，但欧拉角并不适用于数值优化或插值计算。

四元数是由爱尔兰数学家威廉·罗恩·哈密尔顿于 1843 年首次提出的，其在物理学和图形学中有着广泛的应用。四元数需要四个变量来表示旋转，尽管其表示方式并不十分直观，但它确实是一种既紧凑又对插值和数值计算友好的表示。本节将简要介绍如何运用四元数来表示刚体运动。接下来的章节将进一步阐述四元数在 NeRF 和 3DGS 中的应用。

1. 四元数的形式

四元数 $\boldsymbol{q}$ 可以表示为

$$\boldsymbol{q} = q_0 + \mathrm{i}q_1 + \mathrm{j}q_2 + \mathrm{k}q_3 \tag{2.23}$$

其中 q_0, q_1, q_2, q_3 为实数，i,j,k 为互相正交的虚数单位。有时，四元数也可被记作另一种形式。

$$\boldsymbol{q} = (q_0, q_1, q_2, q_3) \tag{2.24}$$

q_0 为四元数的实部，q_1, q_2, q_3 为虚部。三个虚部轴间的乘积满足以下规则。

$$\begin{cases} \mathrm{i}^2 = \mathrm{j}^2 = \mathrm{k}^2 = -1 \\ \mathrm{ij} = \mathrm{k}, \mathrm{ji} = -\mathrm{k} \\ \mathrm{jk} = \mathrm{i}, \mathrm{kj} = -\mathrm{i} \\ \mathrm{ki} = \mathrm{j}, \mathrm{ik} = -\mathrm{j} \end{cases} \tag{2.25}$$

其中第一个等式表明，虚轴的定义与虚数一致。后三个等式与向量的外积公式相似。基于这样的定义，可以推导出四元数之间的加法、减法、乘法、逆和共轭等数学运算规则。例如，对于四元数 $\boldsymbol{q}_a$ 和 $\boldsymbol{q}_b$，其乘法计算为

$$
\begin{aligned}
\boldsymbol{q}_a\boldsymbol{q}_b &= (q_{a0} + \mathrm{i}q_{a1} + \mathrm{j}q_{a2} + \mathrm{k}q_{a3})(q_{b0} + \mathrm{i}q_{b1} + \mathrm{j}q_{b2} + \mathrm{k}q_{b3}) \\
&= (q_{a0}q_{b0} - q_{a1}q_{b1} - q_{a2}q_{b2} - q_{a3}q_{b3}) + \\
&\quad (q_{a0}q_{b1} + q_{a1}q_{b0} + q_{a2}q_{b3} - q_{a3}q_{b2})\mathrm{i} + \\
&\quad (q_{a0}q_{b2} - q_{a1}q_{b3} + q_{a2}q_{b0} + q_{a3}q_{b1})\mathrm{j} + \\
&\quad (q_{a0}q_{b3} - q_{a1}q_{b1} + q_{a2}q_{b1} + q_{a3}q_{b0})\mathrm{k}
\end{aligned} \tag{2.26}
$$

其他运算可以通过类似的方式推导。

2. 四元数表示旋转

在二维空间中，复数可以表示旋转。通过将复数扩展至四元数，可以实现三维空间的旋转。三维空间的坐标点 P 可以转换为一个实部为 0，虚部是由该坐标点构成的四元数。

$$
P : \boldsymbol{p}(0, x, y, z) \tag{2.27}
$$

通过四元数 $\boldsymbol{q}$，$\boldsymbol{p}$ 可以转换为 $\boldsymbol{p}'$，空间坐标在四元数表示下的旋转得以完成。

$$
\boldsymbol{p}' = \boldsymbol{q}\boldsymbol{p}\boldsymbol{q}^{-1} \tag{2.28}
$$

在处理由一组三维点构成的刚体时，常常需要计算三角函数。因此，尽管四元数的表示方式没有旋转矩阵直观，但其只需进行加减乘除运算，无须再次转换，用四个数字即可表示旋转，紧凑性远高于旋转矩阵。四元数具有良好的计算特性，对插值算法非常友好。

3. 四元数与旋转矩阵的转换

给定的一组四元数可以通过特定的变换转换为旋转矩阵。

$$
\boldsymbol{R} = \begin{bmatrix}
q_0^2 + q_1^2 - q_2^2 - q_3^2 & 2q_1q_2 - 2q_0q_3 & 2q_1q_3 + 2q_0q_2 \\
2q_1q_2 + 2q_0q_3 & q_0^2 - q_1^2 + q_2^2 - q_3^2 & 2q_2q_3 - 2q_0q_1 \\
2q_1q_3 - 2q_0q_2 & 2q_2q_3 + 2q_0q_1 & q_0^2 - q_1^2 - q_2^2 + q_3^2
\end{bmatrix} \tag{2.29}
$$

相应地，如果给定一个旋转矩阵，那么可以将其等效地转换为四元数。此外，四元数与轴角之间存在转换关系。这些表示形式之间的关联性表明，可以根据特定的应用场景选择适当的转换方式，以实现预期的目标。

2.1.5 小结

至此，三维空间已经有了相对完善的数学结构。对于该空间中的刚体球，可以实现刚体运动和坐标系之间的转换。然而，目前的场景中尚无光照，球体也未设定材质，因此仅能感知到空间中存在一个黑色的圆球，如图 2.6 所示。接下来需要运用计算视觉和图形学的相关知识，在场景中添加光照元素，并为球体设定材质，以便渲染具有真实感的图像。

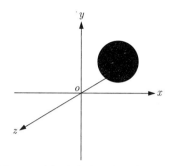

图 2.6 空间中存在一个黑色的圆球

2.2 三维视觉与图形学基础

60 多年前，研究者就开始追求极致的物理渲染效果，期间产生了一代又一代的技术，无法仅用一章来呈现。笔者借用 2.1 节构建好的欧氏空间，将计算视觉与图形学的相关知识串联起来，与读者一起回顾其中经典和重要的模型。也请读者阅读本节参考的经典书籍和文献，更加全面地了解相关知识。

2.2.1 相机模型

1. 针孔相机模型

为了实现高质量的场景渲染，首先要在虚拟空间中引入一个新的元素——**相机**。尽管在虚拟的欧氏空间中无法采用实体相机进行拍摄，但可以构建一个虚拟的相机模型，并将其作为基础元素添加至欧氏空间。在众多相机模型中，最简单且常见的便是**针孔相机模型**（Pinhole Camera Model），其基本原理为小孔成像，这一理论已有上千年的历史。

图 2.7 展示了一个理想的针孔相机模型，这一模型由针孔（小到只有一个点）、暗箱和成像面三部分组成。光线穿过针孔进入暗箱，并在成像面中形成所拍摄场景的倒立图像。然而，实体相机无法将针孔做得极小，因此通常采用焦距为 f 的凸透镜代替。

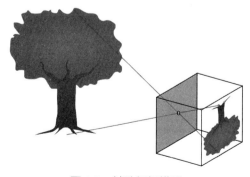

图 2.7 针孔相机模型

从三维视觉和图形学的角度考虑，虚拟相机的中心可以视为一个理想的针孔，且不需要在暗箱中成像，可以将成像面设置在场景与光心之间。这样不仅使成像结果与场景方向一致，变为正立像，而且对几何分析极为有利。

在创建虚拟的针孔相机模型时，通常将针孔设为原点，将 z 轴设为主轴线，并将由 x' 轴和 y' 轴构成的成像面放置在光心与场景之间。成像面的每个像素点都采用 RGB 三通道描述光线到达该点时所展现的颜色。针孔相机模型的几何图示如图 2.8 所示。

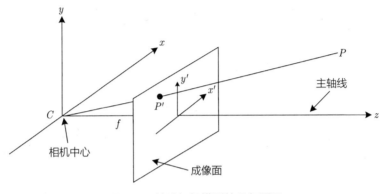

图 2.8　针孔相机模型的几何图示

尽管存在许多更复杂且更接近实际的相机模型，但针孔相机模型可以模拟大多数场景。因此，除非特别指出，本书提到的相机模型均指针孔相机模型。

2. 相机模型成像过程及坐标转换

相机模型成像的过程涉及将世界坐标系内的元素逐步转换到二维的像素坐标系。该全面转换过程由三个步骤构成，如图 2.9 所示。

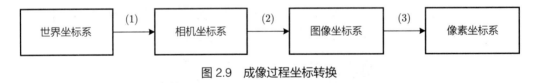

图 2.9　成像过程坐标转换

（1）从世界坐标系转换到相机坐标系。

从世界坐标系转换到以相机中心为原点的相机坐标系，以确保所有计算都以相机中心为原点，从而简化计算过程。这个过程是欧氏空间中两个坐标系之间的转换，可以通过 2.1.3 节介绍的欧氏转换矩阵来实现。

在相机坐标的视野内，近平面和远平面之间的区域形成一个视锥体，这个视锥体之外的部分都将被剪裁，进而形成一个由视锥体构成的剪裁空间。有时，为了在不同的显示设备上保持一致的效果，会将剪裁空间映射到**归一化设备坐标系**（Normalized Device Coordinate，NDC）。这样，相机坐标空间就构成了一个立方体，其中三个维度的坐标范围都在 $[-1, 1]$ 之间（某些引擎，如 DirectX，NDC 坐标的取值范围在 $[0, 1]$ 之间），如图 2.10 所示。

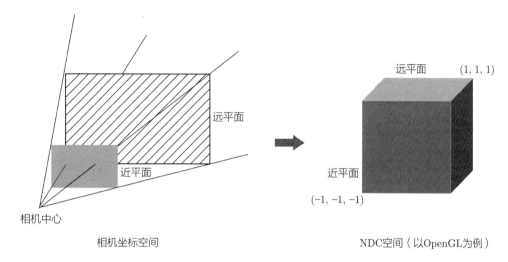

图 2.10　将相机坐标空间映射为 NDC 空间

（2）从相机坐标系转换到图像坐标系。

后两步转换的过程需要引入新的规则，如图 2.8 所示，将世界坐标系中的点 $P(x, y, z)$ 对应至二维图像坐标系中的成像点 $P'(x', y')$，此处成像面与光心之间的距离为相机的焦距 f。根据相似三角形定理，其对应边的比例关系相等。

$$\begin{aligned}
\frac{z}{f} &= \frac{x}{x'} = \frac{y}{y'} \\
x' &= f\frac{x}{z} \\
y' &= f\frac{y}{z}
\end{aligned} \tag{2.30}$$

因此，从相机坐标系转换到图像坐标系的过程可以用以下公式表示。

$$z\begin{bmatrix} x' \\ y' \\ 1 \end{bmatrix} = \begin{bmatrix} f & 0 & 0 & 0 \\ 0 & f & 0 & 0 \\ 0 & 0 & 1 & 0 \end{bmatrix} \begin{bmatrix} x \\ y \\ z \\ 1 \end{bmatrix} \tag{2.31}$$

注意，z 轴（深度）信息已经丢失，因此其转换结果不予考虑。

（3）从图像坐标系转换到像素坐标系。

此为相机模型成像过程的最终阶段，其在二维的像素坐标系内执行，如图 2.11 所示。

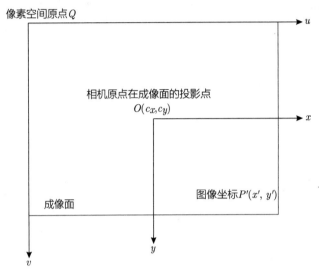

图 2.11　像素坐标系

原点位于像素坐标系的左上角，坐标为 $(0,0)$，每个像素的偏移可以表示为 (c_x, c_y)。我们将每个像素定义为大小为 (ρ_u, ρ_v) 的格子，通常，ρ_u 和 ρ_v 都为 1。因此，由图像坐标系 $P'(x', y')$ 向像素坐标系的转换可以通过以下公式计算。

$$
\begin{aligned}
u &= \frac{1}{\rho_u} x' + c_x \\
v &= \frac{1}{\rho_v} y' + c_y
\end{aligned}
\tag{2.32}
$$

此转换过程也可以通过矩阵转换来表示。

$$
\begin{bmatrix} u \\ v \\ 1 \end{bmatrix} =
\begin{bmatrix}
\dfrac{1}{\rho_u} & 0 & c_x \\
0 & \dfrac{1}{\rho_v} & c_y \\
0 & 0 & 1
\end{bmatrix}
\begin{bmatrix} x' \\ y' \\ 1 \end{bmatrix}
\tag{2.33}
$$

将所有的转换过程连接起来，就可以实现从世界坐标系到相机坐标系的转换。

$$z \begin{bmatrix} u \\ v \\ 1 \end{bmatrix} = \begin{bmatrix} \dfrac{1}{\rho_u} & 0 & c_x \\ 0 & \dfrac{1}{\rho_v} & c_y \\ 0 & 0 & 1 \end{bmatrix} \begin{bmatrix} f & 0 & 0 & 0 \\ 0 & f & 0 & 0 \\ 0 & 0 & 1 & 0 \end{bmatrix} \begin{bmatrix} \boldsymbol{R}_{3\times3} & \boldsymbol{t}_{3\times1} \\ \boldsymbol{0}_{3\times1} & 1 \end{bmatrix} \begin{bmatrix} x \\ y \\ z \\ 1 \end{bmatrix} \tag{2.34}$$

在此过程中，前两个矩阵的值仅与相机本身有关，与相机的位姿无关，且在相机出厂时已经确定，因此可以直接计算它们的乘积。

$$z \begin{bmatrix} u \\ v \\ 1 \end{bmatrix} = \begin{bmatrix} f\dfrac{1}{\rho_u} & 0 & c_x & 0 \\ 0 & f\dfrac{1}{\rho_v} & c_y & 0 \\ 0 & 0 & 1 & 0 \end{bmatrix} \begin{bmatrix} \boldsymbol{R}_{3\times3} & \boldsymbol{t}_{3\times1} \\ \boldsymbol{0}_{3\times1} & 1 \end{bmatrix} \begin{bmatrix} x \\ y \\ z \\ 1 \end{bmatrix} \tag{2.35}$$

第一个矩阵的所有参数仅与相机本身有关，出厂时已确定，与拍摄时的相机位姿无关，因此称为**相机内参**（Camera Intrinsic）。第二个矩阵的参数仅与相机拍摄时的位姿有关，与相机本身无关，因此称为**相机外参**（Camera Extrinsic）。这两者统称为相机参数，对 NeRF 的重建过程起着至关重要的作用。高质量的重建结果对准确的相机参数具有强烈的依赖性。

至此，通过相机的视野，可以观察到所拍摄的三维物体。目前，空间中只放置了刚体、相机等元素，没有光源，因此相机所见的是全黑的场景。

2.2.2 辐射测量基础

在传统的图形学研究中，辐射测量的基础概念并未被广泛使用，然而在基于物理的渲染领域，这显然是一个至关重要的概念。在 2.2.3 节的光源理论，以及 2.2.4 节和 2.2.5 节的材质与着色相关的概念定义和理论推导中，辐射测量都扮演了关键角色，对于解析光的物理特性、光的传播以及与环境的交互关系具有重要意义。在 NeRF 模型中，字母 "R" 代表辐射，是辐射测量理论的重要组成部分，而 NeRF 把辐射的概念广义化了。NeRF 模型构建了无光源和单次散射的辐射体积，能够精确地重现现实世界。这主要归功于其对空间中各点辐射的定义与预测，以及基于辐射度的体渲染计算。本节将对辐射测量理论中的一些基础概念进行介绍，以便读者在阅读后续章节时能够更好地理解相关知识。

1. 光的能量

光子（Photons）是由光源发出的粒子，充当电磁波辐射的载体。光子的特性赋予它基本的波属性——波长 λ，各类光源均有独特的波长。例如，在可见光范围内，红光波长最长，紫光波长最短。光子是一种携带能量的粒子，其所携带的能量与波长成反比。光子所携带的能量可以通过以下公式进行计算。

$$Q = \frac{hc}{\lambda} \tag{2.36}$$

其中，$h \approx 6.626 \times 10^{-34}(\mathrm{m^2kg/s})$，是普朗克常数；$c = 299,792,458(\mathrm{m/s})$，代表光速。**光的能量**（Radiant Energy）是一种基础的辐射测量概念，其单位为焦耳（记为 J）。

2. 辐射通量

辐射通量（Radiant Flux）定义为单位时间内光子所携带的能量，即光的功率。该值可以通过将光所携带的能量对时间进行求导获得。其表达式如下。

$$\Phi = \lim_{\Delta t \to 0} \frac{\Delta Q}{\Delta t} \tag{2.37}$$

辐射通量的单位通常为焦耳每秒（J/s），也可使用瓦特（W）表示。

3. 辐照度

光的**辐照度**（Irradiance）是物理概念，定义为在表面积为 A 的物体上，单位面积所接收到的辐射通量，其表达式如下。

$$E = \frac{\Phi}{A} \tag{2.38}$$

辐照度的单位为瓦特每平方米（W/m²）。通常情况下，空间中的光线以球状向全空间辐射，所以光线到达的表面积就等于球体的表面积。

$$A = 4\pi r^2 \tag{2.39}$$

将此面积代入辐照度公式进行计算。这形成了一个规律：光源位置与接收面的距离越远，辐照度就越小。此时，单位辐照度的公式为

$$E = \frac{\Phi}{4\pi r^2} \tag{2.40}$$

另外，如果光线以一定的角度照射到法向量 $\boldsymbol{n}$ 的表面上，辐照度的计算就需要考虑照射方向 $\boldsymbol{\omega}$ 与法向量 $\boldsymbol{n}$ 之间的夹角 θ，或者采用法向量 $\boldsymbol{n}$ 与照射方向 $\boldsymbol{\omega}$ 的内积进行计算。此时，单位辐照度的公式为

$$E = \frac{\Phi \cos\theta}{4\pi r^2} = \frac{\Phi(\boldsymbol{n} \cdot \boldsymbol{\omega})}{4\pi r^2} \tag{2.41}$$

4. 辐射强度

以光源为中心，将周围的空间切割为一系列小锥体，每个小锥体对应的角度即球面度（Steradian，sr）。进一步地，**辐射强度**（Intensity）被定义为单位球面度内的辐射通量，其公式为

$$I = \frac{\Phi}{4\pi} \tag{2.42}$$

其单位为 W/sr，可以理解为以光源为中心的单位锥体内部的辐射通量。因此，在相同的立体角下观察光线，辐射强度不变。

5. 辐射度

辐射度（Radiance）L 是一个关键的测量指标，它评估了在特定立体角中辐射通量的分布情况，可以通过以下公式计算。

$$L(p, \boldsymbol{\omega}) = \frac{\mathrm{d}E_{\boldsymbol{\omega}}(p)}{\mathrm{d}\boldsymbol{\omega}} \tag{2.43}$$

其单位为 W/（m² sr）。在一个特定的立体角范围内，无论观察物体的距离如何变化，其辐射度值都保持恒定，唯一的变化是到达观察点的辐射通量减小。即使在相同的光照条件下，从不同角度观察同一物体，其表面的颜色也会有所不同，这是因为辐射度不同，呈现出的效果也不同。在 2.2.4 节中，将以此公式为基础，进一步推导出双向反射分布函数（BRDF）。

6. 辐射测量与光度测量的关系

辐射测量与光度测量的概念之间存在一一对应的关系。辐射测量的定义是从能量的角度出发的，光度测量则依据人类视觉系统的感知来定义。在 *Physically Based Rendering: From Theory to Implementation*[57] 一书中，作者提供了一个经典的关系图，清晰地展示了各个概念与定义之间的对应关系。表 2.1 展示了辐射测量与光度测量的对应关系。

表 2.1　辐射测量与光度测量的对应关系

辐射测量	单位	光度测量	单位
辐射能	焦耳（Q）	光能	Talbot（T）
辐射通量	瓦特（W）	光通量	流明（lm）
辐射强度	W/sr	光强度	lm/sr
辐照度	W/m²	光照度	lm/m²
辐射度	W/（m² sr）	光亮度	lm/（m² sr），nit

2.2.3　光源

在自然环境中，有三种具有代表性的光源，如图 2.12 所示。

（1）点光源。点光源的特征是光线从单一点向所有方向发射，并且光的强度随着距离的增加而逐渐减弱。电灯便是点光源的典型例子。

（2）平行光源。平行光源会沿着相同的方向发射光线，且光的强度不会随着距离的增加而减弱。太阳光是平行光源的典型代表。

（3）环境光源。环境光源指在无明确光源的情况下，施加在环境上的光。这种光与位置、方向及其他因素无关，而是全局分布于场景中。即便处于完全黑暗的环境中，这种光源依然可见。

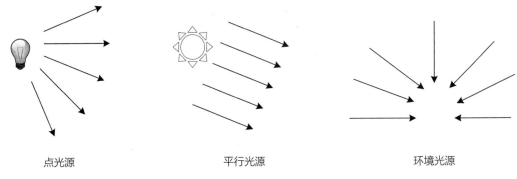

点光源　　　　　　　　　平行光源　　　　　　　　　环境光源

图 2.12　三种具有代表性的光源

此外，还存在其他类型的光源，如面光源、聚光灯等，它们在实际应用场景中的使用相对较少。充分利用这三种光源，就可以实现逼真的场景效果。一旦在欧氏空间中放入光源，场景便会变得明亮。接下来，需要考虑的是如何处理物体表面的着色和材质问题，以使放入的物体能呈现自然的颜色效果。

2.2.4　简单材质建模与着色

接下来的讨论将集中在物体材质（Material）和**着色**（Shading）的问题上，本书将同时考虑这两个因素。本节的知识为 NeRF 的渲染、逆渲染过程以及 NeRF 后期编辑等算法提供了理论基础。

1. 双向反射分布函数

在材质建模领域，**双向反射分布函数**（Bidirectional Reflectance Distribution Function，BRDF）是描述材质表面光照反射特性的函数，其在 1967 年就已经被提出。大量的材质建模模型，如 Lambertian 模型、Phong 模型等，都可以视为 BRDF 在特定场景下的简化。本节将探讨简单材质建模与着色问题。这里的"简单"指在表面连续平滑的情况下，仅通过对单个入射点的光线反射情况进行分析来解决着色问题。至于对表面不平整的复杂材质情况的建模方法，将在 2.2.5 节中详细讲解。

BRDF 是描述光线在物体表面反射特性的物理模型。尽管该模型在 1965 年就已经被提出，但由于模拟物理过程的复杂性极高，研究者一直在初始 BRDF 模型的基础上进行持续优化，并不断探索改进的方法。他们逐步在可控的算法复杂度的前提下，实现了高质量的渲染效果。包括 Blinn-Phong 和 Lambertian 漫反射模型在内的一些著名模型，实际上都是 BRDF 在特定场景下的实现。

BRDF 基础模型能描述从各个方向入射的光线在每个出射方向的反射光度。如图 2.13 所示，光线从光源沿着入射方向 $\boldsymbol{\omega}_\mathrm{i}$ 发射，并在法线向量为 $\boldsymbol{n}$ 的点 p 处反射，然后沿着方向 $\boldsymbol{\omega}_\mathrm{o}$ 到达观察者。此时，光源入射的辐射量为 $L_\mathrm{i}(p, \boldsymbol{\omega}_\mathrm{i})$，而到达人眼的辐射量为 $L_\mathrm{o}(p, \boldsymbol{\omega}_\mathrm{o})$。

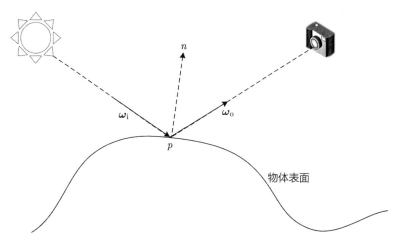

图 2.13　BRDF 基础模型

光线从各个方向到达法线为 $\boldsymbol{n}$ 的点 p 的辐照度（Irradiance）用 E 表示，它由一个指向 Ω 的射线集合组成，可以通过积分得到。

$$E(p, \boldsymbol{n}) = \int_\Omega L_\mathrm{i}(p, \boldsymbol{\omega}) \cos\theta \mathrm{d}\boldsymbol{\omega} \tag{2.44}$$

其中，θ 表示射线方向 $\boldsymbol{\omega}$ 与表面法线 $\boldsymbol{n}$ 之间的夹角，也可通过两个向量的内积来表示。

$$E(p, \boldsymbol{n}) = \int_\Omega L_\mathrm{i}(p, \boldsymbol{\omega})(\boldsymbol{n} \cdot \boldsymbol{\omega}) \mathrm{d}\boldsymbol{\omega} \tag{2.45}$$

所有的射线形成一个微分锥体，因而对于具有特定方向 $\boldsymbol{\omega}_\mathrm{i}$ 的微分面元，其微分值如下。

$$\mathrm{d}E(p, \boldsymbol{n}, \boldsymbol{\omega}_\mathrm{i}) = L_\mathrm{i}(p, \boldsymbol{\omega}_\mathrm{i})(\boldsymbol{n} \cdot \boldsymbol{\omega}_\mathrm{i}) \mathrm{d}\boldsymbol{\omega}_\mathrm{i} \tag{2.46}$$

在此基础上，$\boldsymbol{\omega}_\mathrm{i}$ 和 $\boldsymbol{\omega}_\mathrm{o}$ 双向的 BRDF 表达式如下。

$$f_\mathrm{r}(p, \boldsymbol{\omega}_\mathrm{o}, \boldsymbol{\omega}_\mathrm{i}) = \frac{\mathrm{d}L_\mathrm{o}(p, \boldsymbol{\omega}_\mathrm{o})}{\mathrm{d}E(p, \boldsymbol{n}, \boldsymbol{\omega}_\mathrm{i})} = \frac{\mathrm{d}L_\mathrm{o}(p, \boldsymbol{\omega}_\mathrm{o})}{L_\mathrm{i}(p, \boldsymbol{\omega}_\mathrm{i})(\boldsymbol{n} \cdot \boldsymbol{\omega}_\mathrm{i}) \mathrm{d}\boldsymbol{\omega}_\mathrm{i}} \tag{2.47}$$

BRDF 是根据物理规则推导出的，符合两项基本原则。

（1）对称性。根据 Helmholtz 可逆原则，反射方向与入射方向互换时，BRDF 不变，即

$$f_\mathrm{r}(\boldsymbol{\omega}_\mathrm{i}, \boldsymbol{\omega}_\mathrm{o}) = f_\mathrm{r}(\boldsymbol{\omega}_\mathrm{o}, \boldsymbol{\omega}_\mathrm{i}) \tag{2.48}$$

（2）能量守恒。反射的能量值总是小于或等于入射的能量值，即

$$\int f_{\mathrm{r}}(\boldsymbol{\omega}_{\mathrm{o}}, \boldsymbol{\omega}')(\boldsymbol{n} \cdot \boldsymbol{\omega}_{\mathrm{o}})\mathrm{d}\boldsymbol{\omega}' \leqslant 1 \tag{2.49}$$

在 BRDF 的基础上，所有入射光线在出射方向 $\boldsymbol{\omega}_{\mathrm{o}}$ 的反射辐射度为

$$L_{\mathrm{o}}(p, \boldsymbol{\omega}_{\mathrm{o}}) = \int f_{\mathrm{r}}(p, \boldsymbol{\omega}_{\mathrm{o}}, \boldsymbol{\omega}_{\mathrm{i}}) L_{\mathrm{i}}(p, \boldsymbol{\omega}_{\mathrm{i}})(\boldsymbol{n} \cdot \boldsymbol{\omega}_{\mathrm{i}})\mathrm{d}\boldsymbol{\omega}_{\mathrm{i}} \tag{2.50}$$

BRDF 描述了物体表面双向反射的特性，以入射和出射光线方向为输入，输出反射比例。由于光线的反应不同，从视觉上感知到的材质效果会有所不同。BRDF 是一个抽象的分布函数表达，虽然提供了材质定义的通用基础框架，但难以直接用于材质着色算法。因此，研究者基于 BRDF 设计出了各种材质表示方法，以便于着色。接下来的部分将介绍 BRDF 的一些实现模型。

2. Lambertian 反射模型

Lambertian 反射模型[58] 在 BRDF 模型中相对简单，其基础设定为表面对光线的反射在所有方向上完全均匀，并且与观察方向无关，因此可以被理解为一种理想化的漫反射材质模型。在这种情况下，BRDF 是一个常数，可以表示为

$$f_{\mathrm{r}}(p, \boldsymbol{\omega}_{\mathrm{o}}, \boldsymbol{\omega}_{\mathrm{i}}) = \frac{\rho_{\mathrm{d}}}{\pi} \tag{2.51}$$

其中，ρ_{d} 也常被称为材质的**反照率**（Albedo），用于描述材质的漫反射属性，是图形学中常用的概念。对于一个光强度为 I 的点光源，每个方向的辐射量如下。

$$L(p, \boldsymbol{\omega}_{\mathrm{o}}) = f_{\mathrm{r}}(p, \boldsymbol{\omega}_{\mathrm{o}}, \boldsymbol{\omega}_{\mathrm{i}})I = \frac{\rho_{\mathrm{d}}}{\pi}I \tag{2.52}$$

Lambertian 反射模型的定义十分简洁，尽管在自然界中并不存在这种材质，但是对于一些非闪亮的材质，如纸张、未经打磨的石头等，都可以使用 Lambertian 反射模型来模拟。

3. Phong 模型

在处理光滑表面，如亮金属和清洁的反射性地板时，反射光会包含强烈的高光亮点，这种现象在图形学中通常由 Phong 模型[59] 模拟。此模型是由其发明者——越南图形学家裴详风（Bui Tuong Phong）命名的。根据经典光学原理，当反射光的方向与表面法线的夹角和入射光与表面法线的夹角相同时，反射光的强度最大。随着这个角度差异的增大，反射光的强度逐渐减弱。Phong 模型的 BRDF 函数反映了这个规则，且确定了镜面反射的出射方向 l，出射方向与观察方向之间的夹角 σ 决定了观察射线的强度。

$$f_{\mathrm{r}}(p, \boldsymbol{\omega}_{\mathrm{o}}, \boldsymbol{\omega}_{\mathrm{i}}) = \rho_{\mathrm{s}}(\cos \sigma)^p \tag{2.53}$$

在这里，ρ_{s} 是材料的镜面反射系数，它因材料的不同而不同。p 是镜面指数，它控制镜面反射的锐度，p 值越大，反射越锐利。此外，可以利用向量内积来简化角度的测量。

$$f_{\mathrm{r}}(p, \boldsymbol{\omega}_{\mathrm{o}}, \boldsymbol{\omega}_{\mathrm{i}}) = \rho_{\mathrm{s}}(\boldsymbol{n} \cdot \boldsymbol{l})^p \tag{2.54}$$

对于光强度为 I 的点光源，可以计算每个方向的辐射量。

$$L(p, \boldsymbol{\omega}_{\mathrm{o}}) = f_{\mathrm{r}}(p, \boldsymbol{\omega}_{\mathrm{o}}, \boldsymbol{\omega}_{\mathrm{i}})I = \rho_{\mathrm{s}}(\boldsymbol{n} \cdot \boldsymbol{l})^p I \tag{2.55}$$

为了增强真实感，不仅会考虑镜面反射，还会结合 Lambertian 模型考虑漫反射，这样，BRDF 就会包含两种反射光的和。

$$f_{\mathrm{r}}(p, \boldsymbol{\omega}_{\mathrm{o}}, \boldsymbol{\omega}_{\mathrm{i}}) = \frac{\rho_{\mathrm{d}}}{\pi} + \rho_{\mathrm{s}}(\boldsymbol{n} \cdot \boldsymbol{l})^p \tag{2.56}$$

相应的辐射量输出为

$$L(p, \boldsymbol{\omega}_{\mathrm{o}}) = f_{\mathrm{r}}(p, \boldsymbol{\omega}_{\mathrm{o}}, \boldsymbol{\omega}_{\mathrm{i}})I = \left(\frac{\rho_{\mathrm{d}}}{\pi} + \rho_{\mathrm{s}}(\boldsymbol{n} \cdot \boldsymbol{l})^p\right)I \tag{2.57}$$

4. Blinn-Phong 模型

在 Phong 模型中，角度的测量过程相对复杂。1977 年，Blinn 提出了一种简化的算法[60]。该算法的基本思想是，通过计算入射光和观察向量的归一化平均向量定义半程向量 $\boldsymbol{h}$，公式为

$$\boldsymbol{h} = \frac{\boldsymbol{l} + \boldsymbol{v}}{|\boldsymbol{l}| + |\boldsymbol{v}|} \tag{2.58}$$

随后，使用半程向量 $\boldsymbol{h}$ 和法向量 $\boldsymbol{n}$ 的内积来计算镜面反射，因此 BRDF 可以表示为

$$f_{\mathrm{r}}(p, \boldsymbol{\omega}_{\mathrm{o}}, \boldsymbol{\omega}_{\mathrm{i}}) = \frac{\rho_{\mathrm{d}}}{\pi} + \rho_{\mathrm{s}}(\boldsymbol{n} \cdot \boldsymbol{h})^p \tag{2.59}$$

这种方法显著降低了 Phong 模型计算的复杂度。从此，经典的 Blinn-Phong 模型诞生了。Blinn-Phong 模型后来被广泛应用，并成为 OpenGL 等引擎在图形管线中的集成着色方案。

5. 小结

在基于 BRDF 的材质建模方法中，存在多样的实施方式。本节仅以简易的材质为例，对常见模型进行介绍，旨在让读者对 BRDF 的定义及建模方法有所理解。值得注意的是，自然界中的材质复杂度远超本节所描述的。在微观层面，大部分材质的表面具有更为复杂的几何结构，简单的单点模型建模无法完全模拟。接下来的章节将以微平面模型为例，详述此类方法。

2.2.5 复杂材质建模与着色

更高真实感的模型需要对表面微观几何拓扑进行更精细且更复杂的建模。此类方法属于**微几何**（MicroGeometry）领域，通过对微观几何面的精密分析和建模，可以推导出复杂表面的反射响应。**微平面理论**（Microfacet Theory）[61] 是该领域中最具代表性的理论之一，其核心思想是将一块微几何区域建模为更小的微平面集合，通过汇聚所有微平面的反射效果，可以近似地获得当前表面的真实的 BRDF。

对于一个平均向量为 n 的表面，它在微观层面上由一系列微平面组成，而不是如 2.2.4 节所述的由一个平滑的平面组成。因此，最终的 BRDF 结果应是由这一系列微平面的光照反应共同形成的，如图 2.14 所示。

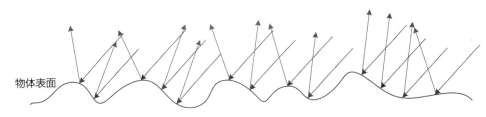

物体表面

图 2.14　微平面的光照反应

1. 基于微平面的 BRDF 模型

对于基于微平面的 BRDF 模型，当入射角为 α 时，计算复杂微平面的反射需要考虑的因素包括反射率、微平面的法向分布及微平面的几何特征（如阴影、遮挡等）。其中，经典的微平面反射 BRDF 模型的公式可以表示为

$$f_{\text{spec}}(p, \boldsymbol{\omega}_{\text{o}}, \boldsymbol{\omega}_{\text{i}}) = \frac{F(\boldsymbol{h}, \boldsymbol{\omega}_{\text{o}})G_2(\boldsymbol{\omega}_{\text{i}}, \boldsymbol{\omega}_o, \boldsymbol{h})D(\boldsymbol{h})}{4\,|\boldsymbol{n} \cdot \boldsymbol{\omega}_{\text{o}}|\,|\boldsymbol{n} \cdot \boldsymbol{\omega}_{\text{i}}|} \tag{2.60}$$

在这个公式中，定义半程向量 $\boldsymbol{h}$ 为

$$\boldsymbol{h} = \frac{\boldsymbol{\omega}_{\text{o}} + \boldsymbol{\omega}_{\text{i}}}{\|\boldsymbol{\omega}_{\text{o}} + \boldsymbol{\omega}_{\text{i}}\|} \tag{2.61}$$

公式中的三个函数 F、G_2 和 D 分别对应 BRDF 模型的 Fresnel 项、微平面几何项和微平面的法向分布函数。这些函数描述了光线在微平面上的反射、折射和散射性质。在图形学的发展历程中，这些函数有着各自的实现方式，接下来分别进行介绍。

2. Fresnel 项

针对非偏振光，Fresnel 项 $F_\lambda(\alpha)$ 是描述某种材质在波长为 λ，入射角为 α 的光照条件下的 Fresnel 理想反射值。其原始表达与计算较为复杂，经由 Schlick 优化[62] 后，该项的计算得到了简化，可以使用以下公式近似求解。

$$F(c, \boldsymbol{\omega}_{\mathrm{o}}, \boldsymbol{\omega}_{\mathrm{i}}) = c + (1-c)(1-(\boldsymbol{\omega}_{\mathrm{o}} \cdot \boldsymbol{\omega}_{\mathrm{i}}))^5 \tag{2.62}$$

利用该公式，可以计算出某种材质的反射光。常见材质的 Fresnel 镜面色参数已经被完整地收录，在需要时可以通过查阅相关表格获得。

3. 微平面法向分布函数

微平面**法向分布函数**（Normal Distribution Function，NDF）用于描述微平面中的法向概率分布，记为 $D(\boldsymbol{m})$。当对整个微几何区域进行 $D(\boldsymbol{m})$ 积分时，得到的结果是归一化的，即

$$\int D(\boldsymbol{m})(\boldsymbol{n} \cdot \boldsymbol{m})\mathrm{d}\boldsymbol{m} = 1 \tag{2.63}$$

此外，对于任何特定的观察方向，都可以通过对内积进行计算得出如下结果。

$$\int D(\boldsymbol{m})(\boldsymbol{v} \cdot \boldsymbol{m})\mathrm{d}\boldsymbol{m} = \boldsymbol{v} \cdot \boldsymbol{n} \tag{2.64}$$

NDF 的表达方式与微平面法向的直方图有相似之处，但根据材质不同，其 NDF 的物理属性有所不同。最简单且直接的定义方法是通过高斯分布进行建模，即

$$D(\boldsymbol{h}, \boldsymbol{m}) = \chi(\boldsymbol{n} \cdot \boldsymbol{h})(\boldsymbol{n} \cdot \boldsymbol{h})\mathrm{e}^{-\left(\frac{\delta}{m}\right)^2} \tag{2.65}$$

其中：

$$\chi(a) = a > 0?1:0 \tag{2.66}$$

δ 角为 $\boldsymbol{n}$ 和 $\boldsymbol{h}$ 的夹角。m 描述了材质表面的光滑程度，值越小，表面越光滑；值越大，表面越粗糙。高斯微平面分布函数是相对简单的一个模型。在图形学的发展历史中，出现了许多函数，如 Beckmann 分布[63]、Blinn-Phong 分布[60]、GGX 分布[64] 等，这些都是对材质表面粗糙程度的描述，用以渲染不同材质的真实感。读者可以阅读相关文献进行深入了解。

4. 微平面的几何补偿

在进行微平面反射的计算时，必须考虑遮蔽与阴影的影响。因此，引入一个几何补偿项。Cook-Torrance 算法[65] 是实现这种补偿项的常见方式，其定义的几何补偿为

$$G(\boldsymbol{\omega}_{\mathrm{o}}, \boldsymbol{\omega}_{\mathrm{i}}, \boldsymbol{h}) = \min\left(1, \frac{2(\boldsymbol{n} \cdot \boldsymbol{h})(\boldsymbol{n} \cdot \boldsymbol{\omega}_{\mathrm{i}})}{(\boldsymbol{\omega}_{\mathrm{o}} \cdot \boldsymbol{h})}, \frac{2(\boldsymbol{n} \cdot \boldsymbol{h})(\boldsymbol{n} \cdot \boldsymbol{\omega}_{\mathrm{o}})}{(\boldsymbol{\omega}_{\mathrm{i}} \cdot \boldsymbol{h})}\right) \tag{2.67}$$

在上述表达式中，第二项和第三项分别代表遮蔽和阴影影响的计算结果。除了 Cook-Torrance 算法，还有 GGX[64]、KSK（Kelemen-Szirmay-Kalos）[66] 等算法可用于实现几何补偿。

5. 小结

读到这里，读者可能会觉得，物理材质的表达似乎相当复杂，这主要是因为对真实世界建模并进行正向渲染这一过程的复杂性。为了精准地再现真实世界中的效果，需要掌握大量的对各种材质进行准确参数化的知识。这项工作非常繁重，以至于只有特定材质可以由设计师进行建模，并且在应用过程中，可能由材质库中效果最为接近的材质替代。有兴趣深入了解该领域的读者，可阅读 *Real-time Rendering*[67]，以及 *Physically Based Rendering: From Theory to Implementation*[57] 等经典专著。此外，NeRF 的共同创始人 Ren Ng 在加利福尼亚大学伯克利分校开设的关于图形学与成像技术的课程[68]，也对此进行了细致的讲解，同样值得读者参考和学习。

至此，我们已经对材质及光线反射模型有了比较深入的理解，接下来介绍渲染环节。

2.2.6 光线追踪

在三维欧氏空间中，目前已经存在一个虚拟摄像机、一个刚性球体和一个点光源，且球体具有相应的材质。下一步需要计算光源与几何体在着色过程中的交互关系，理论上就可以渲染出真实世界的画面。在传统的光栅化渲染架构下，这是完全可行的，只需将几何体光栅化至像素，并使用着色算法计算出颜色，如图 2.15 所示。

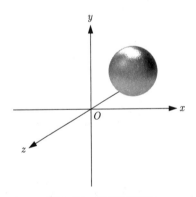

图 2.15　光栅化渲染

然而，从基于物理的高真实感渲染的角度来看，这还远远不够。因为光栅化渲染模型仅实现了在一次光线反射状态下的着色，也就是实现了**局部光照**（Local Illumination）。而在真实世界中，光线的路径极其复杂。从任何一个光源发射的光线，都需要在各个物体之间不断地反射、散射和折射，即形成**全局光照**（Global Illumination）。

在图形学和三维视觉技术中，利用光线追踪来实现全局光照光线路径追踪。光线追踪主要分为**正向光线追踪**（Forward Ray-Tracing）和**反向光线追踪**（Backward Ray-Tracing）。下面将分别对这两种方法进行介绍。

1. 正向光线追踪

光源均匀地向各个方向发射光子，这些光子在与物体碰撞后会继续在空间中传播，并与其他物体发生新的碰撞，这一过程会持续到光子进入相机视野或能量衰减至零。因此，相机观察到的图像是所有光子与场景中物体充分碰撞后达到光平衡的结果。该结论可以通过实验进行验证，即所有光子经过反复反射后，最终会收敛至一个稳定状态，而不会因为传播而不断增亮，如图 2.16 所示。

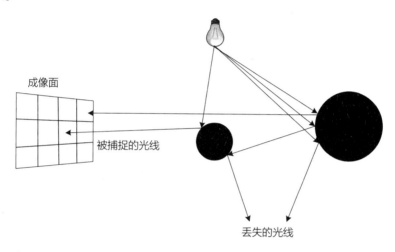

图 2.16　正向光线追踪示意图

可想而知，对于正向光线追踪的完全模拟，其难度和算法的复杂度都是极高的，尤其是在光源组合复杂、场景中物体数量多、物体几何属性复杂的情况下，正向光线追踪的难度会进一步增加。完全的正向光线追踪算法无法在消费级别的显卡上实现实时（每秒 30 帧以上）的渲染，只能借助复杂的渲染集群进行计算，主要应用于影视制作、设计图渲染等离线计算场景。

对于一些对真实感要求较低的场景，可以通过降低光线反射跳数减少计算量，例如将反射限制在三次以下，这样可以通过硬件加速实现实时计算，从而实现更广泛的应用。

然而，正向光线追踪的最大问题在于计算浪费。光线会被发射到空间的任意角落，但相机只能在其视野内收到极小比例的光子。因此，尽管实现了完全的光线追踪算法，大量的光路数据被计算出来，但由于实际用于渲染的光线极少，大部分计算结果被丢弃。而且，由于无法预测每条光线最终是否会进入相机视野，因此无法有效地对这一过程进行剪枝。这就是正向光线追踪性能优化中面临的最大问题。

与此相比，大自然以光速完成对任意规模、任意复杂场景的实时光线追踪，完全无须考虑计算浪费等问题。大自然的力量无可比拟，至少在现阶段是如此。

2. 反向光线追踪

相对于正向光线追踪，反向光线追踪从相机源头出发，依据二维图像网格进行大量光线的发射。每条光线在与物体碰撞后，会被反射至光源处或消失于阴影之中，如图 2.17 所示。根据 Helmholtz 光线辐射度的可逆性原理，到达光源的光线效果与正向光线追踪的效果一致。因此，反向光线追踪能实现与正向光线追踪相近的效果。尽管这并非理想的物理建模方法，但它极大地削减了计算量，从而实现了真实感渲染与高效计算的平衡。

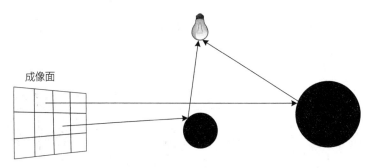

图 2.17　反向光线追踪示意图

当前，反向光线追踪算法的速度已经得到显著提升。在硬件和软件优化协作的支持下，消费级别的显卡已能在大多数场景下实现实时渲染。例如，通过 DirectX 12 的 DXR 技术可在英伟达 RTX 系列显卡上实现这样的效果。

至此，已经完整地梳理了从空旷的三维欧氏空间出发，运用正向渲染实现三维场景成像的全部核心流程。然而，光线追踪的缓慢性和材质建模的复杂性，使得基于物理的渲染方法难以媲美真实世界中的场景。那么，如何解决这个难题？

这正是 NeRF 和神经渲染技术所展现的优势。假设已知相机捕捉到的经由自然光渲染的场景二维图像，以及相机模型的内参和外参，就可以推断出相机发出的光线在达到光平衡后形成的颜色。如果能获得足够多的场景成像结果，就能收集到大量的场景真值数据。在人工智能的时代，拥有充足的真值数据可以设计并训练出一个神经网络模型，对未曾见过的数据进行推理。接下来的部分将整理深度学习相关知识，并讨论如何利用深度学习算法解决具体问题。第 3 章将详细阐述 NeRF 如何借助这些知识来解决新视角生成问题。

2.3　深度学习基础

人工智能（Artificial Intelligence, AI）技术被定义为机器或软件的智能体现。此概念在 1956 年被科学家们正式提出，引发了对于全能机器能否超越人类智能的讨论。广义的人工智能不仅包括**机器学习**（Machine Learning），还涵盖了由人工编程实现的弱人工智能。

　　早期的人工智能算法倾向于使用硬编码的规则和相应的算法实现，开发人员可以指定一些明确的规则，计算机依据这些规则进行决策。因此，当时，构建人工智能应用的能力仅限于应对特定场景，准确性的提高成为难题，且此过程可能需要大量的人工干预和调整。

　　随着人工智能技术的发展，**深度学习**（Deep Learning）技术近年来成为主流。深度学习借鉴了人脑神经元的工作原理，以此实现更高级别的智能。两个特别简单的神经元可以通过基础的电信号实现信息处理和传递，大量神经元的组合则能推理出复杂问题的结论。深度学习也是如此，通过简单神经元的逻辑和运算来构建复杂的神经网络，省去了人工对特征的设计与提取过程。图 2.18 展示了人工智能、机器学习、深度学习之间的关系。

图 2.18　人工智能、机器学习、深度学习之间的关系

　　深度学习技术近年来发展迅速，已在各行各业中产生深远影响。从自然语言处理、智能识别技术，到内容创作、大语言模型等，许多曾被认为只存在于科幻故事中的场景，如今悄然成为现实。随着三维视觉的发展，人工智能在三维场景中的应用已成为研究热点，在三维重建、新视角生成、三维物体检测、位姿估计等方面，表现出了显著优势。

　　在 2.2 节已经构建好的三维空间中，为了准确描述空间状态，在几何、光照、材质等各方面，需要考虑大量的参数。然而，逐一获取这些参数的难度和成本较大，这也是人工建模难以实现高精度的原因。深度学习提供了另一种选择，即通过神经网络自动学习和训练模型参数，从而省去大量的手动建模过程。近年来，神经渲染已成为一个具有巨大潜力的研究方向，从一个全新的角度解决了场景的建模和渲染问题。本节将对神经网络的基础原理和过程进行详细介绍。

2.3.1 神经网络基础

神经网络（Neural Networks）可定义为一种广泛并行互连的网络，由具有适应性的简单单元构成，其组织结构能模拟生物神经系统对现实世界物体的反应。这种简单的单元被称为神经元模型，其基础模型可以接收多个信号，通过权重连接并最终通过**激活函数**（Activation Function）计算出神经元的输出。

如图 2.19 所示，一个具有 n 个输入的线性神经元，将所有输入的加权和减去某阈值 θ，然后使用 Sigmoid 函数进行激活以形成输出。

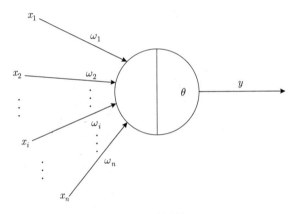

图 2.19　线性神经元

Sigmoid 函数是一种改进的阶跃函数，它被广泛认为是一个经典且常用的激活函数，具有连续性、可微性、光滑性，并在 0 点附近快速跳变，这些特性使得 Sigmoid 函数非常适合用于反向传播。此外，还存在许多其他实用的激活函数，如 tanh、ReLU 和 LeakyReLU 等，可以根据实际应用场景的需求进行选择。典型的激活函数示例可参考图 2.20。

基于对神经元的定义，可以以各种结构组合神经元，构建神经网络。不同于传统的表示学习算法，从模型数据的角度看，神经网络的解释性较差，大部分情况下无法直观地解释数值的实际意义。训练生成的神经网络模型主要包含大量的权重数据，无法直接编辑、翻译和理解。

神经网络的强大已经被理论和实践所证实。1989 年的经典论文[69]从理论上证明，只要神经网络中含有足够多的隐藏层神经元，多层前馈网络就可以以任意精度逼近任意复杂度的连续函数。也就是说，只要设计出结构足够精密的神经网络，理论上就可以解决所有可被定义的问题。科学家们以脑神经科学的研究为基础，不断推动神经网络理论的发展，使得基于神经网络的深度学习逐渐成为一种基础技术。

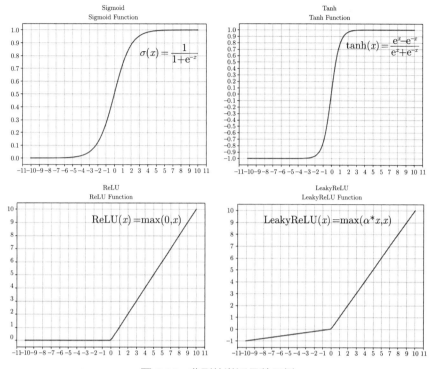

图 2.20 典型的激活函数示例

2.3.2 基于神经网络学习的核心

本节将从构建神经网络的训练过程出发，详细阐述神经网络工作的主要流程。在更大的机器学习领域中，其涵盖的范围极为广泛，背后也有大量的理论体系支持。虽然对深度学习知识的全面覆盖十分重要，但本书将重点放在与 NeRF 最相关的领域。对于希望进一步深入理解深度学习的读者，建议阅读经典的深度学习专著。接下来，逐一介绍深度学习流程中的各个环节，如图 2.21 所示。

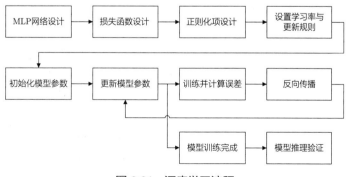

图 2.21 深度学习流程

1. MLP 网络设计

多层感知机（Multilayer Perceptron，MLP），亦被称为**深度前向网络**（Deep Feedforward Network）或者**前馈神经网络**（Feedforward Neural Network），是一种典型的基于神经网络的深度学习模型。图 2.22 是一个 MLP 网络的示例。

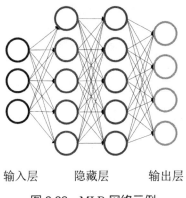

输入层　　　　隐藏层　　　　输出层

图 2.22　MLP 网络示例

多层感知机是前向网络，所有神经元的计算仅向前传递，最终输出，模型的输出与模型之间不存在连接。网络的第一层称作**输入层**（Input Layer），最后一层称作**输出层**（Output Layer），而位于这两层之间的其他层称作**隐藏层**（Hidden Layer）。隐藏层中的数据被封装在神经网络内部，不对外暴露。虽然多层感知机的神经网络结构相对简单，实际应用却非常广泛。目前，大部分 NeRF 采用多层感知机来预测密度和颜色。

MLP 的设计主要从两个维度进行。

（1）深度。由于 MLP 仅向前逐层传递，且不存在回路，因此构成了一种链式结构。多层感知机的层数也被称为多层感知机的深度。例如，图 2.22 展示的多层感知机网络深度为 4 层。

（2）宽度。每个隐藏层可以由数个神经元组成，也被称为某个隐藏层的维度，即该层的宽度。

从神经网络的学习能力和表现能力的角度考虑，多层感知机的深度和各层的宽度越大，神经网络所包含的参数量就越大，学习能力也越强。在大语言模型时代，一个模型的参数量可能动辄高达数百亿，这说明了所使用的神经网络的规模之大。模型的大小取决于所有这些权重信息占用的存储空间，因此模型的大小也决定了模型保存和加载所需消耗的存储空间，以及加载模型时内存和显存的消耗。同时，模型的大小决定了模型训练和推理的速度。

2. 损失函数设计

损失函数（Loss Function）在某些场景下也被称为**代价函数**（Cost Function），是将模型预测结果转化为具体实数的数学函数，其主要目的是量化模型预测的正确性。损失函数可以被视作一种度量标准，对学习结果进行评估并提供优化指导，以明确模型的优化效果。然而，严格来说，损失函数与代价函数并非完全相同。在狭义上，损失函数衡量了单次模型推理的效果，而代价函数综合评价了整体训练集数据的损失情况。在广义上，两者都是评估模型效果的方法，并依据评价结果优化网络参数。这两个术语在实践中通常可以互换。

损失函数的种类众多，例如常用的 **L1 损失**（平均绝对误差，Mean Absolute Error，MAE）和 **L2 损失**（均方误差，Mean Squared Error，MSE），以及在分类问题中常用的**交叉熵损失**（Cross Entropy Error）和 **KL 散度**（Kullback-Leibler Divergence）等。例如，L1 损失的计算方法为

$$\text{MAE} = \frac{1}{h \cdot w} \sum_{i=1}^{h} \sum_{j=1}^{w} |S(i,j) - G(i,j)| \tag{2.68}$$

L2 损失的计算方法为

$$\text{MSE} = \frac{1}{h \cdot w} \sum_{i=1}^{h} \sum_{j=1}^{w} (S(i,j) - G(i,j))^2 \tag{2.69}$$

损失函数的设计具有很大的灵活性，可以根据目标值与模型预测值之间的差距进行衡量。损失函数设计的核心目标在于它能够准确地衡量模型预测的准确性，从而使学习算法更高效地收敛，并达到较好的预测效果。

3. 正则项设计

神经网络的学习能力极强，并且会随模型规模的增大而变得更强，从而逼近训练集的数值规律。然而，随着模型规模的扩大，神经网络可能遇到两种问题。一是欠拟合，通常由模型设计过于简单引起，导致模型无法捕捉数据的复杂性和多变性；二是过拟合，即模型在训练集上表现优秀，但在测试集上表现较差。欠拟合问题可以通过对网络框架等进行调整来解决或优化。而过拟合问题可以在训练阶段通过交叉验证或在测试阶段发现，它将直接影响模型的泛化能力。过拟合问题可以通过增大训练集来缓解，但更常见的解决办法是引入**正则化**（Regularization）方法进行优化。

关于正则化，其中文名称可能会引起读者的误解，因为"正则"这两个字在计算机科学的其他领域也常被使用。然而，在深度学习中，正则化是对模型学习过程进行调校的技术，通过在损失函数后添加某种惩罚项，限制模型对训练集的过度拟合。此时，原损失函数可以被重新定义为

$$\widetilde{J}(\theta, X, y) = J(\theta, X, y) + \alpha\Omega(\theta) \tag{2.70}$$

其中，$\alpha \in [0, \infty]$ 为正则化的超参数。当 α 为 0 时，表示没有正则化；α 的取值越大，正

则化惩罚的影响越大。

常用的正则化方法包括 L1 参数正则化、L2 参数正则化，以及针对神经网络设计的正则化方法，如 Dropout 等。这些正则化方法都经过了数十年演进，相当有效。在设计时可以灵活应用正则化方法，例如根据模型设计目标有针对性地添加函数，以避免不符合场景逻辑的情况发生。在后续章节中，每个典型的案例都会使用不同数量的正则项，以引导模型向预定的方向优化。

4. 反向传播

MLP 对多维数据进行处理，并通过前向计算产生输出的过程被称为**前向传播**（Forward Propagation）。根据最终的输出值和损失函数计算的误差将被反向传播到网络的每个神经元中，通过梯度下降方法调整每个神经元的参数并重新预测，可以进一步减小预测误差。对于神经网络而言，整个 MLP 可微，因此可以根据微积分的链式法则将误差递归地反向传播到每层的每个节点，这个过程被称为**反向传播**（Backward Propagation，BP）。笔者以图 2.23 所示的简单神经网络为例说明反向传播的工作原理。

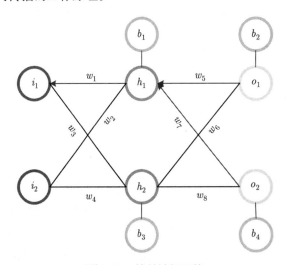

图 2.23　简单神经网络

在前向传播过程中，隐藏层节点 h_1 的输出为两个输入的线性和。

$$\text{net}_{h_1} = w_1 i_1 + w_2 i_2 + b_1 \tag{2.71}$$

经过 Sigmoid 函数激活后，隐藏层节点 h_1 的输出为

$$\text{out}_{h_1} = \frac{1}{1 + \exp\left(-\text{net}_{h_1}\right)} \tag{2.72}$$

同样，节点 o_1 的输出和 Sigmoid 函数激活后的输出均可通过类似的方法计算。

$$
\begin{aligned}
\text{net}_{o_1} &= w_5\text{out}_{h_1} + w_7\text{out}_{h_2} + b_3 \\
\text{out}_{h_2} &= \frac{1}{1 + e^{-\text{net}_{o_2}}}
\end{aligned}
\tag{2.73}
$$

设整个神经网络的误差为 E_{total}，该误差将被反向传播到所有节点。因为整个神经网络可微，所以可以根据微分链式法则逐层计算网络总误差 E_{total} 对各节点的影响。这里将以从节点 i_1 到 h_1 再到 o_1 的链路为例进行分析，其他节点或链路的反向传播分析方法是类似的。

误差对权重 w_5 的影响仅来源于 o_1，因此可以通过链式法则计算。

$$
\frac{\partial E_{\text{total}}}{\partial w_5} = \frac{\partial E_{\text{total}}}{\partial w_{\text{out}_{o_1}}} \frac{\partial E_{\text{out}_{o_1}}}{\partial \text{net}_{o_1}} \frac{\partial E_{\text{net}_{o_1}}}{\partial w_5}
\tag{2.74}
$$

类似地，可以继续分析网络总误差对权重 w_1 的影响。总误差对于权重参数 w_1 的梯度可以通过类似的方法计算。

$$
\frac{\partial E_{\text{total}}}{\partial w_1} = \left(\sum_o \frac{\partial E_{\text{total}}}{\partial w_{\text{out}_o}} \frac{\partial E_{\text{out}_o}}{\partial \text{net}_o} \frac{\partial E_{\text{net}_o}}{\partial \text{out}_{h_1}} \right) \frac{\partial \text{out}_{h_1}}{\partial \text{net}_{h_1}} \frac{\partial \text{net}_{h_1}}{\partial w_1}
\tag{2.75}
$$

这些梯度值被用于更新每个权重，在下一轮预测中重新评估模型的损失。这个过程将不断重复，直到实现学习目标或模型收敛，这标志着训练的结束。

反向传播算法是一种有效的梯度计算方法。主流的深度学习框架，如 PyTorch、Jax 和 TensorFlow 等，已经实现了深度优化的反向传播算法。对于开发人员来说，只需在构建神经网络模型时声明需要计算梯度的张量，然后在每轮训练结束后调用反向传播的 API，框架就将自动处理反向传播过程并更新权重参数，为下一轮训练做好准备。

5. 学习率与更新规则

反向传播算法将输出节点的误差并将其传递至 MLP 的所有神经元，旨在根据误差更新各节点的权重。在此过程中，机器学习的一个基本参数——**学习率**（learning rate，lr）扮演了重要角色。一般而言，学习率是一个较小的浮点数，例如 0.01、0.003 等。在获取误差对权重的传播值后，权重更新算法通常定义为

$$
w_j = w_j - \text{lr}\frac{\partial E_{\text{total}}}{\partial w_j}
\tag{2.76}
$$

学习率的设定也可以采用特定策略，并根据训练过程进行适当调整。例如，在训练初始阶段，由于梯度下降速度较快，需要较大的权重调整，可以设定较大的学习率。而在训练后期，梯度下降速度减慢，需要更精细的权重调整，则可以设定较小的学习率。通过这种自适应的学习

率调整方式，可以提升训练过程的拟合效果。值得注意的是，深度学习框架中的优化器都支持这些学习率调整策略，只需在训练时进行设置，即可自动生效。

2.3.3 小结

通过对本节的学习，读者已具备以下能力。

（1）构建一个基础的 MLP，并通过整合损失函数和正则化公式设计目标函数。

（2）提供 MLP 输入，从而生成相应的输出，并用目标函数来评估预测的损失。

（3）利用反向传播算法将损失传递到 MLP 的各个节点，每个节点根据学习率来优化权重，并启动下一轮训练。

（4）根据训练数据集学习得到误差较小的、能在测试集上展现出良好的泛化效果的 MLP。

至此，我们已经完成了对 MLP 的设计过程的学习，读者可尝试解决一些具体问题。然而，深度学习的知识体系广袤，包括各种模型设计方法、神经网络的详细优化方法和技巧等，本书并未全面展开说明。感兴趣的读者可以继续深入探索深度学习相关的知识和方法，这将对理解新算法和训练调优模型等有很大的助益。Peter Hedman 在 I3D[70] 的一次演讲中提到，目前，神经网络的优化设计在神经渲染领域的应用尚未得到充分的挖掘，这句话引发了笔者的强烈共鸣。在这个人工智能技术快速发展的时代，对底层模型的设计和优化将为下游应用提供巨大的提升空间。

2.4　质量评价方法基础

2.1 节 ～ 2.3 节已经全面阐述了与重建 NeRF 高度相关的基本知识。但是，在模型训练完成后，评价模型质量的方法应当是怎样的呢？在 NeRF 的应用场景中，模型质量的评价标准是确定算法优越性的决定性因素，这直接反映了用户对渲染结果的感受。对于新视角生成和三维重建等问题，通常采用两大类质量评价方法，一类是在二维平面空间内进行质量评价，另一类是在三维立体空间内进行质量评价。以下将分别阐述这些常用的质量评价方法。

2.4.1　二维平面空间质量评价

在处理两张二维单色灰度图像时，一般将原图 S 作为基准，将生成图像 G 作为评价对象。假设两张图像的分辨率相同，图像宽度和高度分别为 w 和 h。此外，图像中像素颜色的最大值 L 可以计算得出，求解公式为

$$L = 2^{\mathrm{bpp}} - 1 \tag{2.77}$$

在上述公式中，bpp 代表图像每像素所需的位数（Bit Per Pixel）。例如，对于最常见的 8 位图像，bpp $= 8$，因此，最大值为 255，这也是灰度能够表达的最大值。

有三种常用的图像质量评价方法：峰值信噪比、结构相似性指数和学习感知图像块相似度。

1. 峰值信噪比

峰值信噪比（Peak Signal to Noise Ratio，PSNR）[71] 是图像质量评价领域最常用且历史悠久的算法。计算两张图像之间的均方误差，公式如下。

$$\text{MSE}(S,G) = \frac{1}{w \cdot h} \sum_{i=1}^{h} \sum_{j=1}^{w} (S(i,j) - G(i,j))^2 \tag{2.78}$$

基于均方误差，可以进一步计算两张图像的 PSNR 值。其计算公式为

$$\text{PSNR} = 10 \lg \left(\frac{L^2}{\text{MSE}} \right) \tag{2.79}$$

PSNR 的单位为分贝（decibel，dB），PSNR 值越高，表示生成的图像越接近原图，质量越高；反之，PSNR 值越低，则两张图像差异越大，质量越低。

2. 结构相似性指数

结构相似性指数（Structure Similarity Index Measure，SSIM）通过比较两张图像的亮度、对比度和结构属性，测量两者之间的相似度。需要对这三个因素分别进行评价，然后对所有结果进行综合评分。

亮度部分 $l(S,G)$ 的评价方法如下。

$$l(S,G) = \frac{2\mu_S \mu_G + c_1}{\mu_S^2 + \mu_G^2 + c_1} \tag{2.80}$$

对比度部分 $c(S,G)$ 的评价方法如下。

$$c(S,G) = \frac{2\sigma_S \sigma_G + c_2}{\sigma_S^2 + \sigma_G^2 + c_2} \tag{2.81}$$

结构部分 $s(S,G)$ 的评价方法如下。

$$s(S,G) = \frac{\sigma_{SG} + c_3}{\sigma_S \sigma_G + c_3} \tag{2.82}$$

参数 μ_S 和 μ_G 代表两幅图像的像素平均值，σ_S 和 σ_G 分别代表两幅图像的像素方差，σ_{SG} 代表两幅图像之间的协方差。其中，c_1、c_2 和 c_3 是用来稳定分母较小的情况的常数，分别通过以下三个公式计算得出。

$$\begin{aligned} c_1 &= (k_1 L)^2 \\ c_2 &= (k_2 L)^2 \\ c_3 &= \frac{c_2}{2} \end{aligned} \tag{2.83}$$

在默认条件下，k_1 的值为 0.01，k_2 的值为 0.03，L 是图像像素颜色的最大值。最后，通过这三部分的指数积来计算 SSIM。

$$\text{SSIM}(S, G) = l(S, G)^{\alpha} \cdot c(S, G)^{\beta} \cdot s(S, G)^{\gamma} \tag{2.84}$$

其中 $\alpha > 0, \beta > 0, \gamma > 0$，为计算的因数。

在实际应用中，通常设定 α、β、γ 都为 1，以简化计算，然后得到以下 SSIM 公式。

$$
\begin{aligned}
\text{SSIM} &= \frac{2\mu_S\mu_G + c_1}{\mu_S^2 + \mu_G^2 + c_1} \cdot \frac{2\sigma_S\sigma_G + c_2}{\sigma_S{}^2 + \sigma_G{}^2 + c_2} \cdot \frac{\sigma_{SG} + \frac{c_2}{2}}{\sigma_S\sigma_G + \frac{c_2}{2}} \\
&= \frac{(2\mu_S\mu_G + c_1)(2\sigma_{SG} + c_2)}{(\mu_S{}^2 + \mu_G{}^2 + c_2)(\sigma_S^2 + \sigma_G^2 + c_2)}
\end{aligned}
\tag{2.85}
$$

这是最常用的 SSIM 计算方式。SSIM 的值在 0 和 1 之间变化。如果 SSIM 值较大，则说明图像失真度较小，质量较高；反之，如果 SSIM 值较小，则说明图像失真度较大，质量较低。

3. 学习感知图像块相似度

可学习感知图像块相似度（Learned Perceptual Image Patch Similarity，LPIPS）是基于人类视觉感知评价图像质量的方法。人眼评价图像相似度的逻辑是极度复杂的。在某些情况下，像峰值信噪比（PSNR）和结构相似性指数（SSIM）这样的评价方法，不能准确地衡量图像之间的差异。例如，在对比图像特别平滑的情况下，PSNR 和 SSIM 的得分可能偏高，从而失去了评价图像质量的实际价值。因此，研究者设计了 LPIPS 算法，利用图像特征来检测图像的相似度。

LPIPS 依赖神经网络来模拟人类对图像的感知。计算过程具体包括将对比的两张图像输入神经网络，并在多个层级上提取特征。对每个层级的特征进行归一化处理，接着，通过各层级权重的点乘计算，得出其 L2 距离。最后，输出一个综合评价分数，以量化图像的感知相似度。

$$\text{LPIPS} = \sum_l \frac{1}{h_l w_l} \sum_{h,w} \|\boldsymbol{\omega}_l \odot (\boldsymbol{S}_{hw}^l - \boldsymbol{G}_{hw}^l)\|^2 \tag{2.86}$$

$\boldsymbol{S}_{hw}^l$ 和 $\boldsymbol{G}_{hw}^l$ 代表在第 l 层的 h 像素 $\times w$ 像素处的输入图像和生成图像的特征，分别用于计算两张图像间的相似性，并进一步评价它们之间的差异。此外，神经网络可以利用 VGG[72]、AlexNet[73] 和 SqueezeNet[74] 等常见的特征提取网络来实现这一操作。

2.4.2 三维立体空间质量评价

在三维重建相关任务中，生成两个显式三维表达的模型或隐式表达的模型，经常需要对重建的质量进行评价。最常用的质量评价工具是**倒角距离**（Chamfer Distance）[75]。假设存在两个非空的点云 X 和 Y，倒角距离会在另一个点云中，为点云中的每个点寻找最近的点，并计算它们之间距离的平方和。这个平方和用于评估两个点云之间的差异程度，其公式如下。

$$\text{Chamfer Distance} = \frac{1}{|X|} \sum_{x \in X} \min_{y \in Y} ||x - y||_2^2 + \frac{1}{|Y|} \sum_{y \in Y} \min_{x \in X} ||x - y||_2^2 \tag{2.87}$$

在计算倒角距离的过程中，需要遍历两个点云以计算最小距离。因此，在处理大量数据时，计算倒角距离会占用较多的计算资源和内存。针对这一问题，研究者已经提出了一些快速方法以近似原始距离[76]。

2.5 总结

NeRF 的基础知识涵盖三维空间基础几何、线性代数、概率论、计算视觉、图形学、信号处理等多个学科。本章试图通过构建一个可渲染、可学习的三维欧氏空间示例串联 NeRF 相关的基础知识。后续章节将详细介绍 NeRF 的技术原理和基础实现，以及学术界和产业界在过去三年多的时间里，对 NeRF 在各种场景下的优化和实战应用。对于其他特定方向的基础知识，将在相应的章节中进行介绍。

3　NeRF 的技术细节

We believe that this work makes progress towards a graphics pipeline based on real world imagery, where complex scenes could be composed of neural radiance fields optimized from images of actual objects and scenes.

— Ben Mildenhall et al

在 2020 年的欧洲计算机视觉会议（ECCV）上，NeRF 首次被提出。建议读者周期性地重读这篇具有里程碑意义的论文[1]，每次阅读都可能有新的发现和理解。本章将详尽地描述 NeRF 包含的所有模块，并且以最简明的代码逻辑还原其基础原理。在阅读完本章后，读者会发现实现 NeRF 并非难事。

另外，本章会介绍一个名为 nerfstudio 的开源项目。这个项目利用多种优秀的算法来完成 NeRF 的训练、渲染及其他相关任务。在这个完备的软件框架下，可以进行各种算法的实验、比较和优化。

3.1　NeRF 解决的问题

在计算视觉领域，**新视角合成**（Novel View Synthesis, NVS）是一个存在了数十年的问题。其中，一个核心的挑战是利用有限数量的二维图像来合成三维场景，并保证生成的新视角图像的真实感。这在复杂的场景中尤其具有挑战性，因为可能需要处理不同的光照条件、材质状态、复杂的物体遮挡问题及噪声。

在第 2 章构建的三维欧氏空间中，采用正向渲染的方法，通过相机对三维物体空间进行拍摄，以生成二维图像。虽然可以通过高质量的正向渲染来获得图像，但其基本要求是对真实世界有明确的三维表达。通过传统的三维建模方法来构建真实世界的三维场景，哪怕对于单个三维物体，往往也需要大量的人力，难以实现。

NeRF 提出了一种创新的方法，将神经网络作为一种新的隐式三维场景表达方式，学习相应的三维神经网络模型表达，并能推理出具有极高渲染质量的二维图像，解决了新视角合成面临的难题。NeRF 的出现引发了许多对三维视觉技术的思考，在三维场景中的物体检测、位姿估计、三维重建等问题上，NeRF 都取得了巨大的成功。因为 NeRF 的出现，各领域新技术不断涌现，这显示了 NeRF 巨大的能力，也使得 NeRF 受到业界广泛关注和欢迎。

3.1.1　辐射场

在**辐射测量学**（Radiometry）中，某一空间点的辐射值指该点在每单位面积、每单位立体角度下，从特定方向发射出的辐射功率。因此，空间中任意一点的辐射值在不同的观察角度下具有不同的表现。NeRF 将这一概念运用并延伸，将辐射场重新定义为一个计算空间中各点颜色和体密度的函数。该函数以空间中任意点的位置坐标和观察方向作为输入，输出该点在特定观察方向下的颜色和体密度，如图 3.1 所示。

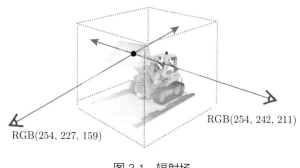

RGB(254, 242, 211)

RGB(254, 227, 159)

图 3.1　辐射场

获得了空间各点的辐射值后，便具有了构建场景所需的所有视觉信息，借助渲染算法可以生成三维空间任意视角下的图像。存储辐射值最简单的方法是使用三维体素网格。在此方法中，三维场景由体素网格表示，每个体素存储其对应位置的辐射值。然而，这种方法存在明显问题，即每个体素需要存储大量数据才能完整地表达场景中各方向的辐射情况。特别是在高分辨率的辐射场中，使用体素表示辐射场对存储的要求非常高。

相比之下，NeRF 选择使用 MLP 表示辐射场，用户可以从任意观察角度查询 MLP，获取相应方向的辐射值。由于 MLP 的连续性，NeRF 具有无限分辨率生成的能力。MLP 的参数量决定模型存储所需的资源，相比体素等传统表示方法，NeRF 在灵活性和紧凑性方面具有明显优势。

3.1.2　神经辐射场

使用一个全连接的 MLP——Θ，它以三维空间中坐标为 (x, y, z) 的点 $\boldsymbol{x}$ 为观察点，观察角度为 (θ, ϕ)，输出该点的颜色信息 $\boldsymbol{c}$ 和体密度 σ，在数学语言中，此过程可以表述为

$$F(\Theta) : (\boldsymbol{x}, \theta, \phi) \to (\boldsymbol{c}, \sigma) \tag{3.1}$$

在具体的计算过程中，常常用三维单位向量 $\boldsymbol{d}$ 代表观察方向。虽然其维度比原始数据多一维，但表达更清晰，且更便于构造光线，具体示意图可参见图 3.2。因此，该 NeRF 模型通常可以被重写为

$$F(\Theta) : (\boldsymbol{x}, \boldsymbol{d}) \rightarrow (\boldsymbol{c}, \sigma) \tag{3.2}$$

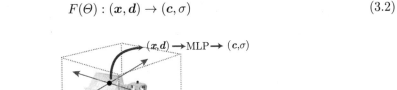
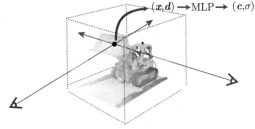

图 3.2　用三维单位向量 $\boldsymbol{d}$ 代表观察方向

以上描述定义了一个使用神经网络表达的辐射场，即**神经辐射场**。在渲染过程中，射线从相机发出，穿越三维场景区域，与场景相交，形成众多采样点。这些采样点的辐射值可以在 MLP 中推理得出，使用所有射线上的辐射值来计算最终的射线，以观察颜色。因此，在任何一个新的相机位置下，都可以从相机中心向成像面的每个像素发射一条光线，并通过渲染得到单个像素的颜色值，从而得到新视角的图像，于是就有了如图 3.3 所示的 NeRF 经典算法框架。

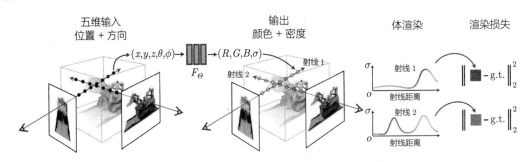

图 3.3　NeRF 经典算法框架。引自参考文献[1]

进一步讨论 NeRF 的训练与推理过程。

（1）在训练阶段（如图 3.4 所示），加载多视角拍摄的二维图像和每张图像的相机位姿，并形成训练集，将这些数据视为真实值，同时初始化 MLP。接下来，利用相机的位姿向三维空间投射射线，在该射线上进行采样，并通过位置编码获得特征信息。通过 MLP 可以获取每个采样点的颜色和体密度信息。进一步地，借助体渲染算法，可以计算出该射线对应的像素值。这些像素值可以与输入的真值进行比较，计算损失，用以训练 MLP 并更新权重，直至模型收敛。

经过训练的模型可以有效表达三维场景。

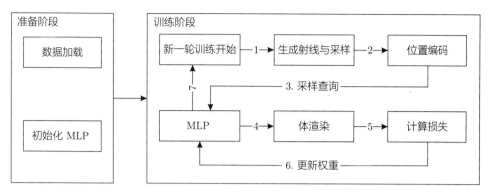

图 3.4　NeRF 的训练阶段

（2）在推理阶段（如图 3.5 所示），首先加载 NeRF 模型和相机目标位姿，然后向场景投射出所有需要渲染的图像的射线，并对射线上的每个点进行采样。同样，使用位置编码生成空间点的特征，并以特征为输入进行 MLP 推理，得到颜色和体密度值。最后，使用体渲染算法输出新视角图像。

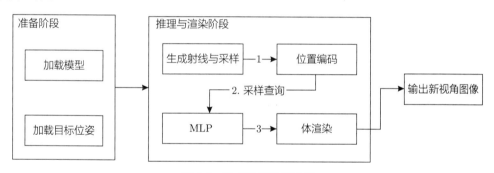

图 3.5　NeRF 的推理阶段

虽然 NeRF 的基本原理并不复杂，但每个模块都涉及许多数学原理和实现细节。在 3.2 节中，笔者将分别解析每个步骤，并配以代码实现进行详细介绍。

3.2　小试牛刀：NeRF 原理介绍与代码实现

3.2.1　数据准备

本节通过一个经典的数据集进行 NeRF 的训练和推理程序的构建。这个数据集将使用原始 NeRF 数据集中的乐高（Lego）模型，该模型经常被视为 NeRF 领域的标志。乐高数据的目录结构如图 3.6 所示。

数据集被划分为训练集（train）、评估集（val）和测试集（test）三部分，分别在模型的训练、评估和测试过程中发挥作用。

图 3.6　乐高数据结构

（1）在 train 文件夹下，包含 100 张分辨率为 800 像素 × 800 像素的训练图像，每张图像对应的相机位姿存储在 transforms_train.json 文件中。

（2）在 val 文件夹下，包含 100 张分辨率为 800 像素 × 800 像素的验证图像，每张图像对应的相机位姿存储在 transforms_val.json 文件中。

（3）在 test 文件夹下，包含 200 张分辨率为 800 像素 × 800 像素的测试图像，以及各图像对应的深度和法向图，每张图像对应的相机位姿存储在 transforms_test.json 文件中。

接下来，将按模块逐一实现 NeRF 的算法、训练和推理过程。读者可以通过本书提供的代码仓库，或者从原始 NeRF 提供的数据集中获取乐高数据及相关的实现代码。这里大量参考了开源项目 nerf-pytorch[77]，并尽可能采用易于理解的代码来实现整个流程。此外，原项目中的扩展算法细节和优化技巧已被忽略，以便读者能专注于核心的算法逻辑。在学习完本章后，读者可以更轻松地阅读 nerf-pytorch 的原始代码或其他 NeRF 项目的代码。

3.2.2　环境准备

本书基于 Python 3.9 或更高版本编写，其代码可以在 Linux、Windows 和 macOS 操作系统下运行。笔者建议读者优先选择 Ubuntu 22 或更高版本的 Linux 操作系统，因为在 Ubuntu 操作系统下，相关工具链和硬件环境的运行通常更为顺畅。这样的选择方案将对读者在研究本书内容后，进一步探索 NeRF 相关项目产生积极的帮助。在本书所涉及的范围内，所有代码均可跨平台执行，因此操作系统的选择并不会影响代码的正常运行。

为了实现 Python 环境的隔离并且管理各种开发包，读者可选用 conda（无论是 anaconda 还是 miniconda）或者 Python 的 venv 来创建独立的虚拟环境。以 anaconda 为例，首先使用

conda 创建一个名为 nerf_env 的虚拟环境，读者可根据个人喜好对其进行重命名。创建完成后，用 conda 激活该环境，然后可以开始安装相应的 Python 依赖包。

首先，使用 conda 创建一个名为 nerf_env 的虚拟环境，读者可以对该环境重新命名。

代码清单 3.1　创建 conda 环境 nerf_env

```
1  conda create --name nerf_env python=3.9
```

创建完成之后，使用 conda 激活该环境，开始安装相应的 Python 依赖包。

代码清单 3.2　激活 nerf_env 环境

```
1  conda activate nerf_env
```

本书所需的依赖包包括 PyTorch（用于构建和学习神经网络）、NumPy（用于数据处理和管理）、Matplotlib（用于可视化绘制）、ImageIO（用于图像的输入和输出），以及 tqdm（用来展示进度）。需要特别注意的是，安装 PyTorch 时需检查是否安装了支持 CUDA 的版本。尽管在有 CUDA 支持的情况下，训练 NeRF 仍需花费一定时间，但如果仅使用 CPU 进行训练，所需时间通常以天为单位。官方网站提供了一个方便的工具，可以根据安装环境的要求自动生成相应的安装脚本。例如，在 Linux 操作系统中安装支持 CUDA 11.8 版本的 PyTorch 时，只需按照指示选择适当的选项生成安装脚本，然后在命令行中输入生成的命令，如图 3.7 所示。

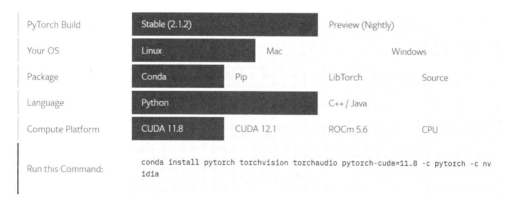

图 3.7　生成 PyTorch 安装脚本

这时，只需要复制生成的脚本，在命令行里输入生成的命令即可开始安装。

代码清单 3.3　安装支持 CUDA 版本的 PyTorch

```
1  conda install pytorch torchvision torchaudio pytorch-cuda=11.8 -c pytorch -c nvidia
```

安装完成后，通过在命令行中运行 torch 的 cuda.is_available() 方法，可以确认是否已成功安装了支持 CUDA 11.8 的版本。如果此方法返回 False，则说明安装存在问题，检查并修改安装过程即可。返回结果如图 3.8 所示。

```
>>> import torch
>>> torch.cuda.is_available()
True
```

图 3.8　返回结果

其他依赖包可正常使用 conda 进行安装。

代码清单 3.4　使用 conda 安装其他依赖包

```
1  conda install numpy matplotlib imageio tqdm
```

在所有依赖包安装完成后，conda 应无错误地退出。如在安装过程中遇到任何异常，可根据提示进行处理。如无法解决，则可在社区中寻求帮助，社区成员通常会帮忙解决此类问题。

3.2.3　数据加载

引入本项目所需的所有包，以便调用。

代码清单 3.5　加载乐高数据

```
1  # 引用包
2  import os, json, time
3  import numpy as np
4  import torch
5  import torch.nn as nn
6  import torch.nn.functional as F
7  import matplotlib.pyplot as plt
8  import imageio
9  from tqdm import tqdm, trange
10
11 np.random.seed(0)
```

所有数据的加载始自元数据 JSON 文件，该文件充当数据集的元数据角色，详尽描绘了相机的内参数、每张图像的外参数及相应的图像文件名和加载路径。通过解析数据集中的所有 JSON 文件，所有数据得以紧密连接。实现代码如下。

代码清单 3.6　加载乐高数据

```
1  import os
2  import json
3
4  # 分别加载train、val、test数据
5  splits = ['train', 'val', 'test']
6
7  # 将basedir设定为数据集存放路径，本项目假定数据保存在.\data\lego目录下，如果本地存储路径不
8      一致，则修改目标位置
9  basedir = '.\data\lego'
10
11 # metas加载了所有元数据
12 metas = {}
13 for s in splits:
14     with open(os.path.join(basedir, 'transforms_{}.json'.format(s)), 'r') as fp:
15         metas[s] = json.load(fp)
```

元数据主要分为两部分。第一部分是"camera_angle_x"，它代表的是以度为单位的相机水平视场值，这个值在构建相机内参数矩阵时要用到。第二部分是"frames"，它包含数据中每张图像的详细信息。

（1）"file_path"表示图像文件的相对存储位置。

（2）"rotation"表示图像的旋转角度，在数据导出过程中，对特定场景，该值通常是恒定的，因此在处理过程中常被忽视。

（3）"transform_matrix"是相机的旋转矩阵，即相机的外参数。

通过解析 JSON 数据结构并加载图像，可以获得图像分辨率、图像 RGBA 数据、相机的内外参数等关键数据。读者可以通过以下例程了解解析的具体细节。

代码清单 3.7　数据解析

```
1  # 所有的图像数据，以及对应的相机姿态和每种类型数据的数量
2
3  all_imgs = []
4  all_poses = []
5  counts = [0]
6
7  # 分类别加载信息
8  for s in splits:
9      meta = metas[s]
```

```
10      imgs = []
11      poses = []
12      for frame in meta['frames'][::]:
13          # 格式化图像存储路径，使用imageio加载图像，同时保存该图像的位姿信息
14          fname = os.path.join(basedir, frame['file_path'] + '.png')
15          imgs.append(imageio.imread(fname))
16          poses.append(np.array(frame['transform_matrix']))
17
18      # 将图像RGBA数据归一化
19      imgs = (np.array(imgs) / 255.).astype(np.float32)
20      poses = np.array(poses).astype(np.float32)
21
22      # 统计当前类型一共包含多少张图像
23      counts.append(counts[-1] + imgs.shape[0])
24      all_imgs.append(imgs)
25      all_poses.append(poses)
26
27  # 按首个维度展开图像与位姿数据
28  imgs = np.concatenate(all_imgs, 0)
29  poses = np.concatenate(all_poses, 0)
```

此刻，借助 Matplotlib 库，可以绘制一张图像以确认数据已成功加载，成功加载并绘制的示例如图 3.9 所示。示例代码如下。

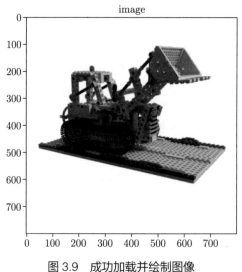

图 3.9　成功加载并绘制图像

代码清单 **3.8** 绘制一张图像确认加载成功

```
1  plt.figure('lego')
2  plt.imshow(imgs[10])
3  plt.title('Lego Image')
4  plt.show()
```

结合图像分辨率和 camera_angle_x，依照基本的三角几何原理，能够计算出相机焦距（原理可参考图 3.10），进而得到相机的内参。

$$\text{focal\_length} = \frac{\text{image\_width}}{2 \times \tan\left(\dfrac{\text{camera\_angle\_x}}{2}\right)} \tag{3.3}$$

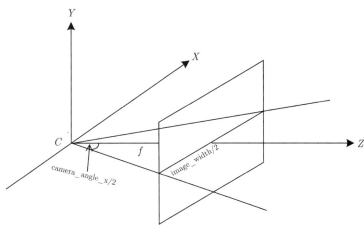

图 3.10 焦距的计算原理

计算相机内参矩阵的示例代码如下。

代码清单 **3.9** 计算相机内参矩阵

```
1  camera_angle_x = float(meta['camera_angle_x'])
2
3  # 获取图像的宽和高
4  H, W = imgs[0].shape[:2]
5
6  # 使用公式计算相机的焦距
7  focal = .5 * W / np.tan(.5 * camera_angle_x)
8
9  # 计算相机内参矩阵K
```

```
10  K = np.array([
11      [focal, 0, 0.5*W],
12      [0, focal, 0.5*H],
13      [0, 0, 1]
14  ])
```

所有数据均被成功读取和解析。需要注意，乐高数据是 blender 格式的，虽然其他数据集的格式可能会有所不同，但是它们解析的目标是一致的——得到训练和推理阶段所需的图像数据以及相机的内外参数信息。因此，只需根据数据类型调整解析脚本。

3.2.4　生成射线

接下来，可以使用训练集中的图像数据生成训练数据。从训练样本的角度，可以认为所有图像数据都是由相机中心发射出的多条光线对三维场景的采样结果。如在乐高模型的训练集中有 100 张分辨率为 800 像素 × 800 像素的图像，从每个相机的光心到各像素的栅格数量之和如下。

$$100 \times 800 \times 800 = 64,000,000 \tag{3.4}$$

这构成了 6400 万条射线的训练数据。每条射线对应图像中的 RGB 像素信息，代表对应的光线最终看到的颜色值，可以当作训练的真值。因此，在训练开始之前，可以写一个方法用于生成光线，在每次训练中随机抽取一部分交给神经网络学习。

首先，实现获取所有光线的方法。

代码清单 3.10　获取所有光线

```
1   # 使用图片宽、高、内参、外参生成所有的光线数据
2   def get_rays_np(H, W, K, c2w):
3       # 获得所有图像的二维坐标数据
4       i, j = np.meshgrid(np.arange(W, dtype=np.float32), np.arange(H, dtype=np.float32),
            indexing='xy')
5       # 以相机坐标系，生成光线方向
6       dirs = np.stack([(i-K[0][2])/K[0][0], -(j-K[1][2])/K[1][1], -np.ones_like(i)], -1)
7       # 旋转光线方向到世界坐标系
8       rays_d = np.sum(dirs[..., np.newaxis, :] * c2w[:3,:3], -1)
9       # 将相机光心平移到世界坐标系
10      rays_o = np.broadcast_to(c2w[:3,-1], np.shape(rays_d))
11
12      # 返回各光线的原点位置及对应的方向向量
13      return rays_o, rays_d
```

然后，格式化所有的光线数据，生成训练数据集，实现代码如下。

代码清单 3.11　生成训练数据集

```
1  # 生成所有的光线数据, 维度为[N, ro+rd, H, W, 3]
2  rays = np.stack([get_rays_np(H, W, K, p) for p in poses[:,:3,:4]], 0)
3
4  # 将每条光线与相应的RGB真值对应, 维度为 [N, ro_rd+rgb, H, W, 3]
5  rays_rgb = np.concatenate([rays, imgs[:,None]], 1)
6
7  # 重排训练数据顺序, 维度变为 [N, H, W, ro+rd+rgb, 3]
8  rays_rgb = np.transpose(rays_rgb, [0,2,3,1,4])
9
10 # 仅提取训练的图像信息
11 rays_rgb = np.stack([rays_rgb[i] for i in i_train], 0)
12
13 # 将数据转换为以图像为单元的格式, 维度变为[(N-1)*H*W, ro+rd+rgb, 3]
14 rays_rgb = np.reshape(rays_rgb, [-1,3,3])
15
16 # 设置数据格式为float32
17 rays_rgb = rays_rgb.astype(np.float32)
18
19 # 随机打散数据
20 np.random.shuffle(rays_rgb)
```

最后，将图像信息、位姿信息和光线信息上传到目标训练设备，完成光线的生成和准备工作，实现代码如下。

代码清单 3.12　上传训练数据

```
1  # 判断当前可用设备类型
2  device = torch.device("cuda" if torch.cuda.is_available() else "cpu")
3
4  # 将数据上传到设备中
5  imgs = torch.Tensor(imgs).to(device)
6  poses = torch.Tensor(poses).to(device)
7  rays_rgb = torch.Tensor(rays_rgb).to(device)
```

将所有训练图像的 RGB 数据一次性上传到显存中，而每次只使用很少一部分的方法是比较浪费的。实际上，可以使用简化方案，例如每次训练仅从一张图像中采样光线，存储压力就会大幅下降。这样做的缺点在于，数据采样的多样性受到约束，会对训练结果有所影响。读者可以根据硬件情况调整实现逻辑。

3.2.5　位置编码

　　NeRF 刚被实现时，重建的图像总是比较模糊，如图 3.11 左侧所示。科学家研究发现，这是因为没有进行**位置编码**（Positional Encoding），导致了高频信息不足。这也是 NeRF 核心技术中最后被发现的问题，这一问题的解决将模型清晰度提升到前所未有的水平。

图 3.11　没有位置编码时的重建效果。引自参考文献[1]

　　在机器学习的历史上，类似的问题和解决方案不是第一次出现。在机器学习的很多领域中，如自然语言处理、信号处理等都有类似的问题场景，其解决思路都是对输入数据进行嵌入（Embedding）。对 NeRF 来讲，作者对三维点信息和方向信息使用了正余弦频域位置编码方法，对空间点位置加入大量的高频信息。这部分操作并不复杂，效果却非常明显，说明对输入信号频率深度的加强对重建效果影响很大。时至今日，依然不断有新的频域增强的方法被研究者提出，以实现更好的信号表达效果。

　　原文提到的位置编码方法指使用一组正余弦函数对位置进行编码。

$$\gamma(p) = (\sin(2^0\pi p), \cos(2^0\pi p), \cdots, \sin(2^{(L-1)}\pi p), \cos(2^{(L-1)}\pi p)) \tag{3.5}$$

　　将其分别应用到位置的三个维度，以及方向的两个维度之后，再输入 MLP，即可重现原始 NeRF 所展示的效果。相应的实现代码片段如下。

代码清单 3.13　位置编码实现

```
1   # 位置编码类Embedder
2   class Embedder:
3       def __init__(self, **kwargs):
4           self.kwargs = kwargs
5           self.create_embedding_fn()
6
7       def create_embedding_fn(self):
8           embed_fns = []
9           d = self.kwargs['input_dims']
10          out_dim = 0
11          if self.kwargs['include_input']:
12              embed_fns.append(lambda x : x)
13              out_dim += d
14
15          max_freq = self.kwargs['max_freq_log2']
16          N_freqs = self.kwargs['num_freqs']
17
18          # 生成所有的频段
19          if self.kwargs['log_sampling']:
20              freq_bands = 2.**torch.linspace(0., max_freq, steps=N_freqs)
21          else:
22              freq_bands = torch.linspace(2.**0., 2.**max_freq, steps=N_freqs)
23
24          # 将各频段的计算方法生成一个列表
25          for freq in freq_bands:
26              for p_fn in self.kwargs['periodic_fns']:
27                  embed_fns.append(lambda x, p_fn=p_fn, freq=freq : p_fn(x * freq))
28                  out_dim += d
29
30          self.embed_fns = embed_fns
31          self.out_dim = out_dim
32
33      def embed(self, inputs):
34          # 计算输入数据的位置编码
35          return torch.cat([fn(inputs) for fn in self.embed_fns], -1)
```

同时实现一个方法，用于生成原始 NeRF 设计的位置编码方法，示例代码如下。

代码清单 3.14 位置编码创建方法

```
1   def get_embedder(multires, i=0):
2       if i == -1:
3           return nn.Identity(), 3
4
5       embed_kwargs = {
6                   'include_input' : True, # 原始输入也作为特征输入
7                   'input_dims' : 3,
8                   'max_freq_log2' : multires-1,
9                   'num_freqs' : multires,
10                  'log_sampling' : True,
11                  'periodic_fns' : [torch.sin, torch.cos], # 使用正余弦函数生成特征
12      }
13
14      # 创建位置编码对象
15      embedder_obj = Embedder(**embed_kwargs)
16      embed = lambda x, eo=embedder_obj : eo.embed(x)
17      return embed, embedder_obj.out_dim
```

3.2.6 MLP 的结构

接下来构建 MLP。介绍 NeRF 的原始论文中使用了一个十层全连接网络估计光线采样点的颜色值和密度，如图 3.12 所示。

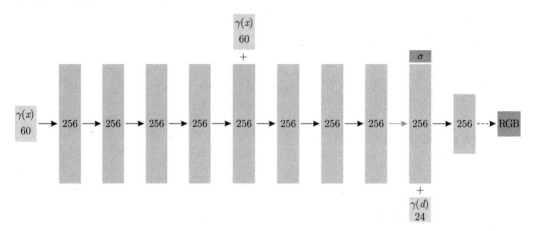

图 3.12 介绍 NeRF 的原始论文中的 MLP 结构

以下是对这个网络结构的详细解析。

（1）接收的输入主要为位置特征信息。更具体地说，其输入为经过位置编码后的三维空间点及射线方向的特征数据。其中，空间位置具有 60 个维度，而观察方向有 24 个维度。关于位置编码技术的详细内容已经在 3.2.5 节中进行了详细介绍。

（2）MLP 的中间有 8 个隐藏层，每层都由 256 个通道构成。值得注意的是，第 5 层的结果将再次与 60 维的空间点输入进行连接，然后送入第 6 层。这种技术被称为 skip connection，最初在 ResNet[78] 和 DenseNet[79] 中被提出，并在 DeepSDF[80] 中用于几何处理。后续实验证实，在 NeRF 中，这种技术可以增强神经网络的学习效果，因此该环节是可选的。在第 8 层的最后，输出结果不经过激活函数，直接被传送到下一层。

（3）MLP 的第 9 层负责输出辐射场的密度值，经过激活函数后继续向前传播。

（4）MLP 的最后一层是输出层，由 128 个通道构成，经过 ReLU 激活函数激活后，预测最终的 RGB 颜色值。

以上所述的 MLP 结构是 NeRF 原始论文中所使用的。从算法功能的角度来看，MLP 主要起到特征预测和插值的作用。可以根据需求对 MLP 进行修改，也可以重构。图 3.13 所示是一个简化的 MLP 结构。

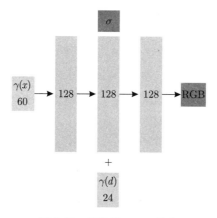

图 3.13　简化的 MLP 结构

在此 MLP 结构下，第 2 层的输出为密度值，第 3 层则输出 RGB 值。利用三层的网络即可模拟 NeRF MLP 的流程，从而实现对场景的呈现。由于神经网络的规模较小，因此训练与推测的速度将大幅提升。然而，这种方式的代价是模型的表达能力有所降低，从而影响渲染效果。

可以构建一个 NeRF 类，将 MLP 的构建过程参数化，以便在实例化时根据需求进行灵活配置。NeRF 类的示例代码如下。

代码清单 3.15 NeRF MLP 实现

```
1  # NeRF模型类实现
2  class NeRF(nn.Module):
3      def __init__(self, D=8, W=256, input_ch=3, input_ch_views=3, output_ch=4, skips=[4],
           use_viewdirs=False):
4          """
5          输入参数:
6          D: 处理位置信息的层数, 原文默认为8层
7          W: 每层的通道数, 原文默认为每层256个通道
8          input_ch: 输入位置通道数, 在没有位置编码的情况下默认为3
9          input_ch_views: 输入方向通道数, 在没有位置编码的情况下默认为3
10         output_ch: 输出的维度, 密度sigma + RGB三通道值
11         skips: 是否进行skip connection, 原文默认在第5层时进行skip connection的连接操作
12         use_viewdirs: 是否使用单独层进行密度估计, use_viewdirs=False时MLP同时输出所有结果
               use_viewdirs=True时MLP将按原文逻辑, 分两层输出sigma和RGB
13         """
14
15         # 初始化参数
16         super(NeRF, self).__init__()
17         self.D = D
18         self.W = W
19         self.input_ch = input_ch
20         self.input_ch_views = input_ch_views
21         self.skips = skips
22         self.use_viewdirs = use_viewdirs
23
24         # 前D层神经网络初始化
25         # 第一层为input_ch -> W
26         # 遇到skip connection层时为 W + input_ch -> W
27         # 其他所有层为 W -> W
28         self.pts_linears = nn.ModuleList(
29             [nn.Linear(input_ch, W)] + [nn.Linear(W, W) if i not in self.skips else nn.
                   Linear(W + input_ch, W) for i in range(D-1)])
30
31         # 初始化第9层, input_ch_views + W -> W // 2
32         self.views_linears = nn.ModuleList([nn.Linear(input_ch_views + W, W//2)])
33
34         if use_viewdirs:
35             # 原文设计, 分别预测sigma和RGB
```

```
36              self.feature_linear = nn.Linear(W, W)
37              self.alpha_linear = nn.Linear(W, 1)
38              self.rgb_linear = nn.Linear(W//2, 3)
39          else:
40              # 使用简化设计，单层直接输出
41              self.output_linear = nn.Linear(W, output_ch)
42
43      def forward(self, x):
44          # 输入数据分为位置与方向数据
45          input_pts, input_views = torch.split(x, [self.input_ch, self.input_ch_views], dim
                =-1)
46
47          # 使用前D层，前向传播，并在skip connection层连接初始位置信息
48          h = input_pts
49          for i, l in enumerate(self.pts_linears):
50              h = self.pts_linears[i](h)
51              h = F.relu(h)
52              if i in self.skips:
53                  h = torch.cat([input_pts, h], -1)
54
55          if self.use_viewdirs:
56              # 原文设计，在第9层输出sigma数据，并连接方向信息，继续向前传播
57              alpha = self.alpha_linear(h)
58              feature = self.feature_linear(h)
59              h = torch.cat([feature, input_views], -1)
60
61              # 在最后一层使用ReLU进行激活，并输出RGB值
62              for i, l in enumerate(self.views_linears):
63                  h = self.views_linears[i](h)
64                  h = F.relu(h)
65              rgb = self.rgb_linear(h)
66
67              # 生成输出数据
68              outputs = torch.cat([rgb, alpha], -1)
69          else:
70              # 简化设计，直接输出sigma + RGB
71              outputs = self.output_linear(h)
72
73          return outputs
```

该完整且灵活的 NeRF MLP 类可以根据特定需求，初始化为不同的 MLP 结构。例如，若需创建与原文一致的 MLP，则可按照以下方式进行初始化。

代码清单 3.16　创建 NeRF 对象

```
1  demo_model = NeRF(use_viewdirs=True)
```

而简化的 MLP 结构可以使用以下方式进行初始化。

代码清单 3.17　创建简化的 NeRF 对象

```
1  simplified_model = NeRF(D=1, W=256, input_ch=3, input_ch_views=3, output_ch=4, skips=None,
       use_viewdirs=False)
```

3.2.7　分层采样

在三维空间中，物体的分布通常是稀疏的。如果一条射线在其路径上均匀地采样多个点，那么极有可能只有少数点对最终渲染结果有影响，而大多数点会落在空白空间或不透明区域中，这些点对渲染结果并无影响，如图 3.14 左侧所示。因此，理想的采样策略应该是在对最终渲染结果影响较大的区域有更多的采样点，这需要依赖一定的空间密度先验概率分布。

然而，在实际的训练过程中，初始阶段样本的分布并无任何先验知识，因此需要通过连续的采样来获得射线上的空间点密度分布，然后根据该分布引导采样点在射线上重新分布。

NeRF 算法设计了一种分层采样的方法，它使用两个 MLP 同时学习**粗糙网络**（Coarse Network）和**精细网络**（Fine Network）。使用均匀采样对粗糙网络进行学习可以获得空间中体密度概率分布的一些先验知识。然后在学习精细网络时，可以通过粗糙网格的权重概率密度分布生成一组新的采样点，以确保对渲染结果影响较大的区域被更稠密地采样。在对精细网络的学习和渲染过程中，将使用两个阶段生成的所有采样点，如图 3.14 右侧所示。定量的消融测试结果表明，相比于单个网络预测结果，分层采样策略可以带来约 1dB 的性能提升。

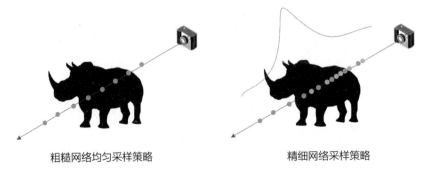

粗糙网络均匀采样策略　　　　　　　　　精细网络采样策略

图 3.14　分层采样策略

以下代码展示了 NeRF 的两个分层网络的实现过程。

代码清单 3.18 分层采样算法

```
1   # 初始化NeRF的网络结构
2   def create_nerf(args):
3
4       # 获取NeRF对空间点位置和观察方向位置编码的方法函数
5       embed_fn, input_ch = get_embedder(args.multires, args.i_embed)
6
7       input_ch_views = 0
8       embeddirs_fn = None
9       if args.use_viewdirs:
10          embeddirs_fn, input_ch_views = get_embedder(args.multires_views, args.i_embed)
11      output_ch = 5 if args.N_importance > 0 else 4
12      skips = [4]
13      # 创建粗糙网络
14      model = NeRF(D=args.netdepth, W=args.netwidth,
15                   input_ch=input_ch, output_ch=output_ch, skips=skips,
16                   input_ch_views=input_ch_views, use_viewdirs=args.use_viewdirs).to(device)
17      grad_vars = list(model.parameters())
18
19      model_fine = None
20      # 创建精细网络
21      if args.N_importance > 0:
22          model_fine = NeRF(D=args.netdepth_fine, W=args.netwidth_fine,
23                            input_ch=input_ch, output_ch=output_ch, skips=skips,
24                            input_ch_views=input_ch_views, use_viewdirs=args.use_viewdirs).to
                             (device)
25          grad_vars += list(model_fine.parameters())
26
27      network_query_fn = lambda inputs, viewdirs, network_fn : run_network(inputs, viewdirs,
            network_fn,
28                                                          embed_fn=embed_fn,
29                                                          embeddirs_fn=embeddirs_fn,
30                                                          netchunk=args.netchunk)
31
32      # 创建优化器
33      optimizer = torch.optim.Adam(params=grad_vars, lr=args.lrate, betas=(0.9, 0.999))
34
```

```
35      start = 0
36      basedir = args.basedir
37      expname = args.expname
38
39      ##########################
40
41      # 从之前训练的Checkpoint进行模型加载
42      if args.ft_path is not None and args.ft_path!='None':
43          ckpts = [args.ft_path]
44      else:
45          ckpts = [os.path.join(basedir, expname, f) for f in sorted(os.listdir(os.path.join
                    (basedir, expname))) if 'tar' in f]
46
47      print('Found ckpts', ckpts)
48      if len(ckpts) > 0 and not args.no_reload:
49          ckpt_path = ckpts[-1]
50          print('Reloading from', ckpt_path)
51          ckpt = torch.load(ckpt_path)
52
53          start = ckpt['global_step']
54          optimizer.load_state_dict(ckpt['optimizer_state_dict'])
55
56          # Load model
57          model.load_state_dict(ckpt['network_fn_state_dict'])
58          if model_fine is not None:
59              model_fine.load_state_dict(ckpt['network_fine_state_dict'])
60
61      ########################
62
63      render_kwargs_train = {
64          'network_query_fn' : network_query_fn,
65          'perturb' : args.perturb,
66          'N_importance' : args.N_importance,
67          'network_fine' : model_fine,
68          'N_samples' : args.N_samples,
69          'network_fn' : model,
70          'use_viewdirs' : args.use_viewdirs,
71          'white_bkgd' : args.white_bkgd,
```

```
72                'raw_noise_std' : args.raw_noise_std,
73        }
74
75      render_kwargs_test = {k : render_kwargs_train[k] for k in render_kwargs_train}
76      render_kwargs_test['perturb'] = False
77      render_kwargs_test['raw_noise_std'] = 0.
78
79      return render_kwargs_train, render_kwargs_test, start, grad_vars, optimizer
```

两个网络均被成功创建。在进行训练时，如果选择进行分层采样，那么可以通过 sample_pdf 方法添加新的重要采样点。然后，利用精细网络进行预测和渲染。以下是参考实现。

代码清单 3.19　PDF 采样

```
1   # 根据权重分布，添加N_samples个采样点，实现分层采样
2   def sample_pdf(bins, weights, N_samples, det=False, pytest=False):
3       weights = weights + 1e-5 # 对权重加一个小值，防止除法计算出现NaN
4       pdf = weights / torch.sum(weights, -1, keepdim=True)
5       cdf = torch.cumsum(pdf, -1)
6       cdf = torch.cat([torch.zeros_like(cdf[...,:1]), cdf], -1)  # (batch, len(bins))
7       cdf.to(device)
8
9       if det:
10          u = torch.linspace(0., 1., steps=N_samples)
11          u = u.expand(list(cdf.shape[:-1]) + [N_samples])
12      else:
13          u = torch.rand(list(cdf.shape[:-1]) + [N_samples])
14
15      u = u.contiguous().to(device)
16      inds = torch.searchsorted(cdf, u, right=True)
17      below = torch.max(torch.zeros_like(inds-1), inds-1)
18      above = torch.min((cdf.shape[-1]-1) * torch.ones_like(inds), inds)
19      inds_g = torch.stack([below, above], -1)  # (batch, N_samples, 2)
20
21
22      matched_shape = [inds_g.shape[0], inds_g.shape[1], cdf.shape[-1]]
23      cdf_g = torch.gather(cdf.unsqueeze(1).expand(matched_shape), 2, inds_g)
24      bins_g = torch.gather(bins.unsqueeze(1).expand(matched_shape), 2, inds_g)
25
26      denom = (cdf_g[...,1]-cdf_g[...,0])
```

```
27    denom = torch.where(denom<1e-5, torch.ones_like(denom), denom)
28    t = (u-cdf_g[...,0])/denom
29    samples = bins_g[...,0] + t * (bins_g[...,1]-bins_g[...,0])
30
31    return samples
```

3.2.8 体渲染技术

我们已经在空间中对单条射线进行了 N 个点的采样，并通过 MLP 获取了各点的辐射信息。而如何将这些信息转化为射线最终被观察到的颜色值，则成为一个待解决的问题。值得一提的是，**体渲染**（Volumetric Rendering）[81] 技术已在 30 年前被发明并被用于解决此类问题，它包含了数学推导及算法设计。尽管经过了多年的发展，体渲染技术在新的应用环境下依然可以展现出强大的效能。通过对第 4 章和第 5 章的学习，读者将会理解，NeRF 的成功关键并非在于 MLP，而在于体渲染技术和位置编码。

1. 透射率

射线 r 沿着方向 d 传播，在经过距离 t 后仍未与任何粒子发生碰撞的概率，被称为所对应位置的透射率，记作 $\mathcal{T}(t)$。物质的透射属性与其密度直接相关。物质的密度 $\sigma(t)$ 由物质单位体积的粒子密度决定。当物质密度较大，即物质粒子较为密集时，透射率较小；相反，当物质密度较小时，透射率较大。

假设光线传播的距离为 t 时，透射率为 $\mathcal{T}(t)$，那么在经过一个额外的距离 $\mathrm{d}t$ 后，透射率将等于当前的透射率乘以在这个距离的传播过程中仍未与粒子发生碰撞的概率，即

$$\mathcal{T}(t + \mathrm{d}t) = \mathcal{T}(t) \cdot (1 - \mathrm{d}t\sigma(t)) \tag{3.6}$$

当 $\mathrm{d}t$ 极小时，此公式可以转化为导数的形式。

$$\frac{(\mathcal{T}(t + \mathrm{d}t) - \mathcal{T}(t))}{\mathrm{d}t} = \mathcal{T}'(t) \tag{3.7}$$

将导数代回原公式，可以得到

$$\frac{\mathcal{T}'(t)}{\mathcal{T}} = -\sigma(t) \tag{3.8}$$

进一步对体密度空间中的 (a, b) 区间进行积分，得到

$$\int_a^b \frac{\mathcal{T}'(t)}{\mathcal{T}(t)} \mathrm{d}t = -\int_a^b \sigma(t)\mathrm{d}t \tag{3.9}$$

$$\lg \mathcal{T}(b) - \lg \mathcal{T}(a) = -\int_a^b \sigma(t)\mathrm{d}t \tag{3.10}$$

接下来，基于此运算，定义从点 a 到点 b 的射线透射传播概率为

$$\mathcal{T}(a \to b) = \frac{\mathcal{T}(b)}{\mathcal{T}(a)} = \exp\left(-\int_a^b \sigma(t)\mathrm{d}t\right) \tag{3.11}$$

因此，从 0 点出发经过距离 t 的光线的透射率记为 $\mathcal{T}(t) = \mathcal{T}(0 \to t)$，这表示该光线在达到 t 点时没有被粒子撞击的概率。

2. 体渲染过程

基于透射率的概念，空间中某点被终止透射的可能性可以表示为 $\mathcal{T}(t) \cdot \sigma(t)$。因此，一束光线观察到的像素色彩是空间中各点坐标概率权重的积分。如果空间中的近平面 t_n 和远平面 t_f 以外的区域没有密度，就可以直接推导出 NeRF 原文的体渲染公式。

$$C(r) = \int_{t_\mathrm{n}}^{t_\mathrm{f}} \mathcal{T}(t)\sigma(r(t))c(r(t), \boldsymbol{d})\mathrm{d}t \tag{3.12}$$

$$\mathcal{T}(t) = \exp\left(-\int_{t_\mathrm{n}}^{t} \sigma(s)\mathrm{d}s\right) \tag{3.13}$$

此外，透射率的概念与传统图形学的**不透明度**（Opacity）的概念密切相关，可以通过 $1 - \mathcal{T}(t)$ 进行计算。

3. 体渲染的代码实现

在代码实现过程中，可以借助 cumprod 函数进行累加计算空间颜色积分，以简化整个实施过程。相关的参考代码如下。

代码清单 3.20　体渲染算法

```
1  # 体渲染过程
2  def raw2outputs(raw, z_vals, rays_d, raw_noise_std=0, white_bkgd=False):
3      """将模型预测结果转换为有语义价值的值，如RGB图、深度图等
4      Args:
5          raw: [num_rays, num_samples（射线上的样本数），4]. 模型的预测结果
6          z_vals: [num_rays, num_samples（射线上的样本数）]. 样本的间隔
7          rays_d: [num_rays, 3]. 射线方向
8      Returns:
9          rgb_map: [num_rays, 3]. 预测的射线渲染的RGB颜色
10         disp_map: [num_rays]. 预测的视差图（深度求逆运算）
11         acc_map: [num_rays]. 射线方向权重的和
12         weights: [num_rays, num_samples]. 每个采样颜色上的权重
13         depth_map: [num_rays]. 预测得到的深度
14     """
```

```
15    # 将模型预测值转换为不透明度的lambda函数
16    raw2alpha = lambda raw, dists, act_fn=F.relu: 1.-torch.exp(-act_fn(raw)*dists)
17
18    dists = z_vals[...,1:] - z_vals[...,:-1]
19    dists = torch.cat([dists, torch.Tensor([1e10]).expand(dists[...,:1].shape).to(device)],
          -1)
20
21    dists = dists * torch.norm(rays_d[...,None,:], dim=-1)
22
23    rgb = torch.sigmoid(raw[...,:3])
24    # 对模型预测结果进行随机噪声扰动
25    noise = 0.
26    if raw_noise_std > 0.:
27        noise = torch.randn(raw[...,3].shape) * raw_noise_std
28
29    alpha = raw2alpha(raw[...,3] + noise, dists)
30    # 生成权重
31    weights = alpha * torch.cumprod(torch.cat([torch.ones((alpha.shape[0], 1)).to(device),
          1.-alpha + 1e-10], -1), -1)[:, :-1]
32
33    # 生成射线的颜色、深度等图
34    rgb_map = torch.sum(weights[...,None] * rgb, -2)
35    depth_map = torch.sum(weights * z_vals, -1)
36    disp_map = 1./torch.max(1e-10 * torch.ones_like(depth_map), depth_map / torch.sum(
          weights, -1))
37    acc_map = torch.sum(weights, -1)
38
39    # 保持整体的白色背景一致
40    if white_bkgd:
41        rgb_map = rgb_map + (1.-acc_map[...,None])
42
43    return rgb_map, disp_map, acc_map, weights, depth_map
```

生成的 rgb_map 即预测得到的 RGB 值，depth_map 为预测得到的深度图等。

3.2.9 射线渲染

3.2.4 节所生成的全部射线，将会穿透三维场景进行采样，其采样结果可以通过 3.2.8 节的体渲染算法合成一个输出色值，形成最终的图像。本节将生成射线形成的所有采样点，并查询 MLP 以获取各点的体密度和颜色信息。在此过程中，可以采用 3.2.7 节提到的分层采样方法。

1. 粗糙 MLP 的采样与渲染

粗糙 MLP 采样采取均匀采样实现。场景的边界在 z 轴被定义为近平面（在相机坐标空间中，z 轴坐标为 t_n）和远平面（在相机坐标空间中，z 轴坐标为 t_f）。在某条射线上均匀采样 N 个点，意味着对射线从近平面开始到远平面结束，等距采样 N 个点。公式为

$$t_i = \mathcal{U}\left[t_n + \frac{i-1}{N}(t_f - t_n), t_n + \frac{i}{N}(t_f - t_n)\right] \tag{3.14}$$

对于计算得到的采样坐标，原始 NeRF 论文中提出了一种小范围随机扰动的方法，增加了采样结果的多样性，这对模型的训练效果有一定的促进作用。

2. 精细 MLP 的采样与渲染

在粗糙 MLP 渲染过程完成之后，粗糙 MLP 对场景的密度分布有了先验的理解。基于 3.2.7 节的分层采样策略，引导精细 MLP 完成基于概率密度的采样过程，以便更高效地得到场景采样和渲染效果。在代码实现层面，如果设定了 N_importance 参数大于 0，则意味着将采用分层采样算法，并补充采样 N_importance 个点。

3. 渲染算法实现

在实现过程中，将对射线进行逐批次渲染，每批次的射线采样算法的参考代码如下。射线的批次切分代码并不涉及核心算法，读者可参照本书附带的代码库了解。

代码清单 3.21　射线采样算法

```
1   def render_rays(ray_batch,
2                   network_fn,
3                   network_query_fn,
4                   N_samples,
5                   lindisp=False,
6                   perturb=0.,
7                   N_importance=0,
8                   network_fine=None,
9                   raw_noise_std=0.,
10                  white_bkgd=True):
11      # 计算采样点坐标的变化，如原点、射线方向、边界线等
12      N_rays = ray_batch.shape[0]
13      rays_o, rays_d = ray_batch[:,0:3], ray_batch[:,3:6] # [N_rays, 3] each
14      viewdirs = ray_batch[:,-3:] if ray_batch.shape[-1] > 8 else None
15      bounds = torch.reshape(ray_batch[...,6:8], [-1,1,2])
16      near, far = bounds[...,0], bounds[...,1] # [-1,1]
17
```

```
18      # 使用near和far数值计算采样点之间的间隔z_vals
19      t_vals = torch.linspace(0., 1., steps=N_samples).to(device)
20      if not lindisp:
21          z_vals = near * (1.-t_vals) + far * (t_vals)
22      else:
23          z_vals = 1./(1./near * (1.-t_vals) + 1./far * (t_vals))
24
25      # 扩展变量数到N_rays条射线，准备对所有射线采样
26      z_vals = z_vals.expand([N_rays, N_samples])
27
28      # 为了采样的多样性，对采样间隔进行随机扰动
29      if perturb > 0.:
30          # 获得样本区间
31          mids = .5 * (z_vals[...,1:] + z_vals[...,:-1])
32          upper = torch.cat([mids, z_vals[...,-1:]], -1)
33          lower = torch.cat([z_vals[...,:1], mids], -1)
34          # 区间分层采样
35          t_rand = torch.rand(z_vals.shape).to(device)
36          z_vals = lower + (upper - lower) * t_rand
37
38      # 计算各采样点坐标
39      pts = rays_o[...,None,:] + rays_d[...,None,:] * z_vals[...,:,None]
40
41      raw = network_query_fn(pts, viewdirs, network_fn)
42      rgb_map, disp_map, acc_map, weights, depth_map = raw2outputs(raw, z_vals, rays_d,
            noise_std, white_bkgd)
43
44      # 如果设置了重要性采样，则使用分层采样逻辑
45      if N_importance > 0:
46
47          rgb_map_0, disp_map_0, acc_map_0 = rgb_map, disp_map, acc_map
48
49          z_vals_mid = .5 * (z_vals[...,1:] + z_vals[...,:-1])
50
51          z_samples = sample_pdf(z_vals_mid, weights[...,1:-1], N_importance, det=turb==0.))
52          z_samples = z_samples.detach()
53
54          z_vals, _ = torch.sort(torch.cat([z_vals, z_samples], -1), -1)
```

```
55        pts = rays_o[...,None,:] + rays_d[...,None,:] * z_vals[...,:,None]
56
57        run_fn = network_fn if network_fine is None else network_fine
58        raw = network_query_fn(pts, viewdirs, run_fn)
59
60        rgb_map, disp_map, acc_map, weights, depth_map = raw2outputs(raw, z_vals, rays_d,
             noise_std, white_bkgd)
61
62    # 获得渲染结果
63    ret = {'rgb_map' : rgb_map, 'disp_map' : disp_map, 'acc_map' : acc_map}
64    ret['raw'] = raw
65    if N_importance > 0:
66        ret['rgb0'] = rgb_map_0
67        ret['disp0'] = disp_map_0
68        ret['acc0'] = acc_map_0
69        ret['z_std'] = torch.std(z_samples, dim=-1, unbiased=False)
70
71    for k in ret:
72        if (torch.isnan(ret[k]).any() or torch.isinf(ret[k]).any()) and DEBUG:
73            print(f"! [Numerical Error] {k} contains nan or inf.")
74
75    return ret
```

3.2.10　训练过程

图 3.4 详细描述了 NeRF 模型训练的全过程。为简化该过程，本书采用了一个参数类来初始化所有必要的参数，读者也可以通过命令行参数来完成此过程。接着，通过神经网络训练过程，将所有前述环节有序串联，便可以启动模型训练。

1. 参数初始化

在开始训练前，确保已经明确了在训练过程中将要使用的全部参数，这将有助于对整个流程进行控制。有关参数的具体设置及相应的含义，请参阅以下代码。

代码清单 3.22　参数初始化

```
1  class Arguments:
2      def __init__(self):
3          self.near = 2.              # 对Blender数据集，近平面位置设置
4          self.far = 6.               # 对Blender数据集，远平面位置设置
5          self.netdepth = 8           # 粗糙MLP的深度
```

```
6          self.netwidth = 256              # 粗糙MLP的宽度
7          self.netdepth_fine = 8           # 精细MLP的深度
8          self.netwidth_fine = 256         # 精细MLP的宽度
9          self.N_rand = 32*32*4            # 每个梯度步骤中的随机射线数
10         self.lrate = 5e-4                # 学习率
11         self.lrate_decay = 250           # 指数学习率衰减
12         self.chunk = 1024*32             # 并行处理的光线数量
13         self.netchunk = 1024*64          # 通过网络并行发送的点数量
14         self.N_samples = 64              # 采样点数量
15         self.N_importance = 128          # 分层采样启用时，重要采样点数量
16         self.perturb = 1                 # 采样时是否使用随机抖动
17         self.use_viewdirs = True         # 相机观察方向是否进行位置编码
18         self.i_embed = 0                 # 0表示使用默认位置编码，-1表示不使用位置编码
19         self.multires = 10               # 位置编码时空间坐标使用最高频率的lg2值
20         self.multires_views = 4          # 位置编码时观察方向使用最高频率的lg2值
21         self.raw_noise_std = 0           # 对sigma_a添加的噪声标准差
22         self.white_bkgd = True           # 将场景背景渲染为白色
23         self.no_ndc = True               # 不使用NDC（前向场景一般使用NDC）
24         self.i_weights = 10000           # 存储checkpoint的频率
25         self.i_video = 50000             # 存储视频时，render_poses的频率
26         self.i_print = 100               # 训练时打印质量评价的频率
27         self.expname = 'lego'            # 场景名称
28         self.basedir = './logs/'         # 已训练模型tar文件加载路径
29         self.modeldir = './model/'       # 训练模型存放路径
30
31  args = Arguments()
```

2. 损失函数与质量评价

在重构过程中，通常采用**光度损失**（Photometric Loss）评估预测的 RGB 色值与颜色真实值的差异，并将误差反向传播至模型。此实现方法与 NeRF 的原始方法一致，即将 L2 损失作为损失函数。在训练过程中，可以通过评估当前的训练质量来判断模型是否收敛。此实现方法采用了 2.4.1 节提到的峰值信噪比（PSNR）指标进行质量评估，以展示学习得到的模型在渲染图像质量方面是否逐步提高。这两种方法都相对简单，可以通过 lambda 函数来实现。

代码清单 3.23　损失函数实现

```
1  # MSE损失计算
2  img2mse = lambda x, y : torch.mean((x - y) ** 2)
3
```

```
4  # PSNR计算
5  mse2psnr = lambda x : -10. * torch.log(x) / torch.log(torch.Tensor([10.]).to(device))
```

3. 训练过程

训练的过程将以上所有环节串联起来，并通过长时间训练得到令人满意的重建效果。具体实现和原理请参考以下代码。

代码清单 3.24　NeRF 训练示例代码

```
1  # 训练过程
2
3  # 创建NeRF网络结构
4  render_kwargs_train, render_kwargs_test, start, grad_vars, optimizer = create_nerf(args)
5  global_step = start
6
7  bds_dict = {
8      'near' : args.near,
9      'far' : args.far,
10 }
11 render_kwargs_train.update(bds_dict)
12 render_kwargs_test.update(bds_dict)
13
14 N_rand = args.N_rand
15
16 N_iters = 200000 + 1
17 print('Begin')
18 print('TRAIN views are', i_train)
19 print('TEST views are', 0)
20 print('VAL views are', 0)
21
22 i_batch = 0
23 start = start + 1
24 for i in trange(start, N_iters):
25     time0 = time.time()
26
27     # 在所有图像中随机采样射线
28     batch = rays_rgb[i_batch:i_batch+N_rand]
29     batch = torch.transpose(batch, 0, 1)
30     batch_rays, target_s = batch[:2], batch[2]
31
```

```
32        i_batch += N_rand
33        if i_batch >= rays_rgb.shape[0]:
34            print("Shuffle data after an epoch!")
35            rand_idx = torch.randperm(rays_rgb.shape[0])
36            rays_rgb = rays_rgb[rand_idx]
37            i_batch = 0
38
39        #####  核心渲染过程  #####
40        rgb, disp, acc, extras = render(H, W, K, chunk=args.chunk, rays=batch_rays,
41                                        **render_kwargs_train)
42
43        # 计算损失和质量指标
44        optimizer.zero_grad()
45        img_loss = img2mse(rgb, target_s)
46        trans = extras['raw'][...,-1]
47        loss = img_loss
48        psnr = mse2psnr(img_loss)
49
50        if 'rgb0' in extras:
51            img_loss0 = img2mse(extras['rgb0'], target_s)
52            loss = loss + img_loss0
53            psnr0 = mse2psnr(img_loss0)
54
55        loss.backward()
56        optimizer.step()
57
58        # 更新学习率
59        decay_rate = 0.1
60        decay_steps = args.lrate_decay * 1000
61        new_lrate = args.lrate * (decay_rate ** (global_step / decay_steps))
62        for param_group in optimizer.param_groups:
63            param_group['lr'] = new_lrate
64        ##############################
65
66        dt = time.time()-time0
67
68        # 存储训练权重
69        if i%args.i_weights==0:
```

```
70        path = os.path.join(args.modeldir, args.expname, '{:06d}.tar'.format(i))
71        torch.save({
72            'global_step': global_step,
73            'network_fn_state_dict': render_kwargs_train['network_fn'].state_dict(),
74            'network_fine_state_dict': render_kwargs_train['network_fine'].state_dict(),
75            'optimizer_state_dict': optimizer.state_dict(),
76        }, path)
77        print('Saved checkpoints at', path)
78
79    # 打印训练结果
80    if i%args.i_print==0:
81        tqdm.write(f"[TRAIN] Iter: {i} Loss: {loss.item()}  PSNR: {psnr.item()}")
82    global_step += 1
```

在默认设置下，迭代训练 20 万次，即 N_iters = 200,000。从计算量的角度分析，每次训练涉及 M 条光线的计算，每条光线需要进行 N 次 MLP 采样，并计算一次体渲染结果。因此，对 MLP 的查询次数为 $M \times N \times 200,000$。这可让人直观地感受到原始 NeRF 算法的巨大计算量。通常，为了实现良好的效果，可能需要数十小时甚至数天的时间。

然而，新技术诞生初期往往会出现这样的情况：它解决了一个问题，但代价是效率较低。研究者和工程师通常会不断优化这些新技术，使其更加高效，最终实现实用性。接下来的章节将介绍如何优化这种计算量巨大的算法，使之能在消费级别的硬件上进行实时运算。

3.2.11 模型渲染过程

模型训练完成后，可以通过预测新的相机位姿轨迹，对场景进行渲染。例如，若需生成以场景为中心的 360° 环绕效果，则可以设定一个环绕对象拍摄的相机位姿轨迹，每隔一定角度拍摄一张照片，然后将所有照片通过图像库合并为视频。对于前向观察的场景建模，构建一个螺旋观察的相机路径以循环生成新视角的二维图像，从而生成一个前向摆动观察效果的视频。以下代码示例为渲染相机轨道的核心实现。

代码清单 3.25 NeRF 推理渲染示例代码

```
1  # 按设定的相机轨迹渲染视频，输出并保存
2  def render_path(render_poses, hwf, K, chunk, render_kwargs, gt_imgs=None, savedir=None,
       render_factor=0):
3
4      H, W, focal = hwf
5
6      if render_factor!=0:
```

```
7
8          H = H//render_factor
9          W = W//render_factor
10         focal = focal/render_factor
11
12     rgbs = []
13     disps = []
14
15     t = time.time()
16     for i, c2w in enumerate(tqdm(render_poses)):
17         print(i, time.time() - t)
18         t = time.time()
19         # 用渲染方法渲染当前姿态的图像
20         rgb, disp, acc, _ = render(H, W, K, chunk=chunk, c2w=c2w[:3,:4], **render_kwargs)
21         rgbs.append(rgb.cpu().numpy())
22         disps.append(disp.cpu().numpy())
23         if i==0:
24             print(rgb.shape, disp.shape)
25
26         # 保存至本地磁盘，供查看
27         if savedir is not None:
28             rgb8 = to8b(rgbs[-1])
29             filename = os.path.join(savedir, '{:03d}.png'.format(i))
30             imageio.imwrite(filename, rgb8)
31
32     rgbs = np.stack(rgbs, 0)
33     disps = np.stack(disps, 0)
34
35     return rgbs, disps
```

最终渲染结果可以使用图像存储，也可以使用视频存储。

3.2.12　小结

本节深入解析了 NeRF 的原理以及基础框架代码的实现。读者可以明显感受到，NeRF 的基本算法及原理的复杂性并不高。经过充分的训练后，能够获得良好的渲染效果（参见图 3.15）。

这从算法角度证明了 NeRF 框架的有效性，它科学、清晰、简洁、高质且灵活。请注意，为了使整个流程更易于理解，本章提供的代码进行了简化，读者可以通过本书提供的代码仓库获得完整的示例代码和测试数据。对于这个基础模型，还可以进行许多优化，例如进一步节省存

储量和计算量等。读者可能会发现，对于 NeRF 的 PyTorch 实现代码，本节已经覆盖了大部分，读者可在本节的基础上继续学习剩余的部分。

图 3.15　模型渲染效果

从研究角度看，NeRF 在 PyTorch 中的实现已经足以支持后续的研究，也易于调整和修改。但是，从工程学角度看，它的可用性以及模块化和可复用性不足，更像是原理的原型复现代码。3.3 节将介绍"开源 NeRF 界"的著名项目——nerfstudio，并对其产品定位、架构设计、使用方法及扩展开发进行深入的讲解。

3.3　NeRF 的开源项目：nerfstudio

技术的快速进步和广泛应用离不开结构完整、灵活性强、质量优良，以及以应用为导向的开源项目。例如，大语言模型领域的 LLaMA[82]、计算视觉领域的 OpenCV[83]，以及多媒体处理领域的 FFmpeg 等。这些开源项目使复杂的技术变得易于获取和使用。

这些项目的存在，一方面，让新的算法得以持续地被集成到框架中，从而被业界人士所熟悉；另一方面，让新技术能够迅速被整合到业界已有的工作流程中，从而加速了它们的应用和落地。

此外，成熟的框架凝聚了研发人员的心血和经验，因此，代码质量、架构质量和鲁棒性得到了有力保证。结合了现象级的新技术的高质量开源软件平台，能够促进业界快速地创造出大量的新应用，从而缩短产品形态验证的时间。

nerfstudio[84] 是一个在 NeRF 技术被广泛知晓后出现的高质量开源项目，截至本书编写时，其在 GitHub 上的星标数量已超过 7800，且仍在迅速增长。nerfstudio 的首个版本由 NeRF 的联合创始人 Matthew Tancik，以及加利福尼亚大学伯克利分校的 Evonne Ng 和 Ethan Weber 共同研发。其目的在于创建一个由 NeRF 训练和测试的用户体验优良的软件平台，让其他开发者能迅速复用通用的基础技术模块，以贡献新的高质量算法框架。本节将对 nerfstudio 使用方法和代码进行详细介绍。

nerfstudio 深度考虑了模块化、重用等软件工程中的重要因素，以及众多软件架构的设计问题。因此，其代码并不像 3.2 节中的示例代码那样简单、直接、易懂。这对工程能力较弱的读者并不那么友好，需要在理解算法的同时，考虑软件设计理论。然而，对于工程能力较强的读者来说，nerfstudio 的代码结构清晰、灵活，阅读起来很舒服，且非常易于扩展。

3.3.1 nerfstudio 的安装

nerfstudio 是一个跨平台的软件，可部署于支持 CUDA 的英伟达显卡的硬件环境中，能在 Linux、Windows、macOS 等主流操作系统上稳定运行。鉴于其在 Linux 操作系统下的运行稳定性更高，兼容性问题较少，推荐读者优先选择 Linux 操作系统进行安装测试。此外，由于集成环境多在 Linux 操作系统中，若需使用 GPU 集群训练或与其他软件流程结合，那么 Linux 操作系统的兼容性更为优越。然而，本书将选择 Windows 操作系统进行演示，以便证明尽管在非最佳环境下，nerfstudio 仍能凭借出众的跨平台能力和卓越的工程品质，简单、高效地运行。

1. 在 Linux 与 macOS 操作系统下安装

在 Linux 操作系统下安装 nerfstudio，建议参照官方提供的步骤进行，操作流程相对简单。首先，利用 conda 工具初始化一个新的环境，并需要确保 Python 版本为 3.9 或更高。在启动该环境后，更新 pip 工具，即可进入安装流程。

2. 在 Windows 操作系统下安装

在 Windows 操作系统下进行安装时，需要注意 nerfstudio 所依赖的 nerfacc 库和 tinycudann 库，必须使用 Visual Studio 的编译器与链接器。推荐安装 Visual Studio 2019 版本进行编译，因为在使用低版本编译 tinycudann 时，可能出现难以解决的问题。

完成安装后，在 Visual Studio 2019 的开始菜单栏里，选择 "x64 的本机工具命令行" 来启动命令行，将 Visual Studio 的编译工具链初始化到命令行环境中。

3. nerfstudio 安装流程

首先，通过 conda 或 pip 构建一个全新的虚拟环境并激活，如图 3.16 所示。

```
D:\software\Microsoft Visual Studio\2019\Community>conda create --name nerfstudio_env python=3.9
Collecting package metadata (current_repodata.json): done
Solving environment: done

（省略中间输出内容）

# To deactivate an active environment, use
#
#     $ conda deactivate

Retrieving notices: ...working... done

D:\software\Microsoft Visual Studio\2019\Community>conda activate nerfstudio_env

(D:\software\conda\conda_env\nerfstudio_env) D:\software\Microsoft Visual Studio\2019\Community>
```

图 3.16 构建一个全新的虚拟环境

接着，根据具体设备的需求，选择在 CUDA 11.7 或 CUDA 11.8 环境中生成安装脚本，以便安装 PyTorch，如图 3.17 所示。nerfstudio 在这两个 CUDA 版本下都能稳定运行。

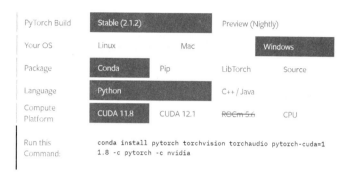

图 3.17　生成安装脚本

然后，安装 nerfstudio 的三个主要依赖：cuda-toolkit、ninja 和 tiny-cuda-nn。安装脚本如下。

代码清单 3.26　安装 nerfstudio 的主要依赖

```
1  conda install -c "nvidia/label/cuda-11.8.0" cuda-toolkit
2  pip install ninja git+https://g*****.com/NVlabs/tiny-cuda-nn/#subdirectory=bindings/torch
```

最后，通过安装脚本来安装 nerfstudio 程序，可以选择直接使用 pip 进行安装。

代码清单 3.27　使用 pip 安装 nerfstudio

```
1  pip install nerfstudio
```

也可以将代码复制到本地后，使用源码进行安装。这主要取决于是否需要修改或调试 nerfstudio 自身的代码。由于后续章节可能涉及 nerfstudio 的调试，因此，建议选择使用代码安装。

代码清单 3.28　将代码复制到本地安装 nerfstudio

```
1  git clone https://g*****.com/nerfstudio-project/nerfstudio.git
2  cd nerfstudio
3  pip install --upgrade pip setuptools
4  pip install -e.
```

安装完成后，可以使用模型训练的命令行工具来验证是否安装成功。

代码清单 3.29　使用 ns-train 命令验证是否安装成功

```
1  ns-train -h
```

如果正确显示训练帮助信息，则表示 nerfstudio 安装成功，如图 3.18 所示。

```
(D:\software\conda\conda_env\nerfstudio_env) D:\projects\nerf_book_jason\nerfstudio>ns-train -h
usage: ns-train [-h]
                {depth-nerfacto, dnerf, generfacto, instant-ngp, instant-ngp-bounded, mipnerf, nerfacto, nerfacto-big, nerfacto-huge, neus, neus-f
a-nerf, igs2gs, in2n, in2n-small, in2n-tiny, kplanes, kplanes-dynamic, lerf, lerf-big, lerf-lite, nerfplayer-nerfacto, nerfplayer-ngp, pynerf, pynerf
f, tetra-nerf-original, volinga, zipnerf}

Train a radiance field with nerfstudio. For real captures, we recommend using the nerfacto model.

Nerfstudio allows for customizing your training and eval configs from the CLI in a powerful way, but there are some things to understand

The most demonstrative and helpful example of the CLI structure is the difference in output between the following commands:

    ns-train -h
    ns-train nerfacto -h nerfstudio-data
    ns-train nerfacto nerfstudio-data -h
```

图 3.18　nerfstudio 安装成功

4. Colab 环境安装

相当一部分读者可能会选择谷歌 Colab 作为云端运行和调试 nerfstudio 的平台。读者将代码复制到本地后，colab/目录下有一个名为 demo.ipynb 的笔记本文件，用 colab 打开此文件，便能开始逐步操作。此外，读者亦可以在 GitHub 上寻找 nerfstudio 的代码库，在 colab/目录下打开 demo.ipynb 文件，文件顶部会显示"Open in Colab"按钮，单击后便能自动在 Colab 上打开并加载该文件。

接着，只需执行文件第一步，即可完成安装过程。整个流程大约需要 8 分钟。

第二步是数据下载、加载和模型训练的过程。读者可以根据自身需求选择目标数据源，并开始训练和体验 nerfstudio。

3.3.2　nerfstudio 的架构

如图 3.19 所示，nerfstudio 的处理流程可以分为两部分：数据管理器和模型。

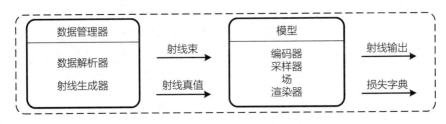

图 3.19　nerfstudio 架构图

1. 数据管理器

数据管理器（Data Manager）主要由数据解析器及射线生成器两部分构成。

（1）**数据解析器**（Data Parser）。数据解析器的主要任务是从输入中获取多视角图像，以及相应的相机内外参数等核心数据，其解析逻辑在 3.2.1 节。考虑到 NeRF 的输入源数据类型繁多，包括但不限于 Blender 数据集格式、nuScenes 数据格式等，数据解析器被构造为一个抽象类，能针对不同的输入数据类型选用适当的数据解析器进行解析。此外，若需要支持新的数据格式，则只需通过继承 Data Parser 来实现新的子类。

（2）**射线生成器**（Ray Generator）。在 NeRF 的训练和推理过程中，射线生成器用于生成大量射线，其生成过程在 3.2.4 节中已有详细说明。射线生成的任务逻辑是大部分算法共通的，nerfstudio 将其模块化，以便按需生成射线束。

通过数据管理器，源数据得以格式化，并生成一组**射线束**（Ray Bundle）以及对应的**射线数据真值**（Ray GT），以满足 NeRF 的训练和渲染需求。

2. 模型

模型（Model）是 nerfstudio 的运算主体，其输入为由数据管理器创建的射线束，通过渲染得到相应的**射线输出**（Ray Outputs）。在训练阶段，模型可与射线真值进行比较，计算损失，以评估预测质量。在推理阶段，模型输出 RGB 图像，可进一步导出为各种格式。

该模型由四部分构成，分别对应 3.2 节中提到的几个 NeRF 核心模块。目前，NeRF 的每个模块都有多种不同的算法和实现，可以配置 nerfstudio 以实现不同的算法模型组合。这些都是 NeRF 发展过程中形成的经典方法，代表了当前的最佳实践。以下分别对各部分进行介绍。

（1）**编码器**（Encoders）。编码器用于位置和方向信息的编码嵌入（见 3.2.5 节），增加高频信息。目前，nerfstudio 的实现包括原始的位置编码算法、正余弦特征算法、哈希算法、球谐函数算法和矩阵分解算法等。

（2）**采样器**（Samplers）。采样器用于在 MLP 中按坐标点和观察方向进行采样（见 3.2.4 节），并通过体渲染生成对应的像素值。目前，nerfstudio 的实现包括均匀采样（Uniform Sampling）、占据采样（Occupancy Sampling）、概率密度函数采样（PDF Sampling）和提议采样（Proposal Sampling）等。

（3）**场**（Fields）。场用于预测渲染所需的密度、颜色等信息（见 3.2.6 节）。目前，nerfstudio 的实现包括全连接 MLP 和体素网格方法。NeRF 的框架不必完全依赖神经网络，只要能有效预测密度和颜色，即可实现一致的效果。

（4）**渲染器**（Renderers）。渲染器能输出不同类型的数据（见 3.2.8 节）。目前，nerfstudio 支持输出 RGB 图像数据、RGB-SH 数据、深度数据、透射率数据和法向数据等。

读者可能已经注意到，nerfstudio 的核心模块与 3.2 节介绍的核心模块是一一对应的。因此，从模块的角度讲，nerfstudio 的划分和实现是比较清晰的。

3. nerfstudio 支持的算法模型

目前，nerfstudio 主线版本已经加入了原始 NeRF 模型（Vanilla NeRF）、Mip-NeRF、Instant NGP 和 TensoRF 等静态 NeRF 算法模型，同时支持 NeRFPlayer、KPlanes 等动态 NeRF 算

法模型。此外，它还配备了 LERF、Instruct-NeRF2NeRF 等可以实现文本与 NeRF 交互的模型。本书后续章节将根据不同应用场景详细描述与解析这些算法模型。

除此之外，nerfstudio 团队还开发出了一种全新的算法模型，名为 Nerfacto。这是一种集各种算法的优点于一身的模型，由 nerfstudio 团队负责维护与更新。Nerfacto 模型在保证算法效果的同时，兼顾了运算速度。该模型参考了 Mip-NeRF 360 的算法框架，在性能优化方面做出了大量改进。例如，使用 Mip-NeRF 360 模型需要数小时训练，而使用 Nerfacto 模型则可以在 20 分钟内完成训练。读者学习了本书后续章节中的常用算法后，对于 Nerfacto 模型的理解将更加深刻。

3.3.3 nerfstudio 的运行方法

nerfstudio 提供了可以在命令行直接调用的脚本，另外，nerfstudio 基于 tyro 实现，参数可控性极高，可对模型中的任意参数进行细粒度调整。接下来的几节将对其核心功能进行简要介绍，并通过运行一个完整的训练、推理、查看和三维模型导出过程将所有环节串起来。

1. 下载测试数据集

nerfstudio 实现了适用于 Blender、Record3D 和 dnerf 等多个数据集的自动下载脚本——ns-download-data。可以通过相关命令将一些常用的数据集下载到本地，从而便于训练模型。脚本运行的基本格式如下。

代码清单 3.30　nerfstudio 下载数据集脚本命令格式

```
1  ns-download-data [-h] {blender, sitcom3d, nerfstudio, record3d, dnerf, phototourism,
       sdfstudio, nerfosr}
```

例如，若需要下载 Blender 数据集，则可以运行以下命令。

代码清单 3.31　nerfstudio 下载数据集脚本命令示例

```
1  ns-download-data blender --save-dir .\data\
```

运行此命令后，Blender 数据集将被下载到 data 目录中，该目录包含了乐高等 8 个数据集。下载完成后，可以在 data 文件夹下查看以确认数据的完整性。

2. 准备自定义的训练数据

nerfstudio 提供了一个将用户自己的数据转换为 nerfstudio 可以识别的数据格式的命令——ns-process-data，它可以将用户输入的图像序列、视频文件或 metashape 等数据格式化。ns-process-data 可以调用其他命令来填补自定义数据缺失的参数，例如当输入源为图像序列或视频时，nerfstudio 将调用 COLMAP 来获取对应图像的相机内外参数。ns-process-data 的基础用法如下。

代码清单 3.32　nerfstudio 准备数据脚本命令格式

```
1  ns-process-data [-h] {images, video, polycam, metashape, realitycapture, record3d} --data
      PATH --output-dir OUT_PATH
```

这样可以把 PATH 路径下的源数据格式化，并存放在 OUT_PATH 路径下。例如，将一个拍摄好的视频处理为可被训练的格式，可以使用以下命令实现。

代码清单 3.33　nerfstudio 准备数据脚本命令示例

```
1  ns-process-data video --data input.mp4 --output-dir .\data\input_processed
```

在处理过程中，会使用到两个工具。一个是常用的 SfM 工具 COLMAP；另一个是常用的媒体数据编解码工具 ffmpeg。在使用 ns-process-data 之前，需要确保这两个工具已安装妥当。

3. 训练 NeRF 模型

ns-train 是 nerfstudio 中用于训练 NeRF 模型的命令，它以数据集路径为输入，调用参数中指定的算法模型进行训练。它的基本格式如下。

代码清单 3.34　nerfstudio 训练脚本命令格式

```
1  ns-train {method} [method args] {dataparser} [dataparser args]
```

如果使用下载好的 Blender 的乐高数据，通过 Nerfacto 算法进行训练，则可以运行下面的脚本。

代码清单 3.35　nerfstudio 训练脚本命令示例

```
1  ns-train nerfacto blender-data --data .\data\blender\lego
```

这时可以启动训练过程，默认需要 3 万个 epoch 完成训练，也可以通过模型参数来调整训练过程。

4. 查看 NeRF 模型效果

nerfstudio 提供了一个非常方便的基于浏览器的场景播放器，它可以在训练的过程中对结果进行实时预览，或是通过命令启动播放器浏览已训练好的场景模型。浏览器与应用程序保持长连接，使用 websocket 传输命令，使用 webrtc 传输渲染结果数据。播放器的架构如图 3.20 所示。用户可以在浏览器中通过 6 个自由度查看模型，并通过播放器控制面板中的参数调整渲染的结果。

而在训练完成后，可以使用 ns-viewer 命令查看结果。ns-viewer 命令的格式如下。

代码清单 3.36　ns-viewer 命令的格式

```
1  ns-viewer [-h] --load-config PATH [Other Viewer Config]
```

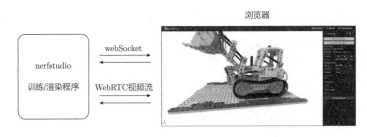

图 3.20　nerfstudio 播放器的架构

可以通过以下命令查看生成的模型。

代码清单 3.37　nerfstudio 查看器命令示例

```
1  ns-viewer --load-config outputs\lego\2023-10-06_153303\config.yml
```

在训练时或浏览时，会提供播放器的访问地址。需要注意，播放器访问地址一般指向一个本地
化的 HTTP 服务器，如图 3.21 所示。在浏览器（尽可能使用 Chrome）中访问该地址，即可看到
模型的渲染结果。当地址为 0.0.0.0 导致不能显示网页时，可以改为访问 127.0.0.1 或 localhost。

图 3.21　播放器的访问地址

浏览页面如图 3.22 所示，可以通过滑动、拖曳鼠标查看不同位置的具体情况，也可以通过
在右侧功能区改变渲染分辨率、相机设置等来调整渲染参数。

图 3.22　nerfstudio 浏览页面

5. 渲染 NeRF 模型

NeRF 训练完成后，经常需要进行 360° 渲染或通过螺旋轨迹来观看视频以检查重建的效果。nerfstudio 提供了 ns-render 命令来实现这个功能，通过这个脚本，可以根据相机轨迹渲染画面，并以一定的帧率保存为视频，以便分享渲染结果。ns-render 命令的格式如下。

代码清单 3.38　ns-render 命令的格式

```
1  ns-render [-h] {camera-path, interpolate, spiral, dataset} --load-config PATH
```

其中，camera-path、interpolation、spiral、dataset 为几种渲染的模式，PATH 为训练结果 model 的路径。如可以使用以下命令生成上面的训练结果。

代码清单 3.39　nerfstudio 渲染器命令示例

```
1  ns-render spiral --load-config outputs\lego\2023-10-06_153303\config.yml
```

默认地，在当前目标的 renders 子目录下，会以场景中心为视频中心，以螺旋轨迹为相机路径，将训练结果模型导出并生成一个 .mp4 文件，渲染效果如图 3.23 所示。

图 3.23　ns-render 的渲染效果

6. 验证 NeRF 效果

nerfstudio 对训练好的 NeRF 模型提供了对验证数据集的评估脚本——ns-eval，它通过读取输入数据集中的验证集，与 NeRF 渲染结果之间进行比对，计算 PSNR，并输出一个 JSON 文件，用来完成评估流程。ns-eval 命令的使用方法如下。

代码清单 3.40　nerfstudio 验证命令的格式

```
1  ns-eval --load-config PATH
```

对于上述训练好的模型，可以使用以下命令完成对验证集的质量测试。

代码清单 3.41　nerfstudio 验证命令示例

```
1  ns-eval --load-config outputs\lego\2023-10-06_153303\config.yml
```

结果会被输出到 output.json 文件中，以详细记录验证的 PSNR 结果值。

7. nerfstudio 模型导出

在很多场景下，需要将 NeRF 训练的模型导出为传统的显式三维格式，以使用传统的管线进行渲染，或应用在更加传统的场景中。nerfstudio 提供了将 NeRF 模型导出为点云或三维网格的脚本——ns-export。ns-export 命令的格式如下。

代码清单 3.42　ns-export 命令的格式

```
1  ns-export [-h] {pointcloud, tsdf, poisson, marching-cubes, cameras} --load-config PATH --
   output-dir OUTPUT_PATH
```

pointcloud 将数据导出为最基础的点云格式，而 tsdf、poisson 和 marching-cubes 使用 TSDF 算法、泊松表面重建方法和行进立方体技术分别将数据导出为三维网格形式。cameras 将所有的相机位姿信息导出为一个 JSON 格式的文件。

如果需要将上面的 NeRF 模型导出为点云，则可以使用以下命令。

代码清单 3.43　nerfstudio 模型导出命令示例

```
1  ns-export pointcloud --load-config outputs\lego\2023-10-06_153303\config.yml --output-dir
   pc\
```

可以使用其他三维工具导入和预览导出的点云，用于其他应用。

3.3.4　nerfstudio 的调试方法

与调试其他 Python 项目相同，只需通过调试器调用脚本即可对 nerfstudio 项目进行调试，读者可选择 PyCharm 或 Visual Studio Code 等工具实现。这里以 Visual Studio Code 的调试方式为例进行描述，用于其他编程环境的方法与此相似。

在使用 Visual Studio Code 进行调试时，选择用源代码安装 nerfstudio。在将代码复制到本地之后，按照 3.3.1 节中的方法进行安装。安装完成后，用 Visual Studio Code 打开复制代码的目录，即可开始准备运行和调试。

接下来需要指定调试使用的 Python 解析器。笔者推荐在 Visual Studio Code 环境下安装微软开发的 Python 的扩展程序，得到更佳的调试体验。安装完成后，按下"Ctrl + Shift + P"组合键，输入"Python: Select Intepreter"，选择之前创建的 conda 虚拟环境即可。Visual Studio Code 一般会自动寻找当前系统中安装的 conda 环境和 venv 创建的所有环境，只需在列表中做出选择即可。如果没有显示，那么可以单击"Enter Interpreter Path"，从磁盘上找到 conda 创建的环境，指定给 Visual Studio Code，接下来就可以正常地运行代码了，如图 3.24 所示。

图 3.24　从磁盘上找到 conda 创建的环境

nerfstudio 在代码中提供了一个 .vscode 文件夹，该文件夹内包含调试配置文件 launch.json。这是为了方便读者基于现有模板调整参数并进行调试而设计的。读者只需单击 Visual Studio Code 左侧主边栏中的调试按钮，就可以在"运行和调试"选项中查看到已经预设的调试配置。根据需要选择一个与目标相近的调试配置并单击，即可查看并调整当前的调试配置。

以默认的 Python: train 配置为例，其配置项如下。

代码清单 3.44　nerfstudio 调试设置

```
1  {
2    "name": "Python: train",
3    "type": "python",
4    "request": "launch",
5    "program": "scripts/train.py",
6    "console": "integratedTerminal",
7    "args": [
8      "instant-ngp",
```

```
9         "blender-data",
10        "--data",
11        "data/nerfstudio/lego",
12    ]
13  }
```

程序的入口是 scripts/train.py，执行的参数为"instant-ngp --data data/nerfstudio/lego"。这等同于 ns-train instang-ngp --data data/nerfstudio/lego 命令。单击开始调试即可运行该命令，开始训练流程，如图 3.25 所示。

图 3.25　使用 Visual Studio Code 训练

如果需要修改训练参数进行调试，则可以根据自己的需求对 launch.json 文件进行配置。例如，当希望使用 tensoRF 训练乐高数据时，可以修改配置文件，重新调试程序。示例配置如下所示。

代码清单 3.45　nerfstudio 调试参数修改

```
1  {
2    "name": "Python: train",
3    "type": "python",
4    "request": "launch",
5    "program": "scripts/train.py",
6    "console": "integratedTerminal",
```

```
7      "args": [
8        "tensorf",
9        "blender-data",
10       "--data",
11       "data/blender/lego",
12     ]
13   }
```

在调试过程中，可以寻找代码中感兴趣的环节，在 Visual Studio Code 的代码区左侧对应的行号上直接打断点，使用调试器提供的步进、继续、暂停等功能，按需求进行调试。另外，Visual Studio Code 还提供了完整的变量查看、表达式计算等功能（如图 3.26 所示），也可以非常方便地对代码进行调试。

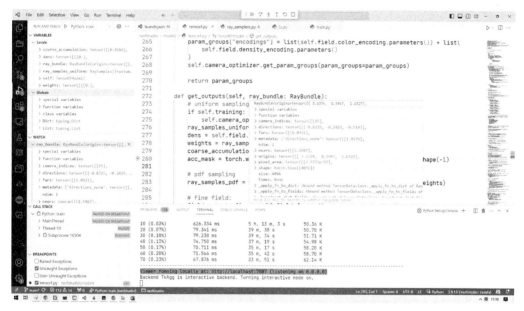

图 3.26　使用 Visual Studio Code 进行调试

这里只以 NeRF 训练功能为例介绍了 nerfstudio 的调试方法，对于渲染等功能，可以参考 3.3.4 节的内容来调整 launch.json 相关参数和 args 里的运行参数。

3.3.5　整合自定义的算法模型

nerfstudio 的另一个重要功能是使研究者和开发者能够轻易地利用其框架整合并实现自己的算法，并在 nerfstudio 这个统一框架下完成效果对比。为了实现这个目标，nerfstudio 团队制定了一个用于集成的项目模板。感兴趣的读者可以在 GitHub 代码库 nerfstudio-project/

nerfstudio-method-template 中查看。

这里以一个自定义的算法模型为例，详细介绍如何与 nerfstudio 进行整合。假设目标是实现一个可以配置 proposal 网络预热频率的方法，这将为 Nerfacto 模型增加一个名为"fast_warmup"的参数。当该参数为真时，使用较小的 proposal_warmup 配置；当该参数为假时，使用较大的 proposal_warmup 值。这种方法被称为 NerfactoAdaptiveWarmup。尽管其实用性有限，但可以清晰地展示 nerfstudio 自定义模型的实现方法。

首先，在复制的模板中，新建一个名为 nerfacto_adaptive_warmup 的文件夹，并将 method_template 文件夹中的所有文件复制到当前文件夹下。然后，将所有"method_template"替换为"nerfacto_adaptive_warmup"，以更新模型（名称可根据个人喜好自行定义）。

这时的文件目录如图 3.27 所示。从规范的角度上应该根据模型名称重新命名各 Python 文件，但这会导致部分读者在对应过程中产生困惑。因此本书选择保留模板文件名，这种做法虽然不规范，但理解成本较低。

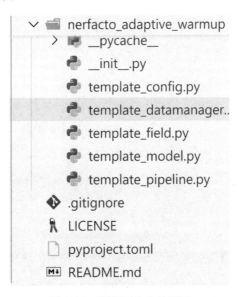

图 3.27　更新后的文件目录

接下来，编辑 template_model.py 文件，修改配置的类名和模型的类名，并增加对 fast_warmup 参数的支持。在模型实现的 populate_modules 方法中，使用该参数控制 proposal_warmup 的参数值，而其他算法则与 nerfacto 方法保持一致。修改后的示例代码如下。

代码清单 3.46　nerfstudio 自定义模型示例

```
1  from dataclasses import dataclass, field
```

```
2  from typing import Type
3
4  from nerfstudio.models.nerfacto import NerfactoModel, NerfactoModelConfig
5  from nerfstudio.models.base_model import Model, ModelConfig
6
7  @dataclass
8  class TemplateModelConfig(NerfactoModelConfig):
9
10     """ 向nerfacto模型添加fast_warmup参数"""
11     fast_warmup: bool = False
12
13     _target: Type = field(default_factory=lambda: TemplateModel)
14
15 class TemplateModel(NerfactoModel):
16     config: TemplateModelConfig
17
18     def populate_modules(self):
19         if self.fast_warmup:
20             self.proposal_warmup = 1000
21         else:
22             self.proposal_warmup = 5000
23
24         super().populate_modules()
```

另外，在模型配置里，将 fast_warmup 设置为 True，因为这个参数已经被加入模型的配置表，因此可以直接在命令行里进行参数控制。修改 template_config.py 的配置类的实现方式如下。

代码清单 3.47　nerfstudio 自定义模型配置示例

```
1  method_template = MethodSpecification(
2      config=TrainerConfig(
3          method_name="nerfacto_adaptive_warmup",
4          steps_per_eval_batch=500,
5          steps_per_save=2000,
6          max_num_iterations=30000,
7          mixed_precision=True,
8          pipeline=TemplatePipelineConfig(
9              datamanager=TemplateDataManagerConfig(
10                 dataparser=NerfstudioDataParserConfig(),
```

```
11              train_num_rays_per_batch=4096,
12              eval_num_rays_per_batch=4096,
13          ),
14          model=TemplateModelConfig(
15              eval_num_rays_per_chunk=1 << 15,
16              fast_warmup=True,
17          ),
18      ),
19      optimizers={
20          "proposal_networks": {
21              "optimizer": AdamOptimizerConfig(lr=1e-2, eps=1e-15),
22              "scheduler": ExponentialDecaySchedulerConfig(lr_final=0.0001, max_steps
                    =200000),
23          },
24          "fields": {
25              "optimizer": RAdamOptimizerConfig(lr=1e-2, eps=1e-15),
26              "scheduler": ExponentialDecaySchedulerConfig(lr_final=1e-4, max_steps
                    =50000),
27          },
28          "camera_opt": {
29              "optimizer": AdamOptimizerConfig(lr=1e-3,eps=1e-15),
30              "scheduler": ExponentialDecaySchedulerConfig(lr_final=1e-4,max_steps=5000),
31          },
32      },
33      viewer=ViewerConfig(num_rays_per_chunk=1 << 15),
34      vis="viewer",
35  ),
36  description="An adaptive proposal network warmup control for Nerfacto",
37  )
```

代码中加粗的部分即为对模型的配置，一个新的简单的算法就实现了。通过配置文件将算法注册给 nerfstudio，以便 ns-train 直接调用本类。这里需要修改 pyproject.toml 的项目配置文件，修改项目的入口函数即可。同时，应该把项目的说明、描述等信息改成对应的介绍，让模型显得更加完整。示例配置如下。

代码清单 3.48　nerfstudio 自定义项目设置配置

```
1  [project]
2  name = "nerfstudio-adaptive-warmup-control-for-nerfacto"
```

```
3   description = "Sample model to add adaptive warmup control for Nerfacto model"
4   version = "0.1.0"
5
6   dependencies = ["nerfstudio >= 0.3.0"]
7
8   [tool.setuptools.packages.find]
9   include = ["nerfacto_adaptive_warmup*"]
10
11  # 方法注册
12  [project.entry-points.'nerfstudio.method_configs']
13  method-template = 'nerfacto_adaptive_warmup.template_config: nerfacto_adaptive_warmup'
```

准备工作完成后，在插件根目下安装这个项目来注册模型。

代码清单 3.49　nerfstudio 自定义项目安装方式

```
1   pip install -e.
```

在 nerfstudio 平台上，可以在训练程序 ns-train 中发现新注册的算法。此示例提供了一个优化后的 Nerfacto 模型，以展示如何实现自定义 nerfstudio 模块，读者可以根据自己的需求，将其修改为基于其他模型的实现。若读者打算实现全新的模型，则可以直接继承 Model 类，自行定义并实现每一个核心模型方法，这样可以极大地提升定义的灵活性。

nerfstudio 不仅支持自定义模型的部分方法，也支持自定义数据解析器。其调整方法与模型的调整方法相似，用户可以参考 nerfstudio 的官方指南进行实现。本篇所实现的案例也在本书配套的代码仓库中提供，欢迎读者参考借鉴。

3.3.6　小结

nerfstudio 是一个正在发展中的开源项目，凭借其框架的灵活性、模块性，以及高度可配置和高度可扩展的特点，得到了广大开发者，特别是业界工程师的广泛关注。nerfstudio 有望成为 NeRF 领域的重要支点，为学术与产业之间搭建一座坚实的桥梁，使最新的研究成果触手可及。

基于 nerfstudio 的软件框架，还存在另一个开源项目——sdfstudio[85]。这两个项目在代码框架、安装方式、运行方式和调试方式等方面十分相近。不同的是，sdfstudio 更专注于实现一系列基于几何的隐式表面重建方法，如 MonoSDF[28]、VolSDF[86] 和 UniSurf[87] 等。第 5 章将对部分方法进行详细介绍，希望感兴趣的读者下载并安装 sdfstudio，以便更深入地体验其功能。

本节对 nerfstudio 的架构、使用方法和扩展方法进行了全面介绍，希望读者对 nerfstudio 有更深入的理解，并能在工作和实践中充分利用现有的框架，避免重复造轮子。

3.4 NeRF 常用的数据集

数据集的采集和组织是技术发展的基础，是衡量不同算法优劣的标尺。得益于整个社区多年的努力，目前已经有很多开放的数据集可供免费下载使用。本章的最后一节介绍 NeRF 涉及较多的数据集，以及如何使用图像或视频构建训练数据集。

3.4.1 公开的数据集

1. 二维图像数据集

Realistic Synthetic 360 数据集[1]。这是由 Blender 创建的经典 NeRF 数据集。它由 8 个场景和 12 个对象组成，图像分辨率为 800 像素×800 像素，100 张用来训练，200 张用来做验证（如图 3.28 所示）。该数据集中的图像所使用的相机焦距是一致的，且物体距离相机的距离是一致的。本书用到的乐高模型即来自这个数据集。该数据集几何结构丰富，是最受关注的数据集之一，而乐高模型也成为 NeRF 的主要形象代表。

图 3.28 Realistic Synthetic 360 数据集示意图。引自参考文献[1]

LLFF 数据集[88] 可以在 ACM SIGGRAPH 2019 中找到。该数据集由手持摄像头拍摄的 24 个真实场景构成，每个场景由几十到数百张图像组成，它们的相机位姿由 COLMAP 计算得到。LLFF 数据集也是 NeRF 经常用到的数据集。

Mip-NeRF 360 数据集[12]。Mip-NeRF 360 由谷歌团队基于 Mip-NeRF 360 的工作发布，

是 NeRF 或其他三维视觉工作中常用的数据集，由 9 个 360° 视角的室内和室外的场景视频组成（如图 3.29 所示）。其中一部分视频的中心复杂；另一部分视频的背景细致、复杂度较高。

图 3.29　Mip-NeRF 360 数据集示意图。引自参考文献[12]

RealEstate10K 数据集[89]。该数据集来自 8 万个 YouTube 视频生成的 1000 万帧图像，而且提供了相应的相机位姿数据，常用于新视角生成、三维重建类的算法评估。

DeepBlending 数据集[90]。该数据集由 19 个真实场景组成，每个场景包括 12 到数百个视角的图像，常被用于三维重建任务（如图 3.30 所示）。

图 3.30　DeepBlending 数据集示意图。引自参考文献[90]

DTU MVS 数据集[91]。DTU MVS 是多视图立体合成里非常常用的数据集，它由 80 个各种类型的场景组成，每个场景包括 49 个或 64 个包含准确相机位姿数据的图像（如图 3.31 所示）。每张图像都由工业相机和结构光扫描仪的 6 轴工业机器人捕捉，分辨率为 1600 像素×1200 像素，内容非常多样化。侧重于几何重建质量类的任务通常会用到这个数据集。

图 3.31　DTU MVS 数据集示意图。引自参考文献[91]

ScanNet 数据集[92]。ScanNet 是一个大规模的、真实的、具有丰富多模态标记的室内场景数据集，格式为 RGB-D，由斯坦福大学、普林斯顿大学和慕尼黑工业大学联合推出（如图 3.32 所示）。包括超过 250 万张标记了相机位姿的、三维曲面信息的数据，同时包含语义信息和 CAD 模型。其中，RGB 图像的分辨率为 1296 像素×968 像素，而深度信息的分辨率为 640 像素×480 像素。规模庞大，数据质量非常高。

Tank and Temples 数据集[93]。Tank and Temples 是由 14 个场景组成的用于三维重建的视频数据集（如图 3.33 所示），即包含小的单个物体，也包含一些大型室内建筑的场景。数据由高质量的三维扫描仪在各种环境下采集而得，并包含通过相机跟踪和校准得到的准确性较好的相机位姿。

MVImgNet 数据集[94]。MVImgNet 是由香港中文大学推出的大规模多视角图像数据集（如图 3.34 所示）。它由在真实世界里拍摄的视频中的图像组成，包含 238 个分类的 20 万个视频中的超过 650 万帧图像，旨在搭建连接二维图像和三维视觉的桥梁。

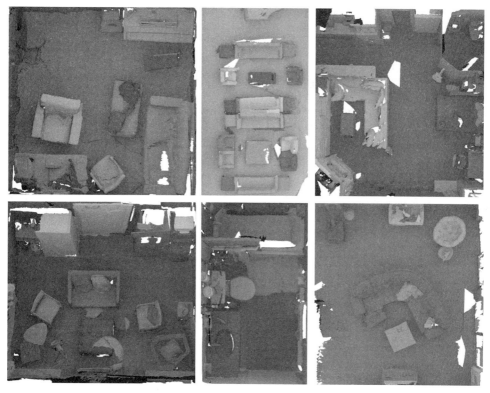

图 3.32　ScanNet 数据集示意图。引自参考文献[92]

图 3.33　Tank and Temples 数据集示意图。引自参考文献[93]

图 3.34　MVImgNet 数据集示意图。引自参考文献[94]

2. 面向大规模场景和自动驾驶的数据集

KITTI 数据集和 KITTI 360 数据集[95-98]。KITTI 是在自动驾驶界非常著名的数据集（如图 3.35 所示），其中的图像是在德国中型城市卡尔斯鲁厄以及农村地区和高速公路上拍摄的，拍摄设备包括两个高分辨率彩色摄像机和两个灰度摄像机，并使用激光扫描仪和 GPS 完成准确的定位。相比 KITTI 数据集，KITTI 360 数据集有更丰富的模态，其内容被准确地语义标记和定位。KITTI 系列数据集对于大型城市道路建模以及自动驾驶研究的影响极大。

图 3.35　KITTI 数据集示意图。引自参考文献[95]

3. 三维模型数据集

ShapeNet 数据集[99]。它是一个由超过 6 万个三维模型组成的大规模三维模型数据集，其中的数据被清晰分类并拥有丰富的标注，常被用于三维重建类实验效果验证。

Objaverse 数据集[100]。这是目前最大的公开的三维数据集，由超过 80 万个三维模型组成，且每个模型都提供了详细的标题、标签信息（如图 3.36 所示）。此外，部分三维模型还提供了动画数据，这为三维生成任务提供了丰富的数据源。

图 3.36　Objaverse 数据集示意图。引自参考文献[100]

OmniObject3D 数据集[101]。这是由 6000 个通过扫描得到的三维模型构成的数据集，提供了带纹理的三维网格、点云、多视角渲染图像和视频等，可以用于三维生成、重建类任务。

4. 常用动态数据集

D-NeRF 数据集[102]。这是与 D-NeRF 的研究成果同步发布的动态场景重建数据集，由 8 个 360 度视角的合成视频组成（如图 3.37 所示），内容为复杂几何和非 Lambertian 材料组成的动画，是动态场景中最常用、最经典的数据集之一。

图 3.37　D-NeRF 数据集示意图。引自参考文献[102]

DyNeRF 数据集[103]。这是一个由 6 段视频组成的动态场景数据集。每个视频都由 20 个经过校准的严格同步的多视角视频组成，而且场景比较复杂，可以用于验证复杂四维场景重建和优化效果。

5. 面向大规模场景的数据集

Replica 数据集[104]。它是一组高真实感的、拥有稠密几何细节的、建筑物级别的三维室内数据集，由 18 个视频组成，常被用于室内三维重建的效果验证。

ACID 数据集[105]。它是由谷歌提出的、从 YouTube 上获得的、由无人机拍摄的、由不同海岸线和自然场景组成的数据集，共包含 765 个视频，常被用于室外大规模场景的重建问题验证。

6. 面向人体建模的数据集

ZJU-MoCap 数据集[106]。ZJU-MoCap 由浙江大学 CAD&CG 实验室采集的 9 个动态人体视频（如图 3.38 所示）构成，其中每个视频包含 60 到 300 帧，且对每个视频提供 20 个以上同步的视频，以及对应的 SMLP-X 参数。该数据集中的人物动作复杂、多样化，是虚拟人生成中最常见、最重要的数据集之一。

图 3.38　ZJU-MoCap 数据集示意图。引自参考文献[106]

Neuman 数据集[107]。Neuman 是由 6 个视频组成的单视角数据集，常被用在可动的虚拟人体重建任务中。数据集中的视频是由手机拍摄的背景复杂的人体运动。

NeRSemble 数据集[108]。这是由慕尼黑工业大学采集的包含 220 个人物的头部运动的数据集（如图 3.39 所示）。它使用了 16 个经过校准的视频摄像头，采集了 710 万像素的、每秒 73 帧的、超过 4700 种复杂的头部运动数据，可以用来实现静态和动态的三维人头重建。

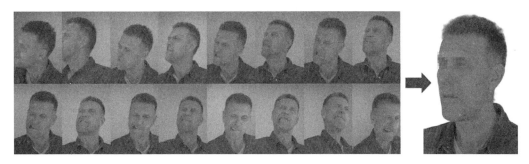

图 3.39　NeRSemble 数据集示意图。引自参考文献[108]

ActorsHQ 数据集[14]。ActorsHQ 是由 Synthesia 公司、慕尼黑工业大学等提出的人体全身运动数据集（如图 3.40 所示）。它使用由 420 个 LED 组成的可编程照明阵列，并用 160 个 12MP Ximea 摄像头，以 25fps 的帧率拍摄出 39765 帧高质量人体运动数据，对人体动态三维重建有重要作用。

图 3.40　ActorsHQ 数据集示意图。引自参考文献[14]

DNA-Rendering 数据集[109]。DNA-Rendering 由上海人工智能实验室、商汤研究院、NTU 和香港中文大学提出（如图 3.41 所示）。数据集中的图像使用 60 个同步相机拍摄，图像分辨率达到 4096 像素 × 3000 像素，帧率达到 15fps。该数据集由 1500 个人物、5000 个运动序列的 6750 万帧数据组成，并包含了二维/三维人体关键点标记、前景掩码、SMPLX 模型、布料材质、多视角图像和视频等信息。

图 3.41　DNA-Rendering 数据集示意图。引自参考文献[109]

7. 其他类型数据集

CarPatch3D 数据集[110]。CarPatch3D 由清华 Air 团队推出，包括对超过 20 万辆车拍摄的 53 万张图像（图 3.42 所示），对于车辆建模及自动驾驶模拟有重要作用。

图 3.42　CarPatch3D 数据集示意图。引自参考文献[110]

SPIn-NeRF 数据集[111]。SPIn-NeRF 是与 SPIn-NeRF 技术共同发布的数据集，它由 10 个场景组成，每个场景包括 100 个视角的图像，其中的内容为真实的前向拍摄场景，而且每个场景都有人工标记的物体掩码，常被用于感知类任务、分割类任务和编辑类任务等。

3.4.2　构造自定义的数据集

在研究及工作过程中，有时会涌现出创建或生成新的算法定义数据集以便对 NeRF 模型进行训练的需求。在这种情况下，通常的做法是收集不同角度的图像或视频作为输入源，然后通过人工或脚本的方式，将数据转换为常见的输入格式，例如 Blender 等。在此过程中，主要需要考虑两个关键问题：一是如何收集足够的图像以确保重建的质量，二是如何将数据转换为常用算法和工具可以识别和处理的格式。

首先，对于大多数 NeRF 重建工具而言，需要从丰富的视角获取密集的数据。对于多视角重建任务，视角的丰富程度比图像的绝对数量更重要。通常，图像的数量需要在 50 张至 150 张之间，以使有较高概率训练生成质量较好的三维场景。如果收集的数据视角较少，那么将面临稀疏视角重建问题，需要采用稀疏视角重建，甚至单视角重建技术来完成，这将导致重建效果稍显逊色。

其次，当获取到足够多的图像数据后，需要将它们按帧存放。若收集的是视频，则可以使用 ffmpeg 等视频处理工具将帧抽出，生成图像序列。再使用 COLMAP 或 hloc 对生成的图像序列逐帧估计相机内外参数。这里可以使用 3.3.4 节提到的 ns-process-data 工具，该工具整合了 COLMAP 和 hloc 这两个常用的位姿估计工具，尽管精准恢复相机参数的问题至今仍十分棘手，但这两个计算工具的效果目前被公认为较为令人满意。也可以在没有相机位姿的情况下使用算法在重建过程中同步估计，这类方法属于弱相机位姿重建问题，将在第 7 章进行详细介绍。

最后，如果使用了高精度的工业设备进行采样，有准确的相机参数和高质量的图像采集结果，那么可以手动编写一个简单的脚本，根据 Blender 数据格式规范构造源数据。只要严格按照数据格式规范操作，数据就可以被正确处理。

3.5　总结

本章详细阐述了 NeRF 的数学理论与技术原理，从适合研究者使用的 nerf-pytorch，到便于工程人员使用及集成的 nerfstudio，都给出了 NeRF 的代码实现过程。通过对本章的深入学习，读者能对 NeRF 的训练、渲染等过程有深刻的理解。本章还介绍了相关的公开数据集，以便读者在学习过程中测试算法。

NeRF 提供了一种新的隐式三维表达范式，从不同的角度去理解三维表示技术、三维渲染技术，以及三维感知技术等领域。无论未来科技如何发展，这一基本原理是不变的。建议感兴趣的读者阅读本书提供的参考文献，深入学习相关材料，以加深对此项技术的理解。同时，期待读者能不断探索新的、效果更好的方法，使 NeRF 的训练和渲染速度更快、质量更好、功能更完善。

第二部分

NeRF进阶探索

4 优化 NeRF 的生成与渲染速度

Slow computational processes in any setting, from lightmap baking to the training of neural networks, can lead to frustrating workflows due to long iteration times. We have demonstrated that single-GPU training times measured in seconds are within reach for many graphics applications, allowing neural approaches to be applied where previously they may have been discounted.

— Thomas Muller et al. (from InstantNGP)

NeRF 在新视角生成和重建结果方面所展示的真实感给予人们极大的视觉冲击，人们在首次见证 NeRF 的渲染效果后，纷纷认为新一轮的技术革命即将来临。然而，在实际使用过程中，速度成为它的最大瓶颈。即使对于极其简单的物体，在高端显卡上进行训练也需要花费数小时甚至数天的时间。这样的计算性能显然无法在现实场景中应用，即便在一些纯离线的计算场景中，人们也希望能尽快完成当前的计算任务。因此，许多研究者和行业领导者开始将研究重心集中在优化 NeRF 的速度上，希望 NeRF 能够实现实时训练和渲染。

然而，大多数新技术在初期都需要经历这个过程。当某个理论框架被提出时，往往需要以较高的计算复杂度换取更好的效果。就连日常生活中最寻常的事物，也可能曾令人望而却步，随着技术的发展，它们逐渐变成了常态。对于研究者和创新者来说，新生事物就是机遇。

在 NeRF 的框架中，性能消耗最大的无疑是神经网络部分。原始 NeRF 的神经网络是一个深度和宽度都较大的全连接 MLP，在每条光线生成颜色与密度的过程中，都需要多次查询 MLP。对于清晰度要求较高的场景，由于需要推理的光线数量较多，因此推理速度更慢。几乎所有的 NeRF 加速方法都是围绕降低神经网络的复杂度，同时保持 NeRF 的生成效果来设计和实现的。如分解、混合，甚至替代 MLP，或者通过更有效的特征提取方法，用更浅层、更小的 MLP 来替代 NeRF 中的复杂结构，甚至提升 MLP 的计算速度，等等。截至本书编写时，已经出现了许多重量级的经典算法，该领域目前仍然非常活跃，大量研究者不断提出新的方法和观点。读者可以期待该技术继续演进，直到它变得更加简单、高效、高质量。

本章将重点讨论 NeRF 加速的相关方法。此外，部分方法不仅提升了 NeRF 的重建和渲染速度，也改善了 NeRF 的生成质量，与第 5 章的部分工作存在交叉。本章将集中介绍 NeRF 在速度提升方面的核心贡献，因此不会讨论重叠的情况。

4.1 基于多 MLP 的加速方法

NeRF 诞生不久，来自 MPI、图宾根大学和 ETH 苏黎世的研究团队便提出了首个加速 NeRF 渲染的方案——kiloNeRF[112]。该方案使用数千个小型 MLP 替代 NeRF 中的单个大型 MLP，由于每个小型 MLP 的复杂性较低，因此在推理过程中，计算量显著减少。每个 MLP 仅负责场景中的较小部分，所以在保证重建质量的同时，甚至可以在某些情况下达到优于原始方案的效果。

kiloNeRF 的命名富有创意，不仅体现了其使用了数千个 MLP，而且象征了其实现了数千倍的推理速度提升——在某些情况下，速度提升可以达到 2500 倍以上。kiloNeRF 通过使用规模更小的 MLP，显著缩短了每次查询的时间。并且，通过利用空间稀疏性，kiloNeRF 进一步优化了采样算法，从而实现了显著的加速效果。许多后续的算法也采取了类似的优化策略，取得了令人瞩目的成果。

这些特性共同促使 kiloNeRF 能在消费级的 GPU 上实现单帧渲染 20 ms 左右的速度，从而实现了实时渲染的效果。

4.1.1 kiloNeRF 的架构

设定场景被轴对齐包围盒（AABB）封闭，并将 $\boldsymbol{b}_{\min}$ 和 $\boldsymbol{b}_{\max}$ 定义为包围盒的最小和最大边界。此场景可以被切分为分辨率为 $\boldsymbol{r} = (r_x, r_y, r_z)$ 的微小网格，每个网格都有唯一的索引标记 i_s，其坐标为 (i_x, i_y, i_z)。因此，空间中任何一点 x 都可以通过函数 $g(x)$ 映射至特定的空间网格中。

$$g(x) = \lfloor (x - \boldsymbol{b}_{\min})/((\boldsymbol{b}_{\max} - \boldsymbol{b}_{\min})/\boldsymbol{r}) \rfloor \tag{4.1}$$

每个索引标记 i 均对应一个微型的 MLP，其参数标记为 $\theta(i)$。如此，便可以在每个微型网格空间中计算特定点的颜色值和密度。

$$(\boldsymbol{c}, \sigma) = f_{\theta(g(x))}(x, \boldsymbol{d}) \tag{4.2}$$

基于此场景定义，射线将与场景中各网格相交，后续采样与体渲染算法和原始的 NeRF 保持一致。

然而，相较于 NeRF 的神经网络结构，kiloNeRF 的网络结构更加简捷，其参数的数量也大幅减少。这正是 kiloNeRF 能够实现性能提升千倍的关键。因此，kiloNeRF 的设计理念是将大问题拆解为小问题，并通过更小的 MLP 解决单次查询 MLP 代价过高的问题，如图 4.1 所示。

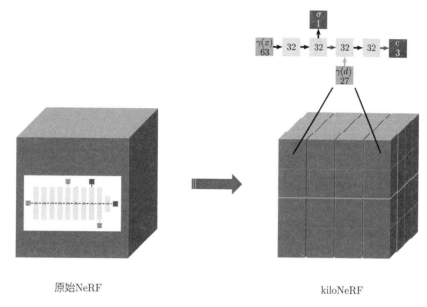

原始NeRF   kiloNeRF

图 4.1   kiloNeRF 与原始 NeRF 的区别。引自参考文献[112]

4.1.2   采样优化方法加速训练和推理

速度优化在宏观上取决于顶层架构的设计，例如分解问题的策略；在微观上则依赖减少冗余计算。kiloNeRF 利用空间采样的特性，在采样阶段设计了两种算法：**空白空间跳过**（Empty Space Skipping，ESS）和**早期射线终止**（Early Ray Termination，ERT）。这两种算法具有广泛的适用性，并在 NeRF 的多项优化工作中被反复使用。

1. 空白空间跳过

由于空间的稀疏性特征，空白空间的出现概率较高。在射线采样过程中，对这些区域的采样是无效的，因为它们并未对最终的颜色产生贡献。因此，如果能确定哪些区域为空白，就可以选择跳过这些区域。基于此，kiloNeRF 采用了精度更高的均匀网格来记录整个空间被占据的情况，并根据每个点的密度值进行填充。如果空间体密度超过某一阈值，则表示该点被占据；反之，则表示该点为空白。这样，就可以有效地避免对这些点进行无效的 MLP 查询。

2. 早期射线终止

透射率是 NeRF 的基础理念。当一个点的透射率为 0 或接近 0 时，该点对于射线不可见，其后的所有采样点对渲染结果无任何影响。因此，在渲染阶段，如果某条射线上的某个采样点的透射率小于某个阈值，就可以提前终止后续采样，从而减少无效的 MLP 查询。

以上两种算法能够有效地避免冗余计算。在原始 NeRF 的渲染中，仅通过增加 ESS 和 ERT 两种算法，就能将渲染性能提高至 71 倍，带来了显著的收益。

4.1.3　蒸馏方法提升重建质量

以上讲到的是 kiloNeRF 带来的收益，但是有收益就会有代价。将空间切分成小块，使用很多 MLP 进行表达造成的最大问题在于，小的 MLP 的训练难度会变大。很多分块缺乏足够的数据进行训练，导致部分空白空间出现重建缺陷。

为解决此类问题，研究者采用了 Hinton 提出的蒸馏方法[113]（Distillation），利用一个更大的模型来监督小模型的训练过程。由于研究者的目标是实现实时的 NeRF 渲染，因此可以舍弃对 NeRF 训练速度的追求。kiloNeRF 设计了如下蒸馏流程，如图 4.2 所示。

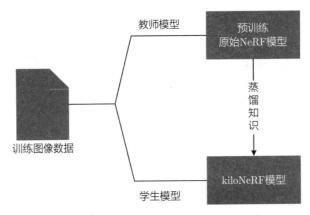

图 4.2　kiloNeRF 蒸馏流程。引自参考文献[112]

（1）预训练一个原始 NeRF 模型，将其作为教师模型（Teacher Model）。

（2）训练学生模型（Student Model），以使其在短时间内的输出结果与教师模型的相匹配。

（3）对经过蒸馏的学生 kiloNeRF 模型进行微调优化，并得到最终模型。

在 kiloNeRF 中，经过蒸馏的模型通常能够展现出优于教师模型的重建效果。同时，教师模型的引入也使模型能够经历一个快速而高质量的初始化过程，从而弥补了 kiloNeRF 模型划分带来的效果损失。

总的来说，kiloNeRF 是较早且经典的 NeRF 加速方法，受到了广泛的关注。这种方法的原理类似于计算机算法中的分治法，即将一个宏大的任务分解为多个小而快的任务，再将这些小任务的结果组合起来，形成完整的解决方案。通过这种方式，kiloNeRF 成功实现了可交互的渲染速度，并且由于 MLP 的规模较小，显存的消耗显著减少。时至今日，在进行大规模场景建模时，类似 kiloNeRF 的分块处理策略仍然是最有效的方法之一。

4.2 取代神经网络的方法

kiloNeRF 的策略是将 NeRF 进行拆分,利用更多、更小的 MLP 来实现一个大 MLP 才能达到的效果。同时出现了另一种极端的解决方案,该方案的核心思想在于,神经网络是导致 NeRF 运行速度缓慢的根本原因,要解决这个问题就需要在 NeRF 的流程中寻求解决方法,以替换或绕过神经网络的部分,从而提升运算的速度。在这方面,有两个有代表性的成果,一个是 PlenOctrees[17],另一个是 Plenoxels[18],它们的名称来自光场中常见的全光函数[114](Plenoptic Function)。这两个成果出自同一团队,团队的首创者 Alex Yu 是一位才华横溢的科学家,他在加利福尼亚大学伯克利分校攻读博士时,提出了这两种算法,并在毕业后创立了 Luma AI 这家专门从事三维生成的独角兽公司。

4.2.1 PlenOctrees

PlenOctrees 的训练目标主要集中在提升已训练完毕的 NeRF 模型的渲染速度,因此,其训练阶段的速度可能是离线的。PlenOctrees 采用八叉树结构来存储球谐函数系数和体密度,并直接利用该数据结构进行渲染,从而规避了大量的 MLP 查询流程。这种方式使得渲染速度能够达到令人惊讶的 150fps 以上,为 NeRF 在实时渲染场景中的应用提供了可能。PlenOctrees 的生成流程如图 4.3 所示。

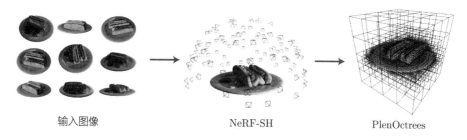

输入图像　　　　　　　　　　NeRF-SH　　　　　　　　　PlenOctrees

图 4.3　PlenOctrees 的生成流程。引自参考文献[18]

1. 球谐函数

在同一辐射场中,所有空间点在不同观察方向下的辐射值不同。换言之,同一空间点的颜色值具有球函数性质,各视角的采样结果无法在其他视角下复用。因此,只能通过重复查询 MLP 获得正确的辐射信息,从而实现正确的渲染。然而,它们的球谐函数系数是不同的。

球谐函数[115](Spherical Harmonics)是定义在球面上的一系列正交的函数。球面上的任何一个函数都可被表示为球谐函数的加权和。此类函数在量子力学和图形学中应用广泛,且可视为空间点的特征。一旦获得空间点的这一特征,便可通过球谐函数系数和观察方向来获取该点在不同方向下的颜色值。这一过程的逻辑类似于傅里叶变换——任何信号都可被分解为一组基函数和对应系数的乘积和。随着层次不断递增，高频细节逐渐展现，也越来越逼近原始信号。因此，球谐函数可被理解为球面函数的一种分解方式。

球谐函数是将球面坐标映射到复数的函数，其归一化的数学表达式如下。

$$Y_\ell^m(\theta, \phi) = \sqrt{\frac{2\ell + 1}{4\pi} \frac{(\ell - m)!}{(\ell + m)!}} P_\ell^m(\cos\theta) e^{im\phi} \tag{4.3}$$

此处，$\ell \in \mathbb{N} \cup \{0\}$，代表球谐函数的次数；$m \in \{-\ell, \cdots, \ell\}$，代表球谐函数的阶数。通过欧拉公式展开，可以分段表达如下。

$$Y_\ell^m = \begin{cases} \sqrt{2}(-1)^m \mathrm{Im}[Y_\ell^{|m|}], & m < 0 \\ Y_\ell^0, & m = 0 \\ \sqrt{2}(-1)^m \mathrm{Re}[Y_\ell^{|m|}], & m > 0 \end{cases} \tag{4.4}$$

此方法可以计算出每个次数和阶数的球谐函数，$0 \sim 3$ 次的球谐函数的可视化效果如图 4.4 所示。

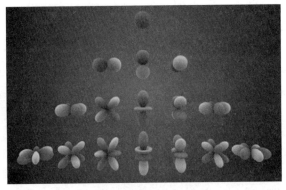

图 4.4 $0 \sim 3$ 次的球谐函数的可视化效果。引自参考文献[18]

图像中球谐函数的第 0 次是一个最低频的圆球。而球谐函数的次数越高，结构越复杂，能表达的细节越多。考虑空间中某个点的 RGB 颜色的 R 分量 c_R，由于在空间各个角度观察颜色不同，因此可以使用球谐函数 Y_ℓ^m 进行分解，获得其球谐函数系数 k_ℓ^m，即 c_R 可以表示为

$$c_R = \mathrm{Sigmoid}\left(\sum_{\ell, m} k_\ell^m Y_\ell^m(\boldsymbol{d})\right) \tag{4.5}$$

因此，只需记录球谐函数系数，即可计算得到各个角度观察该点的颜色值。

在 NeRF 的框架下，若 MLP 的学习和推理的直接目标不是 RGB 值，而是球谐函数系数，那么对空间中的任何一个点，无论从哪个角度观察，MLP 的结果都是一致的。只有在生成 RGB 值时，才需要将观察方向作为输入，将球谐函数系数转换为颜色值。

进一步考虑，球谐函数的数据格式更易于结构化，可以被加载到某种数据结构中实现快速算法。如果不使用 MLP 存储球谐函数系数，而是使用某种数据结构将其缓存，就无须使用 MLP 进行查询，从而去除了对 MLP 的依赖。

球谐函数是三维视觉中一个重要的概念，它将离散的数值世界参数化，大大增强了表达的灵活性。这也是球谐函数在许多重要的工作中起到重要作用的原因。

2. NeRF-SH 的构建

有了球谐函数的定义，NeRF 架构得以调整和优化，不再直接生成 RGB 值，而是生成一组在球谐函数 Y 下的系数值 $\boldsymbol{k}$。这种变化导致了新模型的产生，被称为 NeRF-SH，即使用球谐函数表达的 NeRF 模型。

$$f(x) = (\boldsymbol{k}, \sigma), \boldsymbol{k} = (k_\ell^m)_{\ell \in (0, \ell_{\max})}^{m \in (-\ell, \ell)} \tag{4.6}$$

当需要在某特定射线方向上查询该点的色值时，可以通过球谐函数的加权和进行计算。其中，S 表示 Sigmoid 函数，用于归一化颜色值。

$$c(\boldsymbol{d}, \boldsymbol{k}) = S\left(\sum_{\ell=0}^{\ell_{\max}} \sum_{m=-\ell}^{l} k_\ell^m Y_\ell^m(\boldsymbol{d})\right) \tag{4.7}$$

$$S : x \to (1 + \exp(-x))^{-1} \tag{4.8}$$

在 NeRF 中，每个空间点的颜色和体密度都是需要建模的核心元素。由于体密度在各个角度观察下保持一致，因此仅需记录标量。颜色值 RGB 的三个通道分别通过三组球谐函数系数进行表示，每个通道均采用 2 次球谐函数进行计算，即使用图 4.4 的前三层进行表示。因此，每个通道都有 9 个系数值。这样，NeRF-SH 在每个空间点将被表示为 $3 \times 9 + 1 = 28$ 维的向量。实验证明，使用更高次数的球谐函数对于最终重建效果的提升并不显著，因此采用前三层是一个合理的设定。

原始的 NeRF 渲染过程被分解为两个阶段。第一个阶段是生成 NeRF-SH 模型，第二个阶段是将该模型加上方向信息，通过原始 NeRF 算法生成对应方向的色值。值得注意的是，即使使用其他算法训练生成 NeRF 模型，也可以通过采样查询的方式将其转换为 NeRF-SH 模型，实现高速渲染。因此，这种设计具有很高的灵活性。NeRF-SH 的训练过程如图 4.5 所示。

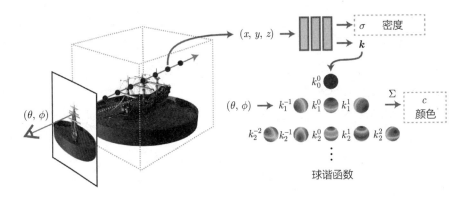

图 4.5　NeRF-SH 的训练过程。引自参考文献[18]

3. 损失函数设计

原始的 NeRF 方法对空间进行全局建模，并将其存储于 MLP 中以供查询。该空间不仅包含了照片中被观察到的内容，还包含了部分未被观察到的内容，因此可能会在这些区域生成一些随机的几何形状，通常表现为纯色。对于 NeRF 方法来说，这并不构成问题，因为渲染的焦点仍然是被观察的主体，这些随机的几何形状不会影响主体的观感。然而，当转向其他的数据结构存储时，这些噪声可能占据大量的存储空间。在场景体素化的过程中，如果设定了分辨率上限，那么这部分几何形状将会稀释中心物体的几何密度，并影响渲染质量。

因此，PlenOctrees 在训练过程中对这些未被观察到的区域增加了新的稀疏性约束。具体来说，PlenOctrees 会在包围盒内采样 K 个点，通过采样点的体密度值来鼓励空间结构尽可能地保持稀疏。

$$\mathcal{L}_{\text{sparsity}} = \frac{1}{K} \sum_{k=1}^{K} |1 - \exp(-\lambda \sigma_k)| \tag{4.9}$$

最终的损失函数是重建损失和稀疏损失的加权和。通过这种方式，PlenOctrees 显著降低了无效几何区域占用的空间，同时提高了有效物体区域的生成效果和几何密度。

$$\mathcal{L} = \mathcal{L}_{\text{RGB}} + \beta_{\text{sparsity}} \mathcal{L}_{\text{sparsity}} \tag{4.10}$$

4. PlenOctrees 生成

下一步策略是从 NeRF-SH 模型中移除神经网络，并采用其他方式来保存球谐函数系数，以实现实时渲染。PlenOctrees 利用八叉树的叶子节点来存储相关参数，如图 4.6 所示。具体步骤如下。

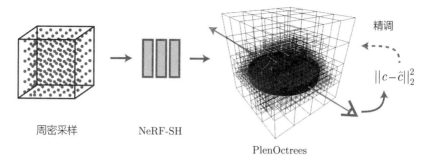

图 4.6　PlenOctrees 生成流程。引自参考文献[17]

（1）评估阶段。通过对 NeRF-SH 模型的评估和推理，将空间点的密度值提取到均匀分布的网格上。

（2）过滤阶段。获取每个网格上体素的体密度信息，消除低于特定阈值的体素，并在剩下的点上构建八叉树。这样可以产生一个递归的多级八叉树，消除了不可见的体素。

（3）采样阶段。在剩余的体素上随机采样 N 个点，并将这些点的滤波结果（如平均值）作为特征存储在叶子节点上，以避免锯齿效应。因此，每个叶子节点上都存储了相应的密度和球谐函数系数用于最终的渲染。N 的大小决定了 PlenOctrees 的生成速度和生成质量。通常，$N = 256$ 可以实现理想的反走样[1] 效果，PlenOctrees 生成时间在 15 分钟左右。如果想得到更快的生成速度并保持最小的质量损失，则可以取 $N = 8$，PlenOctrees 生成时间会缩减 1.5 分钟。

在渲染八叉树时，根据射线的方向对八叉树进行采样查询，可以生成相应的球谐函数系数和密度值，并根据观察方向生成采样点颜色，再使用体渲染方法即可完成渲染。同样，由于射线上的密度信息是可以采样的，因此可以通过 ESS、ERT 等快速射线采样方法进一步加速渲染过程。

利用 PlenOctrees 方法，原本需要依赖大量神经网络查询来完成的渲染操作，可以通过在八叉树上高效遍历查找的方式来实现，从而显著提升了速度。大量研究数据表明，PlenOctrees 相较于 NeRF 实现了 3000 倍以上的速度提升。同时，在 800 像素 ×800 像素的渲染分辨率上，该方法实现了超过 150fps 的渲染效果，足以满足实时交互式渲染的需求。然而，此方法也存在明显的问题：八叉树的存储空间并不如神经网络的存储空间紧凑，因此其存储代价是 NeRF 的数倍甚至数十倍，这在实际应用时可能产生一些问题。尽管如此，PlenOctrees 方法依然开创了加速 NeRF 渲染的新途径，为实现实时渲染提供了可行的方案。在此之后，Alex 及其团队进一步提出了 Plenoxels，即使在训练过程中完全不使用神经网络结构，也能实现 NeRF 的效果。这表明，NeRF 的优势并非在于神经网络。

---

1. 又称抗锯齿。

4.2.2　Plenoxels

PlenOctrees 的研究者明确指出，神经网络并不是 NeRF 的核心优势。基于此观点，他们进行了更加大胆的探索，即运用稀疏的体素网格来表示场景，并在每个网格节点上储存该位置的密度和球谐函数参数向量。这将完全去除场景表达对 MLP 的依赖，提高训练和推理的速度。

在此基础上，作者提出了一种全新的三维场景表达方法——Plenoxels。在渲染 Plenoxels 模型时，主要采用的是插值操作，其速度相当快，能够达到 15fps 以上。同时，Plenoxels 可以进行进一步的结构化导出，形成 PlenOctrees，从而进一步提高渲染速度。Plenoxels 算法的流程如图 4.7 所示。

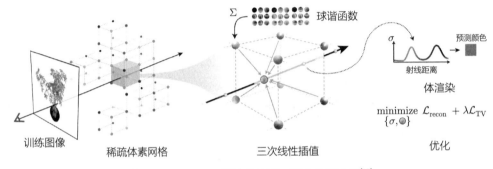

图 4.7　Plenoxels 算法的流程。引自参考文献[17]

1. 基于球谐函数的体素表达

理论上，采用 PlenOctrees 的结构进行场景表达被视为较优的解决方案，因为其表达适应性强且渲染速度快。然而，学习此类结构可能具有挑战性，且无法加速训练过程。因此，为了简化整体过程，Plenoxels 选用了稀疏的体素网格来表示模型，并在被占据的位置设置体素节点，在节点上存储密度和球谐函数系数。这样，在任意节点上，通过采样体素网格，就可以使用球谐函数系数来计算该节点的颜色值。由于体素网格的结构复杂度有限，因此其训练过程相较于神经网络方法会更快。然而，由于体素网格分辨率的限制，该方法可能无法实现理想的表达效果。因此，需要引入对任意点的三次线性插值过程，以生成任意分辨率的参数值。

生成体素网格的过程是由粗糙到精细的：从低分辨率网格开始优化，剔除不需要的体素，将网格的分辨率提升一倍后再进行优化。如此反复，最终可以获得优化后的高分辨率体素网格表示。其中，剪枝策略与 PlenOctrees 相似，即当当前网格与周围体素的密度低于某个阈值时，该网格将被剪除。这个过程具有较高的工程属性，优化环节众多，在实际操作过程中可以尝试通过不同的算法进行优化。

2. 空间任意点的插值过程

体素表达会对存储空间造成较大压力，然而，空间的特征信息能够通过对周围体素的插值获得，因此，没有必要完全将其存储下来。具体而言，空间中的任意一点都属于某个体素立方体，每个点周围都会有 8 个网格节点，因此，该点的特征可以由周围的 8 个网格节点生成。

常见的插值方法包括近邻法、三次线性插值法等。在复杂度方面，线性插值的复杂度高于近邻法；但从信号处理的角度看，线性插值的数据逼近效果会更好，结果更平滑。因此，Plenoxels 最终选择了运用**三次线性插值**（Trilinear Interpolation）法进行计算。三次线性插值的效果优于近邻法 3 ~ 5 dB，这也符合理论预期。可以推想，如果采用更复杂的插值方法，从信号处理的角度，可能会取得更好的效果，感兴趣的读者可以自行尝试。

3. 损失函数设计

体素化表达存在一个显著的问题，那就是原本由 MLP 保证的连续性，在转变为体素格式后，变得离散不连续，导致无法保证不同体素之间的平滑度。为此，Plenoxels 除了考虑基础的重构损失，还考虑了体素之间的平滑度，引入了**总变差**（Total Variation）损失 $\mathcal{L}_{\mathrm{TV}}$，这也是三维视觉中常用的损失项，在后面的章节中会频繁使用到。

$$\mathcal{L}_{\mathrm{TV}} = \frac{1}{|\mathcal{V}|} \sum_{\boldsymbol{v} \in \mathcal{V}, \boldsymbol{d} \in |\mathcal{D}|} \sqrt{\Delta_x^2(\boldsymbol{v}, \boldsymbol{d}) + \Delta_y^2(\boldsymbol{v}, \boldsymbol{d}) + \Delta_z^2(\boldsymbol{v}, \boldsymbol{d})} \tag{4.11}$$

其中，$\Delta_x^2(\boldsymbol{v}, \boldsymbol{d})$ 表示体素 $\boldsymbol{v} := (i, j, k)$ 与 x 轴方向近邻体素 $\boldsymbol{d} := (i + 1, j, k)$ 的平方差，$\Delta_y^2(\boldsymbol{v}, \boldsymbol{d})$ 表示其与 y 轴方向近邻体素 $\boldsymbol{d} := (i, j + 1, k)$ 的平方差，$\Delta_z^2(\boldsymbol{v}, \boldsymbol{d})$ 表示其与 z 轴方向近邻体素 $\boldsymbol{d} := (i, j, k + 1)$ 的平方差。此计算过程利用了密度与球谐函数系数的加权差异。这样的训练目标旨在优化相邻体素之间信息的平滑度。因此，总的损失函数可以表示为

$$\mathcal{L} = \mathcal{L}_{\mathrm{recon}} + \lambda_{\mathrm{TV}} \mathcal{L}_{\mathrm{TV}} \tag{4.12}$$

从 Plenoxels 的视角来看，这种方法在 PlenOctrees 的基础上是容易构建的。然而，从优化问题的视角来看，解决这个问题的难度相当大。首先，这是一个高维问题；其次，由于目标是非凸的，所以这个问题相当具有挑战性。Plenoxels 使用了 RMSProp 方法来缓解这个问题。

此外，Plenoxels 还针对特定场景设计了多个算法和正则项，以提升模型的效果，例如对于无界场景，可以通过构建一个类似于 NeRF++[116] 的背景模型来解决；对于真实的前向和 360° 场景，可以通过添加柯西损失提升场景表达的稀疏性；对于真实的 360° 场景，还可以使用 beta 分布正则化来鼓励前后景的分离，并使前景趋于不透明或空。诸如此类细节，这里不再赘述，对此有兴趣的读者可以查阅相关资料。

Plenoxels 由 PlenOctrees 发展而来，其特点是利用球谐函数将方向相关的计算推迟到最后

的阶段，并将系数向量保存在体素结构中。在应用时，通过插值方法或其他信号处理逻辑生成空间中各点的核心参数，并采用可微分的体渲染逻辑进行渲染。这种方法充分利用了球谐函数的优势，从而实现了更高的性能，是一种具有代表性的加速算法。读者可以从中看到 Alex 的思维逻辑的一致性，他始终在统一的思路上验证自己的想法，这无疑是研究工作高质量产出的保证。

本节详细介绍了两种试图取代神经网络的代表性方法：PlenOctrees 和 Plenoxels。前者在渲染速度上取得提升，后者在训练过程中取得提升。这两种方法可以联合使用，也可与其他 NeRF 训练方法结合使用，其灵活性和效果均令人满意。从宏观角度看，神经网络在 NeRF 生成过程中的主要贡献是实现了连续插值。因此，设计一个基础的离散化表达，然后使用插值算法对神经网络进行逼近或替代是可行的，在后续算法中，这一结论得到了不断验证。同样，这两项工作引入了球谐函数，这是一种对渲染非常友好的算法，许多后续研究也借鉴了这一点，有效地减轻了计算压力。第 11 章介绍的**三维高斯喷溅**（3D Gaussian Splatting）**算法**大获成功，再次验证了这两点。

4.3 体素网格与 MLP 混合表达的方法

DVGO[117] 的基本思想与 Plenoxels 相似，旨在使用体素网格提高重建速度。然而，Plenoxels 的目标是通过体素网格完全去除 MLP，而 DVGO 的目标是通过体素网格与浅神经网络的混合方法实现加速。这样的设计可以在使用更小的体素网格的情况下，实现相当的或更好的表达效果。DVGO 的整体流程如图 4.8 所示。

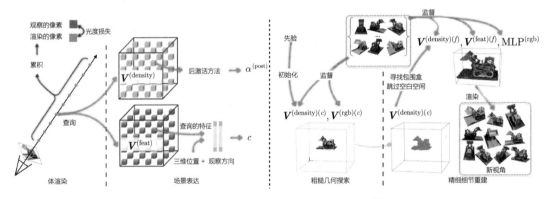

图 4.8 DVGO 的整体流程。引自参考文献[117]

4.3.1 DVGO 场景表达方法

体素网格是一种被普遍采用的显式三维场景表示方法，历史久远。本节将详细介绍如何表示和预测空间点的颜色和密度。

体素网格中的每个点都代表对场景的一个采样,相关的模态(或属性)都可以存储在该点中。空间中的其他点可以通过三维插值算法获得。

$$\text{interp}(\boldsymbol{x}, V) : (\mathbb{R}^3, \mathbb{R}^{C \times N_x \times N_y \times N_z}) \to \mathbb{R}^C \tag{4.13}$$

其中,V 是体素网格,而 N_x、N_y、N_z 为网格在三个维度的分辨率,它们的乘积决定了体素数量,C 表示对应模态的维度,例如密度对应 $C = 1$,而 RGB 颜色值对应 $C = 3$。

1. 对颜色的处理

采用 V^{feat} 体素网格进行存储的设定允许对任一空间点使用之前的公式进行插值,并生成相应的特征。然后结合相应的三维点位置及观察方向,采用一个简易的 MLP 来预测颜色值。此 MLP 的结构较为简单,只由两个隐藏层组成,每层只包含 128 个通道,因此,优化和推理的速度相对较快。这一部分也展现了体素与 MLP 结合预测的设计理念。

2. 对密度的处理

DVGO 采用了平移的 softplus 对原始体密度数据进行激活,以提升对低密度区域的处理效果。公式为

$$\sigma = \text{softplus}(\ddot{\sigma}) = \lg(1 + \exp(\ddot{\sigma} + b)) \tag{4.14}$$

其中 b 是密度平移的超参数,在激活之后计算对应点的不透明度用于体渲染。

$$\alpha = \text{alpha}(\sigma, \delta) = 1 - \exp(-\sigma\delta) \tag{4.15}$$

这时会引出空间点的不透明度预测的时序问题。激活函数与不透明度计算两个过程的顺序是固定的(先激活,再计算不透明度)。插值的运算可以发生在这两个环节的前期、中期或后期,针对不同的情况,有相应的逻辑。

(1)预激活 (pre-activation)。首先激活体素网格,接着计算不透明度,最后插值。

$$\alpha^{\text{pre}} = \text{interp}(\boldsymbol{x}, \text{alpha}(\text{softplus}(V^{\text{density}}))) \tag{4.16}$$

(2)中续激活(in-activation)。首先激活体素网格,然后插值,最后计算不透明度。

$$\alpha^{\text{in}} = \text{alpha}(\text{interp}(\boldsymbol{x}, \text{softplus}(V^{\text{density}}))) \tag{4.17}$$

(3)后激活(post-activation):首先使用网格进行插值,然后激活并计算不透明度。

$$\alpha^{\text{post}} = \text{alpha}(\text{softplus}(\text{interp}(\boldsymbol{x}, V^{\text{density}}))) \tag{4.18}$$

从理论角度而言,这三种设计方式均是可行的。然而,实验数据显示,后激活方式重构的

效果相较于其他两种激活方式，呈现出更加锐利的边缘和更高的清晰度。因此，DVGO 在插值过程中采用了后激活的方式。尽管这里并没有严谨的理论基础，但从信号处理的视角来看，插值可以被视作一种信号平滑过程，利用原始信号完成这一过程将比其他方案更能保持信号的原貌。实验验证了这种观点，但并未提供严格的理论证明。

至此，DVGO 已经完成了场景的设计，以及空间各点插值方法的设计。

4.3.2 DVGO 快速优化方法

空间通常呈现稀疏性，因此采用类似 Plenoxels 的从粗糙到精细的建模方法通常非常高效。首先通过学习一种粗糙的网格结构，可以迅速获得一个较为准确的场景表示。在此基础上进行进一步细化，可以得到一个精细化的网格，这样便可以快速得到最终的优化场景。在优化过程中需要掌握许多技巧，并且需要不断调整和尝试，因此，本节的重点将放在对这些重要部分的讨论上。

1. 粗糙几何重建

对整个场景添加一个包围盒，其大小为 $L_x^{(c)}, L_y^{(c)}, L_z^{(c)}$。定义粗糙阶段的体素数量为 $M^{(c)}$，其中 c 表示粗糙级别，然后可以计算出体素的大小。因此可以得到每个维度的体素数量。

$$s^{(c)} = \sqrt[3]{\frac{L_x^{(c)} \cdot L_y^{(c)} \cdot L_z^{(c)}}{M^{(c)}}}$$

$$N_x^c, N_y^c, N_z^c = \left\lfloor \frac{L_x^{(c)}}{s^{(c)}} \right\rfloor, \left\lfloor \frac{L_y^{(c)}}{s^{(c)}} \right\rfloor, \left\lfloor \frac{L_z^{(c)}}{s^{(c)}} \right\rfloor \tag{4.19}$$

在粗糙几何重建阶段，使用一个粗糙的体素网格进行训练：$V^{(\mathrm{density})(c)} \in R^{1 \times N_x^c \times N_y^c \times N_z^c}$，并采用后激活方式进行空间点采样。这样可以得到空间中任意一点的密度与颜色。

$$\ddot{\sigma}^{(c)} = \mathrm{interp}(\boldsymbol{x}, V^{(\mathrm{density})(c)})$$

$$\boldsymbol{c}^{(c)} = \mathrm{interp}(\boldsymbol{x}, V^{(\mathrm{rgb})(c)}) \tag{4.20}$$

采样时，各采样点可以像 NeRF 一样在近端和远端进行插值，采样点的选择与体素的大小相关，体素越小，采样的点越多。因此需要设计采样点索引。

$$i \in \left[1, \mathrm{ceil}\left(t^{(\mathrm{far})} \cdot \frac{\|\boldsymbol{d}\|^2}{\delta^{(c)}} \right) \right] \tag{4.21}$$

其中，$\delta^{(c)}$ 与体素的大小相关，各采样点的坐标可以计算得出。

$$x_0 = o + t^{(\text{near})} \cdot d$$

$$x_i = x_0 + i \cdot \delta^{(c)} \cdot \frac{d}{\|d\|^2}$$

$$(4.22)$$

在粗糙阶段，由于没有细节的几何采样需求，因此没有使用到 MLP，训练的速度较快。这里采用重建颜色之间的均方差进行训练，与 NeRF 相同。同时，引入了类似 Plenoxels 的前后景正则项，以鼓励累计的不透明度集中在前景或背景。

2. 精细几何重建

在获取粗糙几何体素网格 $V^{(\text{density})(c)}$ 后，便可启动训练精细几何体素网格 $V^{(\text{density})(f)} \in \mathbb{R}^{1 \times N_x^f \times N_y^f \times N_z^f}$ 的过程。精细体素网格的初始大小设定方法与粗糙体素网格相似，随着训练深度的增加，体素网格大小会进行调整。同时，会在精细几何体素网格上并行训练一个特征体素网格 $V^{(\text{feat})(f)} \in \mathbb{R}^{D \times N_x^f \times N_y^f \times N_z^f}$，其分辨率始终与精细几何体素网格保持一致。该特征体素网格用于预测空间点的颜色值，因此其生成密度与颜色的公式与粗糙体素网格有所不同，如下所示。

$$\ddot{\sigma}^{(f)} = \text{interp}(x, V^{(\text{density})(f)})$$

$$c^{(f)} = \text{MLP}_{\Theta}^{(\text{rgb})}(\text{interp}(x, V^{(\text{feat})(f)}), x, d)$$

$$(4.23)$$

由于精细几何体素网格承担生成最终场景数据的任务，因此引入了 MLP，利用它的强大插值能力实现更精细的插值效果。DVGO 使用的 MLP 较浅，带来的计算量不大。

在采样方法方面，精细几何重建阶段与粗糙几何重建阶段相似，但由于粗糙几何重建阶段存在先验知识，可以优化 $t^{(\text{near})}$ 和 $t^{(\text{far})}$，使其到达实际射线与包围盒的交点，因此可以实现更优的采样效果。此外，类似 Plenoxels，由于空间内的占据情况已由粗糙网格得出，故可采用 ESS、ERT 等方法执行射线的空白区域跳过和早期终止等策略。

从原理上看，DVGO 采用分层优化的策略，可以利用粗糙网格通过极短的时间和较少的计算量获得场景预测，并指导精细阶段的重建过程。虽然 DVGO 使用了体素进行特征存储，但实际上，实现 NeRF 效果需要的体素分辨率很低，其中粗糙几何体素只有 $M^{(c)} = 100^3$ 个，而精细几何体素只有 $M^{(f)} = 160^3$ 个，对存储和加载不形成压力。DVGO 与 Plenoxels 几乎是在同一时间由两个完全不同的团队提出的。历史上，相似的技术在同一时间被提出的情况并不少见，NeRF 也是如此。在技术取得一定突破后，研究者往往会面临新问题，并尝试借鉴其他领域的技术来解决这些问题。

在本质上，DVGO 巧妙地利用了体素网格的存储和高效查询能力，同时借助神经网络的插值能力，取得了良好的效果。尽管在 DVGO 的基础上还有其他优化方法，但它们的框架大致相同。从技术发展的角度来看，这些应归为同一范畴。

4.4 基于多分辨率网格的速度提升方法

某些技术的出现总会令人赞叹，它们通常具有以下特性：理论简捷、稳定且效率高。Instant-NGP[118] 就是此类技术的一个代表。其问世的时间与 Plenoxels 和 DVGO 相差无几。在众多研究者专注于 MLP 优化过程时，英伟达的研究团队开始探讨为何需要如此庞大的 MLP。从信号处理的角度看，庞大的 MLP 之所以出色，是因为其信息挖掘和表达能力强。然而，从经典的计算视觉和人工智能历史角度来看，更优质的信号特征表达也是极其关键的。NeRF 采用频域变换进行位置编码，这也可以被视为一种位置信息的嵌入方式。那么，是否存在更好的位置信息表达方法，可以提高信息特征的效率，从而以较浅的 MLP 来替代 NeRF 的 MLP 设计，并实现速度的提升呢？Instant-NGP 成功地实现了这个目标，其效果之优秀，使得它的光芒掩盖了其他所有同期的方法，直至今日，它仍是主要的加速方法之一。

Instant-NGP 是一种通用的信号特征表达方法，对 NeRF 的加速只是其众多功能之一。因为它的出现，NeRF 重建的时间从数小时降低到几分钟，满足了大部分应用场景的需求，对行业产生了极大的推动力。Instant-NGP 能取得如此出色的性能，一方面是因为它提供了一种多分辨率的哈希网格表示方法，另一方面是因为它实现并开源了一套高质量的 CUDA 加速方法。

Instant-NGP 被视为 NeRF 加速方法领域的里程碑，被超越的难度极大。其原理如图 4.9 所示。

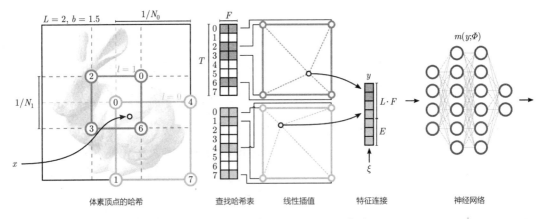

图 4.9　Instant-NGP 原理图。引自参考文献[118]（见彩插）

4.4.1 多分辨率网格表达方法

Instant-NGP 技术的核心是**多分辨率网格**（Multi-Resolution Hash Grid）表达方法。该方法通过多分辨率哈希网格，将全连接神经网络的输入 x 编码为一个具有更高质量的向量表示

$\boldsymbol{y} = \text{enc}(\boldsymbol{x}, \theta)$。对于 NeRF 技术，Instant-NGP 的编码方式取代了原有的位置编码算法，从而允许神经网络 $\boldsymbol{m}(\boldsymbol{y}; \theta)$ 能够更有效地表示和预测信号。图 4.9 仅以二维示例模型为例，以便阐明 Instant-NGP 的原理。对于三维模型，只需扩展维度。例如，4 个近邻点在三维模型中将变为 8 个。

用 L 层多分辨率网格切分整个包围盒空间，其中最小分辨率为 $N_{\min}$，最大分辨率为 $N_{\max}$，每层的分辨率可由以下公式计算。

$$N_l := \lfloor (N_{\min} \cdot b^l) \rfloor$$
$$b := \exp\left(\frac{\ln N_{\max} - \ln N_{\min}}{L-1}\right) \tag{4.24}$$

一般来说，选择 L 为 16 层，$N_{\min}$ 为 16，而 $N_{\max}$ 在 512（2^9）到 524288（2^{19}）之间。这样，就可以利用最大分辨率的极值求出 b 的取值范围为 $[1.26, 2]$，从而将整个空间切割成 L 个具有不同分辨率的网格。

对于一个特定的层 ℓ，该层的空间坐标 $\boldsymbol{x}$ 可以映射到该层的分辨率网格中，得到包围盒的左上角和右下角的坐标。

$$\lfloor \boldsymbol{x}_l \rfloor = \lfloor \boldsymbol{x} \cdot N_l \rfloor$$
$$\lceil \boldsymbol{x}_l \rceil = \lceil \boldsymbol{x} \cdot N_l \rceil \tag{4.25}$$

因此，点 $\boldsymbol{x}$ 的特征可以通过包围盒周边的 2^d 个点的特征进行线性插值得到，其中 d 为当前空间维度，例如在二维图像中 $d = 2$。将所有层插值后的特征组成一个特征向量，然后将该向量与附加的输入信息连接，就构成了最终的编码向量，最后将这个编码向量送入 MLP 进行训练。因此，在 Instant-NGP 中，不仅需要学习 MLP 的参数，还需要训练每层网格节点的特征值。

读者可能会感到疑惑，同样使用体素网格的节点进行插值，为何 Instant-NGP 的训练和推理速度比其他算法快？主要原因有两个：一是选择了哈希存储，二是实现了高效的 CUDA 代码。

4.4.2 哈希存储

为了优化节点特征的查询速度，Instant-NGP 采用了哈希表数据结构存储特征。与 Plenoxels 和 PlenOctrees 所使用的八叉树结构相比，哈希表在查询效率和存储效率方面都有优势。

每个节点的特征会被存储于相应层的特征队列中，形成一个哈希表。各层的哈希表的上限不会超过 T 个参数，T 的取值范围通常在 2^{14} 到 2^{24} 之间，每个特征以 F 个值表示，因此整个哈希表的大小为 $T \cdot L \cdot F$。由于 L 和 F 通常为常数，且当 $F = 2$，$L = 16$ 时，各种应用场景都达到了 Pareto 最优解，因此 Instant-NGP 哈希表的大小默认为 $T \times 16 \times 2$。

确定哈希表大小后，需要设计一个哈希函数，将输入映射到哈希表的某个位置。Instant-NGP 采用空间哈希函数进行计算。

$$h(\boldsymbol{x}) = (\oplus_{i=1}^{d} x_i \pi_i) \bmod T \tag{4.26}$$

其中，$\oplus$ 表示按位异或运算，π_i 为唯一的大数，为保证独立性，选择一组特殊质数，如 $\pi_1 = 1$，$\pi_2 = 2654435761$，$\pi_3 = 805459761$。对于更高维度的 Instant-NGP 应用，可以使用更多的质数，如 $\pi_4 = 3674653429$，$\pi_5 = 2097192037$，$\pi_6 = 1434869437$，$\pi_7 = 2165219737$ 等。

值得注意的是，该算法并未特意处理哈希碰撞问题。经 Instant-NGP 分析，对于粗糙的分辨率层，哈希碰撞问题并不存在；而在精细分辨率层，哈希碰撞是不可避免的。然而，在一个大场景空间中，这些碰撞会随机出现在各个位置。由于两个点在每层分辨率上同时发生碰撞的概率极低，对结果的影响非常有限，因此 Instant-NGP 的哈希表是安全可用的。

4.4.3 Instant-NGP 的实现

Instant-NGP 的卓越性能部分归功于其工程学上的高水准。该实现完全基于 CUDA，其设计是通用的，不仅支持 NeRF 这样的三维场景，也支持二维及其他场景。其算法的抽象程度较高，因此相较于其他实现代码更为复杂，从而增加了理解的成本。

同时，英伟达开源了一个名为 tiny-cuda-nn[55] 的项目。尽管其名称中含有 "tiny"，但它却是一个功能完善的由 CUDA 实现的小型神经网络框架。它在加速 MLP 和支持多分辨率哈希编码算法方面表现出色，使得 Instant-NGP 成为一个可模块化的集成算法。随后出现了许多将多分辨率网格优化与其结合的算法。

除此之外，社区也开源了若干基于 PyTorch 不同版本的 Instant-NGP 实现，包括 torch-ngp[119]、nerfstudio[84] 中的 Instant-NGP 模型及 ngp-pl[120] 等。若读者希望从原理层面深入理解该算法，那么可以选择最适合自己的版本进行学习。

Instant-NGP 具备在分钟级别实现其他算法需要数小时才能实现的效果的能力。其架构设计和高质量的代码实现让其在三维视觉领域占有重要地位，并在其他方向的速度优化中被广泛应用，这使得该领域对实时化的重建能力有了前所未有的信心。要强调的是，Instant-NGP 并非仅针对 NeRF 进行设计，对于大部分需要高质量信号表达的应用同样有效。

必须承认的是，Instant-NGP 也存在一些难以解决的问题。例如，在部分场景中对于近景的表达能力不佳。这主要是由于近景的物体被相对较少的网格覆盖，采样率不足，导致数据表达不充分。对于许多场景来说，Instant-NGP 能够提供足够好且快速的效果，并且可以模块化地应用于二次算法设计，以实现加速的效果。

4.5 基于张量分解的速度提升方法

另一种关键的 NeRF 加速方法几乎与 Instant-NGP 在同一时间被提出。该方法不仅加速了 NeRF 的训练和渲染过程，而且显著降低了训练模型的规模。这就引出了基于张量分解的张量辐射场算法——TensoRF[121]。从深层次理解，与 Instant-NGP 方式相似，TensoRF 也通过更优质的信号表达方式增强了对信号的分解和提取能力。借助更紧凑的表达，它实现了更快的运行速度。同时，它首次将基于三平面（Tri-Plane）的方法引入 NeRF 领域。因此，在基于 NeRF 的应用算法中，存在两种常见的优化策略：一种是通过多分辨率网格结构，另一种是通过三平面方法。本节将以 TensoRF 方法为例，详细介绍基于张量分解的 NeRF 重建方法。

4.5.1 张量分解方法

整个三维场景可以被视为一个由空间特征构成的张量，其空间位置由 X、Y、Z 三个维度定义，而空间特征通常是多维的。在 NeRF 的视角中，这些特征是由点的密度 σ 和颜色所构成的四维向量，或者由球谐函数表示的 28 维向量。张量分解的方法可以有效地表示这种大规模的张量，其中最经典的方法是张量 CP 分解，全称为 CANDECOMP/PARAFAC 方法。

1. 张量 CP 分解方法

张量 CP 分解方法与 SVD 的扩展版本非常相似，如图 4.10 所示。已知张量 $\mathcal{T} \in \mathbb{R}^{I \times J \times K}$，可以由一组向量的外积之和来表示。

$$\mathcal{T} = \sum_{r=1}^{R} \boldsymbol{v}_r^X \circ \boldsymbol{v}_r^Y \circ \boldsymbol{v}_r^Z \tag{4.27}$$

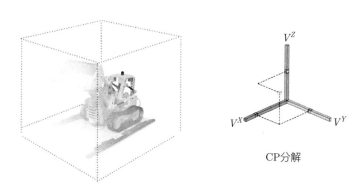

图 4.10 三维张量的 CP 分解。引自参考文献[121]

其中，$\boldsymbol{v}_r^1 \in \mathbb{R}^I, \boldsymbol{v}_r^2 \in \mathbb{R}^J, \boldsymbol{v}_r^3 \in \mathbb{R}^K$，分别是三个维度方向的秩一张量，而 R 是秩一向量的最少数量。因此，张量中的每个位置的值都可以分解为这三个秩一向量相应位置的标量积的和，

即

$$\mathcal{T}_{ijk} = \sum_{r=1}^{R} \boldsymbol{v}_{r,i}^{X} \boldsymbol{v}_{r,j}^{Y} \boldsymbol{v}_{r,k}^{Z} \tag{4.28}$$

这种分解方式可以轻松地表达张量中的任何元素，形式十分简洁。因此，可以使用张量 CP 分解后的特征来编码相应位置的特征。然而，TensoRF 认为，在此种表达方式下，R 值过大，导致表达方式尚不紧凑。因此，他提出了一种新的张量分解方法——VM 分解方法。实验表明，在同样的分解效率下，CP 分解需要的特征数量是 VM 分解的三倍，因此，VM 分解的模型更紧凑。

2. 张量 VM 分解方法

向量-矩阵分解方法（Vector-Matrix Decomposition，VM），是一种独特的张量分解方法，其与 CP 分解方法的差异主要体现在基的选择上。相对于 CP 分解方法选择三个秩一个向量作为基，VM 分解方法则选择一个秩一个向量和一个与之正交的平面矩阵来表示。因此，VM 分解方法主要包含三种不同的向量-矩阵组合：$\boldsymbol{v}_r^{X} \circ \boldsymbol{M}_r^{Y,Z}$、$\boldsymbol{v}_r^{Y} \circ \boldsymbol{M}_r^{X,Z}$ 和 $\boldsymbol{v}_r^{Z} \circ \boldsymbol{M}_r^{X,Y}$。如果以 X、Y、Z 三个维度来表示，则分别代表 X 轴向量与 YZ 平面矩阵的组合，Y 轴向量与 XZ 平面矩阵的组合，以及 Z 轴向量与 XY 平面矩阵的组合，空间中的任何张量都可以通过这些组合进行表达。VM 分解示意图如图 4.11 所示。

$$\mathcal{T} = \sum_{r=1}^{R_1} \boldsymbol{v}_r^{X} \circ \boldsymbol{M}_r^{Y,Z} + \sum_{r=1}^{R_2} \boldsymbol{v}_r^{Y} \circ \boldsymbol{M}_r^{X,Z} + \sum_{r=1}^{R_3} \boldsymbol{v}_r^{Z} \circ \boldsymbol{M}_r^{X,Y} \tag{4.29}$$

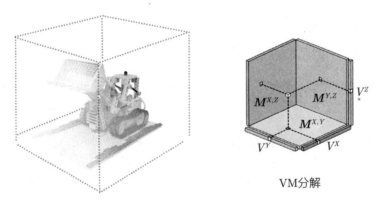

VM分解

图 4.11　三维张量的 VM 分解示意图。引自参考文献[121]

在实际计算过程中，为了简化参数，通常令 $R = R_1 = R_2 = R_3$，这种做法可以显著提高张量表达的紧凑性，同时减少张量表达所需的数据量。与 CP 分解方法一样，张量中的任何元素都可以通过标量乘积和来表示。

$$\mathcal{T}_{ijk} = \sum_{r=1}^{R} \left(\boldsymbol{v}_r^X \circ \boldsymbol{M}_r^{Y,Z} + \boldsymbol{v}_r^Y \circ \boldsymbol{M}_r^{X,Z} + \boldsymbol{v}_r^Z \circ \boldsymbol{M}_r^{X,Y} \right) \tag{4.30}$$

为了简化，上述公式也经常记作 $\mathcal{A}_r^X = \boldsymbol{v}_r^X \circ \boldsymbol{M}_r^{Y,Z}, \mathcal{A}_r^Y = \boldsymbol{v}_r^Y \circ \boldsymbol{M}_r^{X,Z}, \mathcal{A}_r^Z = \boldsymbol{v}_r^Z \circ \boldsymbol{M}_r^{X,Y}$。

$$\mathcal{T}_{ijk} = \sum_{r=1}^{R} \sum_{m} \mathcal{A}_{r,ijk}^m \tag{4.31}$$

这种新的张量分解方法可以简洁地描述输入张量，进而编码张量空间中的特征。值得注意的是，相比 CP 分解方法，VM 分解方法在表达紧凑性上更有优势。接下来，可以考虑将 VM 分解方法应用于神经场的训练和表示中。

4.5.2　基于张量分解方法的神经场 TensoRF

对于某体素网格 $\mathcal{G}$，可根据特性类型将其划分为两种不同的网格：$\mathcal{G}_\sigma$ 表示场景的几何占据情况，$\mathcal{G}_c$ 则表示其颜色外观。这两种网格分别用于生成场景的密度和颜色。因此，对于任意点 $\boldsymbol{x}$，可以得到以下数值。

$$\sigma, \boldsymbol{c} = \mathcal{G}_\sigma(\boldsymbol{x}), \mathcal{G}_c(\boldsymbol{x}) \tag{4.32}$$

需要注意的是，体密度通常被视为一维特征，而颜色要复杂得多。在 TensoRF 中，采用 27 维向量来表示颜色，因此预测颜色 $\boldsymbol{c}$ 需要更复杂的处理能力。这可能需要使用一个浅层的 MLP 或是一个球谐函数来完成。TensoRF 将这一预测能力称为 S，因此上述公式应被实现为

$$\sigma, \boldsymbol{c} = \mathcal{G}_\sigma(\boldsymbol{x}), S(\mathcal{G}_c(\boldsymbol{x}), \boldsymbol{d}) \tag{4.33}$$

此外，对于空间中非体素网格节点上的点，可以通过三线性插值算法生成特征信息，以便计算空间中任意点的特征信息。

以 VM 分解方法为例，可以将密度网格和颜色网格分别分解为

$$
\begin{aligned}
\mathcal{G}_\sigma(\boldsymbol{x}) &= \sum_{r=1}^{R_\sigma} \sum_{m \in XYZ} \mathcal{A}_{\sigma,\gamma}^m \\
\mathcal{G}_c(\boldsymbol{x}) &= \sum_{r=1}^{R_c} \mathcal{A}_{c,\gamma}^X \circ b_{3r-2} + \mathcal{A}_{c,\gamma}^Y \circ b_{3r-1} + \mathcal{A}_{c,\gamma}^Z \circ b_{3r}
\end{aligned}
\tag{4.34}
$$

这样，就可以预测整个场景任意位置的密度和颜色。

$$\mathcal{G}_\sigma(\boldsymbol{x}) = \sum_{r=1}^{R_\sigma} \sum_{m \in XYZ} \mathcal{A}_{\sigma,\gamma,ijk}^m$$

$$\mathcal{G}_c(\boldsymbol{x}) = \sum_{r=1}^{R_c} \mathcal{A}_{c,\gamma,ijk}^X \circ b_{3r-2} + \mathcal{A}_{c,\gamma,ijk}^Y \circ b_{3r-1} + \mathcal{A}_{c,\gamma,ijk}^Z \circ b_{3r} \qquad (4.35)$$

将上述特征作为输入特征，平滑地融入 NeRF 的体渲染过程，对场景进行渲染，并通过监督渲染损失进行优化。对于真实场景的优化，可以考虑通过进一步平滑正则化方法，添加总变差损失等，提高重建的平滑度。相关技术已在前文中提到，这里不再赘述。

4.5.3　TensoRF 的实现

在实现过程中，采用三次线性插值方法时，可以借助向量-矩阵表达的优势继续降低复杂度。这样，任何一次线性插值过程，都可以转化为在向量中的一次线性插值和平面中的二次线性插值结合的结果。因此在实现过程中，这种方式会比其他的三次线性插值方法简单一些。

另外，在实现过程中，不管是使用 MLP 还是球谐函数，颜色向量维度都选择了 $P = 27$，以保证重建的准确度。如果使用 MLP，则使用非常浅的两层 127 个隐藏层的 MLP 即可实现非常好的效果，训练和推理的速度都非常快。

TensoRF 与 Instant-NGP 几乎同时诞生。在后续的 NeRF 加速中，它们成为两个至关重要的分支，分别基于多分辨率哈希网格的方法和三平面的方法在各种应用环境中实现了 NeRF 的快速训练和渲染。可以肯定，这两种算法的诞生对整个 NeRF 领域，乃至整个三维视觉领域都产生了非常重要的推动作用。

相较于 Instant-NGP、DVGO、Plenoxels 等方法，TensoRF 凭借其卓越的特征提取能力，可以生成参数量更少的模型，为后续的模型压缩研究奠定了基础。后续 MPEG 的压缩探索实验也是基于 TensoRF 完成的，这也体现了 TensoRF 在稳定性、高质量和场景的紧凑表达方面的优势。TensoRF 的作者团队实力雄厚，包括来自图宾根大学的 Andreas Geiger 教授、上海科技大学的虞晶怡教授，以及加州大学圣地亚哥分校的苏昊教授，这些都是对其品质的有力保证。

4.6　基于烘焙方法的超实时渲染方法

另一种 NeRF 加速方法对训练生成的连续空间表达中的特征进行预计算，并将其存储为另一种形式（通常为离散表示），目标是利用传统的图形管道实现超实时渲染效果。这种方法通常被称为基于**烘焙**（Bake）的方法，它充分利用了烘焙生成的数据格式的优点和图形管道提供的渲染能力，利用**着色器**（Shader）对各个模块进行模拟或加速，以实现高性能渲染的目标。

这种方法的优点在于，在许多情况下，训练通常在后台进行，对速度有一定的容忍度。然而，在大多数情况下，渲染是在前端完成的，而运行环境的计算能力通常不够强。通过对训练好的模型进行烘焙，将其转换为另一种表示，可以充分利用两者的优点并将它们解耦，从而满足目标应用场景的要求。

另外，NeRF 仍然是一种新生技术，传统的渲染管道还未对 NeRF 提供硬件层面的加速支持。因此，在实际应用时，可能会遇到存储、计算等方面资源占用较多的问题。这使得 NeRF 不能得到现有图形引擎的高效支持，许多公司无法快速将 NeRF 纳入工作流程。但是，通过使用烘焙方法，可以利用大量现有的传统技术，并结合动态图形管道来实现硬件加速支持。这种方法在过去 20 年已经得到了验证，在没有 CUDA 的年代，GPGPU 应用中已经有了许多类似的实践。

在这个方向上，有多项具有代表性的研究，如最早的 SNeRG[122]、MobileNeRF[123]、MERF[124] 及 BakedSDF[125] 等。目前，一些成熟的商业解决方案也采用了类似的方法来解决渲染速度问题。从技术历史的角度来看，未来，这种方法肯定不如专有硬件优化方法有效，技术生态成熟后，会有专有硬件解决方案来加速计算。因此，可以预见，这种方法并不是最终的解决方案。但在当前阶段，它们是有效的，甚至是唯一的解决方案。

4.6.1 开山之作：SNeRG

引领 NeRF 加速技术的开创性研究是来自谷歌的 SNeRG（Sparse Neural Radiance Grid）。若一种算法的设计目标主要为实时渲染，那么可以接受场景的训练速度以及渲染模型数据的预处理速度较慢，因为这并不会对渲染结果产生影响。在这种情况下，重点需要考虑的是渲染时的加速需求，而在这个过程中，最大的性能瓶颈通常是对 MLP 的查询。

在体渲染算法中，需要查询射线上每个点的颜色和体密度在各方向的情况，这导致为了生成一个像素点，需要进行大量的查询，严重影响了性能。同时，NeRF 原生的 MLP 网络规模较大，每次单独查询的耗时相当长，这样的情况导致最终的渲染几乎无法实时完成。因此，SNeRG 针对 MLP 环节进行优化，成功实现了超过 30fps 的实时渲染效果，同时将模型大小降至 100MB 以内。

SNeRG 的算法流程如图 4.12 所示。

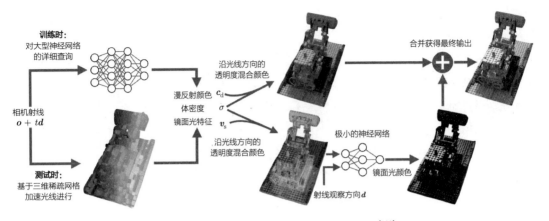

图 4.12　SNeRG 的算法流程。引自参考文献[122]

1. SNeRG 场景表达

在图形学领域，存在一种名为延迟渲染[126]（Deferred Rendering）的关键性加速算法，其主要用于解决光照性能问题。它的灵感源自延迟渲染，并在渲染过程中将与方向有关的成分和与方向无关的成分进行了分离。此外，SNeRG 还将对与方向有关的成分处理放到整个流程的最后阶段，从而大大节省了计算量。

更具体地，SNeRG 将场景划分为体密度 σ、漫反射颜色 $\boldsymbol{c}_\mathrm{d}$ 和镜面光颜色 $\boldsymbol{v}_\mathrm{s}$ 三部分，空间点的颜色由漫反射颜色和镜面光颜色的组合产生。因此，对于一条射线，可以将这三部分数据分离出来。

$$\sigma(t), \boldsymbol{c}_\mathrm{d}(t), \boldsymbol{v}_\mathrm{s}(t) = \mathrm{MLP}_\Theta(r(t)) \tag{4.36}$$

通过聚合过程，可以得到像素对应的漫反射颜色和镜面光颜色。

$$\hat{\boldsymbol{C}}_\mathrm{d}(r) = \sum_k T(t_k)\alpha(\sigma(c_k)\delta_k)\boldsymbol{c}_\mathrm{d}(t_k)$$
$$\boldsymbol{V}_\mathrm{s}(r) = \sum_k T(t_k)\alpha(\sigma(c_k)\delta_k)\boldsymbol{v}_\mathrm{s}(t_k) \tag{4.37}$$

在聚合后，漫反射颜色与方向无关，镜面光颜色则与方向有关。因此，在合成像素色的过程中，可以通过一个微型的 MLP_Φ 生成当前方向观察的镜面光颜色。

$$\hat{\boldsymbol{C}}(r) = \hat{\boldsymbol{C}}_\mathrm{d}(r) + \mathrm{MLP}_\Phi(\boldsymbol{V}_\mathrm{s}(r), \boldsymbol{d}) \tag{4.38}$$

换句话说，只需通过训练获取各空间点的漫反射颜色、镜面光颜色和体密度，再结合观察方向，便可以得到渲染结果。所有这些特征都被离散化并存储在稀疏的体素网格上，而镜面光颜色可以通过一个极小的神经网络 MLP_ϕ 生成。如此，NeRF 渲染的复杂度大幅度降低。

2. 场景的稀疏网格表达与烘焙处理

三维空间呈现稀疏性，其中大量空间是空白的，而这些空白空间对渲染结果并无影响。为了实现高效存储和渲染，必须对空间的稀疏性进行深入研究。对空间进行密集的 N^3 网格采样，并将其切分为 B^3 大小的宏块（Macroblock），通过每个宏块的体密度推断其是否被占据。实际上，空间中只有少数宏块被占据，在渲染过程中，只有这些数据是有价值的。其流程如图 4.13 所示。

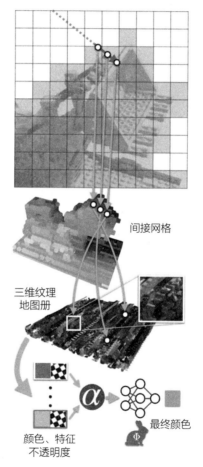

间接网格

三维纹理
地图册

α

颜色、特征
不透明度

最终颜色

图 4.13　SNeRF 流程示意图。引自参考文献[122]

为了以最小代价存储整个场景，SNeRG 需要两个数组完成对场景中特征数据的表达。

（1）所有被占据的宏块被紧密地存储在一个**三维地图册**（3D Atlas）中，未被占据的宏块则被丢弃，从而得到场景的最紧凑表达。

（2）采用一个分辨率为 $(\frac{N}{B})^3$ 的数组来标记各宏块是否被占据，如果被占据，则记录其在三维地图册中的位置。

这样，SNeRG 只需将有效信息部分烘焙保存到一个相对紧凑的数据结构中。

3. 模型的训练和渲染过程

在优化过程中，应以所有特征值以及唯一的神经网络 MLP_Φ 为基础。在渲染阶段，根据 SNeRG 颜色渲染公式生成各像素色值。当存在网格占用时，算法可以忽略空体素，从而提高渲染速度。对于不透明度已积累至完全不可见的采样点，也应忽略。该过程与第 4.1.2 节中描述的 ESS、ERT 算法相似，这里不再赘述。

4. 场景的压缩

为了优化表达的存储需求和渲染速度，我们将通过烘焙技术获得的高精度浮点特征值转化为 8 比特的表达。此决策的优缺点如下。

优点在于，8 比特的表达是最常见的图像存储结构，可以通过多种成熟的图像存储与压缩方法进行处理和存储，如 PNG、JPEG、H.264 的帧内编码等，这些格式的压缩率和压缩质量都有充分的保障。此外，这些格式的工具链完善，能够使用各种引擎高效加载，相应的硬件优化也已经非常成熟，可以保证数据被高效解码。在进行性能分析后，SNeRG 选择了与其高质量的无损压缩能力相关的 PNG 格式来存储最终的特征值。

量化处理也会带来显著的缺点，即损失原始特征表达的精度。由于原始特征的表示精度较高，量化处理意味着损耗，特别是从浮点量化到 8 比特数的精度损失极大，因此需要进行补偿。在 SNeRG 中，已经设计了一个 MLP_Φ 进行颜色生成，研究者巧妙地利用这唯一的神经网络进行精细调整，以补偿量化带来的精度损失。值得注意的是，这个优化过程通常只需 100 次迭代即可完成，收敛速度非常快。

本节探讨了基于烘焙方法的算法——SNeRG，用于对实时渲染的稀疏网格进行表述，通过将训练的结果与渲染的表示格式进行分离处理，有效提升整体性能。SNeRG 主要解决了射线渲染与 MLP 推理的重复依赖问题，破解了性能瓶颈，实现了优异的效果。

值得注意的是，SNeRG 使用了大量压缩的逻辑和技术。这一点可以从其所采用的命名方式中窥见一斑，例如"地图册""宏块""量化"等。这些术语常见于视频压缩标准中，如 MPEG Immersive、H.26x 系列和 JPEG 等，凸显了压缩技术在 NeRF 表达中的重要性。通过引用成熟的媒体格式标准，SNeRG 不仅可以利用更多的现有硬件资源来提升性能，还能实现更高的压缩率。这也进一步展示了烘焙方法在性能提升方面的优势。

4.6.2 进一步优化的 MERF

另一项在烘焙技术领域具有标志性意义的研究是 MERF，它在 SNeRG 的基础上融合了对 Mip-NeRF 360 无界场景优化的方法。MERF 的全称为 Memory-Efficient Radiance Fields for Real-time View Synthesis in Unbounded Scenes，意为面向实时无界场景视角生成的内存高效辐射场。它采用了 SNeRG 的稀疏特性网格表示、高精度的二维特性平面表示以及对 Mip-NeRF 360 的缩减算法优化，实现了比 SNeRG 更低的内存占用和更优秀的渲染效果，是烘焙技术领域极其重要的进展。值得一提的是，MERF 和 SNeRG 是在谷歌研究院内部由一组专家共同完成的。

1. MERF 的场景表达方法

图 4.14 为 MERF 的场景表达方法示意图。

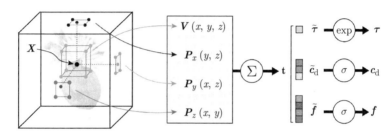

图 4.14　MERF 的场景表达方法。引自参考文献[124]

为了表达空间中的点，MERF 使用了四部分数据：低分辨率的体素网格 $\boldsymbol{V}(x,y,z)$，以及上方、前方、右侧的高分辨率二维表达，分别为 $\boldsymbol{P}_x(y,z)$、$\boldsymbol{P}_y(x,z)$ 和 $\boldsymbol{P}_z(x,y)$。

这些部分可以经由网格上近邻点的插值生成。最终，任意目标点的特征由所有这些特征表达的总和构成。

$$t(x,y,z) = \boldsymbol{V}(x,y,z) + \boldsymbol{P}_x(y,z) + \boldsymbol{P}_y(x,z) + \boldsymbol{P}_z(x,y) \tag{4.39}$$

随后，使用特征 t 来生成体密度 $\widetilde{\tau}$、漫反射颜色 $\widetilde{c}_d$ 和视角相关特征 $\widetilde{f}$，并使用非线性函数对输出值进行约束。在 MERF 的实验过程中，选择的体素网格的分辨率通常为 512 像素，而二维特征的分辨率则为 2048 像素，因此特征表达整体呈现相对稠密的状态。有了这些特征，就可以按照 SNeRG 的方法进行像素渲染。

$$\boldsymbol{\tau} = \exp(\widetilde{\boldsymbol{\tau}})$$
$$\boldsymbol{c}_d = \text{Sigmoid}(\widetilde{\boldsymbol{c}}_d) \tag{4.40}$$
$$\boldsymbol{f} = \text{Sigmoid}(\widetilde{\boldsymbol{f}})$$

2. MERF 的无界场景收缩方法

针对无界场景，Mip-NeRF 360 提出了一种用于远端位置的收缩技术，以解决场景的建模和渲染问题，本书第 5 章将详细介绍这一技术。MERF 提出了一种优化的收缩函数，它能更高效地处理远端场景的收缩表示，Mip-NeRF 360 与 MERF 对无界场景收缩函数的设计如图 4.15 所示。

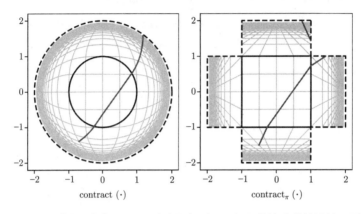

图 4.15　Mip-NeRF 360（左图）与 MERF（右图）对无界场景收缩函数的设计。引自参考文献[124]

Mip-NeRF 360 所提出方法的主要问题在于，在计算收缩函数时，其被弯曲的射线部分采用了曲线设计。这使得在计算射线与体素的交叉关系时遇到了巨大的困难，无法使用性能更高的直线与包围盒的快速计算方法完成。

而 MERF 对这种策略进行了调整，它采用了一种分段持续的线性方法来实现收缩。在每个分段上，线性关系得以保持，因此可以使用射线与包围盒的交叉关系来处理射线与体素的关系，在稀疏网格上全景地高效计算射线与哪些体素网格交叉，从而实现算法加速。

$$\mathrm{contract}_\pi(\boldsymbol{x})_j = \begin{cases} x_j, & \|\boldsymbol{x}\|_\infty \leqslant 1; \\ \dfrac{x_j}{\|\boldsymbol{x}\|_\infty}, & x_j \neq \|\boldsymbol{x}\|_\infty > 1; \\ \left(2 - \dfrac{1}{|x_j|}\right)\dfrac{x_j}{|x_j|}, & x_j = \|\boldsymbol{x}\|_\infty > 1 \end{cases} \tag{4.41}$$

3. MERF 的训练和烘焙过程

烘焙并存储模型的过程如下。

（1）利用建议网络来计算二进制的三维占据网络。

（2）与 SNeRG 一样，在占据网络的引导下，生成被占据的三维网格和二维平面特征，并将其存储起来。

（3）与 SNeRG 一样，采用 PNG 格式存储压缩量化后的特征值。

MERF 也采用量化方法压缩模型，将表达方式转化为 8 比特的形式，其中量化函数 q 的定义为

$$q(x) = x + \not\nabla \left(\frac{\lfloor (2^8 - 1)x + \frac{1}{2} \rfloor}{2^8 - 1} - x \right) \tag{4.42}$$

其中，$\not\nabla$ 为停止梯度方法，用来避免把不可导的向下取整函数引入反向传播。量化过程是有损的，会导致量化损失。为了减少量化损失，MERF 将量化过程直接纳入训练流程，而不是采用 SNeRG 的先量化再使用 MLP 进行精调的方法，这样可以使量化精度损失更小。

在特征计算时，则用仿射映射将量化数值映射到 $[-m, m]$ 区间内，密度通常取 $m = 14$，而漫反射和视角相关特征则取 $m = 7$。

$$\widetilde{t}' = 2m \cdot q(\text{Sigmoid}(\widetilde{t})) - m \tag{4.43}$$

4. MERF 的渲染过程

MERF 生成的特征能够在所有兼容着色器的环境中完成渲染，无论是网页、OpenGL 或 OpenGL ES 环境的客户端，还是 Windows 操作系统下的 DirectX 环境，再或者是 Mac OS X 和 iOS 下的 Metal 等，都可运用着色器（Shader）实现渲染，而且具有实时性。

MERF 是在 2023 年年初被提出的一种基于烘焙方法的 NeRF 实时渲染方法，该方法在 SNeRG 的理论框架之上进一步提升了模型的性能。MERF 融合了多种算法的优势，并对算法的细节部分进行了优化，因此输出质量得到了极大的保障。值得注意的是，谷歌团队仍在不断探索和研究这一领域，2024 年年初，他们再次提出了 SMERF[127]，将 MERF 的应用范围推广至大规模场景。在处理大规模场景时，首先进行空间划分，然后利用多个 MERF 对划分后的各个单元进行表达，最后结合用于大规模场景的优化策略，这样的处理方式使得烘焙方法在大规模场景的建模和渲染方面的性能取得了显著的提升。对这一主题感兴趣的读者可以进一步阅读相关文献，以了解其原理和实现方式。

4.6.3 支持超高速渲染的 MobileNeRF

MobileNeRF[123] 是深度融合了计算视觉与图形学的方法，其目标是充分利用光栅化渲染流水线来实现 NeRF 的实时渲染。它站在渲染的角度，重新思考了场景构建的过程。不同寻常的是，在介绍工作流程时，参考文献 [123] 首先解释了渲染结果模型的过程，然后逐步介绍如何训练模型以满足渲染所需的结构，以强调其实现超实时渲染的原理。本书将按照先训练后渲染的顺序进行介绍，以便读者顺畅地理解其工作原理。

传统的图形学中最常见的数据结构为带有二维纹理的三维网格，通过使用着色器，可以充

分利用 GPU 的渲染能力和计算能力，从而实现高效渲染。三维网格可用于表述场景的几何性质，若场景的其他特征通过烘焙方法存储在二维纹理中，则可在渲染网格时，使用纹理坐标对纹理进行采样以获取相应特征。因此，唯一的问题是如何在确定的观察方向下生成空间点的颜色。MobileNeRF 通过保留一个非常小的 MLP $\mathcal{H}$ 来解决这个问题，这样可以保证渲染的性能，在大多数图形引擎中，可以通过着色器实现这个较小的神经网络。

这种设计虽然实现了超实时的渲染效果，但代价是在训练和烘焙阶段需要增加一定的运算量。为了在手机上实现 NeRF 场景以超过 100fps 的速度渲染，即便在高端显卡上，MobileNeRF 的训练过程也可能需要数小时甚至数十小时。

1. MobileNeRF 的训练方法

MobileNeRF 的训练目标旨在生成带有二维纹理的三维网格来表达场景，包括场景表示和训练、二值化训练及离散化处理三个阶段。训练过程如图 4.16 所示。

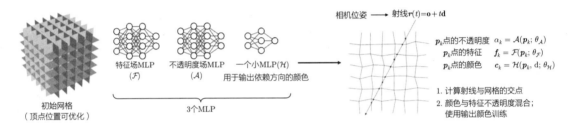

图 4.16　MobileNeRF 的训练过程。引自参考文献[123]

第一阶段：场景表达和连续训练

场景的表达主要分为两部分，一部分用于描绘场景几何性质，另一部分用于描述场景特征。为了实现对场景的精确描述，两部分需联合训练。

（1）场景几何的构建。

场景几何呈现为一个三维网格：$\mathcal{M} = (\mathcal{T}, \mathcal{V})$，其中 $\mathcal{T}$ 和 $\mathcal{V}$ 分别代表网格的拓扑结构和顶点数据。拓扑结构是固定的，其性质类似于体素网格的有规律的结构。顶点数据可以通过优化学习的方法进行调整以实现确定的效果。

假设有一个分辨率为 $P \times P \times P$ 的网格 $\mathcal{G}$，在每个体素内部初始化一个点作为网格的顶点，从而形成初始的节点集 $\mathcal{V}$。每个顶点与周围的顶点通过四边形（或两个三角形）相连，从而产生网格的拓扑结构 $\mathcal{T}$。为了使网格能够适应场景的结构，有必要优化各顶点的位置。举例来说，如果每个点的初始坐标为 $\mathcal{V} = 0$，那么最终的顶点位置的取值范围将为

$$\mathcal{V} \in [-0.5, 0.5]^{P \times P \times P \times 3} \tag{4.44}$$

在学习过程中需要对网格顶点的位置进行优化。为防止顶点位置被优化至体素外，引入了对顶点位置的正则化约束项：

$$\mathcal{L}_v = \sum_{v \in \mathcal{V}} (10^3 \mathcal{I}(v) + 10^{-2}) \cdot \|v\|_1 \tag{4.45}$$

其中，函数 $\mathcal{I}$ 是指示函数，当节点被调整出其所属的体素时，$\mathcal{I}(v) = 1$，用于对这种情况进行惩罚。根据以上规则得以实现对场景的几何表达。

（2）场景特征的构建。

与 NeRF 模型相同，通过体渲染方法来计算射线渲染颜色。为了加快特征的获取速度，MobileNeRF 模型引入了图形学中的延迟渲染概念，即先计算各点的方向无关特征，在最后一步生成与方向有关的颜色。有三个 MLP 用于表示特征：其中 $\mathcal{A}$ 学习场景中的不透明度 σ_k，$\mathcal{F}$ 学习特征 $\boldsymbol{f}_k$，$\mathcal{H}$ 利用特征和观察方向生成最终的颜色 $\boldsymbol{c}_k$。相应的函数式分别为

$$\begin{aligned} \alpha_k &= \mathcal{A}(\boldsymbol{p}_k; \theta_\mathcal{A}), \mathcal{A} : \mathbb{R}^3 \to [0, 1] \\ \boldsymbol{f}_k &= \mathcal{F}(\boldsymbol{p}_k; \theta_\mathcal{F}), \mathcal{F} : \mathbb{R}^3 \to [0, 1]^8 \\ \boldsymbol{c}_k &= \mathcal{H}(\boldsymbol{f}_k, \boldsymbol{d}; \theta_\mathcal{H}), \mathcal{H} : [0, 1]^8 \times [-1, 1]^3 \to [0, 1]^3 \end{aligned} \tag{4.46}$$

由于不透明度和特征信息都与方向无关，因此在训练完成后，可以按几何位置查询并储存在纹理中。而颜色生成的 MLP $\mathcal{H}$ 相对简单，可以使用一个极小的 MLP 实现。

（3）优化过程。

MobileNeRF 的学习过程与 NeRF 类似，即优化重建的场景颜色与训练图像之间的差异。

$$\mathcal{L}_C = \mathbb{E}_r \|C(r) - C_{\text{gt}}(r)\|_2^2 \tag{4.47}$$

此外，与 Plenoxels 方法相同，MobileNeRF 也对几何结构加入了稀疏化约束 $\mathcal{L}_{\text{sparsity}} = \|\mathcal{G}\|_1^1$ 和平滑化约束 $\mathcal{L}_{\text{smooth}} = \|\nabla \mathcal{G}\|_2^2$，这些概念与之前的定义相似，这里不再赘述。

第二阶段：二值化训练

MLP 生成的不透明度数据已经形成一个连续的表达。然而，由于传统管线不支持半透明度网格，因此在对不透明度数据进行烘焙时，必须对连续的不透明数据进行二值化。

$$\hat{\alpha}_k = \alpha_k + \cancel{\nabla}[\mathcal{I}(\alpha_k > 0.5) - \alpha_k] \tag{4.48}$$

若直接进行二值化，则会产生较大的数据波动。为了稳定训练过程，对损失函数进行修改，

增加对二值化效果的监督。

$$\mathcal{L}_c^{\text{bin}} = \mathbb{E}_r \|\hat{\boldsymbol{C}}(r) - \boldsymbol{C}_{\text{gt}}(r)\|_2^2$$
$$\mathcal{L}_c^{\text{stage2}} = \frac{1}{2}\mathcal{L}_c^{\text{bin}} + \frac{1}{2}\mathcal{L}_c \tag{4.49}$$

其中，$\hat{\boldsymbol{C}}(r)$ 代表二值化不透明度后的重建色彩。可以预见，不透明度的二值化必然会导致渲染效果的损失，这可以类比为图像插值中的欠采样缺陷，会产生锯齿效应。因此，需要对结果进行超采样，生成一个两倍大的特性纹理。

$$\boldsymbol{F}(r) = \sum_k (T_k \alpha_k \boldsymbol{f}_k) \tag{4.50}$$

如此，可以在半像素空间采样获得滤波结果，实现反锯齿效果。

$$\boldsymbol{C}(r) = \mathcal{H}(\mathbb{E}_{r_\delta \sim r}[\boldsymbol{F}(r_\delta)], \mathbb{E}_{r_\delta \sim r}[\boldsymbol{d}_\delta]) \tag{4.51}$$

在实际应用中，会选择周围 4 个点进行超采样，然后取平均值进行计算，这相当于添加了一层平滑处理，可以抵消部分锯齿效应。

第三阶段：离散化处理

在完成前述操作后，可以导出离散化的表达模型。这其中，三维网格数据可以被导出为一个 .obj 格式的网格文件，而不透明度数据及特征值可以通过对两个 MLP——$\mathcal{A}$ 和 $\mathcal{F}$ 的采样结果进行存储，并以 PNG 文件形式写成图像的方式获得。需要注意的是，用于合成颜色的神经渲染器 $\mathcal{H}$ 是唯一一个无法直接使用光栅化管线流程实现的环节。为解决这个问题，MobileNeRF 将 MLP 的权重导出到 JSON 文件中，并采用**片段着色器**（Fragment Shader）来实现这个小型的 MLP。$\mathcal{H}$ 的规模非常小，且其计算主要是一些简单的权重运算，因此实现的复杂度并不高。

综上，所有的数据都将被整合为最后训练的结果，如图 4.17 所示。其中存储的三维网格和纹理图像的格式都是非常经典的，且光栅化渲染管线可直接支持。

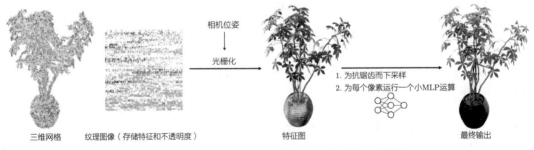

图 4.17　MobileNeRF 的渲染过程。引自参考文献[123]

至此，训练过程完成，接下来可以开始渲染。然而，读者应当意识到，这个训练过程需要联合训练几何和特征，且涉及的细节众多，因此训练收敛时间可能以小时为单位。

2. MobileNeRF 的渲染方法

经过对场景的训练和对数据的离散化处理，在确认数据存储格式后，场景的渲染过程变得简单。具体渲染过程可参考图 4.17。

首先，渲染器将加载之前生成的三维网格数据，以及用于存储特征和不透明度的 PNG 纹理图。值得注意的是，此处的网格与通常使用的网格精度有所不同，但无须特别关注，因为它仅用作渲染目标的一种表示方式。同样，纹理信息虽在视觉上无实际意义，但被用作采样特征的数据源，分布于纹理的各通道。利用这些数据，结合相机位姿可生成光栅化后的特征图片。

接着，通过片段着色器实现一个简单的 MLP，将 $\mathcal{H}$ 的权重加载进来，并以特征图作为输入，即可得到最终的渲染结果，从而实现实时渲染。整个流程与传统管线高度匹配，因此可使用 OpenGL 或 WebGL 技术实现。也有许多成熟的引擎可供选择，例如 Web 端的 Three.js、Unity、Unreal，甚至一些更基础的基于 OpenGL、Metal 或 DirectX 的引擎，都可以实现优秀的渲染性能。

3. 渲染加速方法与效果

MobileNeRF 被视为针对 NeRF 渲染优化的最佳实践之一。在训练阶段，NeRF 数据被格式化以便更顺畅地被传统管线处理；而在渲染阶段，核心模块是通过着色器实现的。这样的着色器设计使其易于被迁移到各种平台上。由于数据已被处理成常用的格式，因此加载过程并不复杂。此外，其渲染过程与常规的光栅化渲染过程相差无几，能够轻易达到很高的渲染帧率。例如，在手机浏览器上，可以达到 40fps 以上的渲染帧率，而在桌面环境下，其渲染帧率甚至可以高达惊人的 700fps。

MobileNeRF 的整体实现已经开源，其中的着色器部分是用 OpenGL 的 GLSL 编写的，因此可以轻易地被移植到其他平台。例如，有开发者曾使用 Metal 将 MobileNeRF 高质量移植到 macOS 系统上，并让其在 iPhone 和 iPad 设备上流畅运行，渲染帧率甚至达到了 120fps 以上，超越了所有现有的加速算法。

然而，为了实现这样的渲染效果，MobileNeRF 在训练速度上有所妥协，优化空间也相对有限。对于已经训练完成的 NeRF 模型，MobileNeRF 的方案表现出极高的效率。尽管如此，MobileNeRF 的训练速度较慢，以至于需要数十小时才能收敛，这使得许多人在考虑这个方案时望而却步。

从另一个角度看，MobileNeRF 为神经渲染提供了一个优秀的参考案例。通过保留微型 MLP，可以利用着色器实现加速并实现优秀的渲染性能。在硬件对 NeRF 的支持尚不足够的情况下，采用这样的方法可以让产品提前进入市场。MobileNeRF 的出现引起了工程领域很大的关注，基于传统图形学管线的渲染加速方法将更具工程实现的可能性，在产品落地过程中，这种思路具有借鉴价值。

本节侧重于基于 NeRF 的烘焙方法的加速技术。除了前文已经阐述的若干技术，还包括 BakedSDF 等技术。这类技术采用了 SDF 对特征进行表述，并将特征烘焙至高质量的三维网格上，从而实现理想的渲染性能。烘焙类方法是一种能快速实现 NeRF 模型的策略，充分利用了应用场景中训练与渲染需求的不均衡性，灵活地重新设计了渲染部分的架构和数据规范，从而实现了极佳的效果。预计在神经渲染尚未得到硬件厂商的全面支持之前，烘焙类方法的优势将持续存在，并将在多种 NeRF 应用实现的场景中被广泛应用。

4.7 NeRF 结合点云的速度提升方法

另一种 NeRF 加速方法考虑了空间浪费问题，该问题在基于整体空间建模时不可避免（大部分情况下，空间是极度稀疏的，空白占据了大部分体积）。这个问题使得 NeRF 的计算变得较慢，并且在空白区域，由于数据的不确定性，可能会产生重建缺陷，例如漂浮物等。传统的点云方法在这里具有优势，它只针对物体或场景的表面点进行建模，效率高于空间建模。但是，传统的点云不可微，不能被很好地优化，所以表现力有限。南加州大学和 Adobe 研究院的研究者提出了一种结合点云和神经渲染优势的新型三维表达方式——Point-NeRF[128]，其算法流程如图 4.18 所示。

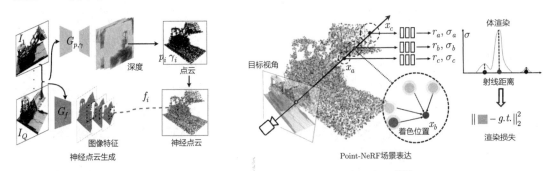

图 4.18　Point-NeRF 的算法流程。引自参考文献[128]

Point-NeRF 的基本思想是，不使用整个体积空间来表达场景，而是通过神经点云，将所有场景属性信息存储在点上。通过这种方式，只需要设计算法来生成空间任意点的特征查询方法，就可以继续使用体渲染来生成新视角的图像。

4.7.1 Point-NeRF 场景表达方法

Point-NeRF 的目标为生成点云 $P = \{(\boldsymbol{p}_i, \boldsymbol{f}_i, \gamma_i) | i = 1, 2, \cdots, N\}$。其中，$\boldsymbol{p}_i$ 代表点在三维空间中的位置，$\boldsymbol{f}_i$ 代表该点的特征向量，$\gamma_i \in [0, 1]$ 代表该点在表面上的置信度值。对于每一个目标空间点的坐标 $\boldsymbol{x}$，Point-NeRF 采用该点的 K 近邻点来生成其体密度和辐射值 r。

$$(\sigma, \boldsymbol{c}) = \text{Point\_NeRF}(\boldsymbol{x}, \boldsymbol{d}, \boldsymbol{p}_1, \boldsymbol{f}_1, \gamma_1, \cdots, \boldsymbol{p}_K, \boldsymbol{f}_K, \gamma_K) \tag{4.52}$$

在计算每个近邻点之前，利用该点的位置以及与当前点的位置差，通过一个 MLP F，计算生成一个新的特征值。

$$f_{i,x} = F(F_i, \boldsymbol{x} - \boldsymbol{p}_i) \tag{4.53}$$

经过此操作，可以对所有近邻点的特征进行聚合，从而得到当前点的特征值。

$$\begin{aligned} f_x &= \sum_i \gamma_i \frac{w_i}{\sum w_i} f_{i,x} \\ w_i &= \frac{1}{\|\boldsymbol{p}_i - \boldsymbol{x}\|} \end{aligned} \tag{4.54}$$

任一方向的辐射值，可以使用另一个 MLP R 来预测得到。

$$\boldsymbol{c} = R(f_x, \boldsymbol{d}) \tag{4.55}$$

对于体密度值，则通过另一个 MLP T 来对近邻点进行特征预测，然后采用类似于生成辐射值的基于距离负相关的加权方法生成。

$$\begin{aligned} \sigma_i &= T(\boldsymbol{f}_i, \boldsymbol{x}) \\ \sigma &= \sum_i \sigma_i \gamma_i \frac{w_i}{\sum w_i} \\ w_i &= \frac{1}{\|\boldsymbol{p}_i - \boldsymbol{x}\|} \end{aligned} \tag{4.56}$$

得到任一点的辐射值和体密度值后，可以采用标准的体渲染方法完成视图的渲染。

4.7.2 Point-NeRF 神经点云的重建方法

一旦场景表达被确定，就可以设定具体特征的生成算法以实施 Point-NeRF。关键在于如何使用多视图图像生成一个高质量的点云表达，并训练学习点云上 $\boldsymbol{p}_i$ 的属性值：特征值 $\boldsymbol{f}_i$ 和置信度 γ_i，此过程可以参照图 4.18 进行。

1. 初始点云的生成

在 NeRF 被发现之前，在生成新视角时通常采用基于三维卷积神经网络的深度 MVS 方法来表示点云的空间表达。Point-NeRF 采取了类似的策略，基于 MVSNet[129] 算法提取每个视角图像的点云及对应的深度估计。

$$\{\boldsymbol{p}_1, \boldsymbol{p}_2, \cdots, \boldsymbol{p}_n\} \tag{4.57}$$

2. 置信度的生成

深度估计的概率结果描述了该点属于表面的可能性，因此，点的置信度可以通过基于 MVSNet 的网络生成，这个网络融合了邻近视角图像信息以完成点云的优化和置信度的估计。在实际计算过程中，通常使用两个邻近的视角即可完成相应的计算。其中，$G_{p,\gamma}$ 代表 MVSNet 网络。

$$\boldsymbol{p}_i, \gamma_i = G_{p,\gamma}(I_q, \Phi_q, I_{q_1}, \Phi_{q_1}, \cdots) \tag{4.58}$$

3. 特征值的生成

Point-NeRF 采用了一个类似 VGG 的二维卷积神经网络计算得到每个点的特征值，该网络以图像为输入。

$$\{f_i\} = G_f(I_q) \tag{4.59}$$

其中，G_f 代表 VGG 网络。结合上述特征，即可将点云转换为神经点云。

4.7.3 非 Point-NeRF 生成点云的优化方法

在很多情况下，初始点云可以通过其他外部方法生成，并通过 Point-NeRF 的神经点云训练算法进行优化，例如，可以通过 COLMAP 等 SfM 方法进行点云的初始化。然而，这种初始化的点云常常无法实现高效渲染。初始化点云的工具的使用频率极高，因此，兼容这些工具的输出结果显得尤为重要。为此，Point-NeRF 设计了一套针对点云的优化方案，包括对不必要的点进行剪枝，以及在稀疏区域添加点，以便通过迭代得到更优质的点云。

1. 点云的剪枝

在点云中，常见的一种情况是存在不必要的外部点，这些点需要被剪枝。在 Point-NeRF 的训练过程中，会生成代表点是否在表面的置信度 γ_i。因此，可以在每 1 万次迭代后，剪枝掉置信度小于 0.1 的点。同时，引入一个针对置信度的损失函数，以鼓励置信度在 0 或 1 之间进行优化，从而更有效地提取出需要剪枝的点。

$$L_{\mathrm{sparse}} = \frac{1}{|\gamma|} \sum_{\gamma_i} [\lg \gamma_i + \lg (1 - \gamma_i)] \tag{4.60}$$

2. 点云的生成

在点云的生成过程中，不透明度不连贯的位置可能出现空白，需要根据现有的几何位置推断出这些空白的位置，并添加新的点进行弥补。Point-NeRF 采用逐条射线采样的方法进行判断，其逻辑是：如果一个点的不透明度值较大，但该点与其他点的距离较远，那么该点附近有很大可能存在空白。因此，需要在该点附近添加新的点。点的不透明度可以通过体密度进行计算。

$$\alpha_j = 1 - \exp\left(-\sigma_j \Delta_j\right) \tag{4.61}$$

将射线上不透明度最大的点定义为目标点，其坐标为 $\boldsymbol{x}_{j_\mathrm{g}}$。

$$j_\mathrm{g} = \arg\max \alpha_j \tag{4.62}$$

定义两个阈值：T_opacity 为不透明度判定阈值，T_dist 为距离判定阈值。计算 $\boldsymbol{x}_{j_\mathrm{g}}$ 处与其他点的最大距离为 ϵ_{j_g}，α_{j_g} 为当前点的不透明度。当 $\alpha_{j_\mathrm{g}} > T_\mathrm{opacity}$ 且 $\epsilon_{j_\mathrm{g}} > T_\mathrm{dist}$ 时，判断该点附近存在空白，并在此点附近添加新点。该优化过程可以将 COLMAP 等方法生成的稀疏点云优化为稠密点云。然后，继续执行 Point-NeRF 后续的训练流程。

总的来说，Point-NeRF 的方法融合了点云和神经渲染的优势，表达效果出色。相较于原始 NeRF 或其他既有的 NeRF 算法，重建质量平均得到了 1dB 以上的提升，某些数据集的提升甚至超过 3dB。另外，Point-NeRF 的训练速度也得到了显著的提升，在通常需要数小时完成训练的场景下，Point-NeRF 只需几十分钟便可完成，并能够实现更优的效果。这些都充分体现了点云与 NeRF 结合的优势。

Point-NeRF 的思路与后面提到的三维高斯喷溅技术（3DGS）有相似之处，只是 3DGS 在生成点云之后，采用了不同的点表达方式和渲染算法。由于不再需要在整个空间中进行大量无效的计算，性能的提升就显得非常合理。

4.8 基于硬件的 NeRF 加速的方法

作为一种更为直接且有效的解决策略，硬件加速不依赖任何基于软件的快速算法，但成本较高。该解决策略通过现有的硬件架构，甚至 FPGA 重新设计电路逻辑，实现低功耗、高确定性等特性，为特定的算法流程提供定制化加速方案，并在众多行业中被视为解决算法复杂度问题的一个可选方案。

关于 NeRF 的训练与推理，乔治亚理工大学的研究者提出了 Instant-3D[130] 算法，这是首个专为英伟达 Jetson[131] 系列低功耗设备及 Instant-3D 硬件加速器设计的 NeRF 硬件方案。研究者在进行 NeRF 算法性能分析的基础之上，在软件层面设计了 Instant-3D 算法，将颜色和体密度的处理逻辑分离，在英伟达 Jetson 系列的低功耗硬件环境中实现了超越 Instant-NGP 的速度。在此基础上，他们进一步设计了 Instant-3D 硬件加速器，并构建了专属的 SoC 硬件解决方案，配合 Instant-3D 算法，在极低功耗下实现了 NeRF 的实时渲染，其性能相较于软件方案提升了上万倍。

4.8.1　当前 NeRF 训练算法的性能分析

Instant-3D 算法的分析优化以 Instant-NGP 算法为基准，对 Instant-NGP 进行了详细的分解和耗时分析，将其拆解为六个步骤，如图 4.19 所示。

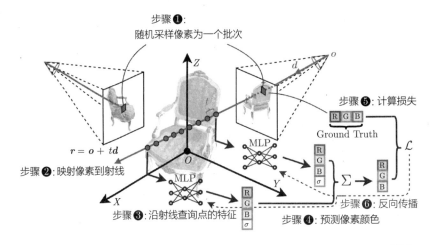

图 4.19　Instant-3D 算法对 Instant-NGP 进行拆解。引自参考文献[130]

其中，步骤 3 是耗时最大的部分，因此，将其进一步拆解为两个步骤，以便收集各部分的实际耗时，如图 4.20 所示。

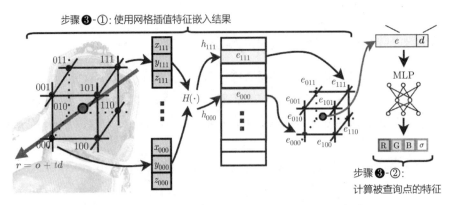

图 4.20　进一步拆解 Instant-NGP。引自参考文献[130]

通过对每个步骤进行耗时分析，可以得出以下结论：接近 80% 的时间消耗在使用网格插值特征嵌入结果及其反向传播的过程中，另有约 15% 的时间消耗在计算被查询点的特征及其反向传播的过程中，其他环节的时间消耗微乎其微。因此，对于速度的优化主要集中在网格层的处理上，包括前向训练和特征插值计算，以及后向误差传播过程，如图 4.21 所示。

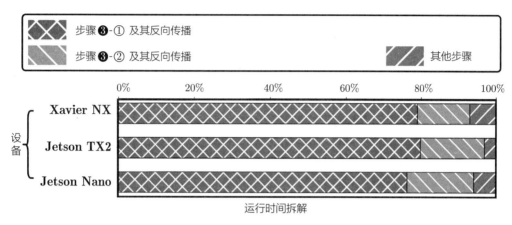

图 4.21　Instant-NGP 模块耗时分析。引自参考文献[130]

4.8.2　Instant-3D 算法的设计

Instant-3D 算法考虑了对网格的优化以提升计算速度，并让整个架构更加适合硬件环境。

1. 分离颜色和体密度的网格

在 Instant-NGP 算法架构中，颜色与体密度被视为共享属性存储在同一网格中，以实现同步训练与优化，从而保证最终生成结果的高度一致性。然而，在相同迭代次数下，颜色特征对于重建质量的贡献大于体密度特征。此外，颜色重建的 PSNR 在整个训练周期内均高于体密度的 PSNR。基于此，推断重建过程对体密度特征的敏感度高于颜色特征。从训练角度来看，颜色与体密度特征可以被分别存储在两个独立的网格中进行学习，同时在颜色和体密度的学习过程中，可以设计并应用不同的优化策略。

2. 颜色和体密度网格的差异处理策略

将颜色与体密度特征分离为两个独立的网格后，可以针对性地设计不同的处理策略。从算法角度来看，可以为敏感度较低的颜色特征使用较小的网格，而为敏感度较高的体密度特征使用较大的网格。实验表明，如果体密度网格的大小是颜色网格的 4 倍，则计算速度可以提升12.5%，同时峰值信噪比 PSNR 并未降低，实现了计算质量的良好平衡。

另外，两个网格的更新频率也可根据特征敏感度进行调整，对敏感度较小的颜色特征使用较低的更新频率，对敏感度较大的体密度特征使用较高的更新频率。实验证明，当体密度特征的更新频率是颜色特征的两倍时，重建速度提升了 10%，而 PSNR 基本保持不变。

综合上述策略，可以实现理想的提升效果，总体速度提升约 17%，对重建质量的影响微乎其微。

4.8.3　Instant-3D 硬件加速器的设计

基于 Instant-3D 算法，作者在硬件加速设计方面取得了新的突破，成功开发出了 Instant-3D 加速器。这款加速器仅需 1.9W 的功耗，便能实现更快的速度。加速器的核心在于优化前向与后向的存储访问模式，尽可能对邻近的内存访问进行统一操作，以此减少寻址消耗，并降低硬件功耗。

整体硬件系统包含 DRAM、SoC 和 Instant-3D 加速器三部分。其中，加速器由 I/O 交互接口、MLP 与网格核心三个子部分组成，详见图 4.22。

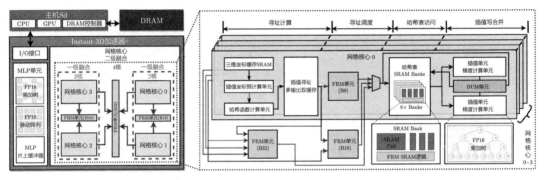

图 4.22　Instant-3D 硬件系统（左侧为整体设计，右侧为网格核心部分设计）。引自参考文献[130]（见彩插）

该硬件提供了三种模式，图中分别用红色、蓝色和绿色标注。红色标注的零级模式适用于哈希表大小为 256KB 的情况，此时四个网格核心独立计算；蓝色标注的一级模式适用于哈希表大小小于 512KB 的情况，此时四个网格核心被分为两组，每组中的两个核共享两个前向读取映射器（Feed-Forward Read Mapper，FRM）单元进行计算；绿色标注的二级模式适用于哈希表大小为 1MB 的情况，此时四个网格核心被集合在一起，共用一个单独的 FRM 单元进行计算。

在四个网格核心中，每个核心都配备了专有的反向传播更新合并（Back-Propagation Update Merger，BUM）单元，用于提升后向传播时的存储访问性能。另外，每个核心都拥有自己的 FRM 单元，且在所有核心之间还存在三个共享的 FRM 单元，用于提升前向传播时的存储访问性能。这一设计促使了整体存储访问性能的显著提升。关于 FRM 和 BUM 的硬件设计原理，由于其与本书主题关联较小，这里不再赘述，感兴趣的读者可以查阅相关资料。

4.8.4　性能结果

在 Instant-3D 的整体设计中，包含软件和硬件两部分。软件部分可以在英伟达 Jetson 系列的嵌入式环境中运行，而硬件部分则有独立的设计，并已在 28 纳米的 CMOS 上进行了验证。硬件验证环境如表 4.1 所示。

表 4.1　Instant-3D 的硬件验证环境

设备	Jetson Nano	Jetson TX2	Xavier NX	Instant-3D
封装技术	20nm	16nm	12nm	28nm
SRAM	2.5MB	5MB	11MB	1.5MB
面积	118mm^2	N/A	350mm^2	6.8mm^2
频率	0.9GHz	1.4GHz	1.1GHz	0.8GHz
DRAM	LPDDR4-1600	LPDDR4-1866	LPDDR4-1866	LPDDR4-1866
带宽	25.6GB/s	59.7GB/s	59.7GB/s	59.7GB/s
典型功率	10W	15W	20W	1.9W

值得关注的是，Instant-3D 加速器的典型功率仅为 1.9W，并且在工艺方面还存在优化的可能。与 Instant-NGP 相比，Instant-3D 加速器在 Xavier NX 上的运行时间降低了 97.7%，并且实现了超过 30fps 的实时推理表现。这充分展示了专有硬件的性能优势。

使用硬件方案来加速算法的方法，常见于那些具备成熟、稳定和鲁棒性的软件实现逻辑的技术领域。在这些领域中，硬件加速能够显著提升各类产品的实际效果。随着技术和时代的发展，硬件加速应用的需求主要集中在两个场景：一是在新型的 AR/XR 或其他手持设备上，借助硬件加速以实现更小的功耗和发热，同时提供更流畅的使用体验；二是在云端服务中，尤其是在中心化的云服务被大规模应用的情况下，提高计算效率对于降低成本有着重要作用。相较于对这类专属优化型硬件的需求，独立设备的需求量较低。在未来万物互联、高度云端化的时代，可能会出现消费者接入服务逐渐集中在少数厂商手中的情况，因此，硬件相关的设计可能对这些巨头有较大的吸引力。

4.9　总结

NeRF 在训练和渲染速度方面的问题一直被诟病，这在技术发展过程中是无法避免的，众多从事传统渲染的团队对新科技的质疑主要也出于这个原因。对于技术的争议一直存在，笔者有时也会被卷入这样的辩论中。技术发展从量变到质变必然要经历一个过程，从目前可观察到的趋势来看，很快就会出现高速、高质量、高真实感的算法模型。随着对 NeRF 的认知程度逐渐提高，从业人员的思想也将越来越不受原始 NeRF 框架的限制，从而开辟出新的技术路径。

本章对当前的主流 NeRF 训练和渲染加速算法进行了介绍，相信未来会出现更多的可能性和选择。期望这些技术的思想和理念能够激发读者的灵感，进而提出更大胆、更有效的方法。

5 | 提升 NeRF 的生成与渲染质量

NeRF used positional encoding, which is aliased and slow. Mip-NeRF used integrated PE, which is anti-aliased but still slow. INGP (+ Plenoxels, DVGO, etc) used grids of learned features, which is fast but aliased. Zip-NeRF uses _multisampling_, and is both fast and anti-aliased.

— Jon Barron

原始 NeRF 通常表现出极高的精细度，对现实世界的还原程度远超传统建模方式——除非付出巨大的人力成本，否则传统建模方式很难实现相同的效果。对细节的极致追求始终是研究者的共同目标，技术的成熟需要经历不断的认知升级、提升和否定。自 NeRF 被提出以来，关于其新视角生成和三维重建质量的讨论和思考迅速增加，涉及画质提升、生成几何质量及缺陷弥补等多个领域，至今仍有新的想法不断涌现。

本章将对过去三年关于 NeRF 生成质量提升的方法进行归类，并介绍其使用和设计的核心技术。由于篇幅所限，这里选择具有代表性的进行论述，对于其他研究和实践，建议读者查阅相关资料。

5.1 反走样类提升方法

在 NeRF 被提出不久，其创始人就注意到了一个现象：经过训练的 NeRF 模型在渲染新视角图像时，若观察远处的渲染效果或对图像进行缩放观察，就会出现明显的锯齿效应，这使得渲染效果不尽如人意。该现象也成为 NeRF 面世后在训练和渲染质量讨论中的重要话题。

锯齿效应本质上是采样问题。在信号处理领域，锯齿效应也被称为混叠效应或走样效应，是采样不足导致的高频信号混叠现象。根据奈奎斯特采样定理，如果采样频率低于信号中最高频率的两倍，就会产生锯齿效应。

因此，所有对反走样效应的算法，实质都是优化采样的过程。

5.1.1 反走样的开山之作 Mip-NeRF

基于 NeRF 的原理，训练使用的场景图像是在不同机位拍摄的，一般情况下，输入图像的数量较大，因此有大量的原始数据可以用于重建。然而，对于单个像素，NeRF 仅投射一条射线，然后通过射线上的采样点完成渲染。对于分辨率不同的场景或较远的空间位置，会出现采样率不足导致的过度模糊或锯齿效应，如图 5.1 所示。

图 5.1　NeRF 的锯齿效应

在图形学领域，反走样渲染是一个历史悠久的问题。在进行三维纹理贴图时，如果仅使用一个单一分辨率的纹理来完成贴图，在多个分辨率上观察贴图结果，就会出现类似的效应。例如，如果在比较远的地方采样一个细节丰富的纹理，那么由于纹理的变化超出了其表达能力，采样结果也会出现锯齿效应。解决这类问题最直接的方法是通过超采样的方式，增加每个像素的采样率，并在融合后进行渲染。然而，这在大多数情况下是不可行的，因为这会产生较大的计算量。为解决这个问题，图形学领域提出了一种基础技术——Mipmap。这项技术将一个纹理预处理成多个分辨率的格式，在存储纹理时，除了各个分辨率的图像，还需要保留与该分辨率对应的层级。因此，在采样时，可以根据表面与观察点的距离选择正确的 mip 层进行渲染，从而避免因采样率不足产生的锯齿效应，如图 5.2 所示。

图 5.2　Mipmap 技术

基于这一思想，Mip-NeRF[11] 诞生了。如果在不同的尺度上采用不同的采样策略，就可能实现反走样。然而，在实施过程中，Mip-NeRF 的以下方面与 Mipmap 不同。首先，Mipmap 是一种预滤波的算法，所有的 mip 层在渲染前都已被预处理。其次，Mipmap 是一个离散的过程，在采样时按照距离计算 mip 层，因此在纹理选择上可能会有跳变。这些是 NeRF 的训练过程无法接受的。为了解决这些问题，Mip-NeRF 提出了三种解决策略，分别是**锥体跟踪**（Cone Tracing）、**集成位置编码**（Integrated Positional Encoding，IPE）和**单一多尺度 MLP**（Single Multiscale MLP）。原文中的公式推导过程非常详尽、经典，本书将尽可能详细地给出完整推导过程。

1. 锥体跟踪

锯齿效应的根源在于，NeRF 在采样时仅在射线上取得单一点，这会导致采样率严重不足。最直接的解决方案是采用超采样方法，即将每个像素点视为一个圆盘，从相机光心发射多条射线以覆盖此圆盘，从而提高计算该像素颜色时所使用的采样率。然而，这种方法难以实现，因为射线数量的增加会导致每条射线都需要对 MLP 进行多次采样，从而使计算量过大。Mip-NeRF 提出了一种锥体跟踪方法，每个像素不再对射线上的单一点取样，而是发射一个三维锥体，并在锥体上计算采样点的锥台特征。这种方法提高了采样率，但与超采样相比，计算复杂度的提升较少，如图 5.3 所示。此外，由于投射的几何结构为锥形，因此离光心越远，采样范围就越大，从而使采样点的信息量增加。Mip-NeRF 在计算量可控的前提下缓解了锯齿效应。

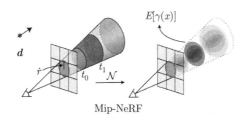

图 5.3 Mip-NeRF 锥体跟踪示意图。引自参考文献[11]

设空间中任意一点的坐标为 x，如果该点位于距离原点 t_0 至 t_1 之间的锥台内，并且与原点形成的直线与光轴方向的夹角小于锥体边缘与光轴方向的夹角，那么可以判断它位于当前光轴锥台内，算法原理如图 5.4 所示。

通过几何余弦关系和向量内积公式，可以计算出 x 在光轴上的投影坐标 x' 与原点之间的距离。

$$|OX'| = |OX|\cos\theta_1 = \frac{d^{\mathrm{T}}(x - o)}{\|d\|_2^2} \tag{5.1}$$

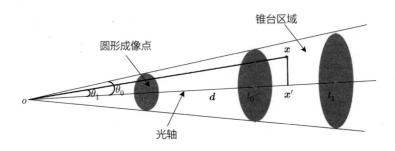

图 5.4　判断某点是否在锥台内

$\boldsymbol{x}$ 与原点形成的直线与光轴的夹角的反余弦，以及锥体边缘与光轴之间的夹角的反余弦也可以求得。

$$\arccos\theta_1 = \frac{\boldsymbol{d}^{\mathrm{T}}(\boldsymbol{x}-\boldsymbol{o})}{\|\boldsymbol{d}\|_2^2\|\boldsymbol{x}-\boldsymbol{o}\|_2}$$
$$\arccos\theta_0 = \frac{1}{\sqrt{1+(\dot{r}+\|\boldsymbol{d}\|_2)^2}} \tag{5.2}$$

因此，点 $\boldsymbol{x}$ 在锥台中的条件可以被转化为数学表达式

$$F(\boldsymbol{x},\boldsymbol{o},\boldsymbol{d},\dot{r},t_0,t_1) = \mathcal{I}\{(t_0 < |OX'| < t_1) \wedge (\arccos\theta_1 > \arccos\theta_0)\} \tag{5.3}$$

也即原文中的结果公式

$$F(\boldsymbol{x},\boldsymbol{o},\boldsymbol{d},\dot{r},t_0,t_1) = \mathcal{I}\left\{\left(t_0 < \frac{\boldsymbol{d}^{\mathrm{T}}(\boldsymbol{x}-\boldsymbol{o})}{\|\boldsymbol{d}\|_2^2} < t_1\right) \wedge \left(\frac{\boldsymbol{d}^{\mathrm{T}}(\boldsymbol{x}-\boldsymbol{o})}{\|\boldsymbol{d}\|_2^2\|\boldsymbol{x}-\boldsymbol{o}\|_2} > \frac{1}{\sqrt{1+(\dot{r}+\|\boldsymbol{d}\|_2)^2}}\right)\right\}$$
$$\tag{5.4}$$

其中，$\mathcal{I}\{\cdot\}$ 是指示函数，如果条件为真则返回 1，如果为假则返回 0。因此，如果 $F(\boldsymbol{x},\cdot)=1$，则表示该点位于锥台内，否则，该点不在锥台内。相较于原始的 NeRF，每次采样的范围从射线上的单一点变为一个锥台。随着观察位置的远离，这个锥台变得越来越大，因此采样率逐渐提高，从根本上解决了采样率不足的问题。

2. 集成位置编码

锥体追踪能够从理论上解决由采样率不足带来的问题，但同时引入了新的问题。在原始 NeRF 中，只需考虑单一点的位置编码，这使得计算复杂度相对较低。然而，当需要考虑整个锥体时，必须将锥体内每个点的位置编码结果合并以准确地执行此过程。

$$\gamma^*(\boldsymbol{o},\boldsymbol{d},\dot{r},t_0,t_1) = \frac{\int \gamma(\boldsymbol{x})F(\boldsymbol{x},\boldsymbol{o},\boldsymbol{d},\dot{x},t_0,t_1)\mathrm{d}\boldsymbol{x}}{\int F(\boldsymbol{x},\boldsymbol{o},\boldsymbol{d},\dot{r},t_0,t_1)\mathrm{d}\boldsymbol{x}} \tag{5.5}$$

这无疑需要大量的数据，以至于无法进行有效的计算。因此，Mip-NeRF 提出了一种有针对性的解决方案：采用多元高斯函数来逼近目标的位置编码结果，这个过程被称为**集成位置编码**（Integrated Positional Encoding，IPE）。

根据多元高斯的理论，函数 $F(\boldsymbol{x}, \cdot)$ 可以通过均值为 μ，协方差为 $\boldsymbol{\Sigma}$ 的多元高斯模型进行建模。在原始的 NeRF 中，位置编码以采样点坐标 $\gamma(\boldsymbol{x}) = \text{PE}(x, y, z)$ 的形式存在。多元高斯数据需要转化为对均值和协方差的编码 $\gamma(\mu, \boldsymbol{\Sigma})$，再作为数据输入 MLP 进行训练。因此，剩下的问题就是如何计算均值和协方差，以及如何推导出多元高斯的位置编码方法。

目标锥体包括三个主要的参数，分别为沿光轴方向的均值 μ_t、沿光轴方向的方差 σ_t^2，以及垂直于光轴方向的方差 σ_r^2。一旦这三个参数被确定，就可以根据多元高斯理论得到 μ 和 $\boldsymbol{\Sigma}$。

对于一个特定的锥体，沿光轴方向的均值 μ_t 是 t 的一阶矩（First Moment）；沿光轴方向的方差 σ_t 的计算方法为 $\sigma_t = \text{Var}(t) = E[t^2] - E[t]^2$，即 t 的二阶矩（Second Moment）减去其一阶矩的平方；垂直于光轴方向的方差 σ_r 可以通过计算锥体对 $\boldsymbol{x}$ 的二阶矩获得。因此，只需要计算这三个基本统计特性，就可以得出锥体的特性值。由于推导过程较长，这里将各变量之间的依赖关系以图 5.5 的形式表示。

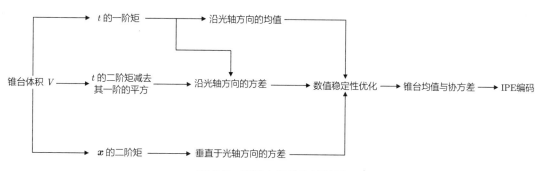

图 5.5 变量之间的依赖关系

1）推导锥台体积 V

将锥体的顶点视为原点，并确保光轴方向与 z 轴对齐，同时光轴方向与 z 轴方向一致。通过这种方式，可以实现锥体内任意一点的参数化。

$$(x, y, z) = \phi(r, t, \theta) = (rt \cos\theta, rt \sin\theta, t)$$
$$\theta \in (0, 2\pi), t \geqslant 0, |r| < \dot{r} \tag{5.6}$$

通过微分几何方法，在笛卡儿空间中，可以得到微分表达。

$$dxdydz = |\det(D\phi)(r, t, \theta)| drdtd\theta$$

$$= \begin{vmatrix} t\cos\theta & t\sin\theta & 0 \\ r\cos\theta & r\sin\theta & 1 \\ -rt\sin\theta & rt\cos\theta & 0 \end{vmatrix} \qquad (5.7)$$

$$= (rt^2\cos^2\theta + rt^2\sin^2\theta)drdtd\theta$$

$$= rt^2 drdtd\theta$$

在此基础上，在取值空间内，可以得到锥台的体积。

$$V = \int_0^{2\pi} \int_{t_0}^{t_1} \int_0^{\dot{r}} rt^2 drdtd\theta$$

$$= \frac{\dot{r}}{2} \cdot \frac{t_1^3 - t_0^3}{3} \cdot 2\pi \qquad (5.8)$$

$$= \pi\dot{r}\frac{t_1^3 - t_0^3}{3}$$

2）推导 t 的一阶矩

获得锥台的体积后，可以通过数学期望的概念，得出一阶矩的数值。

$$E[t] = \frac{1}{v} \int_0^{2\pi} \int_{t_0}^{t_1} \int_0^{\dot{r}} t \cdot rt^2 drdtd\theta$$

$$= \frac{1}{V}\pi\dot{r}\frac{t_1^4 - t_0^4}{4} \qquad (5.9)$$

$$= \frac{3(t_1^4 - t_0^4)}{4(t_1^3 - t_0^3)}$$

3）推导 t 的二阶矩

通过计算 t^2 的期望值，能够得出二阶矩阵的结果。

$$E[t^2] = \frac{1}{V} \int_0^{2\pi} \int_{t_0}^{t_1} \int_0^{\dot{r}} t^2 \cdot rt^2 drdtd\theta$$

$$= \frac{1}{V}\pi\dot{r}\frac{t_1^5 - t_0^5}{5} \qquad (5.10)$$

$$= \frac{3(t_1^5 - t_0^5)}{5(t_1^3 - t_0^3)}$$

4）推导垂直于光轴方向的二阶矩

由于锥台截面垂直于 XY 平面，并且以圆形方式均匀分布，因此可以推断，垂直于光轴方向的方差可通过 x 轴或 y 轴的坐标来计算，它们在此处是对称且一致的。通过计算 x^2 的期望值，可以得到垂直方向的二阶矩。

$$
\begin{aligned}
E[x^2] &= \frac{1}{V} \int_0^{2\pi} \int_{t_0}^{t_1} \int_0^{\dot{r}} x^2 \cdot rt^2 \mathrm{d}r\mathrm{d}t\mathrm{d}\theta \\
&= \frac{1}{V} \int_0^{2\pi} \int_{t_0}^{t_1} \int_0^{\dot{r}} (rt\cos\theta)^2 \cdot rt^2 \mathrm{d}r\mathrm{d}t\mathrm{d}\theta \\
&= \frac{1}{V} \cdot \frac{\dot{r}^4}{4} \cdot \frac{3(t_1^5 - t_0^5)}{5} \cdot \pi \\
&= \frac{3\dot{r}^2(t_1^5 - t_0^5)}{20(t_1^3 - t_0^3)}
\end{aligned}
\tag{5.11}
$$

5）计算均值 μ_t

均值的计算相当直观，其与 t 的一阶矩相符。

$$
\mu_t = E[t] = \frac{3(t_1^4 - t_0^4)}{4(t_1^3 - t_0^3)}
\tag{5.12}
$$

6）计算协方差矩阵 σ_t^2、σ_r^2

由统计学公式可得

$$
\sigma_t^2 = E[t^2] - E[t]^2 = \frac{3(t_1^5 - t_0^5)}{5(t_1^3 - t_0^3)} - \mu_t^2
\tag{5.13}
$$

垂直于光轴方向上的方差的计算与 $\boldsymbol{x}$ 的二阶矩相符。

$$
\sigma_r^2 = E[\boldsymbol{x}^2] = \frac{3\dot{r}^2(t_1^5 - t_0^5)}{20(t_1^3 - t_0^3)}
\tag{5.14}
$$

7）数值计算稳定性

从数值计算稳定性的角度来看，在 t_0 和 t_1 非常接近的情况下，训练过程中常常会出现产生 0 或 NaN 的情况。为解决这一问题，作者巧妙地对这两个值重新进行参数化，分别记为 t_μ 和 t_δ，如下所示。

$$
\begin{aligned}
t_\mu &= \frac{t_1 + t_0}{2} \\
t_\delta &= \frac{t_1 - t_0}{2}
\end{aligned}
\tag{5.15}
$$

通过这种方式重新计算上述所有公式，可以得到以下结果。

$$
\begin{aligned}
\mu_t &= t_\mu + \frac{2t_\mu t_\delta^2}{3t_\mu^2 + t_\delta^2} \\
\sigma_t^2 &= \frac{t_\mu}{3} - \frac{4t_\mu^4(12t_\mu^2 - t_\delta^2)}{15(3t_\mu^2 + t_\delta^2)^2}
\end{aligned}
\tag{5.16}
$$

$$\sigma_r^2 = \dot{r}^2 \left(\frac{(t_\mu)^2}{4} + \frac{5t_\delta^2}{12} - \frac{4t_\delta^4}{15(3t_\mu^2 + t_\delta^2)} \right)$$

尽管表达式的复杂度有所增加，但数值计算的稳定性得到了显著提高。

8）计算 $\boldsymbol{\mu}$ 与 $\boldsymbol{\Sigma}$

在现阶段的计算中，所有的操作皆在锥台坐标系内进行，若要获得全局数值，则需要将之前的特征值转化为世界坐标系。

$$\boldsymbol{\mu} = \boldsymbol{o} + \mu_t \boldsymbol{d}$$
$$\boldsymbol{\Sigma} = \sigma_t^2 (\boldsymbol{dd}^{\mathrm{T}}) + \sigma_r^2 \left(I - \frac{\boldsymbol{dd}^{\mathrm{T}}}{(\|\boldsymbol{d}\|)_2^2} \right) \tag{5.17}$$

9）使用 IPE 方法编码 $\boldsymbol{\mu}$ 与 $\boldsymbol{\Sigma}$

最后一步的计算是多元高斯的位置编码 $\gamma(\boldsymbol{\mu}, \boldsymbol{\Sigma})$，式（3.5）可以被重写为

$$\gamma(\boldsymbol{x}) = \begin{bmatrix} \sin(P\boldsymbol{x}) \\ \cos(P\boldsymbol{x}) \end{bmatrix} \tag{5.18}$$

其中，

$$P = \begin{bmatrix} 1 & 0 & 0 & 2 & 0 & 0 & \cdots & 2^{L-1} & 0 & 0 \\ 0 & 1 & 0 & 0 & 2 & 0 & \cdots & 0 & 2^{L-1} & 0 \\ 0 & 0 & 1 & 0 & 0 & 2 & \cdots & 0 & 0 & 2^{L-1} \end{bmatrix}^{\mathrm{T}} \tag{5.19}$$

由此，μ 和 $\boldsymbol{\Sigma}$ 的编码形态可以以类似的方式进行计算。

$$\mu_r = \boldsymbol{P}\mu$$
$$\Sigma_r = \boldsymbol{P}\boldsymbol{\Sigma}\boldsymbol{P}^{\mathrm{T}} \tag{5.20}$$

于是，只需计算一个符合高斯分布的 $\boldsymbol{x}$ 的 $\sin(\boldsymbol{x})$ 和 $\cos(\boldsymbol{x})$ 的期望，便可得到位置编码的结果，即 $E_{\boldsymbol{x} \sim N(\boldsymbol{\mu}, \boldsymbol{\sigma}^2)}[\sin \boldsymbol{x}]$ 和 $E_{\boldsymbol{x} \sim N(\boldsymbol{\mu}, \boldsymbol{\sigma}^2)}[\cos \boldsymbol{x}]$ 的值。高斯分布的特征函数为

$$\phi_x(t) = E[\exp(\mathrm{i}t\boldsymbol{x})] = \exp\left(\mathrm{i}t\boldsymbol{\mu} - \frac{\boldsymbol{\sigma}^2 t^2}{2} \right) \tag{5.21}$$

由欧拉公式可知：

$$\sin(\boldsymbol{x}) = \mathrm{Im}(\exp(\mathrm{i}\boldsymbol{\sigma}\boldsymbol{x}))$$
$$\cos(\boldsymbol{x}) = \mathrm{Re}(\exp(\mathrm{i}\boldsymbol{\sigma}\boldsymbol{x})) \tag{5.22}$$

所以 $\sin \boldsymbol{x}$ 的期望为

$$
\begin{aligned}
E_{\boldsymbol{x} \sim N(\boldsymbol{\mu}, \boldsymbol{\sigma}^2)}[\sin \boldsymbol{x}] &= E[\mathrm{Im}(\exp \mathrm{i}\boldsymbol{\sigma}\boldsymbol{x})] \\
&= \mathrm{Im}(E[\exp(\mathrm{i}\boldsymbol{\sigma}\boldsymbol{x})]) \\
&= \mathrm{Im}(\phi_x \boldsymbol{\sigma}) \\
&= \mathrm{Im}\left(\exp\left(\mathrm{i}\boldsymbol{\mu} - \frac{\boldsymbol{\sigma}^2}{2}\right)\right) \\
&= \sin(\boldsymbol{\mu})\exp\left(-\frac{\boldsymbol{\sigma}^2}{2}\right)
\end{aligned}
\tag{5.23}
$$

而 $\cos \boldsymbol{x}$ 的期望为

$$
\begin{aligned}
E_{\boldsymbol{x} \sim N(\boldsymbol{\mu}, \boldsymbol{\sigma}^2)}[\cos \boldsymbol{x}] &= E[\mathrm{Re}(\exp(\mathrm{i}\boldsymbol{\sigma}\boldsymbol{x}))] \\
&= \mathrm{Re}(E[\exp(\mathrm{i}\boldsymbol{\sigma}\boldsymbol{x})]) \\
&= \mathrm{Re}(\phi_x \boldsymbol{\sigma}) \\
&= \mathrm{Re}\left(\exp\left(\mathrm{i}\boldsymbol{\mu} - \frac{\boldsymbol{\sigma}^2}{2}\right)\right) \\
&= \cos(\boldsymbol{\mu})\exp\left(-\frac{\boldsymbol{\sigma}^2}{2}\right)
\end{aligned}
\tag{5.24}
$$

将此公式扩展至多元情况，便可得到 IPE 的原始形态。

$$
\begin{aligned}
\gamma(\boldsymbol{\mu}, \boldsymbol{\Sigma}) &= E_{\boldsymbol{x} \sim N(\boldsymbol{\mu}, \Sigma_\gamma)}[\gamma(\boldsymbol{x})] \\
&= \begin{bmatrix} \sin(\mu_\gamma) \circ \exp\left(-\frac{1}{2}\mathrm{diag}(\Sigma_\gamma)\right) \\ \cos(\mu_\gamma) \circ \exp\left(-\frac{1}{2}\mathrm{diag}(\Sigma_\gamma)\right) \end{bmatrix}
\end{aligned}
\tag{5.25}
$$

然而，Σ_γ 本身的计算难度极高，因此在实际计算过程中，只需计算其对角线上的值。

$$
\mathrm{diag}(\Sigma_\gamma) = [\mathrm{diag}(\boldsymbol{\Sigma}), 4\mathrm{diag}(\boldsymbol{\Sigma}), \cdots, 4^{L-1}\mathrm{diag}(\boldsymbol{\Sigma})]^{\mathrm{T}}
$$
$$
\mathrm{diag}(\boldsymbol{\Sigma}) = \sigma_t^2(\boldsymbol{d} \circ \boldsymbol{d}) + \sigma_r^2\left(1 - \frac{\boldsymbol{d} \circ \boldsymbol{d}}{\|\boldsymbol{d}\|_2^2}\right)
\tag{5.26}
$$

通过对计算过程的简化，Mip-NeRF 的 IPE 算法的复杂度几乎与原始 NeRF 的位置编码复杂度相当。然而，相比原始 NeRF 的位置编码，IPE 是一种更为通用的编码方式。原始 NeRF 的位置编码只是 IPE 的一种特殊情况（$\gamma(\boldsymbol{x}) = \gamma(\boldsymbol{\mu} = \boldsymbol{x}, \boldsymbol{\Sigma} = 0)$ 时，IPE 即为 PE）。因此，相比于原始的位置编码，IPE 具有更好的稳定性。

另外，在位置编码中，L 是一个需要进行精细调整的超参数。如果 L 值超出一定范围，则会导致 PSNR 严重下降，重建质量极低。然而，在 IPE 中，L 不再是一个需要精调的超参数。例如，在实验中使用的 $L = 16$，这个值足够大，使得 PSNR 不会因 L 的变化而波动，这也从侧面反映了 IPE 方法的稳定性。

相比于 NeRF 的位置编码算法，IPE 更为有效（如图 5.6 所示），原因在于位置编码沿着光轴的方向进行点采样，在高频区因采样率不足导致混叠。而 IPE 则在一个区间内进行计算，高频信号特征收缩接近 0，从而有效地消除了混叠造成的锯齿效应。

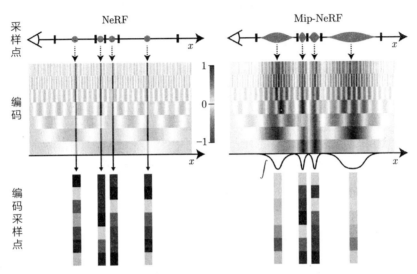

图 5.6　IPE 与 PE 的效果。引自参考文献[11]（见彩插）

3. 单一多尺度 MLP

在原始的 NeRF 架构中，采用了两个 MLP 用于学习，分别对应粗糙训练和精细训练。这种设计的初衷是每个 MLP 只能在特定的尺度上进行特征学习，因此，粗糙 MLP 和精细 MLP 的数据特征并不一致。然而，Mip-NeRF 实现了场景表达的多尺度特征，在粗糙训练阶段和精细训练阶段的数据特征是一致的，允许将两个 MLP 合并为一个。这种方法提升了整体渲染和采样的效率，而且，优化问题能够在合并后的架构下进行联合的损失计算，节省了存储空间。

$$\min_{\Theta} \sum_{\gamma \in \mathbb{R}} (\lambda(\|C^*(r) - C(r; \Theta; t^c)\|)_2^2 + \|C^*(r) - C(r; \Theta; t^f)\|_2^2) \tag{5.27}$$

其中，t^c 代表粗糙采样的结果，t^f 代表精细采样的结果。λ 则是用来平衡两次采样误差的参数，通常设为 0.1。值得一提的是，在 Mip-NeRF 架构中，粗糙采样与精细采样可以统一使用 128 个采样点，无须进行特别的区分。

Mip-NeRF 的效果非常好，可以有效地解决大部分锯齿效应的问题。在小分辨率的训练集上，其 PSNR 的表现超过了原始 NeRF 的 $4 \sim 8$ dB，这是一个显著的提升，清晰度也有了大幅度的提升。Mip-NeRF 在 NeRF 中开创了反走样算法的先河，对后续的相关工作产生了深远影响。这些工作主要在采样优化和位置编码优化的思路上进行扩展。Mip-NeRF 的数学推导部分具有极高的学习价值，尽管已经过去了三年的时间，仍然被认为是一个值得反复研究的经典算法。

5.1.2 应对无界场景锯齿效应的 Mip-NeRF 360

Mip-NeRF 的研究团队在进一步探索反走样问题的过程中针对**无界场景**（Unbounded Scenes）提出了 Mip-NeRF 360[12]。这项新研究旨在解决无界场景的反走样问题并优化场景重建和渲染效果。

1. 无界场景参数化方法

无界场景的主要特征在于整个场景可以占据任意大的欧氏空间。尽管在图像中，远端的场景通常只占据微小的一部分，但当场景被移近时，其占据的区域会逐渐扩大。这使得 Mip-NeRF 在处理无界场景时，对远端物体的渲染效果较为模糊。为了解决这个问题，需要开发新的场景和光线参数化方法，以取代 Mip-NeRF 的场景参数化设计。

这个问题的出现主要是因为 Mip-NeRF 将三维场景限定在有界空间内。对于无界场景，光线发射后，远处的采样点的计算和采样并未被正确定义，这导致了 Mip-NeRF 策略的失效。为解决此问题，Mip-NeRF 360 对射线的采样机制进行了重新设计，使原始射线向中心收缩，并限制了其边界。这种设计使无界场景的采样被重新约束到有界区域内，即使远处场景被放大，也不会由于采样率问题导致渲染问题，如图 5.7 所示。

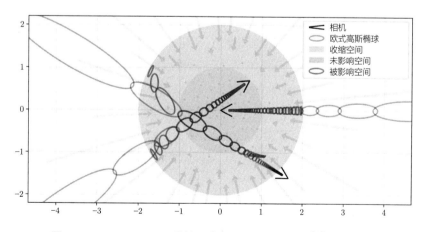

图 5.7　Mip-NeRF 360 收缩示意图。引自参考文献[12]（见彩插）

在 Mip-NeRF 360 的设计中，射线被约束在以图像中心为圆心，半径为 2 的范围内（橙色区域内）。射线在半径为 1 的范围内的采样策略保持不变，而在其他部分采用非线性函数，将坐标映射到 2 以内。这样，点与点间的距离关系被重新定义为相对差距，而非绝对距离。

$$\text{contract}(\boldsymbol{x}) = \begin{cases} \boldsymbol{x}, & \|\boldsymbol{x}\| \leqslant 1 \\ \left(2 - \dfrac{1}{\|\boldsymbol{x}\|}\right) \left(\dfrac{\boldsymbol{x}}{\|\boldsymbol{x}\|}\right), & \|\boldsymbol{x}\| \geqslant 1 \end{cases} \tag{5.28}$$

然而，若改变射线的参数化方法，则采样点的逻辑也需要相应调整。在原始的 NeRF 中，射线采样在射线方向上均匀进行。如果射线被弯曲以适应收缩坐标空间，则不能按照距离线性分布采样，而需要在逆深度上进行线性分布采样。因此，作者设计了一个可逆的标量函数 $g(\cdot)$，用以将原有坐标转换至收缩空间。具体而言，可以使用空间坐标的倒数 $g(x) = \frac{1}{x}$，或对数 $g(x) = \lg(x)$ 来实现。最后，将与原点距离为 t 的点的坐标映射为

$$s \overset{\text{def}}{=} \frac{g(t) - g(t_{\text{n}})}{g(t_{\text{f}}) - g(t_{\text{n}})}$$
$$t \overset{\text{def}}{=} g^{-1}(s \cdot g(t_{\text{f}}) + (1 - s)g(t_{\text{n}})) \tag{5.29}$$

2. 在线蒸馏算法

Mip-NeRF 360 引出了**提议网络**（Proposal Network）的概念，其结构如图 5.8 所示。在粗糙阶段，只需要利用提议网络预测权重，然后将权重交由 NeRF 网络进行权重优化和颜色预测。由于提议网络的逻辑相对简单，对渲染结果没有直接影响，所以可以使用较小的网络结构来实现，而无须像 Mip-NeRF 那样，即使在粗糙阶段也使用大型的网络结构。此外，实验表明，较小的提议网络不会影响 NeRF 网络对颜色的预测结果，因此在 NeRF 网络中也会使用更少的采样点进行预测，整个网络框架的计算复杂度显著降低。与传统的蒸馏结构中预训练的教师模型相比，提议网络和精细模型网络同步训练和优化，因此是在线蒸馏方法。

然而，如果提议网络不预测颜色，训练集就没有真值，如何监督它的训练过程呢？Mip-NeRF 360 设计了一种使用权重直方图评估数据一致性的方法来解决这个问题。

提议网络和 NeRF 网络所描述的数据特征应该是一致的，所以 NeRF 网络的权重直方图分布和提议网络的权重直方图分布应该具有很强的一致性，可以将这个特性作为正则项，监督提议网络的训练。提议网络直方图 $\text{MLP}(\hat{\boldsymbol{t}}, \hat{\boldsymbol{w}})$ 和 NeRF 网络直方图 $\text{MLP}(t, w)$ 的点数不同，而且用于统计直方图的箱子数（bin）也是未知的，所以传统的直方图对比方法不适用。Mip-NeRF 360 定义了一个新的包围函数，其物理意义是对于一个输入的直方图区间 T，在另一个直方图中所有与该区间有交集的权重之和。那么，如果两个直方图相似，应该使该区间的权重 w_i 满足

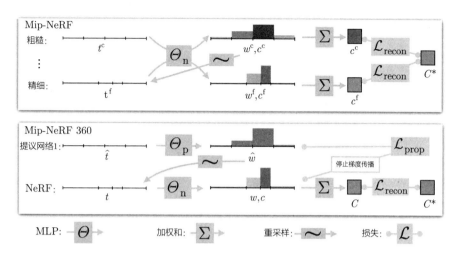

图 5.8　提议网络结构。引自参考文献[12]

特定条件。

$$\mathrm{bound}(\hat{\boldsymbol{t}}, \hat{\boldsymbol{w}}, T) = \sum_{j:T \cap \hat{T}_j \neq \emptyset} \hat{w}_j \tag{5.30}$$

只需要最小化 NeRF 网络的所有权重与包围函数的差异，就可以监督提议网络的训练效果。可以看到，损失函数的设计是不对称的，对于 NeRF MLP 低估权重的情况是不惩罚的，但高估的情况是要受到惩罚的，这是因为粗糙阶段的估计应该是预测的上限。尽管这不是典型的直方图对比方法，但在 Mip-NeRF 360 的计算场景下是有效的。

$$\boldsymbol{w}_i \leqslant \mathrm{bound}(\hat{\boldsymbol{t}}, \hat{\boldsymbol{w}}, T) \tag{5.31}$$

优化 NeRF 网络模型的目标是最小化其权重与包围函数的偏差，这样能实现对提议网络训练效果的有效监督。

$$\mathcal{L}_{\mathrm{prop}}(\boldsymbol{t}, \boldsymbol{w}, \hat{\boldsymbol{t}}, \hat{\boldsymbol{w}}) = \sum_i \frac{1}{\boldsymbol{w}_i} \max(0, \boldsymbol{w}_i - \mathrm{bound}(\hat{\boldsymbol{t}}, \hat{\boldsymbol{w}}, T_i))^2 \tag{5.32}$$

可以看出，损失函数具有非对称性质，对于 NeRF MLP 模型对权重的低估的情况并无惩罚，然而对于权重高估的情况则会给出惩罚。这样设计的原因在于，粗略阶段的预测应作为预测的上限。尽管这并非典型的直方图对比方法，但在 Mip-NeRF 360 的计算场景中，这样的方法是有效的。

这个损失 $\mathcal{L}_{\mathrm{prop}}$ 与颜色重建损失 $\mathcal{L}_{\mathrm{recon}}$ 以及下一节将要讨论的正则化损失一起，共同监督整个网络的训练过程。

3. 区间正则化

Mip-NeRF 360 弥补了 NeRF 应用场景中常见的两种缺陷：由体积空间不连贯造成的**飘浮物**（Floaters）缺陷和由远处表面被当作近处半透明云造成的**背景坍塌**（Background Collapse）缺陷，这两种问题自 NeRF 问世以来就一直存在。读者可以参考第 3 章的 NeRF 原始实现，了解如何通过在体渲染阶段加入高斯噪声尽可能避免这些问题。然而，这种方法只能在一定程度上抑制问题，并不能完全解决问题。

在 Mip-NeRF 360 中，研究者提出了一种更有效的正则化方法。任意点的权重可以通过阶跃函数得到一个平滑插值结果。

$$\boldsymbol{w}_s(u) = \sum_i w_i \mathcal{I}_{[s_i, s_{i+1}]}(u) \tag{5.33}$$

为了避免飘浮物的出现，每条光线应该在小范围内尽可能紧凑，使权重集中在小的间隔中，通过两点之间的权重加权和来实现失真正则化，使得学习结果的分布更加集中并尽可能趋于单峰，从而减少漂浮物和背景不确定引起的歧义。

$$\mathcal{L}_{\text{dist}}(\boldsymbol{s}, \boldsymbol{w}) = \iint_{-\infty}^{\infty} \boldsymbol{w}_s(u) \boldsymbol{w}_s(v) |u - v| \, \mathrm{d}u \mathrm{d}v \tag{5.34}$$

这项正则化是一个连续函数的表达形式，在计算时将其转化为离散形式实现。离散化计算的难度较大，简化的复杂度也相当高。Mip-NeRF 360 提出一种简化的计算方法，在计算 $\mathcal{L}_{\text{dist}}$ 时只需要面对两种情况，即区间之间的损失（Inter Loss）和区间内的损失（Intra Loss）。

$$\mathcal{L}_{\text{inter}} = \sum_{i,j} w_i w_j \left| \frac{s_i + s_{i+1}}{2} - \frac{s_i + s_{j+1}}{2} \right|$$
$$\mathcal{L}_{\text{intra}} = \sum_i w_i^2 (s_{i+1} - s_i) \tag{5.35}$$

其中，区间之间的损失将最小化所有区间中点之间的加权距离，而区间内的损失将最小化单个个体区间的加权距离。通过将这两项简单损失的和用来拟合上述公式，虽然从运算角度看并不完全一致，但在数值含义上完全一致。

$$\mathcal{L}_{\text{dist}} = \mathcal{L}_{\text{inter}} + \frac{1}{3} \mathcal{L}_{\text{intra}} \tag{5.36}$$

两项损失经过加权求和后，得出最终的正则项。在损失考虑逻辑中，区间之间损失的权重较高。最终，Mip-NeRF 360 的损失函数为所有正则项的加权和，综合考虑了重建损失、失真正则化损失和提议网络损失。失真正则化非常有效地消除了场景中的重建缺陷，后续很多工作都引用了这个正则项以优化重建品质。

$$\mathcal{L}_{\text{totalloss}} = \mathcal{L}_{\text{recon}}(\boldsymbol{C}(t), \boldsymbol{C}^*) + \lambda\mathcal{L}_{\text{dist}}(\boldsymbol{s}, \boldsymbol{w}) + \sum_{k=0}^{l} \mathcal{L}_{\text{prop}}(\boldsymbol{s}, \boldsymbol{w}, \hat{\boldsymbol{s}}^k, \hat{\boldsymbol{w}}^k) \qquad (5.37)$$

Mip-NeRF 360 是在 Mip-NeRF 的基础上进行的进一步扩展，增强了对无界场景的反走样能力。为了降低计算量和减少重建过程中的缺陷问题，该方法引入了提议网络和区间正则化方法。部分场景的结构相似性度量（SSIM）得分提升超过 0.2，主观质量也有显著提升。这进一步证明了采样策略优化对于 NeRF 反走样问题的积极影响。

5.1.3　快速反走样算法 Zip-NeRF

Mip-NeRF 和 Mip-NeRF 360 具有优质的反走样效果，然而，其计算速度相对较慢。相反，基于网格的 Instant-NGP 方法的计算速度快而且效率高，但无法避免锯齿效应。2023 年，Mip-NeRF 的团队将 Mip-NeRF 360 和 Instant-NGP 的多尺度网格策略结合，提出了 Zip-NeRF[2]，它不仅提升了模型重建质量、降低了错误率，还提高了计算速度。Zip-NeRF 被广泛认为对反走样算法做出了重要贡献。此项研究包含大量的细节，本书将对其理论部分进行详细阐述。

1. 空域反走样

将 Mip-NeRF 360 和 Instant-NGP 结合的关键是维持 Mip-NeRF 中的高斯建模方法以抵抗锯齿效应，同时引入 Instant-NGP 的多分辨率网格算法进行加速。然而，核心冲突在于，Mip-NeRF 360 使用了 IPE 方法对子体积中的高斯参数进行编码，而 Instant-NGP 使用了全局的多尺度网格架构对线性插值采样点的特征进行编码，从架构层面上来看，这两种方法无法直接兼容。

因此，Zip-NeRF 将 Mip-NeRF 360 的锥台特征采样逻辑调整为点采样，以逼近锥台的高斯模型。紧接着在采样点上提取网格特征，从而找到了将两者结合的方法。

1）多采样方法

在原始锥体中，高斯分布呈现各向异性特征，然而锥体内的每个点采样均具有各向同性。基于此，使用高斯混合模型接近锥体的数值分布是可实行的。从理论上讲，准确地逼近锥体的高斯模型需要对锥体中的每个点进行**超采样**（Super-Sampling）。然而，这会导致计算量巨大，难以实现。因此，可以用多采样点方法替代超采样，以期望得到接近的效果。

采用多采样点方法可以在区间 $[t_i, t_{i+1}]$ 中找寻 n 个采样点以拟合锥体的形状。其中，每个点都是一个独立的各向同性高斯分布，均值为 x_j，标准差为 σ_j。Zip-NeRF 采用了一种手动设计的采样分布方法，以距离 t 为参数，选择了 n 个旋转的采样点，其坐标为

$$
\begin{bmatrix}
\dfrac{\dot{r}t\cos(\frac{2\pi mj}{n})}{2} \\[2ex]
\dfrac{\dot{r}t\sin(\frac{2\pi mj}{n})}{2} \\[2ex]
t
\end{bmatrix} \Bigg| j = 0, 1, \cdots, (n-1)
\tag{5.38}
$$

$$
t = t_i + \frac{(t_{i+1} - t_i)(j + \frac{1}{2})}{n}
$$

分析其坐标形态可知，射线轴方向上的采样为均匀采样，而且 $\sigma_j = 0.35\dot{r}t$ 被选定作为超参数的一般选择。如果 n 和 m 保持互质，各点不在同一平面中，则可以确保采样点的分布散度，从而确保均值和方差能反映锥体的分布。Zip-NeRF 的采样点分布如图 5.9 所示。

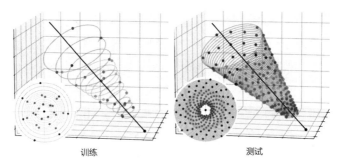

训练　　　　　　　　　　测试

图 5.9　Zip-NeRF 的采样点分布。引自参考文献[2]

在参考文献 [2] 的早期版本中，t 的采样算法显得相当复杂，这样设计的目的是得到一个与原始数据尽可能接近的结果。后续发布的版本将其简化为上述模型，使得采样计算过程更加简单，实验结果也验证了设计的有效性。因此，多采样方法能够有效地逼近锥体的高斯分布，进而实现反走样。

2）降权重方法

在纯粹的多采样方法中，低频信息反走样效果已经被良好实现。然而，在直接使用插值方法构建特征时，高频信号仍然存在混叠状态，因此需要引入其他策略来降低高频信号的混叠度。出现这种现象的原因在于，在多样本采样的情况下，有两个因素可能导致高频信号强度增加：一个是，在同一网格内，具有较大样本标准差的高频信息较多；另一个是，在网格数量增多的情况下，相同距离的高频信息强度也会相应增加。对于这两种情况，都需要通过降权处理进行抑制。

$$
w_{j,l} = \operatorname{erf}\left(\frac{1}{\sqrt{8\sigma_j^2 n_\ell^2}}\right), w_{j,\ell} \in [0, 1]
\tag{5.39}
$$

这里，σ_j 表示采样点的标准差，n_l 表示当前层的网格数量，erf 为误差函数。出于对计算速度的考虑，常用以下近似算法，其对最终结果的影响微乎其微。

$$\text{erf}(x) \approx \text{sign}(x)\sqrt{1 - \exp\left(-\frac{4}{\pi}x^2\right)} \tag{5.40}$$

值得注意的是，作者采用了一种重要的技巧：假设网格金字塔上的均值平方和为 0，并将其作为训练过程中的约束。这让每个样本生成特征的过程相对简单。

$$w_j \cdot f_{j,l} + (1 - w_j) \cdot 0 = w_j \cdot f_{j,l} \tag{5.41}$$

在这种约束条件下，只需要考虑样本点的降权重特征。因此，在逼近当前样本点特征时，只需要对每层的特征进行插值计算。

$$f_\ell = \text{mean}_j(w_{j,\ell} \cdot \text{trilerp}(n_\ell \cdot x_j; V_\ell)) \tag{5.42}$$

与 Instant-NGP 一样，每层的特征串联起来构成了该样本的特征向量，其中，$w_{j,\ell}$ 也作为特征连接至特征向量，交由 MLP 进行预测。此时，Zip-NeRF 已经将 Mip-NeRF 与 Instant-NGP 结合，在保证反走样能力的前提下，使用预滤波模型加速了计算过程。

2. z 轴锯齿

此外，Zip-NeRF 对 Mip-NeRF 360 的分析表明其在视轴运动时可能出现周期性的密度丢失，导致锯齿效应。然而，在原始 Mip-NeRF 或原始 NeRF 中并未观察到这类问题。该问题出现的关键在于提议网络（Proposal Network）的监督方法是基于 NeRF 网络实现的。如 5.1.2 节所述，NeRF 网络期望是单峰的，因此，其发出的监督信号在提议网络中也呈现阶跃函数形式。然而，提议网络的信号更为粗糙，使得其采样间隔比 NeRF 网络更大。因此，在同一视轴上，如果训练视角数量不足，则可能观察到训练结果随视角在视轴上移动而发生跳变的现象，如图 5.10 所示。

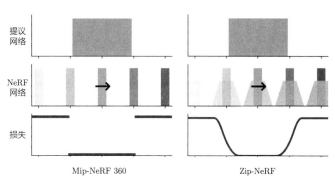

图 5.10　Mip-NeRF 360 使用 NeRF 网络监督提议网络时所遇到的问题。引自参考文献[2]（见彩插）

在明确了提议网络和 NeRF 网络的采样间隔问题之后，就可以设计相应的解决策略。Zip-NeRF 采用样条函数平滑 NeRF 网络生成的结果，然后用这个结果指导提议网络的训练，能够显著降低失真发生的概率和程度。这样，Mip-NeRF 360 中提议网络的损失函数可以替换为这个新的函数，从而有效解决该问题。

具体来说，对 NeRF 网络生成的参数为 (s, w) 的阶跃函数直方图，对于每个区间 $[x_i, x_{i+1}]$，以半径 r 设置节点 $(x_i - r, 0)$、$(x_i + r, y_i)$、$(x_{i+1} - r, y_i)$ 和 $(x_{i+1} + r, 0)$，然后使用样条函数对其进行平滑处理，生成一组新的直方图权重 $w^{\hat{s}}$。使用这组新的参数和提议网络生成的参数为 $(\hat{s}, \hat{w})$ 的阶跃函数直方图计算损失，可以有效地消除 z 锯齿效应。数学表达为

$$\mathcal{L}_{\text{prop}}(s, w, \hat{s}, \hat{w}) = \sum_i \frac{1}{\hat{w}_i} \max(0, \nabla(w_i^{\hat{s}}) - \hat{w}_i)^2 \tag{5.43}$$

截至本书编写时，Zip-NeRF 代表了 Jon Barron 团队在反走样方向上的最新尝试。它在提升 PSNR 指标的同时，渲染速度比 Mip-NeRF 提升了 8 倍，并在大规模场景渲染中展现出了极佳的视觉效果。Zip-NeRF 中包含了众多的细微优化，这可能是其官方花费了相当长的时间才将其开源的原因之一。

手动选择 6 个多样本采样点的逻辑虽然效果出色，但没有确切的理论依据，这一最优方案是通过大量暴力测试得到的。在一些在线讨论中，有科学家将此模式类比为生物界的一些现象，例如，叶子对树干的最大遮挡度也是使用 $\sqrt{\frac{5\pi}{6}}$ 来建模的，这证明了该设计在一定程度上符合自然规律。

对于提升 NeRF 渲染质量的目标来说，Jon Barron 团队的 Mip-NeRF 及其后续的 Mip-NeRF 360 和 Zip-NeRF 都是关键的创新，为该领域的发展奠定了坚实的基础。

5.1.4 基于三平面的反走样算法 Tri-MipRF

2023 年，字节跳动 Pico 团队提出了名为 Tri-MipRF[132] 的反走样算法，尝试优化采样方法生成特征表达，从而提升渲染质量，同时加速训练和渲染的速度。Tri-MipRF 融合了三平面方法和 Mip-NeRF 方法，以实现高效的反走样效果，它的名字也由此而来。Tri-MipRF 在速度上与 Instant-NGP 相当，而在质量上与 Mip-NeRF 相当。值得一提的是，Tri-MipRF 在几何重建效果上表现也非常出色。

1. 圆锥投影

如前述三节所述，改变射线的采样方法以及控制距离光心较远的高频信息，是反走样的关键。例如，Mip-NeRF 的核心是将点采样转变为各向异性的多元高斯采样，而 Zip-NeRF 则使用螺旋采样的多样本方法和降权重方法控制高频信号的强度和平滑度。Tri-MipRF 的基本思路

也源于此。

与 Mip-NeRF 相似，Tri-MipRF 也采用了圆锥投影，使用相机位置和像素圆作为边界生成一个圆锥来控制采样。它在射线的采样点上使用一个球体进行采样，与 Mip-NeRF 的各向异性的锥台不同，Tri-MipRF 在每个采样点上采用的是各向同性的球体。Tri-MipRF 的采样原理如图 5.11 所示。

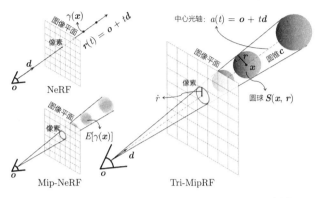

图 5.11　Tri-MipRF 的采样原理。引自参考文献[132]

这样的球体只需要两个参数描述，一个是球心位置 $\boldsymbol{x}$，另一个是半径 r。记 $\boldsymbol{d}$ 为相机光心到像素中心点的方向向量，f 为相机的焦距，$\dot{r}$ 为像素盘的半径。球心的位置可通过原点、距离和射线方向计算。

$$\boldsymbol{x} = \boldsymbol{o} + t\boldsymbol{d} \tag{5.44}$$

球体半径可以使用像素位置与主光轴之间的几何比例关系计算得出。

$$\frac{r}{\dot{r}} = \frac{\|\boldsymbol{x} - \boldsymbol{o}\|_2}{\|\boldsymbol{d}\|_2} \cdot \frac{f}{\sqrt{(\sqrt{(\|\boldsymbol{d}\|_2^2 - f^2)} - \dot{r})^2 + f^2}} \tag{5.45}$$

整理后得到球体半径的计算公式。

$$r = \frac{\|\boldsymbol{x} - \boldsymbol{o}\|_2 \cdot f\dot{r}}{\|\boldsymbol{d}\|_2^2 \cdot \sqrt{(\sqrt{(\|\boldsymbol{d}\|_2^2 - f^2)} - \dot{r})^2 + f^2}} \tag{5.46}$$

这样任意射线上的采样点都可以用一系列的球体表示。

2. Tri-Mip 编码

单独来看，锥体上的任意一个球体，都是各向同性的，相比锥台更容易处理。作者选择了三平面的方法对球体进行特征提取。球体在三个坐标平面（XY，XZ，YZ）上的投影都是圆盘（Disc），位于锥体上的球体具备各向同性特质，相较于锥台更易于处理。研究者基于三个坐标平面对球体进行特征提取，如图 5.12 所示。

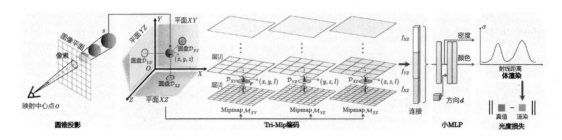

图 5.12　Tri-Mip 编码方式。引自参考文献[132]

在编码的过程中，Tri-MipRF 借鉴了图形学中的 Mipmap 技术，通过预生成的方式将三个圆盘预生成为平面的 Mipmap。在生成特征时，只需在 Mipmap 中进行样本抽取。对于较远的位置，采用粗糙精度的层进行预测，对于相对较近的位置则使用精细精度的层进行预测。这种设计思路有效避免了在预测和推理阶段的数据聚合行为，大大提高了处理速度。在此设计思路之下，三个 Mipmap 可以使用各视角图进行单独训练。

$$f = \text{Tri-Mip}(\boldsymbol{x}, \boldsymbol{r}; \mathcal{M})$$
$$\mathcal{M} = \mathcal{M}_{XY}, \mathcal{M}_{XZ}, \mathcal{M}_{YZ} \tag{5.47}$$

采用三平面生成的特征被集合在一起，形成新的特征向量 $\{f_{XY}, f_{XZ}, f_{YZ}\}$，并交由一个较浅层次的 MLP 进行预测。剩余的流程与传统的 NeRF 算法一致。

由此可见，相比于 Zip-NeRF 的多样本降权重算法，Tri-MipRF 更直接地进行了 Mipmap 的生成，这与图形学中的解决策略相似。值得一提的是，研究者发现 Tri-MipRF 在几何重建质量上相比其他方法具有明显优势，但目前尚无法给出完全客观的解释。对于那些关注生成模型的几何平滑度、细节感以及法线质量的读者，这一发现值得重点关注。

3. 体渲染与表面渲染混合方法

在完成神经场的重建后，基于 Tri-MipRF 的方法能够在消费级显卡上达到每秒 30 帧的渲染速度。然而，作者深入分析，认为此处仍存在改进的可能。因为体渲染的方法在渲染过程中需要对每个像素的每个球体进行采样，然而从空间占用的角度考虑，这在大多数情况下并无必要。因此，作者提出一种混合渲染的方法，通过行进立方体算法生成一个代理网格，并使用二值的占据网络来判断哪些样本可以被跳过。这种方法可以借助光栅化技术来加速渲染过程，迅速获取光线与几何体的碰撞点（Hit Point），从而大幅降低体渲染部分的计算量。通过这种优化，渲染速度可以提升到每秒约 80 帧。

此类思路在第 4 章中曾多次出现，其主要由空间的稀疏性决定。使用占据网络来引导渲染加速的方法适用于所有体积表达的方法，通过在渲染前查询占据值，可以实现有效的提速，这是一种非常合理且有效的优化策略。

参考文献 [47] 与参考文献 [2] 被评选为 ICCV 2023 的最佳论文，这一结果充分展示了这两项研究的高质量，以及业界对神经渲染反走样问题的重视。一方面，它们的速度与 Instant-NGP 相当；另一方面，它们的生成质量与 Mip-NeRF 持平，因此具备了广泛的推广和应用条件。未来可能会有更多关于反走样算法的新发现，从理论角度，合理优化采样策略仍然是研究重心。

5.2　提升几何重建质量的方法

反走样技术的主要目标在于提升 NVS 合成的质量。与此同时，也存在一类对神经表达质量进行优化的方法，即对基于符号距离场（Signed Distance Field，SDF）的表面重建质量进行优化。严格来讲，这类方法利用神经渲染技术，基于多视角图像生成三维表面表达，并不能归纳为典型的 NeRF 方法。然而，鉴于高质量几何表面重建往往也是重建目标的一部分，且多视角融合已成为不可避免的趋势，因此本书引入了对该优化方向的介绍，以便读者在选择模型或学习时进行权衡。该优化方向的核心算法包括 NeuS、NeuRIS、NeuS2 和 Neuralangelo 等。

该优化方向的核心在于场景 SDF 的建模与学习。SDF 是图形学中的基本概念，是一种表面的隐含表达，如图 5.13 所示。其基本原理如下：对于一个空间点，若其位于表面上，则记 SDF 值为 0，如图中紫色点；若其未位于表面上，则分为表面外和表面内两种情况。这两种情况的 SDF 值均为该点与表面的距离，但表面外的点的符号为正，如图中蓝色点，表面内的点的符号为负，如图中红色点。此定义具有很大的灵活性，只是为了区分表面内外两种情况，也可以反向定义，即让表面外的点的符号为负，表面内的点的符号为正，全局定义一致即可。因此，表面可以被定义为一个**零水平集合**（Zero Level Set），该集合即表面的表达。

$$S = \boldsymbol{x} \in \mathbb{R}^3 | f(\boldsymbol{x}) = 0 \tag{5.48}$$

基于 SDF 的定义，可以结合机器学习和体渲染的方法实现各种不同的表达方法，其目标是训练得到曲面的零水平线。在场景的学习中，加入对 SDF 的学习，通常可以获得更好的几何重建效果。

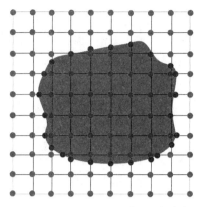

图 5.13　SDF 图示（见彩插）

5.2.1　神经隐式曲面生成算法

神经隐式曲面（Neural Implicit Surface，NeuS）生成算法[22]是这个方向最早的研究之一，由香港大学、MPI 和 Texas A&M 大学共同提出。NeRF 快速发展之后，研究者很快提炼出传统的表面重建方法的核心，并与 SDF 进行关联，提出了 NeuS，NeuS 这个名字诠释了该方法的核心。NeuS 的数据推导过程比较经典，我们可以从中学到很多几何推导的思路和方法。

1. NeuS 的定义

NeuS 定义了概率密度函数 $\phi_s(f(\boldsymbol{x}))$，并将其命名为 S 密度，这里的 $f(\boldsymbol{x})$ 即为 SDF。而 $\phi_s(\boldsymbol{x}) = \frac{se^{-s\boldsymbol{x}}}{(1+e^{-s\boldsymbol{x}})^2}$ 是 Sigmoid 函数的导数。NeuS 的核心理念在于，在 S 密度场的基础上，采用二维图像进行监督，并利用体渲染方法训练 SDF 网络模型。经过优化后，可以得到对曲面的 SDF 的准确表达，而在重建曲面上的点的 S 密度的值将较高。

考虑一个给定的像素点和相机中心位置 $\boldsymbol{o}$，可以得到射线方向 $\boldsymbol{v}$。因此，射线可以被构造为

$$\{p(t) = \boldsymbol{o} + t\boldsymbol{v}|t \geqslant 0\} \tag{5.49}$$

然后，与体渲染方法类似，只需沿着光线方向积分，就可以得到该光线对应的颜色。

$$C(\boldsymbol{o}, \boldsymbol{v}) = \int_0^{+\infty} w(t)c(p(t), \boldsymbol{v})\mathrm{d}t \tag{5.50}$$

其中，$w(t)$ 为样本点的权重，$c(p(t), \boldsymbol{v})$ 表示样本点在 $\boldsymbol{v}$ 方向上的颜色值。值得注意的是，颜色值可以在学习过程中获得，而权重的设计对生成结果的影响较大。因此，权重的设计尤为重要。

2. 权重设计

NeuS 的主要目标是提高 SDF 的训练准确度。因此，在权重值的设计过程中，作者概念化了两个关键属性。

（1）无偏性（Unbiased）：对于一条指定的射线，权重值 $w(t)$ 应在射线与表面交汇处达到峰值，从而形成表面的 SDF。

（2）可感知遮挡性（Occlusion-Aware）：假设有两个具有相同 SDF 值的点，那么距离相机较近的点对输出颜色的贡献将大于距离相机较远的点。

通过这两个属性可以判断传统的体渲染方法和归一化的密度方法能否满足设计要求，或者对权重进行重新设计和考虑。

1）传统的体渲染方法是可感知遮挡但有偏差的

非常自然地会考虑到采用 NeRF 的体渲染方法来实现权重，这样，权重值将等于体密度与累计穿透率的乘积，这一点在第 3 章已有定义和推导。

$$w(t) = T(t)\sigma(t) \tag{5.51}$$

基于 S 密度，可以定义体密度为

$$\sigma(t) = \phi_s(f(p(t))) \tag{5.52}$$

通过该定义，可以在数学上分析是否在表面上得到最优解，即当权重在表面上的 SDF $= 0$ 时，$w(t)$ 的一阶导数等于 0，可以直接计算权重的导数。

$$
\begin{aligned}
\frac{\mathrm{d}w}{\mathrm{d}t} &= \frac{\mathrm{d}(T(t)\sigma(t))}{\mathrm{d}t} \\
&= \frac{\mathrm{d}T(t)}{\mathrm{d}t}\sigma(t) + T(t)\frac{\mathrm{d}\sigma(t)}{\mathrm{d}t} \\
&= \left[\exp\left(-\int_0^t \sigma(t)\mathrm{d}t\right)(-\sigma(t))\right]\sigma(t) + T(t)\frac{\mathrm{d}\sigma(t)}{\mathrm{d}t} \\
&= T(t)(-\sigma(t))\sigma(t) + T(t)\frac{\mathrm{d}\sigma(t)}{\mathrm{d}t} \\
&= T(t)\left(\frac{\mathrm{d}\sigma(t)}{\mathrm{d}t} - \sigma(t)^2\right) \\
&= T(t)[(\nabla f(p(t) \cdot v)\phi_s'(f(p(t)))) - \phi_s(f(p(t)))^2] \\
&= T(t)[\cos\theta\phi_s'(f(p(t))) - \phi_s(f(p(t)))^2]
\end{aligned}
\tag{5.53}
$$

在引入之前的假设后，假设存在曲面上的点 t^*，满足 $f(p(t^*)) = 0$，且权重达到最大值，即

满足 $\frac{\mathrm{d}w}{\mathrm{d}t^*} = 0$。

$$\frac{\mathrm{d}w}{\mathrm{d}t}(t^*) = T(t^*)(\cos\theta\phi_s'(0) - \sigma(t^*)^2) = -T(t^*)\phi_s(0)^2 < 0 \tag{5.54}$$

据此可以推断，采用体渲染思路设计的权重值存在偏差。在 SDF 曲面上的点的权重无法达到最大值，因此无法有效地采用优化方法进行学习，如图 5.14 所示。

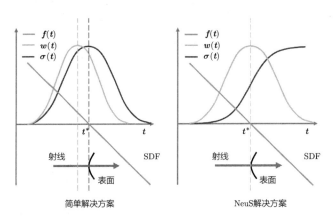

图 5.14　在 SDF 曲面上的点的权重无法达到最大值，而 NeuS 得到数学最优解。引自参考文献[22]（见彩插）

2）归一化 S 密度设计是无偏差，但遮挡不感知的

另一种权重设计方法的直接思路是利用标准化的 S 密度进行计算，即计算一条射线上所有点的 S 密度之和，当前样本点的权重由该点的 S 密度在总和中的比例决定。

$$w(t) = \frac{\phi_s(f(p(t)))}{\int_0^\infty \phi_s(f(p(u)))\mathrm{d}u} \tag{5.55}$$

这种设计注定是无偏差的，因为对于表面的点，其权重值与 S 密度的值呈正比关系。然而，若一条光线穿透两个曲面，则两者的权重会一致，无法感知到遮挡，因此这并非一个良好的权重设计方法。

3）无偏差、遮挡感知的权重设计

综合以上考虑，需要构建新的权重设计方案来满足设定的条件。在前述两个设计中，可以感知遮挡的属性显得尤为关键。问题主要出现在体渲染中的密度函数上，需要寻找一种新的不透明度密度函数 $\rho(t)$，以满足无偏差属性，即

$$
\begin{aligned}
w(t) &= T(t)\rho(t) \\
T(t) &= \exp\left(-\int_0^t \rho(u)\mathrm{d}u\right)
\end{aligned}
\tag{5.56}
$$

S 密度的方案不具备可感知遮挡的特性。我们将问题简化，设射线仅与一个曲面相交，且曲面位于无限远的位置，然后将这个假设推广到与多个曲面相交的情况。设相交点为 t^*，满足 $f(p(t^*)) = 0$，即该点的 SDF 值为 0，且 $t^* \to \infty$。同时，射线上每个点的 SDF 值可以由它的距离来计算。

$$f(p(t)) = -|\cos\theta| \cdot (t - t^*) \tag{5.57}$$

由于仅与单曲面相交，因此公式是成立的，即

$$
\begin{aligned}
w(t) &= \lim_{t^* \to \infty} \frac{\phi_s(f(p(t)))}{\int_0^\infty \phi_s(f(p(u)))\mathrm{d}u} \\
&= \lim_{t^* \to \infty} \frac{\phi_s(f(p(t)))}{\int_0^\infty \phi_s(-|\cos\theta|(u - t^*))\mathrm{d}u} \\
&= \lim_{t^* \to \infty} \frac{\phi_s(f(p(t)))}{\int_{-t^*}^\infty \phi_s(-|\cos\theta|(u^*))\mathrm{d}u^*} \\
&= \lim_{t^* \to \infty} \frac{\phi_s(f(p(t)))}{|\cos\theta|^{-1} \int_{-|\cos\theta|t^*}^\infty \phi_s(\hat{u})\mathrm{d}u} \\
&= |\cos\theta|\,\phi_s(f(p(t)))
\end{aligned}
\tag{5.58}
$$

体渲染框架下的权重公式可以使用累积透射率 $T(t)$ 与不透明度密度函数 $\rho(t)$ 的乘积表示，即

$$
\begin{aligned}
T(t)\rho(t) &= |\cos\theta|\phi_s(f(p(t))) \\
T(t) &= \Phi_s(f(p(t))) \\
\int_0^t \rho(u)\mathrm{d}u &= -\ln\left(\Phi_s(f(p(t)))\right)
\end{aligned}
\tag{5.59}
$$

这样就可以推导出期望的不透明密度函数。

$$\rho(t) = \frac{-\frac{\mathrm{d}\Phi_s}{\mathrm{d}t}(f(p(t)))}{\Phi_s(f(p(t)))} \tag{5.60}$$

在此理想假设下，射线与曲面仅有一个交点，且曲面位于极远处。当将这种情况推广到与曲面多次相交的一般情况时，不透明度密度函数可能会出现负值，因此需要将其约束为正值，即

$$\rho(t) = \max\left(\frac{-\frac{\mathrm{d}\Phi_s}{\mathrm{d}t}(f(p(t)))}{\Phi_s(f(p(t)))}, 0\right) \tag{5.61}$$

如此，权重可通过 $w(t) = T(t)\rho(t)$ 进行计算，并可继续证明当前的不透明度密度函数是满足无偏差要求的。

$$
\begin{aligned}
w(t) &= T(t)\rho(t) \\
&= \exp\left(-\int_0^t \rho(t')\mathrm{d}t'\right)\rho(t) \\
&= \exp\left(-\int_0^{t_l} \rho(t')\mathrm{d}t'\right)\exp\left(-\int_{t_l}^t \rho(t')\mathrm{d}t'\right)\rho(t) \\
&= T(t_l)\exp\left(-\int_{t_l}^t \rho(t')\mathrm{d}t'\right)\rho(t) \\
&= T(t_l)\exp[-(-\ln\Phi_s(f(p(t)))) + \ln(\Phi_s(f(p(t_l))))]\rho(t) \\
&= T(t_l)\frac{\Phi_s(f(p(t)))}{\Phi_s(f(p(t_l)))}\frac{-(\nabla f(p(t))\cdot v)\phi_s(f(p(t)))}{\Phi_s(f(p(t)))} \\
&= \frac{-(\nabla f(p(t))\cdot v)T(t_l)}{\Phi_s(f(p(t_l)))}\Phi_s(f(p(t))) \\
&= \frac{|\cos\theta|T(t_l)}{\Phi_s(f(p(t_l)))}\phi_s(f(p(t)))
\end{aligned}
\tag{5.62}
$$

在这里，前半部分 $\frac{|\cos\theta|T(t_l)}{\Phi_s(f(p(t_l)))}$ 可以被看作常数，因此 $w(t)$ 与 S 密度同分布，具有同样的极值表现，所以是无偏差的。从数学角度来看，不透明度密度函数设计能满足无偏差和可感知遮挡两个要求，可以作为合理的权重函数。

3. 离散化方法

在完成上述公式的推导后，离散化是一个必要步骤，其流程与 NeRF 中的渲染方法相似。考虑到射线中的 n 个采样点 $\{p_i = o + t_i v, i = 1, 2, \cdots, n, t_i < t_{i+1}\}$，可以预测出射线所产生的颜色值。

$$
\hat{C} = \sum_{i=1}^n T_i \alpha_i c_i
\tag{5.63}
$$

在此，T_i 的定义与 NeRF 相同，即累积穿透率，其离散化的计算方法如下。

$$
T_i = \prod_{j=1}^{i-1}(1 - \alpha_j)
\tag{5.64}
$$

此外，α_i 代表离散化的不透明度，其数值可以通过以下公式计算。

$$
\begin{aligned}
\alpha_i &= 1 - \exp\left(-\int_{t_i}^{t_{i+1}} \rho(t)\mathrm{d}t\right) \\
&= 1 - \exp\left(-\int_{t_i}^{t_{i+1}} \frac{-(\nabla f(p(t))\cdot v)\phi_s(f(p(t)))}{\phi_s(f(p(t)))}\mathrm{d}t\right)
\end{aligned}
$$

$$= 1 - \exp[-(-\ln(\Phi_s(f(p(t)))) + \ln(\Phi_s(f(p(t_l)))))] \tag{5.65}$$

$$= 1 - \frac{\Phi_s(f(p(t_{i+1})))}{\Phi_s(f(p(t_i)))}$$

$$= \frac{\Phi_s(f(p(t_i))) - \Phi_s(f(p(t_{i+1})))}{\Phi_s(f(p(t_i)))}$$

需要注意的是，由于 α_i 的值不能为负，因此可以得出以下公式。

$$\alpha_i = \max\left(\frac{\Phi_s(f(p(t_i))) - \Phi_s(f(p(t_{i+1})))}{\Phi_s(f(p(t_i)))}, 0\right) \tag{5.66}$$

至此，NeuS 所需的所有变量已经推导完毕，下一步则是将这些变量送入 MLP 进行训练，以便获取神经场中的 S 密度和颜色。其余步骤与 NeRF 相同。

4. 训练过程

在训练过程中，考虑一个随机抽样的射线集 $P = \{C_k, M_k, o_k, v_k\}$，其中，$C_k$ 代表射线对应的颜色，M_k 表示掩码 (Mask) 值，这在某些场景中会提供。o_k 和 v_k 分别代表射线的原点和方向向量。每个批次的采样数量设为 n，批次大小设为 m。NeRF 的训练过程仅考虑预测颜色的损失，而 NeuS 最基本的损失项也是颜色的损失。

$$\mathcal{L}_{\text{color}} = \frac{1}{m}\mathcal{R}(\hat{C}_k, C_k) \tag{5.67}$$

额外地，NeuS 考虑了 SDF 的重建损失 $\mathcal{L}_{\text{reg}}$，即 Eikonal 损失项。使用以下公式计算。

$$\mathcal{L}_{\text{reg}} = \frac{1}{nm}\sum_{k,i}(\|\nabla f(\hat{p}_{k,i})\|_2 - 1)^2 \tag{5.68}$$

可选的掩码损失则可以通过掩码与射线上的权重和的二值交叉熵进行计算。

$$\mathcal{L}_{\text{mask}} = \text{BCE}(M_k, \hat{O}_k)$$

$$\hat{O}_k = \sum_{i=1}^{n} T_{k,i}\alpha_{k,i} \tag{5.69}$$

最终，总体损失函数可以通过三种损失的加权结合进行计算。

$$\mathcal{L} = \mathcal{L}_{\text{color}} + \lambda\mathcal{L}_{\text{ref}} + \beta\mathcal{L}_{\text{mask}} \tag{5.70}$$

其中，λ 和 β 分别是两项损失的权重。在实验过程中，通常选择 $\lambda = 0.1$。如果使用掩码损失，那么 $\beta = 0.1$。整体损失主要由颜色损失构成。

NeuS 算法以数学模型设计和数据属性假设为基础，严格推导出模型结构和构造方法，这是一种极其严谨的创新方式。该方法从提出权重的数学期望假设开始，对各种直观模型的优缺点进行分析，吸取失败的教训后设计出更符合数学规律的新模型，整个过程的逻辑清晰连贯，开创了一个新的研究领域。

NeuS 在表面重建效果上比传统的 IDR 技术提高了一个数量级，且在几何细节上也相较于现有研究有显著提升。随着 NeRF 技术的不断发展，基于 NeuS 的优化工作也日新月异。

然而，NeuS 最大的问题在于重建速度，单个物体的建模时间可能需要数小时，而更大的场景则需要更长的时间。对于速度优化问题，已有两种解决方案被提出，分别是 NeuS2 和 Neuralangelo。

5.2.2　NeuS2：NeuS 的加速与动态支持升级

NeuS2[23] 是由宾夕法尼亚大学与马克斯·普朗克研究所联合提出的一种优化算法。其基本理念是将 NeuS 与 Instant-NGP 结合，用以改进 NeuS 在运行速度上的不足。尽管 NeuS2 的框架并不复杂，但由于其设计涉及二阶导数的计算，因此开发者们专门设计了相应的加速算法，并使用 CUDA 进行了实现。对原始的 NeuS 需要 8 小时才能完成的重建工作，NeuS2 仅需要 5 分钟即可实现同样的效果，而且在某些情况下，其细节的呈现甚至优于 NeuS。此外，NeuS2 还添加了对动态场景的支持，这无疑拓宽了 NeuS 的应用范围。在本节中，我将只讨论其静态部分的技术，并分析其速度提升的原因。至于动态部分，我们将在第 6 章中选取一些代表性的成果进行讨论。然而，加速的实现往往伴随着一定的代价，在一般情况下，NeuS2 的重建质量会有所降低。

1. NeuS2 的架构设计

NeuS2 的架构及重建流程如图 5.15 所示。

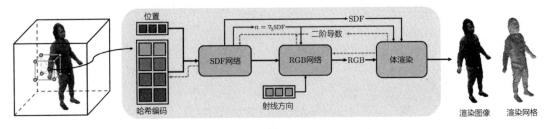

图 5.15　NeuS2 的架构及重建流程。引自参考文献[23]

1）构建位置特征

NeuS2 采用了 Instant-NGP 的理念，将位置信息 x 和网格编码结果 $h_\Omega(x)$ 结合，作为输入以获取位置特征，并将其传递至后续的神经网络进行预测。

$$e = (\boldsymbol{x}, h_\Omega(\boldsymbol{x})) \tag{5.71}$$

2）SDF 网络

SDF 网络利用一种较浅的网络结构，以位置特征为输入，生成场景的 SDF 值和几何特征向量。其中 d 为 SDF 值，$\boldsymbol{g}$ 是 15 维的几何特征向量。

$$(d, \boldsymbol{g}) = f_\Theta(e) \tag{5.72}$$

3）颜色网络

通过使用 SDF 网络推断出的 SDF 信息，可以计算导数得到场景的法向场。

$$\boldsymbol{n} = \nabla_x d \tag{5.73}$$

然后，通过整合场景的位置信息、法向信息、射线方向、SDF 信息及几何特征向量，可以设计第二个较浅的颜色神经网络来预测颜色值。

$$\boldsymbol{c} = c_\gamma(\boldsymbol{x}, \boldsymbol{n}, \boldsymbol{v}, d, \boldsymbol{g}) \tag{5.74}$$

4）体渲染方法

NeuS 已经验证了无偏且对遮挡有感知的体渲染方法，该方法用于进行体渲染，以生成射线对应的颜色，从而完成渲染。

5）监督方法

NeuS2 采用与 NeuS 相同的监督方法，通过使用重建的颜色损失和几何 Eikonal 损失的加权值，来完成整体的生成损失计算过程。计算方法和逻辑与 NeuS 一致。

$$\mathcal{L} = \mathcal{L}_{\text{color}} + \beta\mathcal{L}_{\text{eikonal}} \tag{5.75}$$

如此，NeuS2 的静态场景重建过程就完整了。由于 SDF 网络和颜色网络的结构都相对较浅，因此其训练和推理速度相比 NeuS 会有所提高。然而，这就带来一个问题：在颜色网络的计算过程中，向后传播至 SDF 网络时，需要使用二阶导数，这引入了新的复杂性。因此，为了进一步提升 NeuS2 的速度，研究者提出了一种基于 ReLU 的 MLP 二阶导数算法，并利用 CUDA 实现了该算法的加速。

2. 基于 ReLU 的 MLP 二阶导数快速算法

在 NeuS2 中，对于基于 ReLU 函数 g 的 MLP f，数学描述为

$$y = H_l g(H_{l-1} \cdots g(H_1 \boldsymbol{x})) \tag{5.76}$$

其中，H_l 是 MLP 的隐藏层。针对这种情况，研究者成功推导出了相应网络的二阶导数快速算法，即

$$\frac{\partial \frac{\partial y}{\partial x}_{\{i,j\}}}{\partial H_l} = (P_l^j S_l^j)^{\mathrm{T}}, \frac{\partial^2 y}{\partial x^2} = 0 \tag{5.77}$$

其中，

$$
\begin{aligned}
P_l^j &= G_l H_{l-1} \cdots G_2 H_1^{(-,j)} \\
S_L^j &= H_L^{(i,-)} G_L \cdots H_{l+1} G_{l+1}
\end{aligned}
\tag{5.78}
$$

$H_1^{(-,j)}$ 为隐藏层 H_1 的第 j 列，而 $H_l^{(i,-)}$ 为隐藏层 H_l 的第 i 行。

$$G_l = \begin{cases} 1, & H_{l-1} \cdots g(H_1 x) > 0 \\ 0, & \text{其他} \end{cases} \tag{5.79}$$

这一方法能够避免大量的中间计算，比已有的深度学习框架（例如 PyTorch）更为高效。利用这一方法，可以推导损失函数对哈希表 ω 和 SDF 网络 Θ 的多个二阶导数，从而提升计算速度。

首先，对于损失函数对哈希表 ω 的导数 $\frac{\partial \mathcal{L}}{\partial \Omega}$，可以采用链式规则进行计算。

$$
\begin{aligned}
\frac{\partial \mathcal{L}}{\partial \Omega} &= \frac{\partial \mathcal{L}}{\partial \boldsymbol{n}} \frac{\partial \frac{\partial d}{\partial \boldsymbol{x}}}{\partial \Omega} = \frac{\partial \mathcal{L}}{\partial \boldsymbol{n}} \frac{\partial (\frac{\partial d}{\partial \boldsymbol{e}} \frac{\partial \boldsymbol{e}}{\partial \boldsymbol{x}})}{\partial \Omega} \\
&= \frac{\partial \mathcal{L}}{\partial \boldsymbol{n}} \left(\frac{\partial \boldsymbol{e}}{\partial \boldsymbol{x}} \frac{\partial \frac{\partial d}{\partial \boldsymbol{e}}}{\partial \Omega} + \frac{\partial d}{\partial \boldsymbol{e}} \frac{\partial \frac{\partial \boldsymbol{e}}{\partial \boldsymbol{x}}}{\partial \Omega} \right) \\
&= \frac{\partial \mathcal{L}}{\partial \boldsymbol{n}} \left(\frac{\partial \boldsymbol{e}}{\partial \boldsymbol{x}} \frac{\partial \frac{\partial d}{\partial \boldsymbol{e}}}{\partial \boldsymbol{e}} \frac{\partial \boldsymbol{e}}{\partial \Omega} + \frac{\partial d}{\partial \boldsymbol{e}} \frac{\partial \frac{\partial \boldsymbol{e}}{\partial \boldsymbol{x}}}{\partial \Omega} \right)
\end{aligned}
\tag{5.80}
$$

根据二阶导数快速算法定理，有 $\frac{\partial \frac{\partial d}{\partial \boldsymbol{e}}}{\partial \boldsymbol{e}} = 0$，而 $\frac{\partial \frac{\partial \boldsymbol{e}}{\partial \boldsymbol{x}}}{\partial \Omega}$ 可以通过快速算法计算，这意味着二阶导数的计算过程已经被优化。

其次，对于损失函数对 SDF 网络 Θ 的导数 $\frac{\partial \mathcal{L}}{\partial \Theta}$，同样可以采用链式规则进行计算。

$$
\begin{aligned}
\frac{\partial \mathcal{L}}{\partial \Theta} &= \frac{\partial \mathcal{L}}{\partial \boldsymbol{n}} \frac{\partial \frac{\partial d}{\partial \boldsymbol{x}}}{\partial \Theta} \\
&= \frac{\partial \mathcal{L}}{\partial \boldsymbol{n}} \left(\frac{\partial \boldsymbol{e}}{\partial \boldsymbol{x}} \frac{\partial \frac{\partial d}{\partial \boldsymbol{e}}}{\partial \Theta} + \frac{\partial d}{\partial \boldsymbol{e}} \frac{\partial \frac{\partial \boldsymbol{e}}{\partial \boldsymbol{x}}}{\partial \Theta} \right)
\end{aligned}
\tag{5.81}
$$

而 $\frac{\partial \boldsymbol{e}}{\partial \boldsymbol{x}}$ 与 Θ 无关，因此 $\frac{\partial \frac{\partial \boldsymbol{e}}{\partial \boldsymbol{x}}}{\partial \Theta} = 0$，根据二阶导数快速算法定理，$\frac{\partial \frac{\partial d}{\partial \boldsymbol{e}}}{\partial \Omega}$ 可以通过快速算法计算，这同样意味着二阶导数的计算过程已经被优化。因此，两个导数计算可以被简化为

$$\frac{\partial \mathcal{L}}{\partial \Omega} = \frac{\partial \mathcal{L}}{\partial \boldsymbol{n}} \frac{\partial d}{\partial \boldsymbol{e}} \frac{\partial \frac{\partial \boldsymbol{e}}{\partial \boldsymbol{x}}}{\partial \Omega}$$

$$\frac{\partial \mathcal{L}}{\partial \Theta} = \frac{\partial \mathcal{L}}{\partial \boldsymbol{n}} \frac{\partial \boldsymbol{e}}{\partial \boldsymbol{x}} \frac{\partial \frac{\partial d}{\partial \boldsymbol{e}}}{\partial \Theta}$$

$$(5.82)$$

该方法实现了两个损失的反向传播的简化,并能通过 CUDA 高效执行,从而优化了 NeuS2 的性能。实验数据表明,其性能已超越了 PyTorch 中相应的算法。

在 NeuS2 与其前身 NeuS 的对比中,从重建质量上看,NeuS2 优于 Instant-NGP 和其他算法的表现;从速度上看,NeuS2 能在 5 分钟内完成 NeuS 需要 8 小时完成的工作,所以在算法进化的角度上,NeuS2 更有优势。在实际测试中,NeuS2 的表现和质量并不稳定,这是因为 NeuS2 的主要关注点在于算法的快速执行,而非质量。另外,NeuS2 在动态场景的建模上进行了优化,相比其他算法,应用场景更广泛。每个算法都有其优缺点,需要读者在实际应用中进行思考、优化和选择。

同一时期,英伟达和约翰霍普金斯大学提出了优化方法 Neuralangelo,它结合了 NeuS 和 Instant-NGP 的多分辨率网格加速方法,实现了优秀的重建效果。从原理上看,Neuralangelo 的几何重建质量更好,然而根据官方给出的数据和开源测试结果,其耗时是 NeuS2 的 100 倍,重建过程常常需要几天。不过,其优秀的几何重建效果仍然受到了开发者的喜爱。数据显示,开源项目 Instant-Angelo 可以在数十分钟内实现非常好的重建效果,这使笔者相信,在开源 Neuralangelo 时,英伟达并未公开其最佳性能。因此,下一节将介绍这个基于 SDF 的神经表面重建方向的代表性工作之一,以供读者在选择和优化时考虑其实际效能。

5.2.3 重建质量再次升级的 Neuralangelo

尽管对于小型物体,NeuS 已经实现了较高的重建精度,但在更大的场景下,其对于 MLP 的伸缩性表现并不理想。Neuralangelo[133] 与 NeuS2 可视为同期出现的两种关联算法,其主要贡献在于结合了 NeuS 所提出的基于 SDF(Signed Distance Function)的神经表面重建方法,以及 Instant-NGP 的多分辨率网格方法,并以此来提升重建质量。Instant-NGP 与 SDF 网络的结合方式十分直接:SDF 网络将空间三维坐标点作为特征进行处理,而通过引入 Instant-NGP 的多分辨率网格,每个点可以在多个尺度上生成多个特征数据,然后交由 MLP 预测。由于特征的丰富度提升,预测所使用的 MLP 相对较浅,从而避免了过高的计算量。

在这一过程中,作者注意到了一个关键问题:在表面重建过程中,对于表面的边缘,Instant-NGP 往往只能考虑到非常有限的空间,这导致优化过程被限制在非常小的范围内。因此,作者设计了 Neuralangelo,通过数值梯度优化算法和渐进式的逐层优化算法,Neuralangelo 实现了较其他方法更出色的几何细节重建效果,进一步增强了重建的真实感。

1. 数值梯度优化算法

从预测特征的视角来看，每个数据点的特征生成仅依赖于其周围的数据点。对于网格而言，此过程可类比为解析梯度，或等同于传统图像和图形学处理中的线性插值。正如图 5.16 所示，在计算 x 的梯度时，仅能使用周围两个点的信息，且计算误差仅被反向传导至这两个点。因此，周围更多的点并未被考虑，导致了生成的整体几何平滑效果有限。

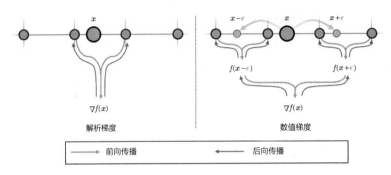

图 5.16　数值梯度优化算法。引自参考文献[133]（见彩插）

在其他领域中，解决此类问题的一般方法是扩大采样范围，例如在滤波计算中，使用更大的卷积范围，设计不同的权重对插值算法和效果进行优化，以使其更加全局化和平滑化。Neuralangelo 采用了类似的方法，使用数值梯度算法代替解析梯度。

具体做法是在空间点附近距离为 ϵ 的位置计算多个新的插值点，并使用这些点的特征对 x 进行二次插值。在计算 x 的梯度时，合并了周围更多点的数值情况。在损失计算完成后，沿插值路径将误差反向传导至所有使用的插值点。这与传统的滤波算法优化类似，能够实现更好的效果。每个点的梯度可以使用以下公式计算。

$$\nabla_x f(x_i) = \frac{f(\gamma(x_i + \epsilon_x)) - f(\gamma(x_i - \epsilon_x))}{2\epsilon} \tag{5.83}$$

此方法的优点是改善了重构几何效果，但也存在明显的缺点，即空间计算中的点的数量较多，每个空间采样点的插值计算量和反向传播的计算量都大幅增加，相比 Instant-NGP，计算量必然有大幅提升。

2. 渐进式的逐层优化算法

基于数值梯度的原理，可以合理推断，重建过程中可以采用粗糙至精细的渐进式优化方法。在设计插值方法时，存在一个可控参数 ϵ，在学习过程中，随着精度的提升逐渐提高，可以通过调整 ϵ 的大小来调整插值点与原始坐标 x 的距离，逐步减小 ϵ 的值，可以实现渐进式优化。在实际操作过程中，将 ϵ 初始化为最粗糙的网格尺寸，以确保在插值过程中能够跨越多个网格，采集更多的数据点。在优化过程中，将 ϵ 的几何数量级降低，以适应不同哈希网格的大小。

与 Instant-NGP 不同，为了避免在不同尺度的网格上使用统一的 ϵ 造成的学习适应性问题，所使用的网格也采取了渐进式激活的方法。在训练初期，仅使用最粗糙的网格，不考虑更细粒度的网格。随着训练过程的优化，ϵ 会逐渐降低，此时会将相应分辨率的网格纳入训练过程。此过程将持续进行，直到所有分辨率的网格都被纳入。

3. 损失函数设计

在重建过程中，需要考虑颜色重建的损失 $\mathcal{L}_{\mathrm{RGB}}$ 和几何损失 $\mathcal{L}_{\mathrm{eikonal}}$，为了提升表面重建的平滑度，Neuralangelo 还引入数值梯度的平滑度约束 $\mathcal{L}_{\mathrm{curv}}$ 来表示曲面损失。复杂度更高的自然曲面梯度平滑度较低，于是可以定义曲面平滑度损失项，从而使整体优化过程向更加平滑的表面方向进行。

$$\mathcal{L}_{\mathrm{curv}} = \frac{1}{N} \sum_{i=1}^{N} \left| \nabla^2(f_{x_i}) \right| \tag{5.84}$$

因此，总的损失函数可以重新定义为

$$\mathcal{L} = \mathcal{L}_{\mathrm{RGB}} + w_{\mathrm{eikonal}}\mathcal{L}_{\mathrm{eikonal}} + w_{\mathrm{curv}}\mathcal{L}_{\mathrm{curv}} \tag{5.85}$$

其中，Eikonal 距离和曲面平滑度的两个权重的取值通常为 $w_{\mathrm{eikonal}} = 0.1$，而 w_{curv} 在初始阶段设置为 $w_{\mathrm{curv}} = 5 \times 10^{-4}$，并随着训练过程中插值控制变量 ϵ 的减小而同步降低。

Neuralangelo 算法并不复杂，但是产生的几何数据质量很高。然而，引入的大量计算也导致了其处理速度相对较慢。这种能够产生高质量几何数据的技术对于产业应用的吸引力极大，因此，速度的优化变得尤为关键。此外，Neuralangelo 在重建单个物体或大规模无界及开放场景时的表现要优于在重建室内场景这类空间约束型数据时的表现，这也将成为未来提升和优化的方向。

在社区中，时常可以找到优秀的同人，他们通过自身的努力，推动着各自研究领域的发展。一项名为 Instant-Angelo[134] 的开源项目已经被推出，该项目只需 20 分钟左右，就能够将原本需要数天才能完成的重建任务完成，并实现相同的效果。截至本书编写时，该项目仍在不断优化中，相信它将能展现出卓越的重建效果，并成为一项值得深度参考的重要开源成果。需要进行高性能 Neuralangelo 实现的读者可以参考该项目。

5.3 飘浮物去除方法

在 NeRF 最初被提出时，场景中的飘浮物经常被人们诟病。这些飘浮物是对学习过程中的数据不足、数据噪声，或者对未捕获区域进行渲染时空间结构不确定的反映，它们表现为空间密度的噪声集群。

通常，解决此类问题的方法可能包括使用密集的数据来对抗局部数据的缺失。然而，研究者显然并不满足于这样的解决方案。他们针对这一缺陷设计了飘浮物消除算法，在训练过程中进行优化，以限制飘浮物的出现。在这个领域，有两项代表性的研究：NeRFBuster 和 Bayes' Rays，后文将分别介绍它们的设计框架和工作原理。

5.3.1 NeRFBuster：消除场景中的鬼影

NeRFBuster[135] 的名称源自一部在美国大受欢迎的电影 *Ghost Busters*。该电影描绘了三位被学校开除的科学家运用自身知识和设备帮助市民捉鬼驱邪的故事。NeRFBuster 的创造者以此为灵感，在副标题中写道："从任意拍摄的 NeRF 中消除鬼影"，意在消除在 NeRF 渲染的场景中出现的飘浮物（鬼影）。这些鬼影在现实中是人们不愿看到的部分，科学家们通过算法消除这些鬼影，正如电影中的科学家所做的那样。

近年来，利用**降噪扩散概率模型**（Denoising Diffusion Probability Model，DDPM）进行内容生产成为一个热门领域，对整个内容生产链条有着极其重要的提升作用。这使得整个行业从最初的专业内容生产（PGC）过渡到用户生成内容（UGC），然后迅速发展到**人工智能生成内容**（AIGC）阶段。在过去的一到两年中，文本内容生成和二维图像内容生成领域都取得了显著的突破，而 OpenAI 发布的使用文本生成视频的产品 Sora 也又一次被全球关注。许多创业公司和成熟的内容生产公司已经将基于扩散模型的 AIGC 纳入自己的生产流程。

截至本书编写时，扩散模型在三维应用中已有多次尝试，这包括以稀疏视角、单视角输入的 NeRF 训练过程。此外，在刚刚过去的 2023 年，文本生成三维模型和图像生成三维模型等领域也涌现了大量的工作和创业公司，发展速度令人惊叹。

NeRFBuster 就是在这个过程中被提出的一种扩散模型的应用方式。NeRFBuster 的策略是在训练 NeRF 的过程中使用三维局部几何先验模型，对二值化的 NeRF 体密度进行去噪，并利用去噪结果对 NeRF 进行正则化，从而降低漂浮物的出现概率，整个工作流程如图 5.17 所示。

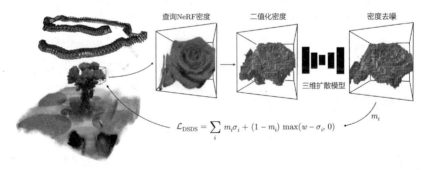

查询NeRF密度　二值化密度　密度去噪

三维扩散模型

$$\mathcal{L}_{\text{DSDS}} = \sum_i m_i \sigma_i + (1 - m_i) \max(w - \sigma_i, 0)$$

m_i

图 5.17　NeRFBuster 的工作流程。引自参考文献[135]

NeRFBuster 的工作流程主要可以分为两部分：一是三维先验扩散模型的训练；二是使用该模型对 NeRF 生成的场景进行监督优化。

1. 三维先验扩散模型的训练

为了构建一个具有强大表现力的先验模型，首要步骤是从 Shapenet 中提取出大小为 32 像素 ×32 像素 ×32 像素的体素化立方体。接着，通过旋转、放大等操作对采样得到的几何面片进行处理，生成一个由 720 万个参数组成的较小的扩散模型。其中，扩散模型 ϵ_θ 训练时所采用的损失函数如下。

$$\mathcal{L}_{\text{Diff}} = \left\| \epsilon - \epsilon_\theta(\sqrt{\overline{\alpha}_t}x_0 + \sqrt{1 - \overline{\alpha}_t}\epsilon, t) \right\|_2^2 \tag{5.86}$$

其中，$t \sim \mathcal{U}(0, 1000)$ 为时间戳，$\epsilon \sim \mathcal{N}(0, I)$ 和 $\overline{\alpha}_t$ 决定了在时间戳 t 时加入的噪声量。由于训练源数据来自合成的三维数据，且采样的体积较小，因此，该模型能够实现一些细微的几何效果，如平面表面、曲面表面，以及包含了大量细节的几何表面等。训练过程是在离散的合成数据集上进行的，并仅记录空间的占据值，其中，−1 表示空，1 表示被占据。这些数据可以作为先验知识，监督其他场景中小体积的密度占据数据的合理性。

2. 使用扩散模型对 NeRF 场景进行监督优化

一旦扩散模型训练完成，即可用于对 NeRF 场景进行监督优化。通过查询 NeRF 模型，可以获取空间中各点的密度信息。因此，NeRF 模型能够生成一个完整的密度场，这个密度场能够针对场景的任何位置、任何规模和任何分辨率进行体密度查询。如果其符合正常的几何分布，那么应该符合先验模型。因此，对于一个立方体空间，当其被体素化至 32^3 的规模时，可以使用扩散模型对其进行预测和辨识。

需要注意的是，NeRF 生成的密度信息取值范围是 0 到无限大，这与扩散模型中的二值化占据数据无法对应。研究者发现，当空间点密度小于 0.01 时，其占据值通常为空，对应于先验扩散模型中占据值为 −1 的情况；而当密度在 0.01 到 2000 之间时，通常为占据状态，对应于先验扩散模型中占据值为 1 的情况。基于这个规律，可以将空间密度场转化为二值化占据场，然后采用密度分数蒸馏采样损失（DSDS）来监督扩散过程。

$$\mathcal{L}_{\text{DSDS}} = \sum_i m_i \sigma_i + (1 - m_i) \max(w - \sigma_i, 0) \tag{5.87}$$

在扩散过程中，用于控制去噪幅度的超参数 t 的取值不会过高，通常在 10 到 50 之间就可以有效地预测一个小块空间的几何占据场。

剩下的问题是如何有效地将场景切分为多个块进行去噪处理，这里再次依赖场景的稀疏性以提高效率。由于一个空间的大部分体积都是空的，所以平均采样效率极低。NeRFBuster 与前

191

文讲到的许多算法一样，使用一个低分辨率的网格来存储相应位置的密度，用于在计算过程中快速查询空间哪些位置是被占据的，并将这些位置作为方块的中心点，然后将其体素化为一个分辨率为 32^3 的方块，用于去噪。NeRFBuster 使用了一个 20^3 的网格来存储采样密度，从而有效地避免了无效的去噪处理过程。

3. 可见性损失

基于上述方法，NeRFBuster 进一步提出了一种名为"可见性损失"的新的简单且有效的正则函数。该函数专门用于约束训练视图中超出凸包范围的浮动物体。

$$\mathcal{L}_{\text{vis}} = \sum_i V(\boldsymbol{q}_i) f_\sigma(\boldsymbol{q}_i) \tag{5.88}$$

在此定义中，$\boldsymbol{q}_i$ 代表某个点的三维坐标，$V(\boldsymbol{q}_i)$ 表示该点在其他视图中的可见性，$f_\sigma(\boldsymbol{q}_i)$ 则代表当前坐标点在 NeRF 中的密度预测值。因此，通过约束可见性损失，可以抑制那些仅在少数视图中出现的部分，这对控制飘浮物的出现起到了一定的作用，且其实现方法非常简单。

NeRFBuster 是科研人员为应对训练模型中出现的飘浮物而设计的一种后处理机制。通过使用扩散模型获取三维小体积密度的一般分布的先验知识，可以判断生成的同体积大小的密度分布是否合理。NeRFBuster 成功地去除了场景中的飘浮物，为优化 NeRF 重建质量提供了新的解决思路。

另一种去除飘浮物的方法则更为直接：在 NeRF 训练完成后，对结果进行数据分析，并进行后处理，这就是 Bayes' Rays 方法，该方法同样有助于提升 NeRF 重建质量。

5.3.2 Bayes' Rays：不确定性即飘浮物

与 NeRFBuster 类似，Bayes' Rays[136] 也将飘浮物的出现视为在空间中物体存在的不确定性的表现。因此，为了消除飘浮物，需要对 NeRF 重建后的高不确定性位置进行深入的分析，以便准确地识别飘浮物的位置，并进行相应的处理。

Bayes' Rays 与 NeRFBuster 的主要区别在于，前者更倾向于设计一个即插即用的算法，这种算法可以直接在任何 NeRF 训练结果模型上对飘浮物进行判断和消除。这样一来，可以在不干预训练过程的情况下优化 NeRF 重建的质量。一般来说，训练速度慢于处理速度。因此，对训练过程没有影响的特性在流程上比 NeRFBuster 更为友好。

Bayes' Rays 的主要创新点在于引入了一个概率模型，以判断已经训练好的 NeRF 空间中的不确定性，这也是这个工作得名的主要原因。在极短的时间内，该模型可以完成不确定性字段的计算，并实时地消除飘浮物。在效果上，这种方法与 NeRFBuster 算法相当。

1. 变形场

在 NeRF 训练与重建过程中，通常会遇到两种类型的不确定性。一种是基本的不确定性（Aleatoric Uncertainty），这种不确定性源于场景中的瞬时对象、光照变化，以及摄像机规格的变化。另一种是知识不确定性（Epistemic Uncertainty），这通常由训练源数据的不足、缺失或模糊造成。当出现不确定性时，使用噪声或其他干扰因素对重建质量评估的结果影响微小。如图 5.18 所示，对于绿色的直线，若重建成为三条曲线中的任何一条，对损失的影响都较少。但显然，越远离直线的点，不确定性越高。因此，Bayes' Rays 的核心目标便是找出这些点，并在不确定性场中对其进行标记。

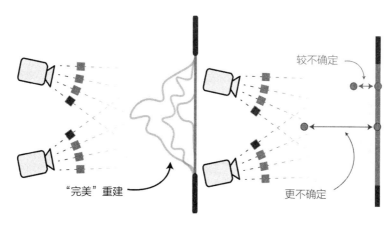

图 5.18　不确定性描述。引自参考文献[136]（见彩插）

定义一个变形场，用于对 NeRF 训练的每一个输入坐标进行变形干预。

$$\mathcal{D} : \mathbb{R}^D \to \mathbb{R}^D \tag{5.89}$$

对于 NeRF 空间中的任意一点，可以使用矩阵 $\boldsymbol{\theta} \in \mathbb{R}^{M^D} \to \mathbb{R}^D$ 来表示，其中 M 表示网格中的节点数。这样，完整的变形场就可以使用三次线性插值来计算，即

$$D_{\theta(x)} = \text{Trilinear}(\boldsymbol{x}, \boldsymbol{\theta}) \tag{5.90}$$

这个变形场类似于加在每个输入点的坐标 $\boldsymbol{x}$ 上的一个噪声干扰，通过这个干扰，采用体渲染的方法，可以生成每个点的密度和颜色，并对射线的颜色进行估计。这些都是标准的体渲染流程，只是增加了对输入坐标的扰动。

$$\widetilde{\tau}_\theta(\boldsymbol{x}) = \tau_{\phi^*}(\boldsymbol{x} + D_\theta(\boldsymbol{x}))$$

$$\widetilde{\boldsymbol{c}}_\theta(\boldsymbol{x}) = \boldsymbol{c}_{\phi^*}(\boldsymbol{x} + D_\theta(\boldsymbol{x}), \boldsymbol{d}) \tag{5.91}$$

$$\widetilde{C}_\theta(\boldsymbol{r}) = \sum_i \exp\left(-\sum_{j<i} \widetilde{\tau}_j \delta_j\right)(1 - \exp\left(-\widetilde{\tau}_j \delta_j\right))\widetilde{\boldsymbol{c}}_i$$

其中，ϕ^* 为 NeRF 训练的结果。从概率的角度看，预测的结果应与训练真值的正态分布相似。因此，假设 $\widetilde{C}_\theta(r)$ 符合以真值为均值，以 0.5 为方差的正态分布，即

$$\widetilde{C}_\theta(\boldsymbol{r}) \sim \mathcal{N}(\boldsymbol{C}_n^{\mathrm{gt}}, \frac{1}{2}) \tag{5.92}$$

其中，选择 0.5 的正态方差完全基于假设，实际上可以任意设定一个值。0.5 本身具有极好的属性——正好可以计算 $\widetilde{C}_\theta(r)$ 与 $\boldsymbol{C}_n^{\mathrm{gt}}$ 之间的差的平方和，这样在计算损失时更加贴合。因此，可以同时使用负对数似然法来设计 θ 的损失函数。

$$h(\theta) = \mathbb{E}_n \mathbb{E}_{r \sim I_n} \|\widetilde{C}_\theta(\boldsymbol{r}) - \boldsymbol{C}_n^{\mathrm{gt}}(\boldsymbol{r})\|_2^2 + \lambda\|\theta\|^2 \tag{5.93}$$

其中，$\theta \sim N(0, \lambda^{-1})$。$h(\theta)$，$\widetilde{C}_\theta(r)$ 在 $\theta = 0$ 时达到最优，也即 NeRF 训练之后的结果即是最优。根据贝叶斯拉普拉斯分布，可得到 θ 的分布为

$$\theta \sim \mathcal{N}(0, \boldsymbol{\Sigma})$$

$$\boldsymbol{\Sigma} = -\boldsymbol{H}(0)^{-1} \tag{5.94}$$

其中，$\boldsymbol{H}$ 为 $h(\boldsymbol{\theta})$ 二阶导数的 Hessian 矩阵，场景的变形场得到了定义。

与 NeuS2 一样，二阶导数的计算过于复杂，在实际应用过程中是不合理的，应该尽可能将其优化为一阶导数。类似地，Bayes' Rays[137] 给出了一个可以逼近 $\boldsymbol{H}$ 的快速算法，有兴趣的读者可以参考原文的推导过程，这里只给出快速计算方法的结论。

$$\boldsymbol{H}(\boldsymbol{\theta}) \approx -\frac{2}{R} \sum_r \boldsymbol{J}_\theta(\boldsymbol{r})^{\mathrm{T}} \boldsymbol{J}_\theta(\boldsymbol{r}) - 2\lambda \mathbf{I} \tag{5.95}$$

$\boldsymbol{H}(\boldsymbol{\theta})$ 应尽可能稀疏，这样可以使用它的对角线来逼近 $\boldsymbol{\Sigma}$，即

$$\boldsymbol{\Sigma} = \mathrm{diag}(-\frac{2}{R} \sum_r \boldsymbol{J}_\theta(\boldsymbol{r})^{\mathrm{T}} \boldsymbol{J}_\theta(\boldsymbol{r}) - 2\lambda \mathbf{I})^{-1} \tag{5.96}$$

2. 不确定性场

变形场的定义确定后，可以计算其方差 $\boldsymbol{\sigma} = (\sigma_x, \sigma_y, \sigma_z)$。方差在此处的物理意义是描述 NeRF 的不确定性。通过 $\sigma = \|\boldsymbol{\sigma}\|_2$，可以对空间中每个点的不确定性进行标定。对于空间中所

有点，可以使用三次线性插值进行标定，从而定义不确定性场 $U : \mathbb{R}^3 \to \mathbb{R}^+$。

$$\mathcal{U}(\boldsymbol{x}) = \text{Trilinear}(\boldsymbol{x}, \sigma) \tag{5.97}$$

使用不确定性场可以完成对已训练的 NeRF 的多种后处理工作，其中最为关键的是消除飘浮物。

3. 飘浮物消除方法

获取不确定性场后，可以使用最直接的阈值方法来判断空间中每个点的不确定性是否过大。如果某点的不确定性过大，那么这个点就会被识别为无效内容，并被清理，这种方法简单且高效。空间中大多数飘浮物是噪声，对于干扰高度不敏感，因此，通过阈值过滤可以有效地消除飘浮物。

从客观和主观质量的角度评估，Bayes' Rays 的 NeRF 训练后处理方法与 NeRFBuster 的结果接近。特别地，在处理训练结果噪声较大的情况时，此方法具有显著的优化效果。值得注意的是，Bayes' Rays 并未依赖任何特定的训练过程，可以作为插件在 NeRF 模型生成的最后一环中用于优化。消除飘浮物部分的理论基础已经被 Bayes' Rays 提出，但在处理阈值以消除对显示效果的影响方面，相关的研究不多。因此，从工程角度看，这个研究方向仍有提升的空间。在实际应用的过程中，可以进一步设计和优化这些细节。

5.4 总结

NeRF 训练质量的提升方法多种多样，大致可以归纳为三种。首先，通过增强反走样效果提升 NeRF 的重建和渲染质量；其次，整合表面几何重建算法并利用 SDF 几何方法提升重建和渲染质量；最后，构建对漂浮物的识别和处理能力。此外，针对特定场景，还有大量专门用于提升 NeRF 重建与渲染质量的成果，例如针对镜面材质的 Ref-NeRF[138]，以及在 4K 高清晰度条件下的 NeRF 重建方法 4K-NeRF[139] 等。读者可以通过查阅相关文献，深入了解这些内容。

NeRF 因其高度的真实感和手工建模无法模拟的细节恢复度迅速得到业界的认可，这是其成为一项重要技术突破的原因。在这一方向上持续的思考和努力，仍是 NeRF 领域最重要的课题，值得关注。相信在未来，将有更多的质量提升算法和策略出现。

6 动态场景 NeRF 的探索和进展

Reconstructing and re-rendering of 3D scenes from a set of 2D images is a core vision problem which can enable many AR/VR applications. The last few years have seen tremendous progress on reconstructing static scenes, but this assumption is restrictive: the real world is dynamic, and in complex scenes motion is the norm, not the exception.

— Ang Cao, et al (from HexPlane)

前 5 章的内容主要关注 NeRF 静态场景重建问题，所涉及的算法将静态场景的多视角图像拍摄结果和相机的内外参作为输入，以实现 NeRF 建模和新视角的生成。然而，实际应用中静态场景只占一部分，更多的场景是动态的。引入动态性能为许多应用，如 AR/VR 场景中的互动类应用，动态场景的真实感漫游等带来可能。在这些场景中，通常以手机或相机拍摄的视频内容为输入，在隐式空间中重现拍摄时的场景。动态场景除了包含三维空间中的位置信息，还新增了时间维度的信息。因此，NeRF 的目标转变为在任意时间点，精确重建任意视角的场景效果。

静态 NeRF 问世后不久，动态 NeRF 相关的研究成果随之而来，从只能实现非常简单的内容的动态化，到能高效地训练并漫游特别复杂的动态场景，发展速度极快。从技术路线的角度看，主要可分为四个方向：基于变形场的方法，如 D-NeRF[140]、Nerfies[141] 和 HyperNeRF[137] 等；基于动静分离的建模方法，如 D^{2}NeRF、NeRFPlayer 等；基于三平面的动态场景建模方法，如 K-Planes[142] 和 Hex-Plane[143] 等；以及基于流式动态建模的方法，如 OD-NeRF[32] 等。目前，各个方向均处于活跃的技术发展期，更新速度相当快。

截至本书编写时，已有一些针对动态 NeRF 场景方法进行流式压缩和传输的算法正在被业界评估，这也间接证明了动态场景的生成效果已经颇具说服力，已开始与工业应用相关的探索。此外，随着技术的发展，不仅基于 NeRF 的动态场景表达方法正在快速成长，由于三维高斯喷溅技术（3DGS）在场景表达能力和训练、渲染速度方面的卓越表现，基于 3DGS 的动态场景表达方法也正在以极快的速度赶超。第 11 章将对其进行介绍。

需要特别指出的是，本章涉及的动态场景指自然采集的动态场景，例如由视频或复杂设备采集到的同步图像序列，而非由 NeRF 后期方法编辑生成的动态场景。关于 NeRF 场景操作和动态合成的方法将在第 8 章的 NeRF 动画部分详细讨论。后续将根据动态场景 NeRF 的核心研究脉络对该方向进行介绍。

6.1 基于变形场的方法

基于**变形场**（Deformation Field）的方法在 NeRF 刚刚被发明的数月之内就被提出。虽然基于变形场的基本理念容易理解，但是要优化它还需要面对不少挑战。本节旨在详述该领域一些核心的算法。

6.1.1 早期基于变形场的动态方法 D-NeRF

在 NeRF 出现后的几个月，D-NeRF[140] 就被提出，它也是最早出现的动态场景 NeRF 重建中最具代表性的一个。D-NeRF 中的 D 指 "Dynamic"，也是将 NeRF 扩展到支持动态的意思。它的问题假设非常直白：在原始 NeRF 的 5D 输入中（三维空间坐标，加上观测方向的二维坐标），增加一维时间输入，来预测四维空间体密度 σ 和颜色 $\boldsymbol{c} = (R, G, B)$，也就是寻找一个新的映射。

$$\mathcal{M}(\boldsymbol{x}, \boldsymbol{d}, t) \to (\boldsymbol{c}, \sigma) \tag{6.1}$$

实现这个目标需要构建更复杂的神经网络来完成预测任务。虽然可以根据这个公式构建简单的动态 NeRF 场景，但由于网络的复杂性，训练的收敛难度较大。特别是当时间长度增加时，这个问题变得更加复杂。因此，D-NeRF 围绕这个目标开展了一系列的设计和优化工作。

1. 变形场的设计

将六维完整数据进行综合学习的最大挑战在于，采用神经网络对动态场景进行拟合时，往往难以收敛。这可能导致模型的表达能力不足，从而使得渲染结果的质量不佳。因此，D-NeRF 的策略是将整个问题分解为两个阶段。在第一阶段，利用变形场和输入时间参数得到形变数据。在第二阶段，引入**场景典范空间**（Scene Canonical Space）的概念，通过形变数据和观察方向，在典范空间中输出对应的体密度和颜色，从而生成渲染图像。整个流程如图 6.1 所示。

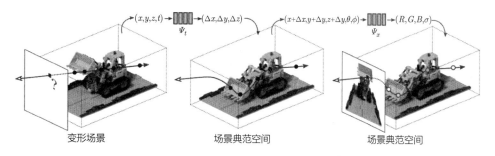

图 6.1　D-NeRF 流程。引自参考文献[140]

典范空间被称为"基准"，是因为它记录了在特定观察条件下整个空间的所有可能表现。"典范空间"有多种翻译方式，笔者引用了《矩阵分析与应用》[144] 中的翻译。以动态场景为例，每个时间点展现的图像不同，并且在视频中通过每帧图像进行记录。典范空间通过学习场景中所有可能的变化，构建一个可被查询的模型，因此，在渲染时，只需使用正确的参数查询典范空间，即可还原动态内容。对于 D-NeRF 来说，将点的坐标 x 编码为 256 维的输入特征向量并连接观察方向，查询典范空间 Ψ_x，即可输出该位置特定观察方向的体密度和颜色。这样，可以构建一个灵活的典范空间，用于存储空间中所有位置对应的特征信息。

$$\Psi_x(x, y, z, \theta, \phi) \rightarrow (R, G, B, \sigma) \tag{6.2}$$

在典范空间的基础上定义一个**变形网络** Ψ_t（Deformed Network），用于预测指定的空间点 x 在 t 时刻所处空间位置的变形。然后，可以使用形变数据查询典范空间，通过任意观察视角的特征数据获得对应位置的特征。

$$\Psi_t(x, y, z, t) \rightarrow (\Delta x, \Delta y, \Delta z)$$
$$\Psi_x(x + \Delta x, y + \Delta y, z + \Delta z, \theta, \phi) \rightarrow (R, G, B, \sigma) \tag{6.3}$$

在查询时，位置与方向都采用与原始 NeRF 一致的编码方式，以确保丰富的高频信息。在实践过程中，两个网络都采用了 8 层 MLP，并使用 ReLU 函数对输出进行激活。二者唯一的区别在于，在典范空间输出时，使用 Sigmoid 进行输出处理以实现归一化，这说明神经网络部分的设计并不复杂。

2. 训练与渲染的方法

确定上述表达方式后，可以对形变网络 Ψ_t 以及典范空间 Ψ_x 的所有参数进行训练。在 D-NeRF 的训练过程中，每个时间节点仅需配备有时间戳的图像，因此，训练数据集既可以由图像构建，也可以由视频构建。训练过程中所使用的损失与 NeRF 相同，可以通过计算样本的射线渲染结果与重建颜色的差异得到。

$$\mathcal{L} = \frac{1}{N_s} \sum_{i=1}^{N_s} \|\hat{C}(p, t) - C'(p, t)\|_2^2 \tag{6.4}$$

其中，$\hat{C}$ 和 C' 分别代表真实值与模型预测结果。在渲染阶段，完成某一时间点 t 的各空间点位置的体密度和颜色预测之后，利用体渲染算法得出最终的渲染结果。

从前述两部分的讨论可以看出，D-NeRF 的关键设计理念是将动态场景的建模分解为变形场和典范空间两个阶段。这种方法使得学习复杂且低效的六维动态场景空间数据的过程变得可控。但是，尽管如此，D-NeRF 仍然只能描述一些简单的动态场景，而对于复杂场景的处理能力不足。此外，其训练速度较慢，对于分辨率为 400 像素 ×400 像素的场景，使用英伟达 1080 显卡训练，通常需要超过两天的时间。因此，可以看出，动态场景的训练难度仍然客观存在。

尽管存在缺点，但 D-NeRF 是动态场景表达研究的先驱，提出了一种新的路径。通过将变形场分离出来，促成了许多后续的研究成果，这些成果在表现力、训练和渲染速度等方面都取得了显著的提升。

6.1.2 动态自拍场景的方法 Nerfies

几乎同时，华盛顿大学和谷歌研究院的研究团队联合提出了 Nerfies[141]。Nerfies 与 D-NeRF 在风格上存在一定程度的相似，但它们的应用领域和效果有所差异。D-NeRF 主要在简单场景下实现了良好的重建效果，而 Nerfies 则在自然复杂场景的建模上展现出逼真的效果，因此引起了业界的广泛关注。

值得一提的是，在最初被提出时，Nerfies 称与 D-NeRF 的命名思路完全一致，均为 "Deformable Neural Radiance Fields"，简写为 D-NeRF。这意味着在近乎同一时间内，业界出现了两个方向、简称完全相同的研究成果。然而，研究者最终选择为 Nerfies 重新命名。Nerfies 主要应用于前景为人物的动态场景，其中包含两部分，一部分是可以独立出来的静态背景，另一部分则是包含部分非刚性运动的人物前景，用于实现自拍重建的效果。因此，研究团队借用了 "Selfie" 的命名，稍做修改，得出了 "Nerfies" 这一新的名称，更为形象地反映了其研究内容。

1. Nerfies 的架构设计

Nerfies 方案通过分析约 20 秒的人体正面自拍图像或视频内容，能够重构出一个动态的自拍场景，该场景允许从任意角度进行观察。为了实现理想的重构效果，背景需要具有一定的复杂度，以便采用 COLMAP 等方法来估计相机的内外参数，并从中分割出前景。因此，Nerfies 也能够评估此类场景的前景深度。

如图 6.2 所示，Nerfies 的架构与 D-NeRF 的架构和算法具有一定的相似性。

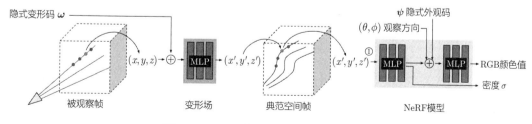

图 6.2 Nerfies 架构。引自参考文献[141]

---

1. 这里引用原论文的结论，实际运行时，这里的值不同。

2. 变形场与典范空间

在 Nerfies 中，变形场的功能与 D-NeRF 的变形网络相似，以一个三维空间坐标和查询时间点为输入，输出该点在该时间的坐标信息。然而，在 Nerfies 中，未直接采用明确的时间表示 t，而是让训练集中的每个帧都对应一个隐式的变形时间码 $\boldsymbol{\omega}$。

$$V(\boldsymbol{x}, \boldsymbol{\omega}_i) \to t$$
$$T(\boldsymbol{x}, \boldsymbol{\omega}_i) \to \boldsymbol{x} + V(\boldsymbol{x}, \boldsymbol{\omega}_i) \tag{6.5}$$

在获取某帧的变形表示后，就可以使用典范空间对该帧的外观进行预测。Nerfies 采用了两个 MLP，一个直接预测体密度 σ，另一个用来与二维方向信息和隐式外观码 ψ 预测该点的 RGB 颜色值。引入隐式外观码 ψ 的设计和思路来源于 NeRF-W。不同的帧不仅存在时间上的差异，还可能存在其他差异，例如曝光度和白平衡等，引入一个隐式特征，将这些因素纳入神经网络建模过程，有助于提高重建过程的精度和真实感。

3. 正则化方法

由于 Nerfies 对 D-NeRF 在场景重建难度和真实感要求方面需要面对更多的挑战，且人脸上的非刚性形变较多，因此在训练过程中需要引入更多的正则项，以确保模型的训练效果和收敛性。

1）弹性正则化

变形场是从观察坐标向典范空间坐标的非线性映射过程。在实际场景优化过程中，可能会遇到一些难题，例如在挥动拍摄设备的过程中前景人物会发生非刚体形变。为了解决这一问题，Nerfies 采用了计算视觉中对非刚性物体运动的弹性能量进行约束。

对于点坐标 $\boldsymbol{x}$ 和变形场 $\boldsymbol{T}$，映射过程的雅可比矩阵 $J_T(\boldsymbol{x})$ 描述了其最佳线性逼近，因此可以通过 $J_T(\boldsymbol{x})$ 来控制变形的局部行为，而且 $J_T(\boldsymbol{x})$ 可以通过对 MLP 的自动微分获得，计算效率非常高。

惩罚 $J_T(\boldsymbol{x})$ 与刚性变换的偏差有多种方法，Nerfies 选择了将 $J_T(\boldsymbol{x})$ 进行奇异值分解（SVD），可以得到：

$$J_T = \boldsymbol{U} \boldsymbol{\Sigma} \boldsymbol{V}^{\mathrm{T}} \tag{6.6}$$

然后衡量奇异值与单位矩阵之间的差值，并证实这样设计效果更好。因此弹性正则化的数学定义为

$$\mathcal{L}_{\text{elastic}}(x) = \| \lg \boldsymbol{\Sigma} - \lg \boldsymbol{I} \|_{\mathrm{F}}^2 = \| \lg \boldsymbol{\Sigma} \|_{\mathrm{F}}^2 \tag{6.7}$$

另外，人脸的运动往往呈现非刚性特征，因此可以使用 Geman-McClure 鲁棒性误差函数

进一步优化上述弹性正则化方向的鲁棒性。

$$\mathcal{L}_{\text{elastic-r}}(x) = \rho(\| \lg \boldsymbol{\Sigma} \|_{\text{F}}, c)$$

$$\rho(x, c) = \frac{2(\frac{x}{c})^2}{(\frac{x}{c})^2 + 4} \tag{6.8}$$

c 为超参数，一般选取 $c = 0.03$。这样，在损失梯度较大的情况下，正则项将迅速降至 0，从而降低训练过程中轮廓的影响。

2）背景正则化

Nerfies 的运行机制要求背景保持静止不动，然而变形场自身无法满足此项约束。为此，必须另外引入一项背景的正则化约束，确保背景无运动发生。通过 SfM 等方法，可确定场景中一级静态的点集合 $\boldsymbol{x}_1, \boldsymbol{x}_2, \cdots, \boldsymbol{x}_k$，因此在训练过程中，只需确保这些点的运动被最小化即可。

$$\mathcal{L}_{\text{bg}} = \frac{1}{K} \sum_{k=1}^{K} \| T(\boldsymbol{x}_k) - \boldsymbol{x}_k \|_2 \tag{6.9}$$

3）粗糙到精细的变形正则化

在训练过程中，过早地对大幅度运动过程进行拟合，可能会导致训练结果过度平滑，或者陷入无法优化的局部最小值问题，这是各类学习任务中的常见现象。根据观察，在位置编码过程中，较小的 m 值代表了低频区域，因此无法捕捉到微小的运动。然而，较大的 m 值代表了高频区域，由于过度关注细节，反而无法表达较大的运动。针对这一问题，一种常见的解决方案是采用从粗糙到精细的变形优化过程，提高模型收敛的准确性。

在粗糙阶段，通过加强对低频部分的学习，可以实现对大运动的收敛。而在精细阶段，通过关注高频部分，可以实现对细节运动的学习。这样，可以设计出如下的正则化过程。

（1）初始化阶段：将变形场的高频部分全部置 0，只保留低频信息，用于学习光滑的变形。

（2）低频优化阶段：在优化过程中，只考虑低频部分，从而获得一个高质量的低频变形场。

（3）升频优化阶段：随着训练过程的深入，逐渐增加频率，从而使模型逐渐获得更精细的变形能力，以实现更好的表达能力。

通过逐步增加高频信息的使用，可以使模型对场景的理解和表达更加精确。

总体来看，Nerfies 的整体架构与 D-NeRF 具有很高的相似度。然而，Nerfies 明确了其应用场景，即在正向自拍方面，最大程度地利用变形场的性能。从最终的合成效果来看，Nerfies 比 D-NeRF 的真实感提升了一个层次。需要说明的是，由于特定场景的优化，导致 Nerfies 的泛化性较差。Nerfies 的变形场部分可用于重建其他动态场景，但其部分正则化设计对于其他场景的效果提升可能不会那么明显。此外，Nerfies 对运动的约束较多，例如，人的运动不能过大，背景必须保持静止，背景场景也不能过于简单等，这限制了 Nerfies 的应用范围。尽管如此，Nerfies 对动态场景的发展还是产生了非常大的推动作用，人们意识到，在动态场景中，NeRF 也可以实现很好的建模真实感，因此有更多研究者开始关注这个领域。

6.1.3 基于超空间的动态场景重建方法 HyperNeRF

相比 D-NeRF，Nerfies 已经实现了较为优秀的重建效果，然而，在面对具有大幅度动作的场景人物时，例如口唇和脸部动作拓扑发生改变的情况，就可能出现明显的问题。例如，如果场景中的人在第一帧中的嘴巴是闭合的，那么嘴唇上的空间点可以用一个点来表达。然而，当下一帧中的嘴巴张开后，拓扑上的一个点变成了两个点，造成了空间表达的不连续。这种现象对于神经网络来说，极具挑战性，难以进行学习和理解。此外，Nerfies 的设计中使用了大量的正则项，这可能增加训练难度，且可能降低稳定性。然而，随着 HyperNeRF[137] 的提出，这些问题得到了解决。

HyperNeRF 不仅保留了 Nerfies 和 D-NeRF 中的变形场设计，还通过高维空间的切片来解决拓扑问题，结合水平集方法和动态可变形 NeRF 技术，实现了超越 Nerfies 的效果。同时，HyperNeRF 去除了 Nerfies 中的正则项，使得训练监督过程相对简化。此外，HyperNeRF 的名字也是因其在超空间（Hyper Space）中实现动态 NeRF 表达而得来的。接下来的部分将对 HyperNeRF 算法进行深入介绍。

1. HyperNeRF 的算法框架

HyperNeRF 的算法框架如图 6.3 所示。HyperNeRF 保持了变形场对场景变化的建模，也沿用了隐式变形码 ω_i 和隐式外观码 ψ_i 的设计理念，以便更精确地处理场景中的时间和外观细节。在算法实施上，HyperNeRF 同样维持了 Nerfies 所采用的，从粗糙到精细的频域信号优化过程。这些设计和实施方式，在建模一个动态场景并捕捉场景细节上起到了至关重要的作用。

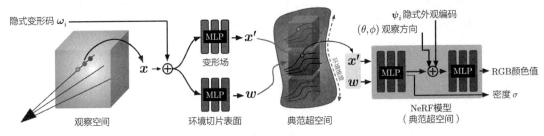

图 6.3 HyperNeRF 的算法框架。引自参考文献[137]

2. 高维基准超空间建模方法

HyperNeRF 采纳了水平集的理念，设立一个基准超空间，允许空间从所有输入帧中学习切片的拓扑可能性。相对于 Nerfies，典范空间内的结构增加了切片这一维度。在任何给定的时间点，空间点的特征都可以通过在这个基准超空间中选择正确的切片进行表示，以此来解决复杂拓扑的问题。在 HyperNeRF 的训练过程中，将在不同图像帧之间寻找拓扑的切片水平集，以学习生成基准超空间。此时，只需使用空间位置坐标和切片特征即可生成输入，以查询对应的输出。

$$
\begin{aligned}
&(\boldsymbol{x}, \boldsymbol{w}) \in \mathbb{R}^{3+W} \\
&F : (\boldsymbol{x}, \boldsymbol{w}, \boldsymbol{d}, \boldsymbol{\psi}_i) \to (\boldsymbol{c}, \sigma)
\end{aligned} \tag{6.10}
$$

这里，W 代表基准超空间的维度数量，$\boldsymbol{w}$ 代表切片特征向量。因此，神经网络能够学习到场景细节中发生的各种类型的拓扑变化。在特定时间点，可以在高维度的典范空间中寻找到适当的切片进行整合。例如，在图 6.4 中，一个新视角将通过在典范空间中寻找两个适合的切片进行合并表达。

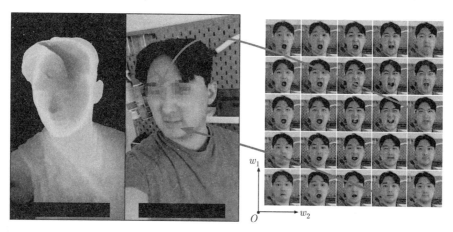

图 6.4　新视角将通过在典范空间中寻找两个适合的切片进行合并表达。引自参考文献[137]

3. 典范空间切片与渲染

HyperNeRF 基于经过训练得到的高维典范超空间，能够对空间进行查询。为了优化训练的收敛性，HyperNeRF 将变形场分解为两个不同的 MLP 来实现。第一个 MLP 接收空间坐标和隐式时间编码作为输入，预测应选取典范超空间中的哪个切片进行采样。

$$
\boldsymbol{w} = H(\boldsymbol{x}, \boldsymbol{\omega}_i) \tag{6.11}
$$

接着，第二个 MLP 使用相同的输入信息来预测在选定切片中的位置变形结果。

$$\boldsymbol{x}' = T(\boldsymbol{x}, \boldsymbol{\omega}_i) \tag{6.12}$$

这样可以获取最适当的切片和变形数据，并通过 NeRF 模板生成最终的颜色和体密度。

$$(\boldsymbol{c}, \sigma) = F(\boldsymbol{x}', \boldsymbol{w}, \boldsymbol{d}, \boldsymbol{\psi}_i) \tag{6.13}$$

在获取射线的颜色和体密度后，剩下的步骤与 NeRF 体渲染流程保持一致，从而渲染得到新的视角图像。

从 HyperNeRF 的设计逻辑可以看出，其核心在于典范超空间和 NeRF 模型的升维，这是 D-NeRF 和 Nerfies 思路的延伸和扩展。因此，从仅能处理简单形变，到对拓扑结构变化的灵活适应，不过是在数月之间发生的。这进一步证明了 NeRF 相关技术发展的高速度，新的思想和方法不断被快速研发和证明。

除了以上方法，还有 TiNeuVox[145] 等重要成果，它们不仅提升了训练的速度，还降低了模型存储的消耗，体现了变形场技术解决动态场景建模问题的高效性。

2020 年—2022 年年初，基于变形场和典范空间的方法是动态 NeRF 场景建模的主要思路，它直观且易于理解。但这类方法存在训练时间长、渲染速度慢、表达逻辑单一、场景需求相对较高等问题。之后，很快就有了一些更高效的方法，例如即将介绍的基于动静分离的建模方法，它能够在更复杂的场景实现更好的合成效果，甚至达到近乎交互级别的重建和渲染速度，这也符合技术发展由浅入深的一般规律。

6.2 基于动静分离建模的方法

随着科技的不断进步，对动态场景的重建需求已经超越了基础的自拍重建或简单的特效合成，人们开始研究如何更加通用和快速地从一段视频或一组图像中重建任何动态场景。然而，这其中的最大挑战在于，实际场景中的元素和运动过于复杂，导致大部分神经网络难以理解，仅靠使用变形字段的方法并无法使动态 NeRF 的重建走得更远。因此，2022 年出现了一种新的动态 NeRF 场景建模思路，将场景的动态和静态部分分离后进行重建，从而使神经网络能够更高效快速地学习场景内容。这种思路在 NeRF 的实际应用阶段，如大规模场景建模、自动驾驶等领域，产生了极其重要的影响。

6.2.1 动态场景解耦方法 D^2NeRF

D^2NeRF[146] 全称为 Decoupled Dynamic Neural Radiance Field。它将视频作为输入，利用神经网络的自监督性质将场景的动态部分及影子与静态部分分离，且对它们进行独立的训练。

在生成阶段，通过三个神经场的融合来构建最终场景，从而赋予该技术极高的重建灵活性。此外，由于其特殊的表达形式，可以实现影子的移除以及动态场景的切分等后处理效果。D^2NeRF 的流程图详见图 6.5。

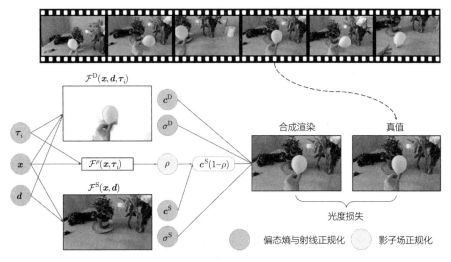

图 6.5 D^2NeRF 的流程图。引自参考文献[146]

1. 场景表达

相较于其他的动静场景划分方法，D^2NeRF 并不依赖于特定的先验模型。反而，它只需要定义出动态和静态场景的隐式表达，并通过自监督模型训练，即可自动实现分离过程。具体来说，它定义了一个静态神经场 $\mathcal{F}^S$，一个动态神经场 $\mathcal{F}^D$ 和一个影子神经场 $\mathcal{F}^\rho$，并进行联合训练。

（1）静态神经场的需求与原始 NeRF 一致，可以通过空间三维坐标位置和观察视角方向表示。

$$\mathcal{F}^S : \begin{cases} \sigma^S(\boldsymbol{x}) \in \mathbb{R} \\ c^S(\boldsymbol{x}, \boldsymbol{d}) \in \mathbb{R}^3 \end{cases} \tag{6.14}$$

（2）对于动态神经场，它需要捕获场景中的非刚性运动，特别是包含拓扑变化的场景。因此，D^2NeRF 选择了 HyperNeRF 作为动态神经场的模型，其中 $\boldsymbol{\tau}_i$ 是 HyperNeRF 中的 $\boldsymbol{\omega}_i$，代表每帧的隐式时间编码。

$$\mathcal{F}^D : \begin{cases} \sigma^D(\boldsymbol{x}, \boldsymbol{\tau}_i) \in \mathbb{R} \\ c^D(\boldsymbol{x}, \boldsymbol{d}, \boldsymbol{\tau}_i) \in \mathbb{R}^3 \end{cases} \tag{6.15}$$

（3）对于影子神经场，建模难度通常较大。然而，D^2NeRF 注意到影子可以被表达为对静态神经场的逐点亮度降低过程（影子会使静态场景被覆盖，导致每个点亮度的下降）。因此，只需在静态神经场上添加一个影子权重 $\rho(\boldsymbol{x}, \boldsymbol{\tau}_i)$ 即可实现建模。

$$\mathcal{F}^\rho : \rho(r(t), \boldsymbol{\tau}_i) \in [0, 1] \tag{6.16}$$

综上所述，整个场景可以被视为动态神经场和考虑到影子效应的静态神经场的合成结果。与 NeRF 体渲染相比，只需要修改体密度和颜色的合成算法。

$$\hat{C}(r, \boldsymbol{\tau}_i) = \int_{t_n}^{t_f} T(t)((1 - \rho(r(t), \boldsymbol{\tau}_i)) \cdot \sigma^S(t) \cdot c^S(t) + \sigma^D(t, \boldsymbol{\tau}_i) \cdot c^D(t, \boldsymbol{\tau}_i))\mathrm{d}t$$

$$T(t) = \exp\left(-\int_{t_n}^{t_f} (\sigma^S(s) + \sigma^D(s, \boldsymbol{\tau}_i))\mathrm{d}s\right) \tag{6.17}$$

通过以上体渲染方法，两个神经场的数据可以被合成，从而渲染出一个新的视角图像，使用拍摄的真值进行监督训练即可。

2. 监督损失设计与正则化

为了更精确地完成这个复杂的建模任务，D²NeRF 采用了大量的正则项以确保最终训练效果达到预期。

（1）首要的重建损失，与 NeRF 相同，将重建颜色与训练集中的颜色之间的差异作为损失。

$$\mathcal{L}_\mathrm{p} = \|\hat{\boldsymbol{C}}(r, \boldsymbol{\tau}_i) - \boldsymbol{C}(r, \boldsymbol{\tau}_i)\|_2^2 \tag{6.18}$$

（2）动静分离的正则化。空间中的某一点在特定帧中只可能归属于静态或动态场景，而不能同时存在于两者中。因此，可以利用此信息最小化空间点对静态、动态两种分类的二值熵损失，从而设计出一个动静分离的正则项。其具体策略是计算某点空间的动态密度空域比重。

$$w(\boldsymbol{x}, \boldsymbol{\tau}_i) = \frac{\sigma^D(\boldsymbol{x}, \boldsymbol{\tau}_i)}{\sigma^D(\boldsymbol{x}, \boldsymbol{\tau}_i) + \sigma^S(\boldsymbol{x})} \in [0, 1] \tag{6.19}$$

其二值化熵的计算方式为

$$\mathcal{L}_\mathrm{b}(\boldsymbol{r}, \boldsymbol{\tau}_i) = \int_{t_n}^{t_f} H_\mathrm{b}(w(r(t), \boldsymbol{\tau}_i))\mathrm{d}t$$

$$H_\mathrm{b} = -(x \lg(x) + (1 - x) \lg(1 - x)) \tag{6.20}$$

然而，由于 HyperNeRF 对动态部分的表达能力太强，这样的计算常常会导致场景的某些部分被错误地归类为动态。因此，在损失函数中添加一个超参数 k 以实现偏态熵损失，使结果更偏向于静态。

$$\mathcal{L}_{b}(\boldsymbol{r}, \boldsymbol{\tau}_i) = \int_{t_n}^{t_f} H_b(w(\boldsymbol{r}(t), \boldsymbol{\tau}_i)^k) \mathrm{d}t \tag{6.21}$$

一般情况下，$k > 1$，这样可以很好地平衡静态与动态部分。

（3）射线正则化。选择较大的偏态化参数 k 会引发另一个问题——静态部分出现模糊的飘浮物，这便是动静分离正则化带来的偏差。因此，D^2NeRF 继续添加一个正则项，用来约束每条射线上动态部分的占比，也就是让射线上被解释为动态像素的点尽可能少。

$$\mathcal{L}_{r}(\boldsymbol{r}, \boldsymbol{\tau}_i) = \max_{t \in [t_n, t_f]} w(\boldsymbol{r}(t), \boldsymbol{\tau}_i) \tag{6.22}$$

（4）静态正则化。训练的输入一般为拍摄的视频，因此相机位姿与时间存在一对一映射关系。这样在动态区域会出现稀疏的飘浮物缺陷。为此，引入了一个静态的正则项，限制静态区域生成飘浮物。

$$\mathcal{L}_{\sigma^{s}}(\boldsymbol{r}) = -\int_{t_n}^{t_f} p(t) \cdot \lg p(t) \mathrm{d}t$$
$$p(t) = \frac{\sigma^{S}(\boldsymbol{r}(t))}{\int_{t_n}^{t_f} \sigma^{S}(\boldsymbol{r}(s)) \mathrm{d}s} \tag{6.23}$$

（5）影子正则化。为了建模影子部分，在场景表达中给出影子权重 $\rho(\boldsymbol{x}, \boldsymbol{\tau}_i)$，但这样做的缺点在于场景中的黑色区域也容易被识别为影子。在整个场景中，影子出现的概率是相对较小的，所以增加一个正则项来降低误识别为影子的概率。

$$\mathcal{L}_{\rho}(r, \boldsymbol{\tau}_i) = \frac{1}{t_f - t_n} \int_{t_n}^{t_f} \rho(\boldsymbol{r}(t), \boldsymbol{\tau}_i)^2 \mathrm{d}t \tag{6.24}$$

综上所述，D^2NeRF 通过设计多个损失项和正则项，使得重建过程的损失函数相对复杂。在实际实现中，总的损失函数的表达式如下。

$$\mathcal{L}(r, \boldsymbol{\tau}_i) = \mathcal{L}_{p}(r, \boldsymbol{\tau}_i) + \lambda_S \mathcal{L}_S(r, \boldsymbol{\tau}_i) + \lambda_r \mathcal{L}_r(r, \boldsymbol{\tau}_i) + \lambda_{\sigma^s} \mathcal{L}_{\sigma^s}(r, \boldsymbol{\tau}_i) + \lambda_{\rho} \mathcal{L}_{\rho}(r, \boldsymbol{\tau}_i) \tag{6.25}$$

其中，λ_S、λ_r、λ_{σ^s} 和 λ_{ρ} 均为超参数，其值可根据训练目标进行适当的设计和调整。

至此，整个算法的介绍阶段已经完成。通过使用一种规模较大的神经网络，并结合多个正则项进行优化，可以预见，该算法的运行速度可能较慢。此外，为了获得较好的结果，参数调整是必不可少的。

D^2NeRF 可以被视为在动态 NeRF 重建中较早且较具代表性的工作，它将动态与静态场景进行了分离。这种设计在处理复杂动态场景的表达能力上，相较于之前的 HyperNeRF 具有显著的优势。然而，原始 NeRF 的训练和推理速度相对较慢，HyperNeRF 的训练和推理同样存在速度瓶颈。D²NeRF 综合了这两个速度较慢的算法，在性能上不会达到高效的标准。

然而，这种思路可以进行替代。例如，NeRF 可以使用其他快速建模算法，如 Instant-NGP 等进行替代，动态场景的建模也可以使用其他新的动态方法进行替换。总体来说，对于复杂的场景，这类方法的核心设计理念是对动态与静态场景进行分治。本书第 9 章对大规模场景建模、自动驾驶应用等多种实现方式的探讨，都与此理念吻合。

然而，D²NeRF 设计中存在的一个问题是包含大量的正则项，导致参数数量显著增加。这使得模型调参变得较为复杂，从而影响了其通用性。

6.2.2　更通用的动静分离方法 NeRFPlayer

D²NeRF 实现了更高质量的重建，然而，它所产生的性能问题相当棘手，也限制了动态 NeRF 的实际应用潜力。此外，对场景中出现新物体的问题，D²NeRF 无法有效解决。

数月后被提出的 NeRFPlayer[26] 显著提高了重建速度，达到每秒 10 帧，其渲染速度达到了可交互的程度，使整体性能有了显著提升。与之前的工作相比，NeRFPlayer 解决了动态场景中新物体表达的问题，其表达能力在灵活性上超过了其他算法。因此，NeRFPlayer 也受到了极大的关注。该算法框架如图 6.6 所示。

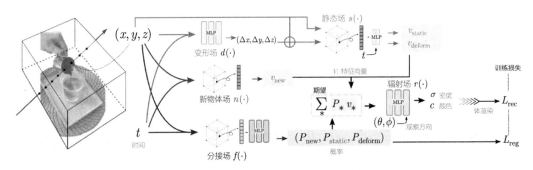

图 6.6　NeRFPlayer 的算法框架。引自参考文献[26]（见彩插）

其新增的核心点主要如下：用于预测空间点类型归属的分解场，空间点的静态、变形和新分类向量，以及用于计算神经场输入向量期望的计算过程。下文将分模块对 NeRFPlayer 的框架进行详细介绍。

1. 动态场景的分解建模方式

NeRFPlayer 的首要发现在于，一个动态场景并不仅仅由静态和动态两部分构成，而是常常会有新的元素被引入，例如倒入杯子的水等。为了更有效地应对可能出现的各种动态场景，需要拓展先前的场景分解算法，以考虑新元素的影响。对于每一个空间点，可通过一个函数推断其属于哪一种，因此提出了**分解场**（Decomposition Field）的概念。

$$f(\cdot) : (\boldsymbol{p}, t) \to (P_{\text{static}}, P_{\text{deform}}, P_{\text{new}}) \tag{6.26}$$

分解场输出了该点被分类为静态、动态或新物体的概率，为后续生成输入向量提供了权重。

2. 神经场的预测与合成

前文已经介绍了每个空间点都有一定的概率被归类为静态、动态或新的物体。针对此，三个 MLP 被用来生成三个向量：$\boldsymbol{v}_{\text{static}}, \boldsymbol{v}_{\text{dynamic}}$ 和 $\boldsymbol{v}_{\text{new}}$，这些向量被用来表示每个空间点的特征。具体来说：

$$\boldsymbol{v}_{\text{static}} = s(\boldsymbol{p})$$
$$\boldsymbol{v}_{\text{deform}} = d(\boldsymbol{p}, t) \tag{6.27}$$
$$\boldsymbol{v}_{\text{new}} = n(\boldsymbol{p}, t)$$

这样，就可以确定每个空间点在各种情况下的向量表示。并且，每个空间点的最终向量表示是三种特征向量的加权结果，其中的权重就是分解场输出的概率模型。因此，空间点的向量特征被定义为

$$\boldsymbol{v} = P_{\text{static}}\boldsymbol{v}_{\text{static}} + P_{\text{deform}}\boldsymbol{v}_{\text{deform}} + P_{\text{new}}\boldsymbol{v}_{\text{new}} \tag{6.28}$$

接下来，这个特征向量会被输入标准神经场中，以便预测该空间点在当前时刻的体密度和颜色。这个预测过程与体渲染的过程相同。

3. 优化与正则化方法

在正则化方法上，NeRFPlayer 相较于 D²NeRF 的方法提供了更为简捷的解决方案。首要的步骤是计算重建损失 $\mathcal{L}_{\text{rec}}$，通过计算重建图像与训练集数据间的平方差得出。其次，在理想情况下，空间中的大部分点应分为静态部分和动态部分，新物体的数量应该相对较少。为此，可以引入一个独立的正则项，用以惩罚场景中新物体数量过多的情况。

定义 $\mathcal{R}_p$ 来表示某种类型的点，而 $|\mathcal{R}_p|$ 则表达这类点的数量。由此，便可计算某个训练批次中的平均概率，其计算方式为

$$\overline{P}_* = \frac{1}{|\mathcal{R}_p|} \sum_{p \in \mathcal{R}_p} P_*(p) \tag{6.29}$$

为实现控制目标，设计了以下正则项。

$$\mathcal{L}_{\text{reg}} = \alpha \overline{P_{\text{deform}}} + \overline{P_{\text{new}}} \tag{6.30}$$

因此，总损失 $\mathcal{L}$ 可以计算为

$$\mathcal{L} = \mathcal{L}_{\text{rec}} + \lambda \mathcal{L}_{\text{reg}} \tag{6.31}$$

在这里，α 和 λ 为可调整的超参数，用于控制新物体的比重。在训练过程中，一般采用 $\lambda = 0.1, \alpha = 0.01$ 以实现理想效果。

至此，NeRFPlayer 的主要流程已经介绍完毕。相较于之前的方法，NeRFPlayer 展现出了更高的简便性，且其正则项较少，因此具有良好的通用性。在训练速度上，NeRFPlayer 表现出极高的效率，每帧只需约 15s 就可完成，极大地提升了效率。在渲染过程中，也只需 10s 左右就可完成。

除了有效的重建和渲染过程，NeRFPlayer 还提出了一种流式处理框架，以便进行场景的插值和动态加载。这部分工作与本书的动态 NeRF 的核心场景联系较少，因此不在此进行详细介绍。从结果来看，NeRFPlayer 已经是一种非常有效的架构，距离实现一个高效可用的动态 NeRF 架构已经相当接近。

从 2022 年起，基于动静分离的动态 NeRF 场景建模方法开始快速发展，其生成效果、计算速度及表现能力，都超越了之前的算法，与基于变形场的算法相比，已经发生了质的改变。除了可以生成一个场景，更重要的是，这种方法还为 NeRF 赋予了一定的语义能力。在未来，许多关于数字人生成、大场景重建及自动驾驶的技术，都需要对场景的动静部分进行分离，以满足特定场景应用的需求。

6.3 基于三平面的方法

在动态 NeRF 中引入三平面方法并不意外，这主要是因为最早的三平面方法在 EG3D 中被用于三维表达，并取得了良好的效果。随后，它在 TensoRF 的静态场景生成中也展现了优异的性能。因此，将其扩展到动态颜色分布场景在理论上是完全可行的。

在 2023 年年初，有两项研究几乎同时将三平面方法引入了动态 NeRF 的建模中，这两项研究分别为 Hex-Plane[143] 和 K-Planes[142]，尽管它们在设计三平面方法的过程中存在一些差异，但都成功实现了动态 NeRF 的优质重建和渲染效果。

值得一提的是，Hex-Plane 的提出稍早于 K-Planes，二者的发布日期仅相差一天。在 Hex-Plane 被提出时，其主要目标是解决动态场景的建模问题，而 K-Planes 是一个更为通用的结构，可以用来表达二维图像、三维体、四维动态场景等。因此，本节将重点介绍这些基于三平面方法的研究。

6.3.1 四维空间建模方法 Hex-Plane

Hex-Plane 项目试图解决的关键问题是，对于动态 NeRF 输入 (x, y, z, t) 的处理方式，除了使用一个大型 MLP 对四维数据进行建模或采用不同的变形（例如，将其拆分为多个 MLP 进行逼近），是否存在其他形式的表达方式，以便精确地重建信号。研究者考虑了三平面方法，该方法可以在多种情境中成功表示信号。然而，以前的实现仅限于三维空间，考虑到诸如 TensoRF 的 VM 分解等方法使用了将向量和矩阵结合表示信号的方式，研究者想知道这是否也适用于四维输入。问题在于，如何灵活地应用三平面方法来解决这一复杂的问题。

研究者考虑了一种可能的方法，即将四维空间按照 $XY-ZT$、$XZ-YT$ 和 $YZ-XT$ 三种不同的方式分解，并将四维空间坐标投影至各个平面。这样，每个子空间可以得到两个特征向量。如果能找到合适的方式将这些特征向量融合，然后作为 MLP 的输入进行训练，就有可能表达四维空间。

Hex-Plane 的设计理念就基于此。该名称中的"Hex"指的是，在每一个超空间中，都有 6 个子平面。例如，在 $XY-ZT$ 空间中，XY 空间和 ZT 空间各有 3 个子平面，一共是 6 个子平面，其他平面组合可类推。

1. Hex-Plane 建模思路和遇到的问题

Hex-Plane 的算法框架见图 6.7。可以明确地看出，如果将一个动态场景的 $XYZT$ 四个维度合并为一个整体进行考虑，那么可以将其分解为三个 Hex-Plane 进行投影操作。此外，将 XY 与 ZT 两个正交平面的投影结果进行对位相乘，将 XZ 与 YT 两个正交平面的投影结果进行对位相乘，以及将 YZ 与 XT 两个正交平面的投影结果进行对位相乘，都可以得到一组特征向量。将这些特征向量联结，便可生成最终的特征向量。通过最终的特征向量，可以预测体密度和颜色，从而完成训练过程。整个过程在某种程度上类似于 TensoRF 的动态演化版本。

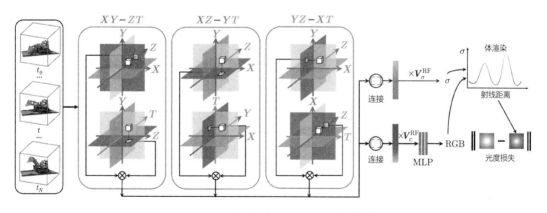

图 6.7　Hex-Plane 的算法框架。引自参考文献[143]（见彩插）

在处理动态数据时，需要注意以下两个问题。

（1）维度诅咒问题。对于一个空间大小为 N^3，时间长度为 T，特征长度为 F 的四维体空间，其空间复杂度为 $O(N^3TF)$。在加入时间因素后，存储需求会以倍数级别增加。例如，一个分辨率为 512 像素 ×512 像素 ×512 像素，长度为 32 帧，并且以 RGB 颜色（特征长度为 3，使用 float32 表示）构成的样本需要的空间大小为

$$512 \times 512 \times 512 \times 32 \times 3 \times 4(\text{B}) \approx 48\text{GB} \tag{6.32}$$

对于如此短暂的动态内容，这种巨大的存储消耗是无法被接受的。

（2）观察稀疏性问题。动态场景的输入通常为视频内容，因此每一帧仅具有一个观察视图，无法实现类似 NeRF 模型中同一视图的多角度观察。同时，同一时间点的信息收集量不足，需要借助视频中多帧之间的信息共享来解决这个问题。

因此，Hex-Plane 方法采用了一系列优化措施，以确保以上两个问题得到妥善解决。

2. Hex-Plane 的维度分解方法

回顾第 4 章对 TensoRF 中 VM 算法的介绍，关于高维数据的紧凑表示是通过维度分解实现的。该算法允许将三维体的结构表示为向量与矩阵的外积。具体来说，对于一个三维体 $V \in \mathbb{R}^{XYZF}$，可被表示为以下的向量-矩阵的外积和。

$$V = \sum_{r=1}^{R_1} M_r^{XY} \circ v_r^Z \circ v_r^1 + \sum_{r=1}^{R_2} M_r^{XZ} \circ v_r^Y \circ v_r^2 + \sum_{r=1}^{R_3} M_r^{YZ} \circ v_r^X \circ v_r^3 \tag{6.33}$$

其中，每一个外积项都是 V 的低秩项。如果满足 $R = R_1 + R_2 + R_3 \ll N$，就能减少 V 的参数数量。这一点在 TensoRF 中已明确说明，并且可以用于解决维度诅咒问题。

然后，处理时间轴观察的稀疏性问题。Hex-Plane 对此的解决方案是将三维体在任意时间的形态 V_t 表示为由一系列三维体的基表示的加权和。

$$V_t = \sum_{i=1}^{R_t} f(t)_i \cdot \hat{V}_i \tag{6.34}$$

通过将两个公式的结果组合，可以得到：

$$V_t = \sum_{r=1}^{R_1} M_r^{XY} \circ v_r^Z \circ v_r^1 \circ f^1(t)_r + \sum_{r=1}^{R_2} M_r^{XZ} \circ v_r^Y \circ v_r^2 \circ f^2(t)_r + \sum_{r=1}^{R_3} M_r^{YZ} \circ v_r^X \circ v_r^3 \circ f^3(t)_r \tag{6.35}$$

在实际应用场景中，由于 XY 平面与 ZT 平面的正交性、XZ 平面与 YT 平面的正交性，以及 YZ 平面与 XT 平面的正交性，可以使用 ZT、YT、XT 平面的投影特征值进行计算，即

$$D = \sum_{r=1}^{R_1} M_r^{XY} \circ M_r^{ZT} \circ v_r^1 + \sum_{r=1}^{R_2} M_r^{XZ} \circ M_r^{YT} \circ v_r^2 + \sum_{r=1}^{R_3} M_r^{YZ} \circ M_r^{XT} \circ v_r^3 \tag{6.36}$$

以上即为 Hex-Plane 选择的特征表达方式，类似于 TensoRF 在四维空间中的扩展。在实现时，可以使用平面投影特征的逐元素乘积进行计算。这一结论对于 K-Planes 在 Hex 平面特征中的融合具有重要意义，因为在统计学角度进行比对时，逐元素哈达玛乘积的效果远大于加法的效果。这两种思路相似，K-Planes 的实验结果与此是一致的。

3. 优化与正则化

在优化和正则化方面，Hex-Plane 与其他 NeRF 技术的考虑基本一致。主要采用的损失函数是通过比对重建颜色与训练集图像的真实值来生成的重构损失（$\mathcal{L}_{\mathrm{rec}}$）。为了提高生成结果在空域和时域上的平滑度，Hex-Plane 采用总变差损失作为优化手段。最终的损失函数是这两者的加权和。

$$\mathcal{L} = \mathcal{L}_{\mathrm{rec}} + \lambda \mathcal{L}_{\mathrm{reg}} \tag{6.37}$$

Hex-Plane 的训练过程也引入了在 Nerfies 中使用的从粗糙到精细的频域训练方法，以及用于加速训练的 ESS 和 ERT 策略。阅读到这里的读者对这些加速优化方法已经比较熟悉，因此不再赘述。

Hex-Plane 借鉴了 TensoRF 的许多理念，并将三平面设计扩展到了动态的四维空间。此外，它通过采用类似于 VM 分解的方法优化了表达，为动态 NeRF 的重建带来了新的突破。

Hex-Plane 与 K-Planes 的出现时间非常接近，这很可能是因为研究者都意识到了这种显式特征对于场景表达的效率和训练速度的重要性。Hex-Plane 更进一步，通过理论推导，逐步将一个复杂的表达简化为可用的形式。同时，其结果也与 K-Planes 的对比结果一致。笔者十分认同这种观点：现实是动态的，在复杂的场景中，运动是常态而非例外。因此，对动态场景的表达效果将始终是关键的研究方向。

6.3.2 更通用的多维平面建模方法 K-Planes

相较于 Hex-Plane，K-Planes 的表达通用性更强，它以二维平面为基础，用 $k = \binom{d}{2}$ 个平面来表示 d 维空间。例如，二维图像需要 $k = \binom{2}{2} = 1$ 个平面表示；三维空间需要 $k = \binom{3}{2} = 3$ 个平面表示；四维动态空间需要 $k = \binom{4}{2} = 6$ 个平面表示，以此类推。换句话说，d 维空间的每两维构成一个平面并进行投影映射，从而可插值形成 k 个特征，完成场景的训练过程。可以观察到，对于四维空间，K-Planes 与 Hex-Plane 表示的平面数是一致的。图 6.8 展示了 K-Planes 的算法框架。

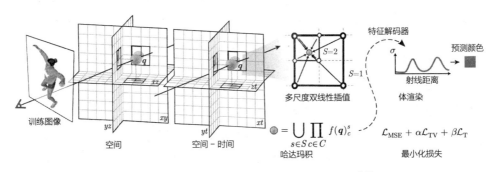

图 6.8　K-Planes 的算法框架。引自参考文献[142]

1. 针对四维动态场景的 Hex-Plane 构建方法

针对四维动态场景的 Hex-Plane，首先需要构建六个平面来表示四维空间。这些平面包括三个空间平面 (P_{xy}, P_{xz}, P_{yz}) 和三个空间-时间平面 (P_{xt}, P_{yz}, P_{zt})。每个平面的大小均为 $N \times N \times M$，其中 N 表示空间的分辨率，M 表示特征的维度。对于任意空间点 $\boldsymbol{q} = (i, j, k, \tau)$，其中 (i, j, k) 表示坐标位置，τ 表示时间维度。经过六个平面的投影并进行双线性插值处理后，可以得到：

$$f(\boldsymbol{q})_c = \psi(P_c, \pi_c(\boldsymbol{q})) \tag{6.38}$$

这里，c 表示平面的索引，π_c 表示点 $\boldsymbol{q}$ 对应的平面投影，ψ 则表示双线性插值算子，经过计算得到的结果就是这个投影平面的特征向量 $f(\boldsymbol{q})_c$。将此过程应用于所有六个平面，最终可以得到六个特征向量。

接下来需要解决的问题是如何将这六个特征向量融合为一个向量。由于这六个向量的维度相同，理论上有两种融合方法，分别是按位加法和按位乘法。经过实验评估和统计学分析，乘法在信号表达效能上最高，重建质量也最佳。因此，K-Planes 选择使用哈达玛乘积作为最终特征向量的融合算法。此结论与 6.3.1 节的 Hex-Plane 算法一致。在 Hex-Plane 算法中，也是通过维度分解的方法选择了乘法，并且取得了优秀的效果。

2. 优化与正则项

在 K-Planes 模型中，选择的优化与正则项较为常见，首要的基础重构损失 $\mathcal{L}_{\text{rec}}$ 是必不可少的。此外，它还考虑了在空间和时间上的平滑度 $\mathcal{L}_{\text{TV}}$ 和 $\mathcal{L}_{\text{smooth}}$，并添加了一个新的稀疏瞬变正则项 $\mathcal{L}_{\text{sep}}$，其目标是使场景的静态部分由空间平面建模，同时削弱空间-时间平面特征对其的影响。因此，以上三个正则项可以定义为

$$\mathcal{L}_{\text{TV}}(\boldsymbol{P}) = \frac{1}{|C|n^2} \sum_{c,i,j} \left\| \boldsymbol{P}_c^{i,j} - \boldsymbol{P}_c^{i-1,j} \right\|_2^2 + \left\| \boldsymbol{P}_c^{i,j} - P_c^{i,j-1} \right\|_2^2$$

$$\mathcal{L}_{\text{smooth}}(\boldsymbol{P}) = \frac{1}{|C|n^2} \sum_{c,i,t} \|\boldsymbol{P}_c^{i,t-1} - 2\boldsymbol{P}_c^{i,j} + \boldsymbol{P}_c^{i,t+1}\|_2^2 \tag{6.39}$$

$$\mathcal{L}_{\text{sep}}(\boldsymbol{P}) = \sum_c \|1 - \boldsymbol{P}_c\|_1$$

最终，总的损失函数由这四个因素的加权和构成。这就明确了 K-Planes 的训练流程。

$$\mathcal{L} = \mathcal{L}_{\text{rec}} + \alpha\mathcal{L}_{\text{TV}} + \beta(\mathcal{L}_{\text{smooth}} + \mathcal{L}_{\text{sep}}) \tag{6.40}$$

3. 特征解码器设计

一旦空间特征点的表达被确定，就可以构建特征解码器去解码体密度和颜色值，这些值会被用于体渲染，从而生成新的视角图像。正如本书先前所述，通常有两种常见的解决方案：利用 MLP 进行解码的方法和利用球谐函数进行解码的方法。然而，球谐函数在处理动态表达时较为复杂，基于此，K-Planes 提出了一种简化的新颜色基函数方法，采用线性解码器进行颜色推理。所以，K-Planes 可以支持基于 MLP 和颜色基函数的解码方法。

在使用 MLP 进行解码的方法中，经典的做法是使用两个小的 MLP：一个 MLP 用于生成体密度 g_σ，将特征映射为体密度和额外的特征 $\hat{f}$；另一个 MLP 用于生成颜色 g_{RGB}，将特征和观察方向映射为 RGB 颜色。这种模型的使用非常普遍，因此不需要过多解释。

$$\sigma(\boldsymbol{q}), \hat{f}(\boldsymbol{q}) = g_\sigma(f(\boldsymbol{q}))$$
$$\text{RGB}(\boldsymbol{q}, \boldsymbol{d}) = g_{\text{RGB}}(\hat{f}(\boldsymbol{q}), \gamma(\boldsymbol{d})) \tag{6.41}$$

4. 使用颜色基函数方法进行解码

K-Planes 选择了在 Nex 中提出的预训练颜色基函数，这些颜色基函数都是极小的 MLP，用以预测 RGB 颜色值，可以使用这些颜色基函数来获取 RGB 颜色。

$$b_i(\boldsymbol{q}, \boldsymbol{d}), i \in \{R, G, B\}$$
$$\text{RGB}(\boldsymbol{q}, \boldsymbol{d}) = \bigcup_{i \in \{R,G,B\}} f(\boldsymbol{q}) \cdot b_i(\boldsymbol{q}, \boldsymbol{d}) \tag{6.42}$$

对于体密度，也有类似的基函数 $b_\sigma(\boldsymbol{q})$，用于生成某个空间点的体密度值。

$$\sigma(\boldsymbol{q}) = f(\boldsymbol{q}) \cdot b_\sigma(\boldsymbol{q}) \tag{6.43}$$

无论采用哪种解码方法，最终都可以获取到空间点的体密度和颜色值，然后使用体渲染方法得到相应的结果。K-Planes 算法的重点在于场景表达，其他针对下游的算法设计具有很大的灵活性，妥善处理特征信息即可。

5. 算法优化细节

K-Planes 算法针对特定场景采用了一些特别的优化方法，具体如下所述。

（1）在前向场景中，K-Planes 应用了 Mip-NeRF 360 提及的收缩空间方法进行优化，这对于对无边界场景施加约束是十分有用的。

（2）为了提高采样效率，采取与 Mip-NeRF 360 相似的提议网络（Proposal Network），将采样点尽可能分布在物体表面附近，实现更快的收敛。

（3）在多视图动态场景中，K-Planes 采用了与 DyNeRF[103] 一致的基于时域差异的重要性采样策略。在静态场景训练收敛后，该策略在动态区域进行持续优化。这对重建指标的影响较小，但对重建的主观效果有一定的影响。

这些类似的小优化点在不同的工作中频繁出现，都是 NeRF 训练，甚至其他视觉领域里的有效方法的积累。当读者在类似场景中遇到这类问题时，可使用相应的解决思路。

K-Planes 是一种更加通用的场景表达方式，对四维动态场景的表达效果尤为突出。这也再次证实了三平面方法的优势。一些在科技史上优秀的方法之所以优秀，是因为他们不会随时间的流逝而失色，反而会在新的方向出现后，找到新的应用场景。由于 K-Planes 方法的表达比较紧凑，因此生成的模型也相对较小，所以常被用于一些对场景存储量敏感的算法选型中。在动态场景表达上，该方法目前也处于领先位置。

基于平面建模的动态 NeRF 场景重建方法已经问世一年，相比之前的技术，重建速度和渲染速度都有显著提升。本书选择了两个经典算法进行介绍，它们的质量高，理论基础扎实。尽管后续还有 ResField 等动态表达方法和基于张量分解的方法被提出，但它们与 Hex-Plane 和 K-Planes 的差距尚未拉开。同时，使用 K-Planes 实现的应用日益增多，显示出了其优越性。

6.4　基于流式动态建模的方法

相信各位读者已经注意到动态 NeRF 重建中存在的一个核心问题：之前讨论的方法都使用整个动态场景的数据进行完整的空间表达，导致训练过程及使用的存储均过度烦琐。换句话说，对于长时间序列的重建，这些方法通常无法起到足够的作用。对于视频信号，它们无法实现持续渐进的重建，只能获取全部数据后进行整体建模。

然而，2022 年年末，一种名为 OD-NeRF[32] 的代表性重建思路出现，它并未使用完整的空间–时间场景作为输入，而是采用部分场景进行建模。这种方式使得整体流程更具流式化特性，从而使场景的持续重建和流式重建成为可能。

实际上，在此之前，谷歌与康奈尔大学就共同提出了 DynIBaR[35] 方法，这是另一种用于动态场景重建的基于图像的渲染方法，取得了显著的效果。然而，该方法也需要对整个视频序列进行运动轨迹的训练，因此其速度比较慢。但 DynIBaR 的重建思路是从被重建时间周边选取一定数量的图像帧提取特征，此做法为后续快速、流式重建动态场景提供了基础。因此，鼓励读者研究相关资料，以了解 DynIBaR 的实现细节，本书将主要介绍 OD-NeRF 的设计思路。从性能的角度来看，DynIBaR 实现了每秒 12 帧的重建速度和每秒 15 帧的渲染速度，基本满足交互要求，且在基于长视频的动态场景建模方面表现优秀。

6.4.1　OD-NeRF 的框架

OD-NeRF 致力于解决实时动态场景重建的问题，其目标是在视频拍摄过程中实时建模 NeRF，并实现交互式的实时渲染。对于特定时刻 t_k，该算法的理念是由已观察到的图像 $C_{0:k}$ 和已生成的神经场 F_{k-1}，来训练生成神经场 F_k。

$$F_k(\boldsymbol{x}, \boldsymbol{d}) = \arg\max_{F_k} P(F_k | C_{0:k}, F_{0:k-1}) \tag{6.44}$$

然而，这样的方法无法扩展。因此，OD-NeRF 做出假设，即神经场的生成遵守一阶马尔可夫假设，其中，F_k 仅依赖 $k-1$ 时刻的生成结果，即

$$F_k \perp\!\!\!\perp \{C_{0,k-1}, F_{0,k-2}\} | \{C_k, F_{k-1}\} \tag{6.45}$$

这样，当前时刻的神经场生成过程被大幅简化，只需考虑前一时刻的神经场结果就可以推导出当前神经场的结果。

$$F_k = \arg\max_{F_k} P(F_k | C_k, F_{k-1}) \tag{6.46}$$

因此，OD-NeRF 的设计重点在于如何使用已经训练好的上一帧的神经场和当前训练图像来生成新的神经场。OD-NeRF 的算法核心包含两部分：一是如何引导以生成动态 NeRF，二是场景占据网络的管理与维护。OD-NeRF 的流程如图 6.9 所示。

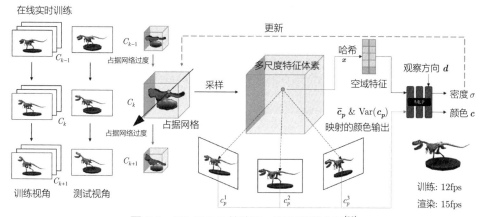

图 6.9　OD-NeRF 的流程。引自参考文献[32]

6.4.2　基于投影颜色引导的动态 NeRF

根据上述马尔可夫过程的假设，设计一个针对体密度和颜色的预测流程。该设计同其他动态 NeRF 场景方案一样，通过添加一个变形场 D，可以实现：

$$D : (\boldsymbol{x}, t_k) \to (\boldsymbol{x}') \tag{6.47}$$

这里反映出两个神经场之间的映射关系。然而，在实际操作过程中，对于即时应用场景来说，这种方法由于训练时间过长而变得不可行。这主要是因为，随着时间的变化，空间位置变化的轨迹通常是不规律的曲线，因此难以预测。

OD-NeRF 从 DynIBaR 中获得灵感，试图建立一个空间-时间动态 NeRF 模型。通常情况下，对于多帧数据，相同的几何点的颜色往往是恒定的，因此可以使用前后的相机参数模型，将三维几何点映射为二维图像，从而形成一组预测。

$$\boldsymbol{c}_p(\boldsymbol{x}, k) = \{C_{k,\text{cam}}(P_{\text{cam}} \cdot \boldsymbol{x}) | \text{cam} \in \mathcal{M}\} \tag{6.48}$$

其中，$C_{k,\text{cam}}$ 代表训练数据集中的图像，而 $c_p(x, k)$ 代表采样结果。通过投影颜色的均值和方差来预测空间点的体密度和颜色：

$$F_k : (\boldsymbol{x}, \boldsymbol{d}, \overline{\boldsymbol{c}}_p(\boldsymbol{x}, k), \text{Var}(C_p(\boldsymbol{x}, k))) \to (\sigma, \boldsymbol{c}) \tag{6.49}$$

实验证明，这种建模动态 NeRF 场景的方法在训练效率上明显高于空间变形场。即使在颜色不稳定的情况下（例如反射、光照或遮挡等导致颜色变化），使用投影颜色引导动态 NeRF 建模的方法仍然表现出良好的效果。这也证实了最初的假设，即将神经场建模简化到只需要一阶马尔可夫模型，便可以更容易地实现快速重建效果。

6.4.3　占据网络的转移与更新

为了进一步优化计算的中间过程，提升重建过程的效率，OD-NeRF 引入了一个简单且可升级的占据网络，该网络能够引导采样过程以识别哪些体素是被占据的，进而提升采样效率。它定义了一个三维体素网格，其中每个体素都存放了体素内的最大密度值。

$$G = \max(\sigma(\boldsymbol{x})) | \forall \boldsymbol{x} \in \mathbb{V}_{\text{cur}} \tag{6.50}$$

这样，在采样过程中，仅当密度值超过某一阈值时，才会被视为处理空间的占据状态，并进一步采样。然而，占据网络会随着时间的推移而变化，因此需要在不同的时间点进行更新。

OD-NeRF 进一步利用隐式马尔可夫模型的特性，设定了转换函数和置信度更新策略，从而优化了占用网格的生成和更新方式。

（1）占据网络的转换方法。使用 G_k^j 表示当前时间下在 j 次训练后的占据网络。它可以在训练初期通过转换函数进行初始化，其中，S 是一个三维卷积核。

$$G_k^0 = P(G_k|G_{k-1}) \cdot G_{k-1}^J = S * G_{k-1}^J \tag{6.51}$$

（2）占据网络的更新方法。在训练过程中，使用预测的体密度进行信度更新，这种占据网络的更新和计算方法相当简单，而且能够适应多种场景。

$$G_k^j = P(\sigma(\boldsymbol{x})|G_k^{j-1}) \cdot G_k^{j-1}$$

$$P(\sigma(\boldsymbol{x})|G) = \begin{cases} 1, & \sigma(\boldsymbol{x}) < G(\boldsymbol{x}) \\ \sigma(\boldsymbol{x}), & \text{其他} \end{cases} \tag{6.52}$$

OD-NeRF 采用了一阶隐式马尔可夫模型，将动态 NeRF 的建模过程从全局建模简化为局部建模，能够实现每秒 12 帧的重建速度和每秒 15 帧的渲染速度。假设有一个动态流服务，该服务可以通过 OD-NeRF 的框架实现端到端的近实时服务效果，从而为动态 NeRF 重建提供了新的思路。

6.5 总结

动态 NeRF 重建可视为对静态 NeRF 重建的一种扩展，其重要性不言而喻。由于现实世界总是处于不断变化的状态，因此，如果将静态 NeRF 视为对图像体验的提升，动态 NeRF 则可以被视为对视频体验的提升。然而，目前这项技术依然处于发展的早期阶段，可以设想，对于隐式表征的动态重建方法，未来将会有很多新的理念和方法产生。

本章汇总了数种重要的实现思路，包括基于变形场的方法、基于动静分离的方法、基于多平面的方法以及基于流式建模的方法等。这些方法从基础的动态效果出发，最终实现了非常自然的重建效果，也大幅提升了呈现内容的复杂度和效率。尽管动态 NeRF 重建领域的技术发展速度很快，但大多数想法仍然存在一定的关联性。后续还有一些新的动态场景重建思路，如 SceNeRFlow[147] 等，读者可根据自身需求查阅相关资料。

7 | 弱条件 NeRF 生成

Though NeRF achieves state-of-the-art performance, it requires dense coverage of the scene, However, in real-world applications such as AR/VR, autonomous driving, and robotics, the input is typically much sparsers, with only few views of any particular object or region available per scene. In this sparse setting, the quality of NeRF's rendered novel views drops significantly.

— Michael Niemeyer, et al (from RegNeRF)

之前的章节从多个角度阐明了 NeRF 技术在多视图环境下（通常为 50 到 100 个包含相机内外参的多视角图像，而且图像质量尚可），可以有效地完成重建任务，并产生非常逼真、自然的渲染效果。然而，正如 Michael 所指出的，在实际情况中，往往难以获得这样理想的强输入条件。本章将这种情况命名为弱条件下的 NeRF 重建任务，并将其分为三类。

第一类是在输入视角数量不足的情况下进行的稀疏视角 NeRF 重建。在这种情况下，输入视角通常少于五个，在更严格的情况下，可能只有三个或者更少输入视角，这被称为**稀疏视角**（Few Shot）重建任务。如果输入视角只有一个，则被称为**单视角**（One Shot）重建任务。

第二类是在无相机参数和位置信息的情况下进行的重建。除了使用 COLMAP 等运动恢复结构（SfM）方法重建相机参数，还存在一些其他的方法可以帮助完成重建任务。

第三类是在光线不足等导致的重建条件变差的情况下进行的重建。在这种情况下，使用原始的 NeRF 训练方法生成高质量的重建效果的可能性较低，因此需要设计算法进行补偿。

这三类重建任务都面临着巨大的挑战，并且无法直接使用已有的方法，无法实现高质量的重建。弱条件下的 NeRF 重建任务是一个非常活跃的研究领域，本章将分类介绍这些任务的相关工作，以便读者更好地理解它们的设计思路。

7.1 稀疏视角的 NeRF 重建方法

稀疏视角的 NeRF 重建方法主要指使用五张甚至三张图像输入进行重建，并且仍能生成高质量的三维场景表达。在原始的 NeRF 算法中，保障大量视角输入的重建质量问题仍存在挑战。

可以推测，稀疏视角重建可能是一项极具挑战性的任务。然而，从另一个方面考虑，如果能够实现少量视角的重建，便能显著降低数据采集端的压力，从而使 NeRF 重建过程更加高效且灵活。

为了解决稀疏视角的重建问题，必须挖掘更多的信息以填补输入的缺失。这些信息可能源自对世界的认知，也可能源自场景自身。目前，有三种主流的策略可以优化稀疏视角输入下的重建效果，分别是基于策略优化与正则化的生成方法、基于图像特征提取的生成方法，以及基于几何监督的生成方法。

7.1.1　基于策略优化与正则化的生成方法

本类方法基于原始 NeRF 算法，主要通过引入新的算法策略和添加新的正则化约束，提升少量视角输入的重建效果。即使在仅有三个视角输入的情况下，输出效果也能显著提升。该领域的重要代表性研究是 2021 年由马克斯·普朗克研究所 (MPI)、图宾根大学和谷歌研究院共同提出的 RegNeRF[148]。

RegNeRF 最初是为了优化处理稀疏视角输入的 NeRF 训练而设计的。它在已有的 NeRF 框架上增加了基于片段（Patch）的几何和外观正则项以及空间采样退火策略，从而实现稀疏视角的重建效果。这一方法的名称也体现了其工作原理，即引入新的正则项优化。RegNeRF 的设计简捷，整合代价低，优化效果显著，因此也经常被用于其他非稀疏视角重建算法。

值得一提的是，在进行颜色外观训练时，RegNeRF 采用了预训练的模型来提升外观质量，这在概念层面上与 7.1.2 节中基于图像特征的方法有相似之处。然而，从消融实验的结果来看，RegNeRF 的性能提升并不能主要归功于外观正则项，其大部分优势实际上还是来自模型本身的优化。因此，笔者认为它们属于两种不同的算法。

RegNeRF 的算法框架如图 7.1 所示。可以看到，除了已有的一些输入视角，RegNeRF 还生成了一些未被观察到的视角（详见图中使用橙色标识的相机位置）。通过渲染这些未被观察的视角的图像片段，并对这些结果进行正则化处理，RegNeRF 能够有效提升对场景学习的效果。

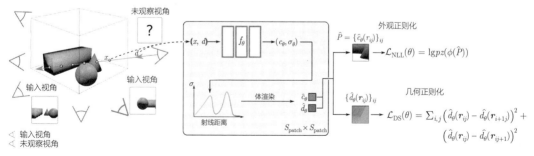

图 7.1　RegNeRF 的算法框架。引自参考文献 [148]（见彩插）

1. 未观察视角选择方法

假设已知一系列的相机位姿：

$$\boldsymbol{P}_{\text{target}}^i = [\boldsymbol{R}_{\text{target}}^i | \boldsymbol{t}_{\text{target}}^i] \in \text{SE}(3) \tag{7.1}$$

可以通过寻找相机位置中的最大值和最小值，定义一个相机位姿的包围盒，以表示所有可能出现的相机位置。

$$S_t = \{\boldsymbol{t} \in \mathbb{R}^3 | \boldsymbol{t}_{\min} \leqslant \boldsymbol{t} \leqslant \boldsymbol{t}_{\max}\} \tag{7.2}$$

进一步假设，所有的相机都大致指向场景中心。利用已有的位姿，可以计算出所有相机位置的光轴方向 $\bar{p}_{\text{f}}$，以及与它垂直的光轴方向 $\bar{p}_{\text{u}}$。这样，所有新生成的相机都将遵循相同的分布。为了提高鲁棒性，对光轴方向添加一个较小的正态分布扰动 $\epsilon \sim \mathcal{N}(0, 0.125)$。于是，所有相机的旋转模式就可以确定下来。

$$S_{\text{R}}|t = R(\bar{p}_{\text{u}}, \bar{p}_{\text{f}} + \epsilon, t) \tag{7.3}$$

这样一来，就可以通过相机位置和旋转模式两个参数得到一个随机的相机位姿。

$$S_{\text{P}} = \{[\boldsymbol{R}|\boldsymbol{t}] | \boldsymbol{R} \sim S_{\text{R}}|t, \boldsymbol{t} \sim S_t\} \tag{7.4}$$

使用生成的相机位姿，通过对模型的查询和体渲染方法，可以得到一个大小为 $S_{\text{patch}} \times S_{\text{patch}}$ 的渲染片段作为接下来正则化的目标。

2. 基于片段的几何正则化方法

RegNeRF 利用了现实世界中的几何规律，即表面通常是分段平滑的，这有助于指导对未观察视角生成的片段的深度进行平滑化。而在只有少量视角输入的情况下，重建的场景可能会出现大块的缺陷。通过观察生成的几何形状，可以发现其深度结构混乱，缺乏一致性和平滑度。因此，可以设计一个几何平滑度正则项，以增强这种效果。

对于从未观察过的图像片段，可以通过体渲染方法获取其深度值。

$$\hat{d}_\theta(\boldsymbol{r}) = \int_{t_{\text{n}}}^{t_{\text{f}}} T(t)\sigma_\theta(\boldsymbol{r}(t))t\text{d}t \tag{7.5}$$

这样，对于整个图像片段，只需对其周围进行平滑度正则化。因此，RegNeRF 提出了针对深度的正则化方案，从而实现了更优质的几何重构效果。

$$\mathcal{L}_{\text{DS}}(\theta, \mathcal{R}_r) = \sum_{r \in \mathcal{R}_r} \sum_{i,j=1}^{S_{\text{patch}}-1} (\hat{d}_\theta(\boldsymbol{r}_{i,j}) - \hat{d}_\theta(\boldsymbol{r}_{i+1,j}))^2 + (\hat{d}_\theta(\boldsymbol{r}_{i,j}) - \hat{d}_\theta(\boldsymbol{r}_{i,j+1}))^2 \tag{7.6}$$

3. 基于片段的颜色正则化方法

考虑完几何平滑性后，接下来考虑颜色外观的正则化方法。渲染得到的片段在颜色上能与真实世界的分布保持一致或相似，也就是说，这个片段在自然世界中存在的概率应该足够高，因此可以对渲染片段的真实感设计正则化方法。

现实世界中的图像数据集很多，因此可以训练一个模型来捕捉大量的先验知识，来判断当前的片段是否合理。RegNeRF 使用 JFT-300M 数据集训练了一个 RealNVP 模型 ϕ 进行判断，其中：

$$\phi : [0,1]^{S_{\text{patch}} \times S_{\text{patch}} \times 3} \to \mathbb{R}^d \tag{7.7}$$

为 RGB 片段的映射。然后，就可以使用负对数似然方法对颜色进行正则化监督。

$$\mathcal{L}_{\text{NLL}}(\theta, \mathcal{R}_r) = \sum_{r \in \mathcal{R}} -\lg p_Z(\phi(\hat{P}_r))$$

$$\hat{P}_r = \{\hat{\boldsymbol{c}}_\theta(\boldsymbol{r}_{i,j}) | 1 \leqslant i, j \leqslant S_{\text{patch}}\} \tag{7.8}$$

RegNeRF 使用重建损失、深度平滑度正则项和颜色正则项，加权计算出最终损失。

$$\mathcal{L} = \mathcal{L}_{\text{rec}}(\theta, \mathcal{R}_{\text{i}}) + \lambda_{\text{D}} \mathcal{L}_{\text{DS}}(\theta, \mathcal{R}_r) + \lambda_{\text{N}} \mathcal{L}_{\text{NLL}}(\theta, \mathcal{R}_r) \tag{7.9}$$

其中，$\mathcal{R}_{\text{i}}$ 指从输入位姿发出的射线，$\mathcal{R}_r$ 指从一个随机位姿发出的射线。由于这两个正则项的存在，即使输入的视角数量不足，也可以得到较好的几何和颜色表现。

4. 采样退火策略

RegNeRF 还揭示了 NeRF 的另一个问题，该问题在稀疏视角重建时显得尤为突出。那就是，在训练开始时，射线起始点的密度往往会呈现发散性，这一现象在训练初期时尤为明显。作者发现，通过在训练早期对采样场景空间实施退火策略，能够有效解决这一问题。在训练初期不使用整个射线包围的空间进行训练，而选取更小、但更接近射线中心的区域。随着训练的进行，使用的区间逐渐扩大，直至最后所有空间都参与其中。

假定射线与场景交点的最近点与最远点分别为 t_{n} 和 t_{f}，那么对于第 i 次的训练迭代，需要重新获得当次训练的最近点与最远点 $t_{\text{n}}(i)$ 和 $t_{\text{f}}(i)$。假设中心点为

$$t_{\text{m}} = (t_{\text{n}} + t_{\text{f}})/2 \tag{7.10}$$

那么：

$$t_{\text{n}}(i) = t_{\text{m}} + (t_{\text{n}} - t_{\text{m}})\eta(i)$$

$$t_{\text{f}}(i) = t_{\text{m}} + (t_{\text{f}} - t_{\text{m}})\eta(i) \tag{7.11}$$

$$\eta(i) = \min\left(\max\left(\frac{i}{N_{\mathrm{t}}}, p_{\mathrm{s}}\right), 1\right)$$

N_{t} 决定了需要经历多少次训练过程，才能覆盖完整空间，p_{s} 是一个指定了起始范围的超参数，如 0.5 表示迭代到一半开始退火等。经过退火后，初始化阶段的退化问题得到了有效避免。这个策略不仅在 RegNeRF 模型中起到关键作用，对其他 NeRF 重建场景也有极大助益，是非常实用且简单的技巧。

RegNeRF 设计的初衷是通过观察原始 NeRF 在处理稀疏视角输入的重建问题时遇到的困难，寻找解决办法。RegNeRF 的主要收益来自对退火策略和自身几何平滑度的正则化，而颜色的正则化对提升主观视觉效果起到了一定作用。通过对原始 NeRF 算法的优化和提升，在仅输入三个视角图像的情况下，获得了很好的重建效果。另一个让 RegNeRF 受到欢迎的原因是它简捷而通用的算法设计，易于迁移到其他 NeRF 重建场景中，并且效果显著，其贡献已经超越了稀疏视角重建问题的范畴。

7.1.2　基于图像特征提取的生成方法

NeRF 技术出现之前，大多数基于多视角立体生成的方法在重建过程中考虑图像显式特征信息。在 NeRF 的框架中，隐式特征的挖掘消除了对显示图像特征的依赖。然而，当视角数量显著减少时，应利用所有可用信息进行重建。因此，基于图像显式特征的生成方法再次被提出，作为先验知识供生成使用。比较典型的算法包括 pixelNeRF[19]、DietNeRF[149] 等。

另一种近年来发展迅速的方法是结合扩散模型进行 NeRF 重建。这种方法通过真实世界数据集生成的扩散模型，对当前输入的场景进行泛化。扩散模型在文本生成图像领域已经取得了极其逼真的效果，所以扩散模型是否可以使用结合稀疏视角输入甚至单视角输入的图像，从而实现理想的 NeRF 重建效果，也是行业所关注的。

基于这一假设，已经有许多研究工作，其中最具代表性的包括 DiffusioNeRF[150]、Zero-1-to-3[151]，以及最近的 ReconFusion 等。从其命名可以推测，它们的主要思路是将扩散模型深度应用到 NeRF 重建问题中。另外，扩散模型的有效性使得研究者的兴趣迅速从稀疏视角输入转向实现文本生成三维物体或模型的功能，这是一个更具商业化潜力的人工智能图形计算方向。

1. 使用特征空间渲染的 pixelNeRF

pixelNeRF 堪称该领域的开创性成果，由 Alex Yu 提出，他也是第 4 章中 PlenOctrees 和 Plenoxels 的创作者。PixelNeRF 的独特之处在于它采取了全新的采样策略：不再从图像颜色空间中进行采样，而是利用卷积神经网络 (CNN) 提取图像特征空间，将采样过程转移到特征空间中，解决了图像数量不足导致的重建问题。接着，只需将空间点坐标、观察方向与采样特征一并输入 MLP 中，就能预测体密度和颜色，并实现比 NeRF 更好的效果。其算法框架如图 7.2 所示。该算法的关键在于图像特征生成的应用，因此，我们从较为简单的单一图像输入情境入手进行阐述，逐步扩展至多图像的情形。

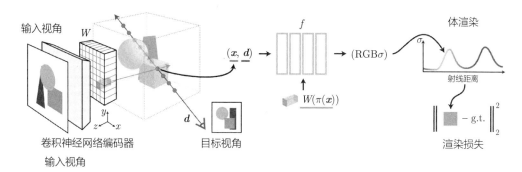

图 7.2　pixelNeRF 的算法框架。引自参考文献[19]

1）pixelNeRF 在单图输入时的算法

在处理单一图像输入的情况下，pixelNeRF 采用了一种由 CNN E 生成的特征空间 W 的构建方法。在具体实现中，pixelNeRF 将预训练的 ResNet 34 作为核心网络，输出一个与空间像素点逐一对应的图像特征空间，将二维的像素空间映射到更高维的特征空间。此特征空间 W 与图像的像素空间一一对应。

$$W = E(I) \tag{7.12}$$

在查询特征空间时，需要使用相机参数将空间点坐标 $\boldsymbol{x}$ 转换为相机像素空间坐标 $\pi(\boldsymbol{x})$。接下来就可以将空间点位置编码 $\gamma(\boldsymbol{x})$、观察方向 $\boldsymbol{d}$ 及 CNN 特征 $W(\pi(\boldsymbol{x}))$ 作为输入，训练场景的 NeRF 模型 f。

NeRF 模型训练完成之后，可以对空间中任意相机位姿生成目标新视角图像。只需从目标相机位置发射射线到体积模型中，将空间任意点的位置编码 $\gamma(\boldsymbol{x'})$、观察方向向量 $\boldsymbol{d'}$，以及从特征空间中查询到的该点的特征 $W(\pi(\boldsymbol{x'}))$ 作为输入，查询 NeRF 神经网络 f，就可以得到相应点的颜色值与体密度。

$$f(\gamma(\boldsymbol{x'}), \boldsymbol{d'}; W(\pi(\boldsymbol{x'}))) = (\sigma, \boldsymbol{c}) \tag{7.13}$$

在获得任意点的颜色值和体密度之后，便可以利用体渲染方程来生成图像。如此一来，能够重构出任意视角的图像。

2）pixelNeRF 在多图像输入时的算法

在多图像输入的情况下，pixelNeRF 算法的性能更加优异。当场景提供的输入图像数量超过一张时，其信号密度将远超单张图像。在这种情况下，可以借助更丰富的特征强化重建的效果。假设输入的图像数量为 n，将每张图像标记为 I^i，那么便拥有多个特征空间 W^i，并且与单图像输入的情况类似，可以通过训练得到 NeRF 模型。

$$W^i = E(I^i) \tag{7.14}$$

在渲染新视角图像时，pixelNeRF 基于 n 个相机坐标系，可以生成 n 个结果。为了优化效果，pixelNeRF 对 n 个相机位姿渲染结果的聚合流程进行了重新设计，将其分为两个阶段进行处理，以合成最终的颜色和体密度。具体的流程如图 7.3 所示。

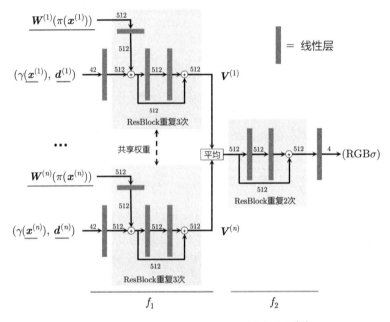

图 7.3　pixelNeRF 的流程。引自参考文献[19]

整个网络被分割为两部分，分别标识为 f_1 和 f_2。其中，f_1 负责生成各输入图像的输出中间向量 V^i，具体表达式如下。

$$V^i = f_1(\gamma(\boldsymbol{x}^i), \boldsymbol{d}^i; W^i(\pi(\boldsymbol{x})^i)) \tag{7.15}$$

接着，所有的中间向量通过平均池化（Average Pooling Operator）方法 ψ，生成了一个新向量，随后将其输入神经网络 f_2，从而生成最终的体密度和颜色的数据，其公式为

$$(\sigma, \boldsymbol{c}) = f_2(\psi(V^1, V^2, \cdots, V^n)) \tag{7.16}$$

多图与单图的算法结构是可以相互兼容的。单图结构是多图结构的一种特殊情况，即 $n = 1$，这保证了它们之间的良好一致性。

相对于原始 NeRF 逐场景优化的方法，pixelNeRF 的提出是对其泛化能力提升的一种重要尝试。通过利用 ShapeNet 中的几大类别的数据对 pixelNeRF 进行训练，可以将其直接应用于处理相似类别的输入图像，并执行多视角重建任务。值得注意的是，pixelNeRF 已经证实了其能够用于生成未曾观察到的类别的新视角图像，因此可以得出这样的结论：pixelNeRF 进一步深化了对图像结构信息的挖掘，训练得到的模型具有明显的泛化能力。

2. 基于 CLIP 模型生成的 DietNeRF

2021 年，来自加利福尼亚大学伯克利分校的研究者提出了 DietNeRF，这是一种新的稀疏视角 NeRF 生成方法。DietNeRF 的名称源自其论文标题的直译 "Putting NeRF on a Diet"，意指原始的 NeRF 生成方法需要大量的视角数据可以类比为 "过度饮食"。相比之下，DietNeRF 限制了 NeRF 的 "饮食量"，只需要少量的视角便可以生成新视角图像。

DietNeRF 通过 NeRF 中的经典乐高模型，以形象化的方式阐述其理念：无论从何种角度观察，推土机始终是推土机。因此，该研究通过引入一个语义损失来优化重建方法。由于语义损失具有独立性，它可以与其他技术结合。例如，当 DietNeRF 算法与 pixelNeRF 结合时，单图重建的性能和质量显著提高。

DietNeRF 在 NeRF 训练的基础上加入了一个语义一致性的正则项，以此来更有效地监督神经网络的训练过程。如果一个场景的输入图像为 I，其重建渲染结果为 $\hat{I}$，则语义一致性正则项通常定义为

$$\mathcal{L}_{\mathrm{SC},l^2}(I, \hat{I}) = \frac{\lambda}{2}\left\|\phi(I) - \phi(\hat{I})\right\|_2^2 \tag{7.17}$$

其中，ϕ 代表场景语义特征。如果输入图像与通过渲染得到的图像的语义特征相似，则认为该结果是有效的。在这个过程中，DietNeRF 采用了由 OpenAI 提供的 CLIP 模型，并利用 ViT 框架生成一个归一化的全局图像特征向量，取得了比卷积神经网络更好的正则化效果。因此，语义距离可简化为使用余弦相似性来实现。

$$\mathcal{L}_{\mathrm{SC}}(I, \hat{I}) = \lambda\phi(I)^{\mathrm{T}}\phi(\hat{I}) \tag{7.18}$$

这样，可以借助 CLIP 模型对图像进行语义理解，测量两张图像在高级语义上的相似性。在训练过程中，将其加入总体损失中，就能在收敛颜色损失的同时考虑各个视角下的语义是否一致。

$$\mathcal{L} = \mathcal{L}_{\mathrm{rec}} + \mathcal{L}_{\mathrm{SC}} \tag{7.19}$$

DietNeRF 再一次证实，即使输入视角较少，通过将自然世界的更多信息作为重建信息的补充，也可以实现更好的重建效果。此外，此种方法理论上对任何重建任务都有帮助，因为它提供了新的线索以提高信息的维度和密度。实验证明，在许多情况下，语义损失的收敛速度比颜色重建损失的收敛速度更快，这进一步体现了其有效性。

3. FreeNeRF：基于 DietNeRF 的优化算法

FreeNeRF[152] 是基于 DietNeRF 算法提出的新算法，并对稀疏视角 NeRF 生成的效果进行了进一步优化。尽管其实现技术的复杂性和成本几乎可以忽略，但其产生的效果令人满意。就好像打破了"没有免费午餐"的定律，FreeNeRF 也正是得名于此。

在 NeRF 的重建过程中，对于任意位置 $\boldsymbol{x}$，在将其送入 MLP 之前，NeRF 都会进行位置编码。这一步骤也是 NeRF 产生良好效果的关键因素。

$$\boldsymbol{x}' = [\boldsymbol{x}, \gamma(\boldsymbol{x})]$$
$$\gamma(\boldsymbol{x}) = [\sin(\boldsymbol{x}), \cos(\boldsymbol{x}), \cdots, \sin(2^{L-1}\boldsymbol{x}), \cos(2^{L-1}\boldsymbol{x})] \tag{7.20}$$

在对 DietNeRF 的观察中，作者发现简化版的 NeRF 在某些方面的表现优于传统的 NeRF。进一步研究揭示，这种优化效果主要源于简化版 NeRF 缩小了位置编码的取值范围。因此，作者试图完全去掉所有的高频信号，并发现这种做法在几何学习方面的效果显著。基于此，作者最终设计了一个逐步释放高频信号的策略，本书第 6 章也展开了类似的讨论。FreeNeRF 使用了这个思路，并成功地将其应用于稀疏视角重建问题。

在此基础上，FreeNeRF 对位置编码的频域进行了线性加权控制，让高频信号可以随着训练的进展逐渐参与训练过程。

$$\gamma'(t, T; \boldsymbol{x}) = \gamma(\boldsymbol{x}) \odot \alpha(t, T, L) \tag{7.21}$$

其中，α 是对频域的掩码，可以控制训练过程。

$$\alpha(t, T, L) = \begin{cases} 1, & i \leqslant \dfrac{t \cdot L}{T} + 3 \\ \dfrac{t \cdot L}{T} - \left\lfloor \dfrac{t \cdot L}{T} \right\rfloor, & \dfrac{t \cdot L}{T} + 3 < i < \dfrac{t \cdot L}{T} + 6 \\ 0, & i > \dfrac{t \cdot L}{T} + 6 \end{cases} \tag{7.22}$$

这里，符号 t 代表当前的训练迭代次数，而 T 表示目标的正则化迭代次数。通过逐步增加训练次数的比重，高频信息会不断融入训练过程。这一策略符合先训练整体几何，再训练物体细节部分的基本训练理念，即从粗糙到精细的频域训练逻辑。此外，这种方法的实现也相当简捷，正如 FreeNeRF 所指出的，仅需要一行代码即可实现。

代码清单 7.1　FreeNeRF 频域优化核心代码

```
1  pos enc[int(t/T*L)+3:]=0
```

FreeNeRF 的作者观察到另一个问题，即在生成过程中，容易在离相机距离较近的区域产生飘浮物或"白墙"效应，这种情况频繁地出现在输入视角覆盖度相对较低的区域。在没有任何约束的情况下，使用神经网络会导致在这些观察不足的地方产生上述效应。这种情况并非仅在稀疏视角重建时发生，即使在正常数量的 NeRF 输入中也会发生。针对这种情况，FreeNeRF 提出了遮挡近平面样本点的正则化方法。

$$\mathcal{L}_{\mathrm{occ}} = \frac{\boldsymbol{\sigma}_K^{\mathrm{T}} \boldsymbol{m}_K}{K} = \frac{1}{K} \sum_k \boldsymbol{\sigma}_k \boldsymbol{m}_k \tag{7.23}$$

这里，$\boldsymbol{m}_k$ 代表一个二元掩码，其主要作用在于决定是否需要对特定点进行惩罚。$\boldsymbol{\sigma}_k$ 表示空间射线的体密度值。在实验过程中，当索引为 M 时，将 $\boldsymbol{m}_k$ 设定为 1，其余情况下设定为 0。该设置方式使得靠近平面的点受到更高程度的惩罚，从而有效地消除了此类飘浮物。

FreeNeRF 在 DietNeRF 的基础之上继续提高了稀疏视角的重建效果。尽管这一方法并不复杂，但它却体现出作者对 DietNeRF 及原始 NeRF 的深入观察，成功地找到了问题并提出了相应的解决方案。通常情况下，"天下没有免费的午餐"，然而这次却是例外。在几乎没有额外计算代价的情况下，该方法实现了超越原始模型的性能。

4. 基于局部图像特征的 DiffusioNeRF

DiffusioNeRF 是在利用扩散模型优化稀疏视角 NeRF 重建的领域中，被较早尝试的一种方法。其方法简捷易懂，主要通过训练一种先验模型，并监督训练出的渲染结果，对**降噪扩散模型**（Denoising Diffusion Model，DDM）损失较高的渲染结果进行惩罚。至于 DiffusioNeRF 的命名逻辑，也是非常直白的。

$$\mathrm{Diffusion} + \mathrm{NeRF} = \mathrm{DiffusioNeRF} \tag{7.24}$$

DiffusioNeRF 的算法框架如图 7.4 所示。

1）DDM 模型的训练与使用

在 DDM 模型的训练过程中，反复向样本 $x_{\tau-1}$ 中注入噪声，以构建一个生成模型。

$$x_\tau = \sqrt{\alpha_r} x_{\tau-1} + \sqrt{\beta_r} \epsilon_{\tau-1} \tag{7.25}$$

这里，$\epsilon_{\tau-1} \sim \mathcal{N}(0,1)$，代表一种微小的随机噪声。$\alpha_\tau = 1 - \beta_\tau$，这两个参数用来调节扩散

过程的速度。通过不断地叠加噪声，将输入的内容转化为一个高噪声的结果。

$$q(x_\tau|x_0) = \mathcal{N}(x_\tau, \sqrt{\overline{\alpha}_r}x_0, (1-\overline{\alpha}_r\boldsymbol{I})) \tag{7.26}$$

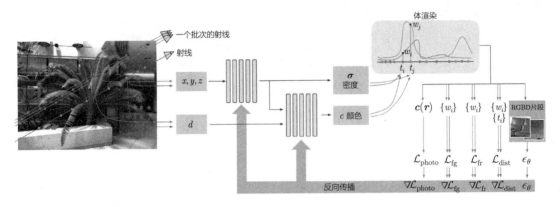

图 7.4 DiffusioNeRF 的算法框架。引自参考文献[150]

DDM 模型是这个过程的反向过程，通过持续去除噪声来恢复到最初的状态。

$$p(x_{\tau-1}|x_\tau) = \mathcal{N}(x_{\tau-1}; \mu(x_\tau,\tau), \overline{\beta}_\gamma\boldsymbol{I})$$
$$\overline{\beta}_\tau = (1-\overline{\alpha}_{\tau-1})\beta_\tau/(1-\overline{\alpha}_\tau) \tag{7.27}$$

预测中的损失可以由一个神经网络 $\epsilon_\theta(x_\tau,\tau)$ 得到，而已经证明的是 ϵ_θ 的分数函数是成比例的，因此可以使用 DDM 模型来监督预测过程。

$$\epsilon_\theta(x_\tau,\tau) \propto -\nabla_x \lg p(x) \tag{7.28}$$

在 NeRF 中，DDM 模型可以作为打分函数，以监督 NeRF 的重建过程。DiffusioNeRF 使用了 HyperSim 数据集中的内容，随机采样了 48 像素 ×48 像素的图像和深度的片段，从而得到了一个 48 像素 ×48 像素的 RGBD 训练数据集。利用这些数据，可以训练得到数据模型。

$$\epsilon_\theta(\{C(r), D(r)|r \in P\}) \tag{7.29}$$

该模型通过学习 HyperSim 数据集的数据模型，对于其他类似分布的 48 像素 ×48 像素的 RGBD 数据具有先验效果。

2）使用 DDM 模型监督 NeRF 训练

受 DDM 的监督且结合了 NeRF 训练中其他常用的正则项之后，能够生成一种新的损失函数。DiffusioNeRF 便采用了这五种不同的正则项，分别如下。

（1）重建损失 $\mathcal{L}_{\text{rec}}$，该损失函数与大部分其他损失函数保持一致。

（2）$\mathcal{L}_{\text{fg}} = (1 - \sum_{i=1}^{N} w_i)^2$，此项用于监督射线是否在体积场中被完全吸收。如完全被吸收，那么累积的权重应无限接近于 1。

（3）$\mathcal{L}_{\text{fr}} = \sum_i w_i 1(n_i \leqslant 1)$，此项用于惩罚那些仅在单一视角中出现点的情况。在稀疏视角输入的场景中，这类情况可能会发生，它们对整体场景的重建影响相对较小，因此对这些样本的贡献进行惩罚。

（4）$\mathcal{L}_{\text{dist}} = \frac{1}{D(r)}(\sum_{i,j} w_i w_k |\frac{t_i + t_{i+1}}{2} - \frac{t_j + t_{j+1}}{2}| + \frac{1}{3}\sum_{i=1}^{N} w_i^2(t_{i+1} - t_i))$，这源于 5.1.2 节中 Mip-NeRF 360 提出了失真正则项，通过对离相机近的样本点进行惩罚，避免飘浮物和白墙效应。

（5）$\text{DDM}_{\epsilon_\theta}$，即 DDM 模型的预测损失，其打分函数与其负值成正比，因此可直接使用它进行监督。

综上所述，最终的损失函数为以下公式，其中，不同的 λ 值代表了相应正则项的权重，作为参数用以控制训练过程。

$$\nabla\mathcal{L} = \nabla\mathcal{L}_{\text{rec}} + \lambda_{\text{fg}}\nabla\mathcal{L}_{\text{fg}} + \lambda_{\text{fr}}\nabla\mathcal{L}_{\text{fr}} + \lambda_{\text{dist}}\nabla\mathcal{L}_{\text{dist}} - \lambda_{\text{DDM}}\epsilon_\theta \tag{7.30}$$

DiffusioNeRF 是早期在解决稀疏视图输入的 NeRF 重建问题中使用扩散模型的代表性研究之一。通过 DDM 训练所学习到的局部特性对其他场景的渲染效果进行监督，即使在仅有三个或六个视角输入的情况下，其表现依然优秀。在后续使用扩散模型解决稀疏视角输入问题的研究中，DiffusioNeRF 也成为重要的对比基线算法之一。

5. 基于整体图像生成的 Zero-1-to-3

在 DiffusioNeRF 出现后不久，第二种使用扩散模型进行 NeRF 重建的技术由哥伦比亚大学与丰田公司共同提出，名称为 Zero-1-to-3。这个名称是"零样本（Zero-shot）、单视图（1 View）到三维（to 3D）"的缩写，直观地诠释了该项研究的主旨。此技术的核心理念在于，在仅有一个单视图输入的情况下，通过一个由大规模图像集训练出的扩散模型，可以输入一个新的相机位姿，从而生成新的视角图像。这种方法不仅直接解决了新视角合成（NVS）问题，而且能重建场景或物体的三维结构。相比 DiffusioNeRF 的局部扩散模型特征，Zero-1-to-3 直接在整图像域扩散模型进行生成。因此作为一种创新的思路，本节将对这种方法进行简单的介绍，以便读者对整个研究领域有全面的理解。

1）通过控制相机视角完成 NVS 任务

随着 Stable Diffusion 技术的不断发展和在产业的广泛应用，已经产生了大量的高质量预训练模型，而这些模型正是基于大规模数据集训练而来的。与此同时，由于这些预训练模型的源数据主要来自互联网，且在数据采集过程中，往往偏向于使用前向图像数据源，因此，要想直接输入源图像和目标相机位姿以生成相应的图像，难度颇高。正因如此，想要直接利用这些预训练模型生成新视角的图像，成功的可能性并不高，需要对现有 Stable Diffusion 模型的流程进行调整。在完成新视角合成（NVS）任务时，可以参考图 7.5。

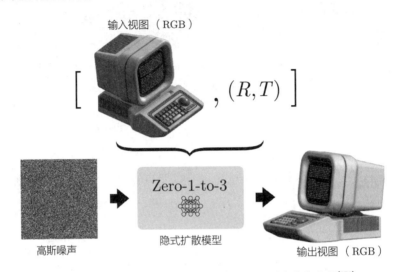

输入视图（RGB）

高斯噪声　　　　隐式扩散模型　　　　输出视图（RGB）

图 7.5　使用 Zero-1-to-3 完成 NVS 任务。引自参考文献[151]

Zero-1-to-3 的方案引入了一个精细调整的扩散模型理念，收集一个包含相机外部参数数据的数据集。

$$\{\{\boldsymbol{x}, \boldsymbol{x}_{R,T}, R, T\}\} \tag{7.31}$$

在这个数据集中，$\boldsymbol{x}$ 代表原始图像，R 和 T 代表某个未观察过的相机姿态，$\boldsymbol{x}_{R,T}$ 代表在该相机位姿下的观察图像。因此，问题变为：使用这个数据集对预训练的扩散模型进行精细调整后，得到的新模型能否具备输入一个新图像和目标相机位姿，然后合成新视角图像的泛化能力呢？

作者采用了一个隐式扩散框架，该框架包括一个编码器 E，一个基于 U-Net 的参数为 ϵ_θ 的噪声注入器，以及一个解码器 D。在这个设定中，$c(\boldsymbol{x}, R, T)$ 代表了输入图像在某一位姿 R, T 下的 CLIP 嵌入结果。基于这种表示，可以对扩散模型进行优化调整，并且最小化下面的损失函数。

$$\min_\theta \mathbb{E}_{Z \sim \epsilon(x), t, \epsilon \sim \mathcal{N}(0,1)} \| \epsilon - \epsilon_\theta(z_t, t, c(\boldsymbol{x}, R, T)) \|_2^2 \tag{7.32}$$

利用该模型，可以在任何新的位姿下，通过扩散过程对图像进行复原。实验证明，此模型即便应用在一些从未见过的物体上，也能实现理想的生成效果。因此，可以得出结论，此优化后的模型是一种能够利用位姿推理，通过单图像输入来实现扩散复原的模型。

2）基于 Zero-1-to-3 的三维重建方法

在基于单视角输入的三维重建任务中，可以利用经过训练的扩散模型对初始粗糙的 NeRF 模型进行监督，如图 7.6 所示。这种方法可以显著提高重建模型的精度和质量。

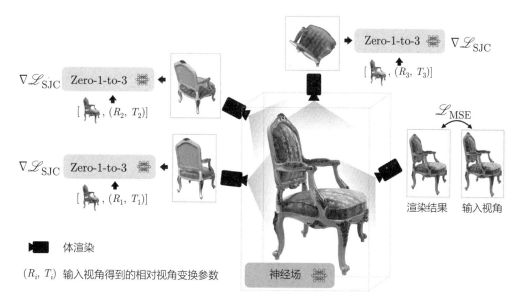

图 7.6　基于 Zero-1-to-3 的三维重建方法。引自参考文献[151]

Zero-1-to-3 采用了 SJC（Score Jacobian Chaining）方法，生成了一个初始的 NeRF 表示。然而，由于它基于扩散模型的生成方式，随机性较高，导致其生成的表达质量并不理想。因此，可以利用之前训练好的扩散模型来监督 NeRF 的渲染结果并进行优化，以解决由稀疏视角或单视角输入引发的重建质量问题。

具体而言，首先，利用生成的 NeRF 渲染出任意视角的照片。其次，通过上述的扩散模型和与输入图像的相对位姿，预测出输入图像。再次，将预测出的图像与实际的无噪声输入图像进行对比，并采用 PAAS 方法计算重建损失。最后，将重建损失、深度一致性损失等正项式整合，即可完成对 NeRF 模型训练损失函数的优化。

$$\nabla \mathcal{L}_{\mathrm{SJC}} = \nabla_{I_\pi} \lg p_{\sqrt{2}\epsilon}(x_\pi) \tag{7.33}$$

Zero-1-to-3 代表了一种更加灵活的新视角生成方法，即便在输入视角极其有限，或者单一视角输入的情况下，也能实现良好的重建效果。相较于 DiffusioNeRF，Zero-1-to-3 并不需要从零开始训练扩散模型，而仅需对预训练好的模型进行精细调整。此外，它的应用范围更加广泛，能在整个图像级别生成新的视角，而非仅在一个小的片段上寻找图像特征，因此其扩展能力更强。

然而，Zero-1-to-3 在处理具有复杂背景的场景时受限，例如，在包含真实世界背景的场景中，它无法有效应用。尽管如此，这些问题在后续的研究工作中已得到不同程度的缓解或解决。Zero-1-to-3 在利用扩散模型进行三维生成方向上展现出了一定的重要性和影响力，对于扩散模型在三维生成方面的思想构建产生了重要影响。例如，One-2-3-45 和 ZeroNVS 等，都将 Zero-1-to-3 作为基础模块使用。在编写本书期间，来自谷歌的科学家与哥伦比亚大学的学者再次提出了 ReconFusion[153] 技术（重建流程如图 7.7 所示），这一技术扩展了 One-2-3-45 的流程，不仅使用了附加的 CLIP 嵌入参数，还将输入图像的特征通过 PixelNeRF 提取出来，交给 U-Net 进行去噪处理。这样，更强的结构信息参与了扩散模型的生成过程，使其对渲染结果的监督效果更佳，从而在稀疏视角输入条件下实现了更高质量的重建。实际上，从基础逻辑上看，ReconFusion 也是 Zero-1-to-3 的逻辑的延续。

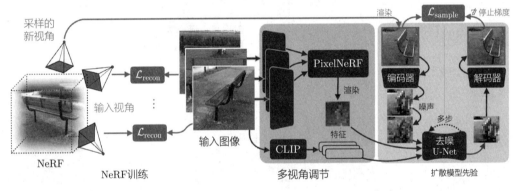

图 7.7　ReconFusion 的重建流程。引自参考文献[153]

在过去的两年中，扩散模型已经席卷了整个人工智能生成内容领域，它在极短的时间内就赢得了所有人对二维图像生成效果的赞誉，甚至在很大程度上改变了人们对于创作性、创意性工作的认知和工作流程。扩散模型用于三维建模是非常合适的，而且在过去的一年中，这一点已经被一次又一次地验证。除了本节提到的一些使用扩散模型优化 NeRF 建模效果的算法，更多的研究者和产业界人员的注意力已经扩展到另一个领域，即使用文本生成三维模型，期望利用人工智能的想象力，在文本描述或图像输入的情况下，尽可能细致地生成三维模型。本书第 8 章也会介绍相关的进展和重要研究，行业关注度的增加决定了此方向仍有强有力的新技术待发现。

7.1.3 基于几何监督的生成方法

在本章的开端，已经提及稀疏视角重建 NeRF 的核心问题是信息量不足。本节将详细介绍第三种弥补信息量不足的策略，即运用场景几何监督的方法进行重建。在场景几何监督类别中，常见的信息类型包含深度信息和表面的有向距离函数（SDF）。

深度信息在三维重建过程中占据了至关重要的地位，尽管拍摄的二维图像已经丧失了深度信息，但仍然有多种方法可以在一定程度上恢复深度信息。随着技术的不断发展，我们有理由相信，深度信息的重建能力将会日益增强，准确度也会逐渐提高。另外，许多采集设备本身就支持 RGBD 采集，在具备深度信息的情况下，重建的难度自然会降低。

关于基于 SDF 的重建技术，本书第 5 章进行了详细阐述。通过 SDF 的零水平面，可以得到表面的拓扑信息，这与场景中的不透明度有直接关系，也会为本身就缺乏足够信息的稀疏视角重建问题带来新的机会。

本节的剩余部分将详细阐述一些基于几何监督的重要研究成果。

1. 基于稀疏点云先验的 DS-NeRF

DS-NeRF[154] 被认为是该领域中最早且具有代表性的成果，使用了生成的深度信息来监督 NeRF 的训练。这意味着需要通过某种方法获取预测场景的深度信息作为监督，然后通过体积渲染的方法，生成训练得到的 NeRF 场景的深度，以最小化两者之间的差异。这种方法可以最大限度地利用图像中所携带的深度信息对场景进行重建。因此，首先需要解决深度生成的问题，然后解决损失函数的问题，从而完成算法设计。

1）监督深度的生成

首先，在大多数情况下，NeRF 的训练过程依赖运动恢复结构（Structure from Motion）方法获取相机的位姿。目前，最常使用的 SfM 工具是 COLMAP，它不仅可以生成相机的位姿，还可以生成由三维关键点构成的稀疏点云。从图像视角来看，这些点与点云之间的距离可以被用来估计当前空间点位置的深度 D_{ij}，因此，这些深度信息可以被用于监督训练。然而，值得注意的是，生成的深度值可能带有较大的噪声，且准确度不高。然而，从概率分布的角度考虑，这些值应被视为对真实深度值的预测。

$$\mathbb{D}_{ij} \sim \mathbb{N}(\boldsymbol{D}_{ij}, \hat{\sigma}_i) \tag{7.34}$$

2）渲染深度的生成

渲染深度数据时可以使用类似颜色渲染的方法，从经过训练的 NeRF 模型中通过体密度和累积不透明度计算得到。

$$\hat{D} = \sum_{i=1}^{N} T_i (1 - \exp(-\sigma(t_i)\delta_i)) t_i \tag{7.35}$$

3）深度监督方法

在体渲染处理过程中，已经得到了累积不透明度 $T(t)$ 和体密度 $\sigma(t)$，因此，可以用以下公式表达重构的颜色。

$$\hat{C} = \int_0^\infty T(t)\sigma(t)c(t)\mathrm{d}t \tag{7.36}$$

如果记 $h(t) = T(t)\sigma(t)$，那么可以重写重建颜色公式。

$$\hat{C} = \int_0^\infty h(t)c(t)\mathrm{d}t \tag{7.37}$$

通过重写式（7.37）可以看出，渲染的颜色为 $c(t)$ 的期望值，而 $h(t)$ 的分布就是射线上每个点对最终颜色值的贡献权重。

$$\hat{C} = E[h(t)][c(t)] \tag{7.38}$$

三维空间的稀疏性质在之前的章节中被多次提到，因此理想的光线在接近深度为 D 的曲面位置的概率，应当遵循狄拉克（Dirac）分布 $\delta(t - D)$。通过测量函数 $h(t)$ 与狄拉克函数 δ 的 **KL 散度**（Kullback-Leibler Divergence），可以监测深度。

$$E[\mathrm{KL}[\delta(t - \mathbb{D}_{ij})||h_{ij}(t)]] = \mathrm{KL}[\mathbb{N}(D_{ij}, \hat{\sigma}_i)||h_{ij}(t)] + \mathrm{const} \tag{7.39}$$

KL 散度的计算表达式为

$$\begin{aligned}
\mathrm{KL}[p(x)||q(x)] &= \int_{-\infty}^{\infty} p(x) \ln \frac{p(x)}{q(x)} \mathrm{d}(x) \\
&= \int_{-\infty}^{\infty} (p(x)\ln(p(x))) - p(x)\ln(q(x))\mathrm{d}x
\end{aligned} \tag{7.40}$$

带入计算预估深度和生成深度之间的 KL 散度值即可。

$$\begin{aligned}
\mathrm{KL}[\mathbb{N}(\boldsymbol{D}_{ij}, \hat{\sigma}_i)||h_{ij}(t)] &= \int_{-\infty}^{\infty} (\mathbb{N}(\boldsymbol{D}_{ij}, \hat{\sigma}_i)\ln(\mathbb{N}(\boldsymbol{D}_{ij}, \hat{\sigma}_i)) - \mathbb{N}(\boldsymbol{D}_{ij}, \hat{\sigma}_i)\ln(h_{ij}(t)))\mathrm{d}t \\
&= -\int_{-\infty}^{\infty} \mathbb{N}(\boldsymbol{D}_{ij}, \hat{\sigma}_i)\ln(h_{ij}(t))\mathrm{d}t + \mathrm{const} \\
&= -\int_{-\infty}^{\infty} \ln h_{ij}(t)\exp\left(-\frac{(t - \boldsymbol{D}_{ij})^2}{2\hat{\sigma}_i^2}\right)\mathrm{d}t + \mathrm{const}
\end{aligned} \tag{7.41}$$

这样就可以定义深度的损失项。

$$\mathcal{L}_{\text{Depth}} = \mathbb{E}_{x_i \in X_j} \int \ln h(t) \exp\left(-\frac{(t - \boldsymbol{D}_{ij})^2}{2\hat{\sigma}_i^2}\right) \mathrm{d}t \tag{7.42}$$

在计算时将其离散化来逼近积分即可。

$$\mathcal{L}_{\text{Depth}} \approx \mathbb{E}_{x_i \in X_j} \sum_k \ln h_k \exp\left(-\frac{(t - \boldsymbol{D}_{ij})^2}{2\hat{\sigma}_i^2}\right) \Delta t_k \tag{7.43}$$

总的损失函数与其他方法类似，可由颜色重建的损失与深度监督的损失加权得到。

$$\mathcal{L} = \mathcal{L}_{\text{rec}} + \lambda \mathcal{L}_{\text{Depth}} \tag{7.44}$$

经过上述推理，成功地完成了 DS-NeRF 核心计算过程的逻辑演绎。DS-NeRF 对深度信息的运用非常直接有效，它充分利用了 COLMAP 所生成的稀疏点云的价值。在深度监督的稀疏视角 NeRF 重建领域，DS-NeRF 很早就展现出了突出的代表性。其他类似的研究，如 NerfingMVS[155]、SparseNeRF[156] 等，亦均取得了良好的效果。

更为关键的是，DS-NeRF 成功地开拓了基于深度监督的研究途径。如作者所指出的，由 COLMAP 生成的深度信息可能并不准确，并且这些信息充满了噪声。如果能够拥有更优质的深度生成工具，或者更先进的深度提取设备，那么生成效果将可能得到显著提升。因此，随着时间的推移和设备技术的不断迭代，DS-NeRF 方向的研究还有极大的发展空间。

2. 基于稠密 SDF 网格的 MonoSDF

另一种常用的几何先验知识是**符号距离场**（Signed Distance Function，SDF），其概念和原理在第 2 章和第 5 章中已做过详细介绍。既然对于深度信息的利用可以增强重建过程，那么是否可以通过 SDF 信息实现对重建的强化呢？这正是 MonoSDF[28] 所倡导的核心理念。相较于 DS-NeRF 所监督的稀疏深度信息，MonoSDF 通过同时监督稠密的深度信息、SDF 信息等几何信息来强化重建过程。

MonoSDF 能够实现出色的场景重建效果是因为它使用了**通用目标的单目预测方法**（General-Purpose Monocular Estimators）。尽管其重建过程所基于的视角输入相对较少，但得益于更丰富的场景几何先验信息，依然能够取得良好的效果。MonoSDF 的算法框架如图 7.8 所示。

1）隐藏场景表达

通过使用 SDF，能够对空间中的任意一点进行计算，以表示该点与最近表面的距离。这里，表面上的所有点构成了一个被称为零水平集（Zero Level Set）的集合。

$$f : \mathbb{R}^3 \to \mathbb{R} \quad \boldsymbol{x} \to s = \text{SDF}(\boldsymbol{x}) \tag{7.45}$$

更进一步地，该点的表面法向量可以通过 SDF 的梯度来获得。

$$\hat{\boldsymbol{n}} = \nabla(\hat{s}) \tag{7.46}$$

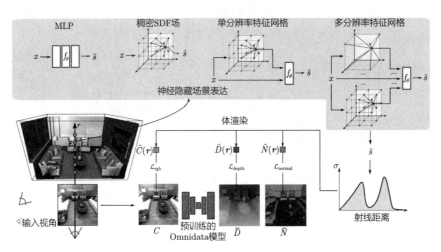

图 7.8　MonoSDF 的算法框架。引自参考文献[28]

参照 VolumeSDF 的设计，利用几何信息获取第二个特征线性头 $\hat{z}$，并结合空间点坐标 x、视觉观察方向 v 进行颜色预测。

$$\hat{c} = c_\theta(x, v, \hat{n}, \hat{z}) \tag{7.47}$$

在这个计算框架下，MonoSDF 提供了四种生成 SDF 特征的方法，这些方法都可以用于生成 SDF 特征及最终的颜色预测。

（1）使用 MLP 预测生成，这种方法比较直接，如图 7.9 所示。

$$(\hat{s}, \hat{n}, \hat{z}) = f_\theta(\gamma(x)) \tag{7.48}$$

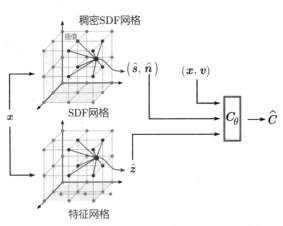

图 7.9　使用 MLP 预测生成。引自参考文献[28]

（2）使用 SDF 网格和特征网格生成。所有的 SDF 信息都储存在网格节点上，同时，场景特征也使用一个独立的网格进行存储。这种方法只需要对网格的节点坐标进行采样，并对非节点上的坐标进行三次插值采样，即可获得对应的场景特征，如图 7.10 所示。

$$
\begin{aligned}
(\hat{s}, \hat{\boldsymbol{n}}) &= f_\theta(\gamma(\boldsymbol{x})) \\
z &= f'_\theta(\gamma(\boldsymbol{x}))
\end{aligned}
\tag{7.49}
$$

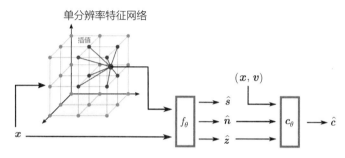

图 7.10　使用 SDF 网格和特征网格生成。引自参考文献[28]

（3）使用单分辨率特征网格与 MLP 预测 SDF。结合使用 MLP 预测生成方法与 SDF 网格和特征网格生成方法，使用单分辨率网格 ϕ_θ 存储特征，使用 MLP 预测 SDF、法向等信息。最终合并计算颜色，如图 7.11 所示。其中 MLP 预测部分使用以下公式表示。

$$
(\hat{s}, \hat{\boldsymbol{n}}, \hat{\boldsymbol{z}}) = f_\theta(\gamma(\boldsymbol{x}), \mathrm{interp}(\boldsymbol{x}, \phi_\theta))
\tag{7.50}
$$

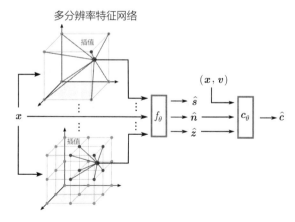

图 7.11　使用单分辨率特征网格与 MLP 预测 SDF。引自参考文献[28]

（4）使用多分辨率特征网格与 MLP 预测 SDF。区别于使用单分辨率特征网格与 MLP 预测 SDF 的方法，对于特征的表示，使用多分辨率特征网格替代单分辨率网格，并将这些多分辨率特征联结起来，用以预测 SDF、法向量等空间位置信息。最终，合并这些信息以计算颜色，如图 7.12 所示。在 MLP 预测部分，用下述公式进行表示。

$$(\hat{s}, \hat{\boldsymbol{n}}, \hat{\boldsymbol{z}}) = f_\theta(\gamma(\boldsymbol{x}), \{\mathrm{interop}(\boldsymbol{x}), \phi_\theta^l\}_l) \tag{7.51}$$

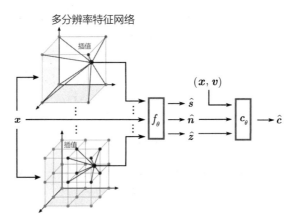

图 7.12　使用多分辨率特征网格与 MLP 预测 SDF。引自参考文献[28]

2）基于场景特征的体渲染方法

生成的 SDF 信息表示了物体表面在空间中的位置。因此，MonoSDF 利用 SDF 的信息来推断空间中的体密度信息。

$$\sigma_\beta(s) = \begin{cases} \dfrac{1}{2\beta} \exp\left(\dfrac{s}{\beta}\right), & \text{如果 } s \leqslant 0 \\[2mm] \dfrac{1}{\beta}\left(1 - \dfrac{1}{2}\exp\left(-\dfrac{s}{\beta}\right)\right), & \text{如果 } s \geqslant 0 \end{cases} \tag{7.52}$$

通过更新的体密度公式，可以使用体渲染方法来获得由光线生成的颜色、深度和法线信息，这与原始的 NeRF 在计算方法上是大体相同的。

$$\begin{aligned} \alpha_r^i &= 1 - \exp\left(-\sigma_r^i \delta_r^i\right) \\ T_r^i &= \prod_{j=1}^{i-1}(1 - \alpha_r^j) \\ \hat{C}(r) &= \sum_{i=1}^{M} T_r^i \alpha_r^i \hat{c}_r^i \end{aligned} \tag{7.53}$$

$$\hat{D}(r) = \sum_{i=1}^{M} T_r^i \alpha_r^i t_r^i$$

$$\hat{N}(r) = \sum_{i=1}^{M} T_r^i \alpha_r^i \hat{\boldsymbol{n}}_r^i$$

3）MonoSDF 的优化过程

与大多数其他算法一样，MonoSDF 的优化过程的核心损失项为重建损失 $\mathcal{L}_{\text{rec}}$，此损失是通过计算渲染颜色值与输入颜色真值得出的。此外，优化过程还需要添加新的正则项，其中包括：

（1）Eikonal 损失。这是基于 SDF 重建方法的常见的正则项，其计算方法已在第 5 章进行了详细讲解。

$$\mathcal{L}_{\text{eikonal}} = \sum_{x \in \mathcal{X}} (\|\nabla f_\theta(\boldsymbol{x})\|_2 - 1)^2 \tag{7.54}$$

（2）渲染深度值应与预期深度值保持一致，为此，增加了对深度重建损失的正则项。

$$\mathcal{L}_{\text{depth}} = \sum_{r \in \mathbb{R}} \|(\omega \hat{D}(r) + q) - \overline{D}(r)\|^2 \tag{7.55}$$

使用 ω 与 q 对渲染的深度进行线性变换，用于与预期深度值对齐。

（3）法向一致性损失。出于与深度一样的考虑，渲染的法向应与预期的深度值保持一致，因此，增加了对法向重建损失的正则项。

$$\mathcal{L}_{\text{normal}} = \sum_{r \in \mathbb{R}} \|\hat{N}(r) - \overline{N}(r)\|_1 + \|1 - \hat{N}(r)^{\text{T}}\overline{N}(r)\|_1 \tag{7.56}$$

最终，所有正则项的加权总和构成了重建的损失函数。

$$\mathcal{L} = \mathcal{L}_{\text{rgb}} + \lambda_1 \mathcal{L}_{\text{eikonal}} + \lambda_2 \mathcal{L}_{\text{depth}} + \lambda_3 \mathcal{L}_{\text{normal}} \tag{7.57}$$

在实验过程中，将 MonoSDF 设置为 $\lambda_1 = 0.1$、$\lambda_2 = 0.1$、$\lambda_3 = 0.05$，使法向的损失权重更低一些。

值得一提的是，MonoSDF 是首个将 SDF 作为重要先验引入稀疏视角 NeRF 重建的算法。从算法设计的角度看，它在稀疏视角造成重建信息严重缺失的情况下，应用了 VolSDF[86] 中许多重要设计思想，将常规几何先验的深度和 SDF 信息融合，在重建过程中实现了预期效果。同时，对于四种 SDF 生成方法，实验结果与理论预期一致，更复杂的多分辨率特征网格模型以显著优势胜出。这也意味着对场景的特征线索挖掘的深入度与重建质量是成正比的。

7.2 无相机位姿的 NeRF 重建方法

7.1 节已经阐述了在重建过程中，当输入视角不充足时可采用的一些策略。而另一个常见的挑战是在相机参数未知的情况下完成 NeRF 的重建。实际上，在大多数情况下，获取相机的参数是一项极具挑战性的任务，通常需要借助 SfM 方法来实现，例如使用 COLMAP 等。然而，COLMAP 生成的相机参数的可靠性也是有限的，在极端情况下，SfM 方法甚至会失败，导致无法完成重建任务。若相机参数这一基础数据的准确度不高，将可能导致后续所有的计算结果偏离预期。因此，如何在不依赖 SfM 工具的情况下，优化相机参数并重建 NeRF 场景，成为一个重要的研究方向。

7.2.1 静态无相机位姿重建方法

1. NeRF–

NeRF–[157] 是这一领域最早的探索之一，其名称源于对相机位姿的依赖的去除。考虑到相机参数的未知性，将其作为可学习的参数，交由神经网络学习处理，这就是 NeRF–的初衷。在没有 COLMAP 支持的情况下，针对前向场景，可以将两步流程简化为一个整合的过程，仅需以 RGB 图像作为输入即可完成场景训练。其流程示意图如图 7.13 所示。

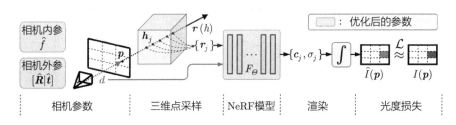

图 7.13　NeRF–的流程示意图。引自参考文献[157]

采用数学表述，将一系列给定条件输入图像 I，通过神经网络得到一系列的渲染结果图像以及对于相机位姿的预测 $\hat{I}$ 和 $\hat{\Pi}$。目标就是使渲染误差最小化，获得模型 Θ^* 和最终确定的位姿 Π^*。

$$\Theta^* \, \Pi^* = \arg\min \mathcal{L}(\hat{I}, \hat{\Pi}|I) \tag{7.58}$$

如第 2 章所述，相机参数分为内参和外参两部分，其中内参主要包括相机的一些固有属性，通常由相机的焦距 f，以及成像面中心点与成像面边缘的距离确定。一般情况下，可以假设传感器的中心点位于图像中心，因此，该距离可以用图像的宽高的一半来近似。对于内参，主要学习相机的焦距 f。

$$c_x \approx \frac{W}{2}$$
$$c_y \approx \frac{H}{2} \tag{7.59}$$

而外参主要需要学习相机的旋转和平移量。

$$T_{wc} = [\boldsymbol{R}|\boldsymbol{t}] \in \mathrm{SE}(3), \boldsymbol{R} \in \mathrm{SO}(3), \boldsymbol{t} \in \mathbb{R}^3 \tag{7.60}$$

在训练 NeRF 时，不仅需要学习 MLP 的参数，还需要学习每束光线 $\hat{r}_{i,p}(h) = \hat{\boldsymbol{o}}_{i,p} + h\hat{\boldsymbol{d}}_{i,p}$ 中的光心与光线方向参数。

$$\hat{\boldsymbol{o}}_i = \hat{\boldsymbol{t}}_i$$
$$\hat{\boldsymbol{d}}_{i,p} = \hat{\boldsymbol{R}}_i \begin{pmatrix} \left(u - \dfrac{W}{2}\right) \Big/ \hat{f} \\ \left(v - \dfrac{W}{2}\right) \Big/ \hat{f} \\ -1 \end{pmatrix} \tag{7.61}$$

其他的流程与 NeRF 的训练过程一致，只需最小化重建损失。

NeRF–的核心思想是将相机参数作为可学习参数加入训练过程，通过优化过程获得，而不依赖外部输入，这样就免去了在 NeRF 训练之前使用 SfM 方法进行预运算的过程。实验表明，得到的结果与 COLMAP 的效果接近，并可容忍 20% 的旋转与平移扰动。

后续的一些工作，如 BARF、NeRFmm 和 SC-NeRF，也采取了类似的思路，将学习相机参数与 NeRF 的训练过程同步进行。这些方法只对前向拍摄数据有效，但同样存在一些问题，如无法处理 360° 场景，对剧烈的相机运动不友好等。这些问题也成为后续研究的重点。

2. NoPe-NeRF

2022 年，来自牛津大学 VGG 实验室的研究者提出了 NoPe-NeRF[158] 的新方法，该方法对无相机位姿输入的场景重建问题，特别是在有较大运动的情况下进行了优化。通过在训练过程中加入深度先验信息和正则项，使得更加复杂的场景的训练结果也能趋于收敛。此外，NoPe-NeRF 之所以得名，正是因为它能够解决无相机位姿 NeRF 的重建问题。该算法框架如图 7.14 所示。

1）NoPe-NeRF 算法目标

与 NeRF——一样，NoPe-NeRF 也在一系列无位姿数据输入图像的条件下，得到最优的 NeRF 表达 Θ^* 和位姿估计 Π^*。

$$\Theta^*, \Pi^* = \arg\min \mathcal{L}(\hat{I}, \hat{\Pi} | I) \tag{7.62}$$

然而，为了解决 NeRF–无法优化大幅度运动的问题，在训练过程中引入了深度信息的正则化监督。

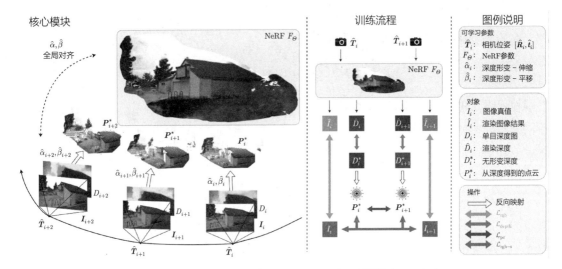

图 7.14　NoPe-NeRF 算法框架。引自参考文献[158]（见彩插）

2）单目图像的深度估计与监督

NoPe-NeRF 采用了现有的单目图像深度估计方法 DPT，以对每一张输入图像进行深度预测。

$$D = \{D_i | i = 0, 1, \cdots, N-1\} \tag{7.63}$$

单目图像的深度恢复问题可视为一个不适定问题（Ill-Posed Problem），鉴于其成像原理，获取其精确真值是无法做到的（如果可以，那么三维重建问题将在拍摄阶段得到解决）。尽管如此，计算视觉技术经过多年的发展，其深度恢复结果已经能够较好地逼近深度的真值分布。最大的问题在于，使用单目深度恢复技术得出的多张图像之间的深度的一致性非常差，因此，NoPe-NeRF 对每张图像的深度加入了深度转换计算，并在训练过程中添加深度一致性正则化。

$$\begin{aligned} D_i^* &= \alpha_i D_i + \beta_i \\ \mathcal{L}_{\text{depth}} &= \sum_i^N \|D_i^* - \hat{D}_i\| \end{aligned} \tag{7.64}$$

其中，$\hat{D}_i$ 是由 NeRF 渲染得到的深度图，本书已多次提及。采用这一正则项，可以增强多视图之间深度图的一致性，尤其在剧烈运动的情况下，能够获得较好的效果。

3）相对位姿一致性

在同一场景的拍摄过程中，相机的相对位姿之间存在一定的一致性，这可以作为先验信息在训练过程中使用。NoPe-NeRF 设计了两个正则项，以确保位姿之间的一致性。

首先，不同相邻位姿的点云应具有高度一致性，这样可以方便地使用某一位姿下生成的点云预测相邻位姿的点云。具体来说，使用预测获得的深度信息和相机参数，可以生成场景的点云 P^*。每两个点云之间都可以使用第 2 章提到的转换矩阵进行转换。

$$P_j^* = T_j T_i^{-1} P_i^* \tag{7.65}$$

然后使用两个点云之间的倒角距离（Chamfer Distance）描述三维重建损失，这样就可以形成一个新的点云正则项。

$$\mathcal{L}_{\mathrm{pc}} = \sum_{i,j} l_{\mathrm{cd}}(P_j^*, T_{ji} P_i^*) \tag{7.66}$$

综合以上所有正则项，可以得到最终的损失函数，并完成对 NeRF 参数、相机位姿等参数的学习。

$$\mathcal{L} = \mathcal{L}_{\mathrm{rec}} + \lambda_1 \mathcal{L}_{\mathrm{depth}} + \lambda_2 \mathcal{L}_{\mathrm{pc}} + \lambda_3 \mathcal{L}_{\mathrm{rgb\text{-}s}} \tag{7.67}$$

从主观效果来看，NoPe-NeRF 明显优于 NeRF--、BARF 和 SC-NeRF。在 Tanks and Temples 数据集上，NoPe-NeRF 的表现也非常出色，因此可以得出 NoPe-NeRF 在性能上显著优于其他方法的结论。然而，NoPe-NeRF 也引入了一些新的问题。一方面，虽然去掉了 COLMAP 这个预处理过程，却引入了一个深度估计的过程，这也需要一个单独的处理过程。尽管可以更有效地整合这个环节以避免两阶段的处理过程，但其实收益并不显著。另一方面，大量的优化过程使得收敛速度变得较慢，训练时长将相应增加。但是，NoPe-NeRF 的优势在于，能够处理极其复杂的轨迹输入，为大型场景的位姿估计与场景合成提供了新的可能性。

7.2.2 动态场景弱相机位姿重建方法 RoDynRF

对于动态环境，缺乏精确的相机参数，这使在仅单目视频输入的情况下进行重建变得更加具有挑战性。在静态环境中，同步处理相机参数与整个 NeRF 场景的优化过程的方法已经不再适用。此外，动态环境中更易出现运动模糊、光影变化等复杂情况，因此，即使使用 COLMAP 等 SfM 工具进行位姿估计，重建质量也可能由于这些因素而变得不稳定。2023 年年初，研究者提出了 RoDynRF[36]，即鲁棒的动态神经场方法，用以解决此问题，效果显著。

RoDynRF 利用体素方法进行加速，训练过程主要包含两部分。首先，与许多动态环境重建方法相同，将环境划分为动态部分和静态部分进行处理，在静态环境中预测相机参数，并训练静态神经场。然后，在静态环境训练完成后，利用得到的相机参数进行动态环境部分的训练。

最后，在渲染时，按时间查询动态和静态相关的神经场，获得渲染结果并进行混合。这种方法有效地避免了大量的不稳定因素，解决了在 COLMAP 等工具不准确或无法使用的情况下的重建问题。RoDynRF 的算法框架如图 7.15 所示。

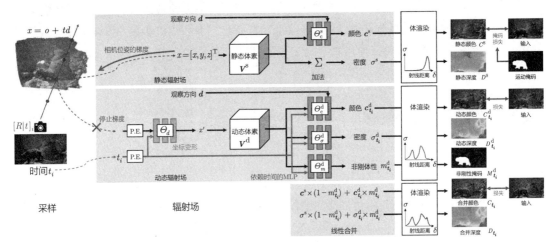

图 7.15　RoDynRF 的算法框架。引自参考文献[36]（见彩插）

1. 动静场景分离

在预测相机位姿时，排除动态部分的影响有助于增强估计结果的稳定性。为了精确地将静态场景进行分割，RoDynRF 首先利用 Mask R-CNN 算法生成一个动态区域掩码。接着计算相邻帧之间的光流，并通过 Sampson 距离得出另一个二值化的掩码。最后通过融合这两个掩码，得到最终的动态掩码。这种方法有效地避免了 Mask R-CNN 在某些场景中的预测不准确性。

2. 静态场景的建模与相机位姿的学习

经过划分，静态部分被分离，并能够通过常规的方法进行重构。为了增强鲁棒性，RoDynRF 还引入了新的正则项提升重建效果。图 7.16 是 RoDynRF 静态场景训练过程。

静态区域的特征存储在体素网格 V^s 中，该方法与其他基于体素网格的表示方式类似。重建过程使用了从粗糙到精细的方法。训练开始时，使用的网格分辨率较低，随着训练的进行，逐步提高分辨率，这样可以最大限度地避免优化过程陷入次优解。在预测阶段，颜色的预测是通过体素输出结果经过 MLP 来实现的。密度值与观察方向和时间无关，因此可以通过累加体素网格的输出来获取，无须使用 MLP。

$$
\begin{aligned}
\boldsymbol{c}^s &= \Theta_c^s(V^s(\boldsymbol{x}), \boldsymbol{d}) \\
\sigma^s &= \sum V^s(\boldsymbol{x})
\end{aligned}
\tag{7.68}
$$

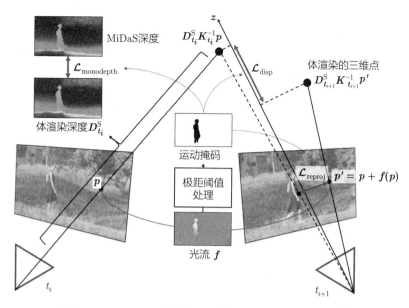

图 7.16 RoDynRF 静态场景训练过程。引自参考文献[36]

与其他联合预测相机位姿的方法一样，仅通过重构损失来监督训练过程是不够的。为了增强鲁棒性，RoDynRF 提出了一些其他的正则项来强化训练过程。

（1）重建损失 $\mathcal{L}_c^s$。由于经过了动静划分，在计算重构损失时，需要使用掩码来排除动态部分。其中，$M(r)$ 表示提取到的运动掩码，用于将动态部分从损失中排除。

$$\mathcal{L}_c^s = \left\| (\hat{C}^s(r) - C(r)) \cdot (1 - M(r)) \right\|_2^2 \tag{7.69}$$

（2）重映射损失 $\mathcal{L}_{\text{reproj}}^s$。RoDynRF 采用了 RAFT 方法完成光流预测，将当前帧的点映射到相邻帧，通过计算差异可以得到重映射损失。

（3）视差损失 $\mathcal{L}_{\text{disp}}^s$。通过比较两个对应点在相机坐标空间中的 z 轴距离，并对其进行正则化，可以得到视差损失。

（4）单目深度损失 $\mathcal{L}_{\text{monodepth}}^s$。由于上述几个正则项无法处理相机旋转的情况，因此 RoDynRF 加入了单目深度损失。由于没有真实的深度信息，因此使用了 MiDaS 对单目图像进行深度估计，以此来监督体渲染得到的深度图，二者的差异构成了单目深度损失。

最后，将上述所有损失项融合，形成了静态场景训练的损失函数。

$$\mathcal{L}^s = \mathcal{L}_c^s + \lambda_{\text{reproj}}^s \mathcal{L}_{\text{reproj}}^s + \lambda_{\text{disp}}^s \mathcal{L}_{\text{disp}}^s + \lambda_{\text{monodepth}}^s \mathcal{L}_{\text{monodepth}}^s \tag{7.70}$$

3. 动态场景的建模

对于动态部分，RoDynRF 使用了体素网格加变形场的方式进行表示，对于长时间序列的变形场表达，使用体素网格是不够的，因此 RoDynRF 在体素网格前加了一个时间相关的 MLP，用来加强对于空间像素点变形的预测能力。

对于动态部分的处理，RoDynRF 采用了体素网格结合变形场的方式。图 7.17 展示了 RoDynRF 动态场景训练过程。

$$\boldsymbol{x}' = \text{MLP}(\text{PE}(\boldsymbol{x}), t) \tag{7.71}$$

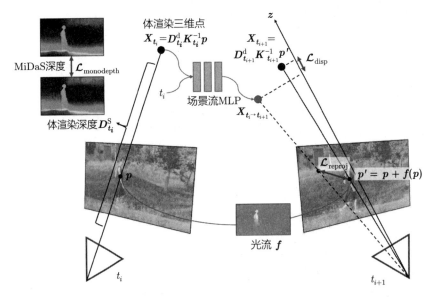

图 7.17　RoDynRF 动态场景训练过程。引自参考文献[36]

然后，可以结合体素网格生成的特征来预测颜色、密度及一个新引入的非刚性特征。其中，PE 表示位置编码方法。

$$\begin{aligned}
\boldsymbol{c}_t^{\text{d}} &= \Theta_c^{\text{d}}(V^{\text{d}}(\boldsymbol{x}'), \text{PE}(t)) \\
\sigma_t^{\text{d}} &= \Theta_\sigma^{\text{d}}(V^{\text{d}}(\boldsymbol{x}'), \text{PE}(t)) \\
m_t^{\text{d}} &= \Theta_m^{\text{d}}(V^{\text{d}}(\boldsymbol{x}'), \text{PE}(t))
\end{aligned} \tag{7.72}$$

为了保证训练的稳定性，对动态部分也增加了多个损失正则项。

（1）重建损失 $\mathcal{L}_c^{\text{d}}$，与静态部分相同，用于衡量重建后像素与真值之间的差异，即

$$\mathcal{L}_c^{\text{d}} = \|\hat{C}^{\text{d}}(r) - C(r)\|_2^2 \tag{7.73}$$

（2）与静态场景一致，在动态部分引入重映射损失 $\mathcal{L}^{\mathrm{d}}_{\mathrm{reproj}}$，视差损失 $\mathcal{L}^{\mathrm{d}}_{\mathrm{disp}}$，以及单目深度损失 $\mathcal{L}^{\mathrm{d}}_{\mathrm{monodepth}}$。

（3）为了加强对运动场景平滑性的监督，RoDynRF 引入了一个场景流 MLP Θ_{sf} 来预测三维运动。

$$(S_{i\to i+1}, S_{i\to i-1}) = \Theta_{\mathrm{sf}}(x, y, z, t_i) \tag{7.74}$$

其中，$S_{i\to i+1}$ 表示 t_i 时刻的三维场景流，虽然它只是一个概念，但是可以描述场景动作的连贯性，且引入了新的正则项监督场景流的平滑连续性。

$$\mathcal{L}^{\mathrm{reg}}_{\mathrm{sf}} = \|S_{i\to i+1} + S_{i\to i-1}\|_1 + \|S_{i\to i+1}\|_1 + \|S_{i\to i-1}\|_1 \tag{7.75}$$

（4）掩码损失 $L^{\mathrm{d}}_{\mathrm{m}}$，动态部分的掩码应与静态场景训练得到的掩码保持一致，即

$$\mathcal{L}^{\mathrm{d}}_{\mathrm{m}} = \|M^{\mathrm{d}} - M\|_1 \tag{7.76}$$

综合以上所有损失项，可以实现动态部分的最终损失计算。

$$\mathcal{L}^{\mathrm{d}} = \mathcal{L}^{\mathrm{d}}_{c} + \lambda^{\mathrm{d}}_{\mathrm{reproj}}\mathcal{L}^{\mathrm{d}}_{\mathrm{reproj}} + \lambda^{\mathrm{d}}_{\mathrm{disp}}\mathcal{L}^{\mathrm{d}}_{\mathrm{disp}} + \lambda^{\mathrm{d}}_{\mathrm{monodepth}}\mathcal{L}^{\mathrm{d}}_{\mathrm{monodepth}} + \lambda^{\mathrm{reg}}_{\mathrm{sf}}\mathcal{L}^{\mathrm{reg}}_{\mathrm{sf}} + \lambda^{\mathrm{d}}_{\mathrm{m}}\mathcal{L}^{\mathrm{d}}_{\mathrm{m}} \tag{7.77}$$

4. 动静融合

通过对动态和静态两部分进行训练，可以更有效地生成动态和静态的像素预测。因此，每个像素点的颜色和密度可以通过其各自的颜色和密度采用非刚性特征的线性加权和表示。

$$\boldsymbol{c} = \boldsymbol{c}^{\mathrm{s}} \times (1 - m^{\mathrm{d}}_{t_i}) + \boldsymbol{c}^{\mathrm{d}}_{t_i} \times m^{\mathrm{d}}_{t_i}$$
$$\sigma = \sigma^{\mathrm{s}} \times (1 - m^{\mathrm{d}}_{t_i}) + \sigma^{\mathrm{d}}_{t_i} \times m^{\mathrm{d}}_{t_i} \tag{7.78}$$

在包含这个重建损失函数的情况下，加上动态和静态损失，可以得到最终的总损失函数。至此，RoDynRF 的训练过程已经完成。在渲染阶段，我们可以使用相同的线性融合方法来融合动态和静态的渲染结果。

$$\hat{C}(r) = \sum_{i=1}^{N} T(i)(m^{\mathrm{d}}(1 - \exp(-\sigma^{\mathrm{d}}(i)\delta(i)))\boldsymbol{c}^{\mathrm{d}}(i) +$$
$$(1 - m^{\mathrm{d}})(1 - \exp(-\sigma^{\mathrm{s}}(i)\delta(i)))\boldsymbol{c}^{\mathrm{s}}(i)) \tag{7.79}$$
$$\mathcal{L} = \|\hat{C}(r) - \boldsymbol{C}(r)\|_2^2 + \mathcal{L}^{\mathrm{s}} + \mathcal{L}^{\mathrm{d}}$$

RoDynRF 是一个鲁棒的动态神经场重建方法，它在无相机位姿约束条件下表现良好，且能够取得令人满意的重建效果。从方法论的角度出发可以看出，在动静分离后，预测静态场景

中的相机位姿仍然是核心任务，在此基础上训练动态部分并进行融合是至关重要的。然而，与其他动态场景类似，这个过程的主要挑战在于重建的复杂度、时间消耗、表达难度以及有效的损失函数设计。越复杂的场景需要的正则项越多，这也成为深度学习、神经渲染相关应用的常态，无疑增加了计算时间。例如，使用英伟达 V100 GPU、RoDynRF 需要大约 28 小时来训练一个场景。然而在技术界，对于以时间换取性能的解决方案不必太过担心，因为总有各种方法可以在保证训练质量的同时提高计算速度。

7.3 弱图像采集条件 NeRF 重建方法

此外，还存在另一种类型的问题：由于图像采集过程遇到的各种困难或环境本身的问题，导致图像过于暗淡或过于模糊，使最终重建效果不佳。本节将此种问题归类为弱图像采集条件下的 NeRF 生成问题，即在图像采集质量不高的情况下能够采用的方法。这类问题分为两大类：一类是由于光照不足或噪点过多导致图像过于黑暗；另一类是由于拍摄过程中的运动导致图像模糊。本节将介绍这些问题的解决策略。

7.3.1 采集图像偏暗的重建方法

在光照条件较弱的场景重建中，所获得的 RGB 照片通常相对昏暗，且噪点较多。在此情况下，即使采用多视角图像重建，其质量仍可能不尽如人意。对于这类情况，需要重新审视和处理数据问题，或者设计新的算法以提升重建质量。在过去两年里，研究者已经针对此类场景提出了一些有效的处理方法，本节将详细介绍在此情境下两个较为典型的算法，即 RawNeRF[159] 和 Aleth-NeRF[160]。

1. 使用 HDR 图像重建的 RawNeRF

在低照度环境下，图像显得较暗，且含有较多的噪点。这一现象除了与光照不足这一客观因素有关，还与相机成像过程有关。在相机成像时，首先会采集 10 比特以上的**高动态范围**（HDR）Raw 马赛克（Mosaic）图像，然后经过去马赛克处理，将图像转为 8 比特的**低动态范围**（LDR）RGB 图像，这一图像可用于存储或浏览。所有前述的输入情况采用的都是这种低动态范围 RGB 图像。

HDR 原始图像具有众多优点。首先，它能改变照片的焦距；其次，它可以调整**色调映射**（Tone Mapping）的结果。因此，专业的摄影爱好者通常会直接获取单反或其他相对高级相机的 HDR 原始图像，作为图像前处理的原始素材。RawNeRF 选择使用 HDR 原始图像作为数据源进行重建。RawNeRF 也被称为 "NeRF in the Dark"，这一别名体现了 RawNeRF 在低光照条件下的重建能力。RawNeRF 与原始 NeRF 处理过程的差异如图 7.18 所示。

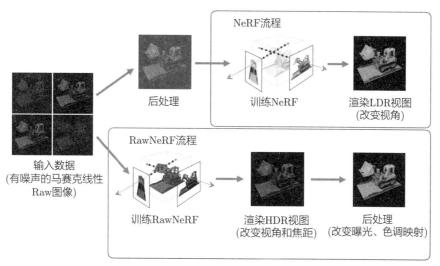

图 7.18　RawNeRF 与原始 NeRF 处理过程的差异。引自参考文献[159]

　　显然，关键的区别在于原始 NeRF 采用处理完毕的 8 位图像进行训练和重建，而 RawNeRF 直接使用 Raw 马赛克图像进行训练和重建。渲染得到的 HDR 视图允许调节视角和焦距，经过后处理流程后，可以对显示图像的曝光度和色调映射结果进行调整。这个过程允许 Raw 图像信息被训练进 NeRF 网络，使得 NeRF 模型获得了强大的 Raw 图像二次调整能力。

　　需要注意的是，在训练过程中，损失函数采用 L2 损失，这在 HDR 环境下会出现一些问题。在 HDR 图像中，像素表示的范围远超 8 位图像，在计算损失时，亮色区域的数值远大于暗色区域，所以亮色区域的损失会远大于暗色区域，导致最后的优化主要集中在亮色区域，对暗色区域的优化不足。因此，需要在处理完颜色值之后使用损失函数对重建效果进行整体优化。考虑到这一点，RawNeRF 采用了对颜色进行加权计算的重建损失函数。

$$\mathcal{L}(\hat{y}, y) = \sum_i w_i(\hat{y}_i - y_i)^2 \tag{7.80}$$

　　相当于将 HDR 图像的色调映射到 LDR 空间进行损失计算，可以使用色调曲线 ψ 的导数来逼近这个过程。

$$\mathcal{L}_\psi(\hat{y}, y) = \sum_i [\psi'(\hat{y})(\hat{y}_i - y_i)]^2 \tag{7.81}$$

　　色调曲线的设计可以多样化，在实验中，RawNeRF 采用了梯度监督方法，可以得到相当好的效果。

$$\psi(y) = \lg(y + \epsilon) \tag{7.82}$$

　　取它的导数可得

$$\psi'(y) = (y + \epsilon)^{-1} \tag{7.83}$$

为防止反向传播对预测值的影响，对 y 停止梯度优化。因此可以得到权重为

$$w_i = \frac{1}{\text{sg}(\hat{y}_i) + \epsilon} \tag{7.84}$$

可以将损失函数代入求得：

$$\mathcal{L}(\hat{y}, y) = \sum_i \left(\frac{\hat{y}_i - y_i}{\text{sg}(\hat{y}_i) + \epsilon} \right)^2 \tag{7.85}$$

使用此损失函数可以得到优于直接使用 HDR 计算 L2 损失的训练效果。

2. 使用 LDR 图像重建的 Aleth-NeRF

RawNeRF 使用原始图像来解决高动态范围（HDR）原始图像的重建问题。然而，当低动态范围（LDR）图像已经生成，却由于曝光不足导致图像过暗，或者由于曝光过度导致图像过亮时，如何有效地生成这类输入的 NeRF 场景呢？Aleth-NeRF 提供了解决这类问题的方案。

Aleth-NeRF 这个名字源于古希腊女神 Aletheia，象征着真理。在古希腊人的观念中，黑夜中看不见物体的原因是空气中存在遮蔽物。受此启发，Aleth-NeRF 引入了隐藏场的概念，用以干预光照。

在低曝光度的情况下拍摄得到的图像过暗，可以理解为在正常光照条件下添加了一个隐藏场。因此，需要移除这个隐藏场，以显示正常光照状态的图像，如图 7.19 中的蓝色箭头所示。

类似地，过度曝光拍摄得到的图像过亮，可视为需要添加一个隐藏场来降低光照亮度，从而显示正常光照状态的图像，如图 7.19 中的黄色箭头所示。

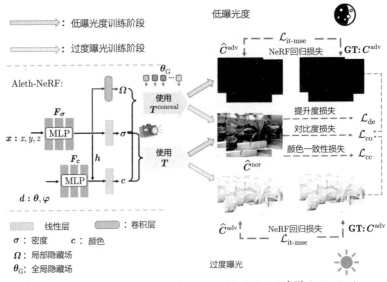

图 7.19　Aleth-NeRF 的算法流程。引自参考文献[160]（见彩插）

1）隐藏场的构建

建立隐藏场是 Aleth-NeRF 算法的核心环节，这一步骤直接影响到最后生成图像的质量。在 Aleth-NeRF 中，定义了两种隐藏场：局部隐藏场 Ω 与全局隐藏场 Θ_G。局部隐藏场 Ω 被用来处理体素级别的光照遮挡问题，全局隐藏场 Θ_G 则被用来处理全图级别的光照遮挡问题，所有参数都是通过深度学习方法获取的。

对于局部隐藏场，算法在三维空间中对每个点 $r(i)$ 使用一个大的卷积层，将该点的密度映射为隐藏场值，同时有效地压制噪声。

$$\mathrm{conv}_{\mathrm{size}:7}(F_\sigma(r(i))) \rightarrow \Omega(r(i)) \tag{7.86}$$

对于全局隐藏场，相机距离的初始值被设置为 0.5，然后通过逐步的学习优化进行调整。在隐藏场的影响下，累积的不透明度计算被相应修正。

$$T^{\mathrm{conceal}}(r(i)) = \exp\left(-\sum_{j=1}^{i=1}\sigma(r(i))\cdot\delta\right)\cdot\prod_{j=1}^{i=1}\Omega(r(j))\Theta_\mathrm{G}(j) \tag{7.87}$$

2）损失函数的设计

（1）NeRF 重建损失。与 RawNeRF 相似，采用 L2 损失函数来衡量重建损失时，较亮的区域可能会获得优于暗区的优化效果。因此，使用一个色调曲线来对这种损失进行正则化。其中，$\hat{C}(r)$ 为生成的颜色值，$C(r)$ 为原始颜色值。

$$\mathcal{L}_{\mathrm{it\text{-}mse}} = \sum_r^R \|\Phi(\hat{C}(r)+\epsilon) - \Phi(C(r)+\epsilon)\|^2$$
$$\Phi(x) = \frac{1}{2} - \sin\frac{\sin^{-1}(1-2x)}{3} \tag{7.88}$$

（2）提升度损失。在标准场景中，典型的亮度分布通常充满整个色域，但若图像过暗或过亮，则无法实现此效果。因此，可以通过对重构后的颜色分布进行监督来评估重构效果。通过对重构后的图像颜色 $\hat{C}^{\mathrm{nor}}$ 进行平均池化，可以约束其接近某一超参数 e。在实验中，通常设定 $e=0.4$，使得颜色均值略微偏暗，接近色域中心。当然，e 的选择决定了场景的亮度，可以设定其他值以实现不同的视觉效果。

$$\mathcal{L}_{\mathrm{de}} = \|\mathrm{argpool}(\hat{C}^{\mathrm{nor}}(r)) - e\|^2 \tag{7.89}$$

（3）近邻像素间的对比度损失。原始图像与重建图像之间的像素对比度存在一定的相似性，因此可以增加额外的约束。

$$\mathcal{L}_{\mathrm{co}} = \sum_{k\in[-1,1]}(\hat{C}^{\mathrm{nor}}(r)-\hat{C}^{\mathrm{nor}}(r+k)) - e\cdot\eta\cdot(C^{\mathrm{adv}}(r)-C^{\mathrm{adv}}(r+k)) \tag{7.90}$$

（4）颜色一致性。为了保持颜色均衡，生成的图像遵循**灰度世界假设**（Gray World Algorithm），也即对于一个有大量颜色变化的图像，各分量通道的平均值应该趋近同一灰度值，从而可以设计颜色一致性损失。

$$\mathcal{L}_{cc} = \sum_{p,q} (\hat{C}^{nor}(r)^p - \hat{C}^{nor}(r)^q)^2 \tag{7.91}$$
$$(p,q) \in \{(R,G),(G,B),(B,R)\}$$

综合以上因素，最终的损失函数可由四个损失项的加权求和得到。

$$\mathcal{L} = \mathcal{L}_{it\text{-}mse} + \lambda_1 \mathcal{L}_{de} + \lambda_2 \mathcal{L}_{co} + \lambda_3 \mathcal{L}_{cc} \tag{7.92}$$

Aleth-NeRF 的设计独具匠心，将物理现象建模得相当完备，逻辑十分严谨，因此实现了优秀的效果。具体的恢复效果如图 7.20 所示。这种恢复效果对于传统的图像处理来说，无疑是出色的，这也充分证明了 NeRF 可以高质量地解决图像处理相关问题。

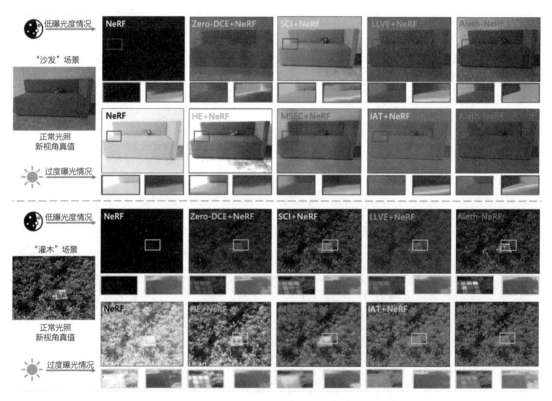

图 7.20　Aleth-NeRF 的恢复效果。引自参考文献[160]

7.3.2 采集图像模糊的重建方法

另一种弱条件图像采集输入情况发生在输入为模糊图像时。导致图像模糊的原因可能是拍摄过程中的运动,也可能是对焦不准。在使用这类图像进行重建时,无法得到理想的效果。

为了解决将模糊图像用于 NeRF 重建的问题,来自香港理工大学、腾讯公司和香港城市大学的研究者提出了 Deblur-NeRF[161] 算法。他们的基本假设是,如果场景中的原始图像是清晰的,则可以使用一个模糊函数来生成模糊的图像。如果生成的模糊图像和实际拍摄的模糊图像一致,就可以推断出原始图像是准确的。因此,在移除这个模糊函数后,使用 NeRF 直接渲染的结果即为原始的、未经模糊的图像。Deblur-NeRF 的算法流程如图 7.21 所示。

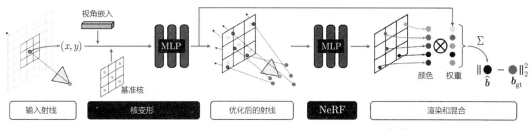

图 7.21　Deblur-NeRF 的算法流程。引自参考文献[161]

在此情况下,构建模糊函数已经成为至关重要的步骤。通过实验,Deblur-NeRF 发现了一种运用辐射度卷积的简捷而有效的模糊技术,这种技术可以在物理上再现模糊过程,并且产生了良好的去模糊效果。

1. 模糊函数的构建

一个模糊的卷积核 h 能够将给定颜色模糊为目标颜色 $\boldsymbol{b}_p$。

$$\boldsymbol{b}_p = f(\boldsymbol{c}'_p * h) \tag{7.93}$$

其中,$\boldsymbol{c}'_p$ 代表场景的辐射度,f 是相机响应函数(Camera Response Function,CRF)。将卷积函数用于周围离散点的加权和,并采用常用的伽马函数 $g(\cdot)$ 来实现 CRF,就能得到一个非常实用的模糊函数。

$$\boldsymbol{b}_p = g\left(\sum_{q \in \mathcal{N}(p)} w_q \boldsymbol{c}'_p\right) \tag{7.94}$$

$$g(\boldsymbol{c}'_p) = \boldsymbol{c}'^{\frac{1}{2.2}}$$

2. 对齐射线原点

另一种导致模糊的原因是射线原点的偏移。在摄影过程中,除了模糊函数对像素输出的影响,相机中心点的偏移也会引起对焦不准,从而导致图像模糊。此过程可以通过模拟射线原点的偏移来实现，在训练过程中必须考虑这个因素。针对这个问题，可以通过一个小型的 MLP G_Φ 来预测射线原点的偏移。

$$(\Delta o_q, \Delta q, w_q) = G_\Phi(p, q', l), q' \in \mathcal{N}'(p) \tag{7.95}$$

Δo_q 是射线原点的偏移量，根据这个偏移量，每条射线的原点都会相应地进行调整。

$$r_q = (o + \Delta o_q) + t d_q$$
$$q = q' + \Delta q \tag{7.96}$$

3. 损失函数设计

模糊后，可以直接计算重建损失。

$$\mathcal{L}_{rec} = \sum_{p \in \mathcal{R}} (\|\hat{b}_p - b_{gt}\|)_2^2 \tag{7.97}$$

在对齐射线原点时，也需要确保与原始射线的相似性。

$$\mathcal{L}_{align} = \|q_0 - p\|_2 + \lambda_o \|\Delta o q_o\|_2 \tag{7.98}$$

最终，总损失函数为两者的加权和。

$$\mathcal{L} = \mathcal{L}_{rec} + \lambda \mathcal{L}_{align} \tag{7.99}$$

在实验过程中，通常设定 $\lambda = 0.1$。实验结果显示，Deblur-NeRF 对提升重建效果非常有效。从图像处理的角度来看，Deblur-NeRF 有效地完成了去模糊的任务，如图 7.22 所示。

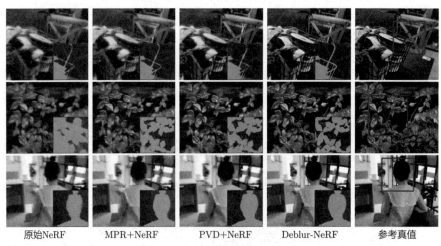

| 原始NeRF | MPR+NeRF | PVD+NeRF | Deblur-NeRF | 参考真值 |

图 7.22　Deblur-NeRF 的去模糊效果。引自参考文献[161]

本节对弱光线采集条件下的 NeRF 重建问题进行了介绍，这类工作常与图像处理技术结合，无论是在源头还是在重建后，都可以用于提高画质，以实现比使用原始图像更好的效果。读者在遇到类似场景时，可以借鉴相关技术进行优化。同样地，从图像处理的角度出发，依赖多视图提供的大量信息，所有的图像缺陷都可能在 NeRF 领域得到解决。目前还有去雾（DeFog）、去霾（DeHaze）等针对其他弱光线条件的图像处理技术，相信在越来越精细化的三维视觉领域，会不断看到类似的技术被提出。

7.4 总结

本章主要介绍了弱条件下的 NeRF 重建方法，包括在稀疏视角下的 NeRF 重建方法、在无相机位姿或是弱相机位姿条件下的 NeRF 重建方法，以及在图像采集效果不理想的情况下的 NeRF 重建方法。需要明白，实际的应用环境并不是理想的，由于各种不可预见的原因，往往无法实现和实验条件相同的重建环境。然而，只要拥有明确的方法论，这些问题皆可能被解决。随着 NeRF 和相关技术的持续发展，对于弱条件下的重建问题的研究依旧是行业焦点。

第三部分

NeRF实践

NeRF 的其他关键技术

Our method achieves enhanced surface mesh quality, relatively smaller mesh size, and competitive rendering quality to recent methods. Futhermore, the resulting meshes can be real-time rendered and interactively edited with common 3D hardware and software.

— Jiaxiang Tang, et al, (from MobileNeRF)

从三维视觉理论的视角出发，NeRF 不仅为新视角视图生成和三维重建问题提供了新的解决方案，也为其他优化问题开启了一扇大门。本章将重点探讨 NeRF 技术在实际应用中的策略和思维模式。与前述章节对 NeRF 基础技术发展的介绍不同，应用方向的研究内容丰富、发展迅猛，每天都有新的进展。本书将选取一些具有代表性的案例和研究进行介绍，然而，由于各细分领域的丰富性，所覆盖的内容无法做到全面。读者如果希望对更多应用方向有更详尽的了解，可以参考本书提供的附加资源库。

本章从 NeRF 的优化策略转向在 NeRF 应用实践中所需的关键技术，这些技术为在行业内应用 NeRF 扫除了一部分障碍。

8.1　将 NeRF 导出为三维网格的方法

作为一种三维表达技术，关于 NeRF，常被问到的问题是如何将 NeRF 所学习的隐式模型导出为传统的显式模型，用来在传统光栅化管线渲染引擎里使用具有真实感的物体和场景。在更基础的层次上，可以通过推理将 NeRF 转化为点云，这个过程相对较为直接，这里不会详细介绍。在大多数情况下，导出为网格模型仍然是最重要且最常见的应用场景。

尽管 NeRF 本身是一个高质量的连续三维表达，具有无限的分辨率，但是目前的渲染硬件并未支持 NeRF 渲染加速，因此其在渲染时所需的硬件成本（包括计算和存储成本）会比传统格式大得多。在当前大多数应用场景下，仍需要将 NeRF 导出为三维网格模型，然后使用传统的渲染流程进行加速处理和渲染。另外，由于网格模型的工具链完备性更强，因此在当前阶段，使用网格模型进行后期编辑和处理等工作仍然是非常重要的。然而，随着硬件和各种渲染引擎陆续开始支持隐式表达，这种需求可能会逐渐降低或改变。

8.1.1　传统导出三维网格模型的方法

在传统的图形学领域，有一些经典的表面重建技术可以导出网格。其中最受赞誉的就是**行进立方体**（Marching Cube）[162] 算法。

1. 基于行进立方体算法导出网格

行进立方体算法的首次提出可以追溯到 1987 年，至今已有超过 35 年的历史。尽管该算法持续得到改进，但其经典且实用的设计使得原始的算法名称得以保留至今。行进立方体算法以一个体素网格为输入，在其中每个体素节点上存储相应点的 SDF 值，然后输出一个指定分辨率的网格模型。

首先，将 NeRF 训练的模型作为输入，并假设该模型空间被一个体素网格包裹。因此，可以通过推理得出体素上任意一点的体密度。然后，使用阈值将各点的值二值化为内外两种情况，也就是在表面内和在表面外，从而得到行进立方体的输入结构。

接着，逐个处理体素单元，直至所有的体素单元都处理完成。这也是行进立方体算法之名的来历，它如同军队行进般遍历整个体素网格，以获得重建结果。行进立方体处理的体素单元如图 8.1 所示。

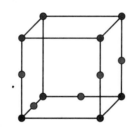

图 8.1　行进立方体处理的体素单元（见彩插）

假设经过推理，蓝色的点代表表面之外的点，红色的点代表表面之内的点。基于此设定，可以推导出需要表示的表面必定由五个紫色的节点组成。体素单元的三角化只需处理这五个节点，而且可以想象它可由一系列特定的形状构成。

在最早的行进立方体算法中，所有可能的三角化方法都被归类。研究者发现，一共存在 15 种不同的可能，如图 8.2 所示，于是可以使用查找表方法来解决某体素的三角化方法。

沿着一个特定的扫描方向（例如，从右下角至左上角）进行体素处理，获得相应的几何结构。通常，这些几何结构可以被保存为通用三维网格.obj 文件。

在指定的分辨率下，行进立方体方法能够有效地输出几何结构，这已经得到历史的验证。然而，它也存在一些问题。在默认情况下，行进立方体只能使用固定的分辨率进行输出，这使得很难在分辨率和输出精度之间达到平衡。这常常会导致分辨率过低，从而丢失细节；或者导致分辨率过高，引起三维网格体积过大的问题。在实际操作中，通常输出多个分辨率的三维网格来缓解这个问题。

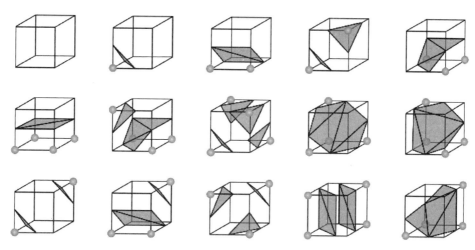

图 8.2　行进立方体的 15 种三角化可能。引自参考文献[163]

此外，还有许多优化策略可提高行进立方体输出的几何结构质量。例如，可以利用截断符号距离函数（Truncated Signed Distance Function，TSDF）或泊松表面重建方法（Poisson Surface Reconstruction）来提高几何细节的处理效果，将行进立方体作为输出过程的最后环节，使输出的几何结构更好地适应其模型拓扑的复杂性。

2. 导出纹理的方法

纹理坐标以及对应的观察原点和相机观察方向，可以通过展开 UV 贴图（UV Unwrapping）算法得到。有多种开源 UV 贴图展开工具可供使用，例如 nerfstudio 所使用的 xatlas 等。借助观察原点和观察方向，可以采用 NeRF 推理方法得到相应的 RGB 结果图。这个结果图可以导出并保存为纹理图，通常使用 PNG 格式便足够了。

经过以上步骤，可以得到三维网格的几何.obj 文件和纹理贴图的.png 文件。接下来，通常需要编写一个材质表达的.mtl 文件，以便将.obj 文件和.png 文件关联。值得注意的是，这种格式几乎可以被大多数渲染引擎支持，亦可用于三维加载和渲染。

8.1.2　基于 NeRF 的三维网格导出方法 NeRF2Mesh

人们对三维网格的质量持有较高的期望，这一需求催生了研究者持续提出更多能产出高质量三维网格的方法。然而，传统的行进立方体相关方法往往只能在简单的场景中导出，对于复杂的场景，其导出效果并不理想。2023 年，北京大学和百度的研究团队共同提出了一种新的网格导出方法——NeRF2Mesh[164]。如其名称所示，它是一种将 NeRF 模型转化为网格的高效方法。由于 NeRF 模型导出网格的工程性很强，业界分享的研究成果并不多，NeRF2Mesh 是其中极具典型性的一个。下面简要介绍 NeRF2Mesh 的工作原理和效果。

为了实现更好的网格导出效果，从训练阶段开始就要做好铺垫。传统的 NeRF 训练过程并未考虑与视角无关的物体材质，而且由于隐式表达的特性，它仅擅长导出较为粗糙的网格。NeRF2Mesh 从以上两个角度进行优化，取得了更为显著的优化效果。NeRF2Mesh 的算法框架如图 8.3 所示。

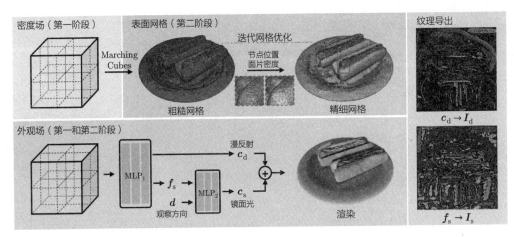

图 8.3　NeRF2Mesh 的算法框架。引自参考文献[164]

1. NeRF2Mesh 的训练阶段

NeRF2Mesh 在设计过程中吸取了 Instant-NGP 算法的优点，它使用密度网格和外观网格准确地表达整个场景，从而有效地提取空间特征。即使在相对较浅的 MLP 条件下，NeRF2Mesh 依然能够获得良好的执行效果。在训练阶段，可以将其分为几何和外观两部分进行详细的讨论。

1）几何部分

通过计算场景的体密度，可以估计场景的几何分布。这个过程与 Instant-NGP 有着显著的相似性。体密度可以通过以下公式表示。

$$\sigma = \phi(\mathrm{MLP}(E^{\mathrm{geo}}(\boldsymbol{x}))) \tag{8.1}$$

在此公式中，E^{geo} 为密度特征网格，ϕ 为激活函数，NeRF2Mesh 使用了指数激活函数，几何部分得到了高效的表达。

2）外观部分

在 NeRF2Mesh 的设计中，外观被分解为两部分：漫反射色和镜面光色。这样设计的目的在于，在导出三维网格时，能够分别处理与方向无关的漫反射色和与方向有关的镜面光色，从而提升纹理的质量。具体来说，可以由以下公式实现。

$$c_\mathrm{d}, \boldsymbol{f}_\mathrm{s} = \phi(\mathrm{MLP}_1(E^\mathrm{app}(\boldsymbol{x})))$$
$$c_\mathrm{s} = \phi(\mathrm{MLP}_2(\boldsymbol{f}_\mathrm{s}, \boldsymbol{d})) \tag{8.2}$$

在这个公式中，E^app 为外观特征网格，ϕ 为激活函数，NeRF2Mesh 使用了 Sigmoid 激活函数。

最终的颜色可以通过将这两种颜色相加得到。

$$c = c_\mathrm{d} + c_\mathrm{s} \tag{8.3}$$

3）损失函数

NeRF2Mesh 的损失函数通常由三个损失项构成：一是常用的重建损失 $\mathcal{L}_\mathrm{rec}$，它基于重建的颜色差异进行表达；二是正则项 $\mathcal{L}_\mathrm{specular}$，它鼓励区分漫反射和镜面光；三是针对渲染权重的熵损失 $\mathcal{L}_\mathrm{entropy}$，它鼓励表面更加锐化。对于无界场景，会在密度场上添加一个总变差损失 $\mathcal{L}_\mathrm{TV}$，以减少飘浮物的出现。最终的损失函数为这些正则项的加权和。

2. NeRF2Mesh 的导出阶段

具备了上述的高效表达方式后，导出部分的操作将变得更加简便。导出过程主要由几何和外观两部分构成。

1）几何部分

NeRF2Mesh 采用由粗糙至精细的优化策略提升导出几何的质量。作为初始步骤，粗糙的网格（记为 $\mathcal{M}_\mathrm{coarse}$）可以通过行进立方体方法导出。优质的表达会使粗糙网格的质量提升，NeRF2Mesh 在训练阶段的优化有助于提升初始质量。即便如此，这些网格仍然可能存在缺陷，并且与手动建模的网格相比，存在明显的质量差距。理想的网格表达不应该是均匀细分的，而应该根据几何复杂度调整，使得几何复杂的区域更加稠密，几何简单的区域更加稀疏。然而，行进立方体方法无法实现这一点，因为在体素化后，面片的分布是完全均匀的。因此，在第二阶段，需要对网格进行迭代优化以改善其质量。

为了优化粗糙网格，为每个节点赋予一个可训练的偏移量 Δ_{v_i}，并使用可微分渲染方法对其进行优化调整，以获取一组新的节点数据。然而，面片数据是不可微的，对于粗糙网格的每个面片，优化算法无法直接应用。NeRF2Mesh 那些表达不准确的几何表面对渲染结果的影响较大。因此，可以通过统计方法计算出两个阈值，以判断哪些区域的密度不足，哪些区域的密度过高。

$$e_{\text{subdivide}} = \text{percentile}(E_{\text{face}}, 95)$$
$$e_{\text{decimate}} = \text{percentile}(E_{\text{face}}, 50)$$

(8.4)

对于误差超出 $e_{\text{subdivide}}$ 界限的面片，采用中点细分法进行进一步细分。对于误差低于 e_{decimate} 阈值的面片，采用重新网格化的方法降低面片的密度。这种做法使得 NeRF2Mesh 可以动态调整各个面片的分布。

通过反复执行这两个过程，可以将几何结构优化到更为理想的状态，并最终得到精细化的网格 M_{fine}。

2）外观部分

外观部分同样采用了 UV 贴图展开的方法，以便获取所有的纹理坐标及对应的漫反射色和镜面光色。这些信息可以被分别记录于漫反射 I^{d} 和镜面光图像 I^{s}。与 8.1.1 节中的方法一致，可以利用各种常见的三维表示格式来存储这些信息。

3. NeRF2Mesh 的渲染与后处理阶段

导出的几何数据及漫反射纹理数据均采用标准的数据格式，便于多种三维引擎进行加载、处理和渲染。镜面反射部分与方向有关，标准的渲染流程无法充分支持，因此通过着色器来实现渲染。该格式具有通用性，可以使用其他三维编辑工具进行后期处理，并重新保存这些数据，以便后续继续使用。

将 NeRF 训练结果模型保存为网格数据是一个切实的需求，可以让 NeRF 快速适应现有的所有工作流，同时可以享受 NeRF 带来的高度真实的重建效果。目前，大多数导出网格数据的方法都基于行进立方体方法，并在此基础上进行不断的细化和优化，以提高几何连贯性、有效性、合理性，以及外观的准确性。虽然在未来可能会考虑让隐式三维表示支持显卡或其他硬件结构，以降低计算和存储消耗，但在当前，最有效的实施策略仍然是将 NeRF 导出为网格数据或点云数据。在未来一段时间内，这将仍然是业界需求较多且最易落地的数据形式。

8.2 NeRF 的逆渲染与重照明技术

重照明（Relighting）问题涉及对已渲染的场景进行修改，以便适应另一种光照环境并重新进行渲染。在传统的三维网格表达下，可以通过使用着色器实现场景的重照明，这在计算图形学中已经是一种比较成熟的方式。然而，对于像 NeRF 这样的基于神经网络的隐式表达，情况就变得复杂了。它需要从基于图像的输入中，通过**逆渲染**（Inverse Rendering）技术获取场景的精确几何和材质信息，然后使用新的光照重新进行照明。

逆渲染问题被视为图形学中的一个主要挑战，试图使用渲染结果来复原三维场景的所有信息。然而，逆渲染问题在本质上是一个不适定问题（Ill-Posed Problem），因此很难从根本上解决。NeRF2Mesh 方法尝试从场景中提取几何和外观信息，以便转化为显式的存储。

实际上，早在 2021 年，NeRF 的重照明问题就已经引起了人们的关注。直至今日，基于 NeRF 的逆渲染工作的主要应用之一仍然是重照明。其中，NeRFactor 和 TensoIR 的工作具有代表性，本节将简单介绍其工作原理。

8.2.1 经典的基于 NeRF 的逆渲染方法 NeRFactor

NeRFactor[165] 的主要目标是在光照条件完全未知的前提下，使用多角度视图作为输入，恢复三维信息。也就是说，对于任意表面空间点的坐标 x，可以获得场景的几何模型（包括法向量 n 和从任意角度观察的光线可见度 $v(w_i)$，以及反射条件的模型（包括反射率值 a 和 BRDF 值 z_{brdf}）。通过这些完整的场景建模信息，再结合光照模型，可以实现场景的重照明，进一步提供材质的编辑能力。其算法框架如图 8.4 所示。

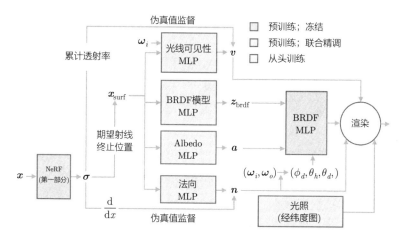

图 8.4 NeRFactor 的算法框架。引自参考文献[165]（见彩插）

1. 物体表面恢复

在 NeRF 算法中，训练过程可被分为两个阶段：第一个阶段生成场景的体密度，第二个阶段生成场景的颜色。然而，在三维信息的重建过程中，第二个阶段并不起关键作用。因此，NeRFactor 仅通过 NeRF 算法的第一个阶段获取体密度，并以此来确定物体表面的位置。NeRFactor 将这些特定位置称为光线终止点，这些点标记的是光线到达并被表面吸收的位置。通过训练后的 NeRF 模型能够得到完整的表面结构，所有的后续操作都是在这些表面点的基础上进行的。

$$x_{surf} = o + \left(\int_0^\infty T(t)\sigma(r(t))t\mathrm{d}t \right) \cdot d \tag{8.5}$$

2. 几何恢复

几何恢复的目标是恢复表面的法向量和光线的可见性，这两项信息可通过场景的体密度进行预测。对于法向量，使用位置的体密度导数进行预估，而对于可见性，则可以通过累积不透明度得到。直接产生的法向图和光线可见度会有大量的噪声，因此不能直接用于渲染。鉴于此，NeRFactor 采用这两个预估数据作为参照实值，以此来监督训练一个新的 MLP，进而得到质量更高和更平滑的法向量的可见度。

1）法向量

为了得到更平滑且质量更高的法向量，NeRFacor 设计了一个新的法向 MLP，将光线的结束点作为输入，将体密度对空间位置的导数作为监督进行训练。损失函数的设计主要考虑了两者之间的差异，以及当前空间点和周围空间点的法向量的差异。计算公式如下。

$$\mathcal{L}_n = \sum_{x_{\text{surf}}} \frac{\lambda_1}{3} \| f_n(\boldsymbol{x}_{\text{surf}}) - n_a(\boldsymbol{x}_{\text{surf}}) \|_2^2 + \frac{\lambda_2}{3} \| f_n(\boldsymbol{x}_{\text{surf}}) - f_n(\boldsymbol{x}_{\text{surf}} + \epsilon) \|_1 \tag{8.6}$$

在这里，$f_n(\boldsymbol{x}_{\text{surf}})$ 表示法向 MLP 对于 $\boldsymbol{x}_{\text{surf}}$ 点的法向预测，$n_a \boldsymbol{x}_{\text{surf}}$ 为使用体密度对空间位置的导数预测得到的法向值，ϵ 是一个均值为 0、标准差为 0.01 的随机高斯分布，用来采样当前空间点周围的法向值。这样，可以得到一个质量高、平滑、可通过空间点位置查询的法向 MLP。

2）光线可见性

在 NeRF 中，累积的不透明度决定了光线的可见性。然而，直接通过体密度得到的光线可见性的噪声过高，无法用在渲染中。因此，NeRFactor 也设计了一个新的光线可见性 MLP，将光线的结束点和观察方向作为输入，以空间点的累积不透明特性为监督，进行训练。损失函数的设计与法向相似，考虑了推理值与监督值的差别，以及当前空间点的光线可见性与周围空间点的光线可见性的差别。计算公式如下。

$$\mathcal{L}_v = \sum_{x_{\text{surf}}} \sum_{w_i} \left(\lambda_3 (f_v(\boldsymbol{x}_{\text{surf}}, \boldsymbol{\omega}_i) - v_a(\boldsymbol{x}_{\text{surf}}, \boldsymbol{\omega}_i))^2 + \lambda_4 | f_v(\boldsymbol{x}_{\text{surf}}, \boldsymbol{\omega}_i) - f_v(\boldsymbol{x}_{\text{surf}} + \epsilon, \boldsymbol{\omega}_i) | \right) \tag{8.7}$$

这里，$f_v(\boldsymbol{x}_{\text{surf}}, \boldsymbol{\omega}_i)$ 表示光线可见性 MLP 对于 $\boldsymbol{x}_{\text{surf}}$ 的光线可见性预测，$v_a(\boldsymbol{x}_{\text{surf}}, \boldsymbol{\omega}_i)$ 是在 $\boldsymbol{x}_{\text{surf}}$ 处，沿着 $\boldsymbol{\omega}_i$ 方向观察时使用的 NeRF 的累积不透明度。损失函数正则化了两者之间的差异，以确保形态的一致性。而 ϵ 与法向 MLP 处的随机高斯值一致，用来正则化当前空间点与周围空间点的光线可见性差异，以确保预测的平滑度。

至此，NeRFactor 已完成对场景的法向量和光线可见性的恢复，对几何分布有了较准确的理解。

3. 反射光的恢复

第 2 章的基础知识部分介绍了双向反射分布函数（Bidirectional Reflectance Distribution Function, BRDF）为表面光照的重要函数。恢复反射光，就需要恢复场景中的 BRDF 信息。因此，首要任务是对 BRDF 进行定义。NeRFactor 将 BRDF 分为漫反射（albedo）和镜面光反射两部分，这使得 BRDF 的方程可以描述为

$$R(\boldsymbol{x}_{\text{surf}}, \boldsymbol{\omega}_{\text{i}}, \boldsymbol{\omega}_{\text{o}}) = \frac{a(\boldsymbol{x}_{\text{surf}})}{\pi} + f_{\text{r}}(\boldsymbol{x}_{\text{surf}}, \boldsymbol{\omega}_{\text{i}}, \boldsymbol{\omega}_{\text{o}}) \tag{8.8}$$

其中，f_{r} 代表镜面光反射部分，a 代表漫反射部分（albedo）。尽管现实世界中存在多种多样的材质，但已有许多材质库收集了大部分常规材质。因此，NeRFactor 选择了 MERL 数据集，并学习得到了一个预训练的 BRDF 模型，使用 BRDF 特征、漫反射值和法向进行查询，可以获得相应的材质信息，从而进行渲染。

接下来的步骤与处理几何形状类似，只需针对镜面光反射和漫反射两部分设计两个独立的 MLP，就可以对材质进行恢复。而损失函数仅需对它们的平滑度进行正则化即可，其公式为

$$\begin{aligned}
\mathcal{L}_{\text{a}} &= \lambda_5 \sum_{\boldsymbol{x}_{\text{surf}}} \frac{1}{3} \|f_{\text{a}}(\boldsymbol{x}_{\text{surf}}) - f_{\text{a}}(\boldsymbol{x}_{\text{surf}} + \epsilon)\|_1 \\
\mathcal{L}_{\text{Z}} &= \lambda_6 \sum_{\boldsymbol{x}_{\text{surf}}} \frac{1}{3} \frac{\|f_{\text{Z}}(\boldsymbol{x}_{\text{surf}}) - f_{\text{Z}}(\boldsymbol{x}_{\text{surf}} + \epsilon)\|_1}{\dim(Z_{\text{BRDF}})}
\end{aligned} \tag{8.9}$$

4. 恢复光照

NeRFactor 采用了 1998 年提出的 HDR 光探针图像方法恢复光照。这依赖于整个模型都围绕空间表面点进行构建，因此可以使用点的经纬度格式进行处理。在训练过程中，可以同步获取光探针图像 L 的像素值。为了确保光照恢复的平滑性，可对 HDR 光探针图像 L 在横向和纵向进行正则化。

$$\mathcal{L}_{\text{i}} = \lambda_7 \left(\left\| \begin{bmatrix} -1 & 1 \end{bmatrix} * \boldsymbol{L} \right\|_2^2 + \left\| \begin{bmatrix} -1 \\ 1 \end{bmatrix} * \boldsymbol{L} \right\|_2^2 \right) \tag{8.10}$$

5. 渲染方法与训练方法

在建立所有模型后，场景的所有物理属性描述均可获取。此时，可以利用物理渲染引擎对场景进行渲染。对于输入的多张具有不同相机位姿的 RGB 图片，可以使用**基于物理的渲染器**（Physically Based Rendering）对图像内容进行渲染合成。通过比较合成结果与输入结果，可以得到重建光度损失 $\mathcal{L}_{\text{rec}}$，即可完整统计整个框架的所有损失项，最终的总损失函数为所有损失项之和。

$$\mathcal{L} = \mathcal{L}_{\text{rec}} + \mathcal{L}_{\text{n}} + \mathcal{L}_{\text{v}} + \mathcal{L}_{\text{a}} + \mathcal{L}_{\text{Z}} + \mathcal{L}_{\text{i}} \tag{8.11}$$

6. 场景重光照方法

由于 NeRFactor 实现了对整个场景的几何和光照信息的恢复，因此，重光照方法可以在此基础上被实现。只需要重新设定光源参数，便可以使用 PBR 渲染器按照新的光照条件生成新的渲染结果。由于恢复了光线可见性，不同方向的光线会在场景中产生不同的阴影，这也体现了 NeRFactor 的逆渲染能力。

NeRFactor 的整体工作流程设计紧凑，模型建立过程思路清晰，特别有助于理解 NeRF 进行逆渲染的原理。然而，NeRFactor 的运算速度较慢，对于许多场景，通常需要数天才能完成训练，主要的计算量消耗在可见性的训练过程中。后续不断通过新的技术对其进行优化，使其在恢复质量、重照明效果和速度上都有很大的提升。

8.2.2 TensoIR 等后续逆渲染方法

逆渲染是一个复杂的问题，而且光照问题本身就是难题，全局光照、复杂材质等到目前为止还处于不断探索的过程中。研究者持续在 NeRF 的逆渲染方向上探索，由浙江大学提出的 TensoIR[30] 通过张量分解方法 TensoRF 进行高质量的逆渲染，一方面提高了恢复的效果，另一方面可以用几小时完成 NeRFactor 需要数天完成的逆渲染，将整个技术的实用性提升了几个数量级。值得赞叹的是，这项成果的主要贡献者金海岸博士，在成果发表时还在攻读浙江大学的本科学位，这也展现了浙江大学图形学与计算视觉的优势。TensoIR 的工作流程如图 8.5 所示。

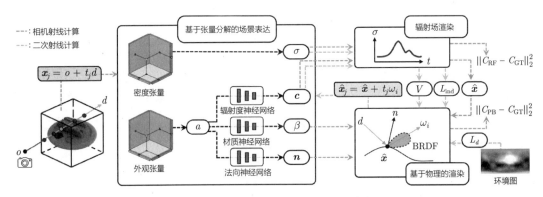

图 8.5　TensoIR 的工作流程。引自参考文献[30]（见彩插）

与 NeRFactor 采用体密度进行估计的方法相比，TensoIR 基于 TensoRF 的框架，将场景的表示形式划分为密度张量和外观张量，均采用张量 VM 分解进行处理，以此计算空间内每个点的密度 σ 和外观特征 a 等参数。类似于 NeRFactor，TensoIR 使用多个浅层多层 MLP 生成其他外观信息，例如，使用辐射场 MLP 估计颜色 c；使用材质 MLP 估计双向反射分布函数（BRDF）参数 β；使用法向 MLP 估计法向量 n。接下来，可以通过基于物理的渲染器（PBR）

和体积渲染得到对场景的渲染结果，并将其与真实值进行比较以便训练。

此外，此方法的显著优势在于，它采用张量分解替代 MLP 进行光线可见性预测，并使用了一个显式的网格来实现该过程。通过插值，可以获得空间其他节点的数据，从而避免大量的计算，大大提高了训练速度。

该训练过程得到的模型可以恢复 PBR 渲染所需的所有参数。因此利用 PBR 渲染器，可以模拟场景在各种光照条件下的重照明操作。

本节简要介绍了使用 NeRF 进行逆渲染，并通过逆渲染结果实现重照明的原理和方法。作为图形学中的经典难题，逆渲染利用隐式表达及 MLP 的强大预测和插值能力，将复杂的逻辑简化为神经网络的表达和预测能力，并取得了前所未有的效果。逆渲染虽然不能实时完成，但对于真实世界的再现及后期的模拟，有着非常重大的作用。它不仅使模型具备了重照明的能力，也使模型能够完成材质编辑等后期处理工作，使 NeRF 具有更大的灵活性。

8.3　基于文本的 NeRF 交互式搜索、编辑与风格化

2023—2024 年，大语言模型领域取得了令人激动的进展，是人类科技史上划时代的一笔。随着 OpenAI 在大语言模型方面取得重大突破，CLIP 模型成功地搭建了自然语言和图像之间的桥梁，打破了全球语义理解和应用的界限。其影响力不仅体现在自然语言处理（NLP）应用上，也逐渐渗透并影响了图像二次编辑技术及三维编辑与生成技术。通过与大语言模型交互，用于 NeRF 隐式空间中三维场景或物体的编辑方法也不断推陈出新。最典型的实例包括 NeRF-Art[166] 和 Instruct-NeRF2NeRF[167] 等。它们使用文本提示对三维场景进行编辑，实现新效果及风格化。

8.3.1　使用文本风格化的 NeRF-Art

NeRF-Art 是在该研究领域中较早实现的、无须使用三维网格，仅通过文本描述并借助 CLIP 模型对 NeRF 隐式空间进行编辑和风格化的技术。如正如它的名称，NeRF-Art 将艺术元素融入 NeRF 空间，赋予其特定的风格。其算法框架如图 8.6 所示。

NertArt 的整个流程分为重建和风格化两个阶段。重建阶段采用标准的 NeRF 重建流程，通过多视角输入图像，构建一个 NeRF 模型 $\mathcal{F}_{rec}$。而风格化阶段则利用一个文本输入 t_{tgt}，将重建模型风格化为一个新模型 $\mathcal{F}_{sty}$，在保留原始内容的基础上添加新的语义。因此，问题的核心再次转向损失函数的设计，需要明确定义各种应被鼓励和惩罚的情况，剩余的部分则交由神经网络进行学习。

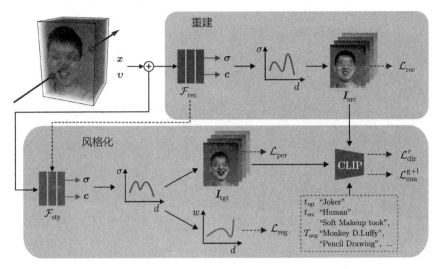

图 8.6　NeRF-Art 的算法框架。引自参考文献[166]

1. 相对方向性 CLIP 损失

在风格化过程中，新的神经网络渲染出的图像 I_tgt 和原始图像 I_src 会被送入 CLIP 模型进行比对，以确保在添加新的风格化元素的过程中不会破坏原有内容。因此，NeRF-Art 提出了一种新的损失函数——相对方向性 CLIP 损失。

$$\mathcal{L}_\text{dir}^\text{r} = \sum_{I_\text{tgt}} [1 - < \hat{\varepsilon}_\text{i}(I_\text{tgt}) - \hat{\varepsilon}_\text{i}(I_\text{src}), \hat{\varepsilon}_\text{t}(I_\text{tgt}) - \hat{\varepsilon}_\text{t}(I_\text{src}) >] \tag{8.12}$$

其中，$\hat{\varepsilon}_\text{i}$ 为 CLIP 预训练的图像编码器，$\hat{\varepsilon}_\text{t}$ 为 CLIP 预训练的文本编码器，$<, \cdot, >$ 为常用的余弦相似度算子，以此在训练过程中满足对转换结果的语义性约束预期。

2. 全局与局部对比学习

引入相对方向性 CLIP 损失能有效避免目标结果偏离输入内容，然而，这也带来了一些问题，例如它可能会过度限制风格化程度，导致最终结果缺乏吸引力。因此，NeRF-Art 引入了第二个正则项，通过对比学习提高风格化的强度。

对比学习的关键在于设计出正向样例和反向样例，其中正向样例为输入的目标文本，反向样例则是通过采样一些与目标文本完全不相关的文本内容形成 $t_\text{neg} \in \mathcal{T}_\text{neg}$，从而定义一个对比学习正则项。

$$\mathcal{L}_\text{con} = -\sum_{I_\text{tgt}} \lg \left[\frac{\exp\left(\boldsymbol{v} \cdot \frac{\boldsymbol{v}^+}{\tau}\right)}{\exp\left(\boldsymbol{v} \cdot \frac{\boldsymbol{v}^+}{\tau}\right) + \sum_{v^-} \exp\left(\boldsymbol{v} \cdot \frac{\boldsymbol{v}^-}{\tau}\right)} \right] \tag{8.13}$$

其中，$\boldsymbol{v}$、$\boldsymbol{v}^+$、$\boldsymbol{v}^-$ 分别指查询样本、正向样本和负向样本，在不同的场景中使用不同的数值计算。这样的设计强化了对正向样本的优化，降低了反向样本的影响。基于此损失函数，NeRF-Art 设计了全局对比学习损失和局部对比学习损失。全局对比学习损失计算了目标图像整体的损失，即

$$\mathcal{L}_{\text{con}}^{\text{g}} \to \mathcal{L}_{\text{con}}(\boldsymbol{v} = \hat{\varepsilon}_{\text{i}}(I_{\text{tgt}}), \boldsymbol{v}^{+} = \hat{\varepsilon}_{\text{t}}(t_{\text{tgt}}), \boldsymbol{v}^{-} = \hat{\varepsilon}_{\text{t}}(t_{\text{neg}})) \tag{8.14}$$

而局部对比学习损失则通过采样目标图像 I_{tgt} 的片段的 P_{tgt} 进行计算，即

$$\mathcal{L}_{\text{con}}^{\text{l}} \to \mathcal{L}_{\text{con}}(\boldsymbol{v} = \hat{\varepsilon}_{\text{i}}(P_{\text{tgt}}), \boldsymbol{v}^{+} = \hat{\varepsilon}_{\text{t}}(t_{\text{tgt}}), \boldsymbol{v}^{-} = \hat{\varepsilon}_{\text{t}}(t_{\text{neg}})) \tag{8.15}$$

最后，求这两项的加权和，得到最终的全局、局部对比损失。

$$\mathcal{L}_{\text{con}}^{\text{g+l}} = \lambda_{\text{g}} \mathcal{L}_{\text{con}}^{\text{g}} + \lambda_{\text{l}} \mathcal{L}_{\text{con}}^{\text{l}} \tag{8.16}$$

3. 权重正则化

对 NeRF 进行风格化是对场景的二次干预，可能导致飘浮物等错误的再度出现。为了减少这种现象，NeRF-Art 引入了第三个损失项，即权重正则化，以抑制错误的引入。其与 5.1.2 节 Mip-NeRF 360 的失真正则化类似，对于一对近邻点，将不仅限制它们的距离差异，也限制它们的权重差异。这将增加整体流线形状的平滑度，并降低飘浮物出现的可能性。

$$\mathcal{L}_{\text{reg}} = \sum_{I_{\text{tgt}}} \sum_{\boldsymbol{r}} \sum_{(i,j) \in K} w_i w_j \|d_i - d_j\| \tag{8.17}$$

4. 内容保持损失

为了保证生成的内容与原始图像一致，使用预训练的 VGG 层 ψ，对风格化输出图像和 NeRF 输出图像定义了感知损失。

$$\mathcal{L}_{\text{per}} = \sum_{I_{\text{tgt}}} \sum_{\psi \in \Psi} \|\psi(I_{\text{tgt}}) - \psi(I_{\text{src}})\|_2^2 \tag{8.18}$$

通过融合以上所有损失项，可以生成一个全面的损失函数，利用 CLIP 模型对最终结果进行监督和约束，以实现最终的风格化效果。值得注意的是，由于不存在真值，因此损失函数中不包含重建损失项，这是编辑类应用的共性。

$$\mathcal{L} = (\mathcal{L}_{\text{dir}}^{\text{r}} + \mathcal{L}_{\text{con}}^{\text{g+l}}) + \lambda_{\text{p}} \mathcal{L}_{\text{per}} + \lambda_{\text{r}} \mathcal{L}_{\text{reg}} \tag{8.19}$$

NeRF-Art 的生成效果如图 8.7 所示。请注意，这是三维编辑的结果，可以支持任意角度的查看。从结果中可以观察到，NeRF-Art 已经成功将 NeRF 转化为目标文本描述的风格。更为重要的是，NeRF-Art 从研究方向的角度上，找到了编辑 NeRF 的途径，为更多研究者提供了

继续探索的新思路。

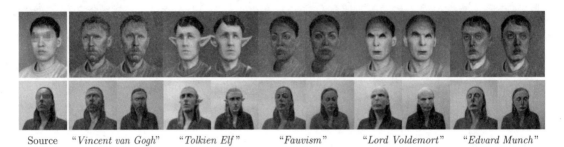

Source   *"Vincent van Gogh"*   *"Tolkien Elf"*   *"Fauvism"*   *"Lord Voldemort"*   *"Edvard Munch"*

图 8.7　NeRF-Art 的生成效果。引自参考文献[166]

8.3.2　基于反馈式学习的 Instruct-NeRF2NeRF

另一种类似的采用文本编辑 NeRF 的算法名为 Instruct-NeRF2NeRF。如其名称所示，该算法使用文本指令将一个 NeRF 转换为另一个 NeRF。其基本出发点十分直观：如果一系列输入图像能够通过训练生成 NeRF 模型，那么是否可以通过扩散模型将输入图像编辑为另一种风格的新图像，然后重新进行训练，从而得到一个风格化后的新 NeRF 模型呢？

答案是不可行，因为扩散模型是逐个生成图像的，无法保证调整后的空间位置一致。虽然训练生成的模型具有一定的风格化效果，但其三维一致性极差，且由于扩散模型导致空间点位置的变化，生成的飘浮物异常多。因此，作者提出了一种新的方法：在训练过程中迭代更新输入图像，是否能够可控地生成风格化的 NeRF 模型？换言之，是否可以在训练过程中构建一个反馈回路，以调整训练的方向。这就是 Instruct-NeRF2NeRF 的流程。令人惊讶的是，这项工作的主要贡献者之一 Ayaan Haque 在发布这项工作时仅有 18 岁，仍在高中学习。Instruct-NeRF2NeRF 的算法框架如图 8.8 所示。

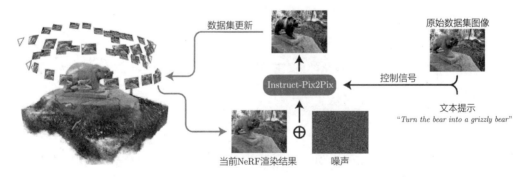

图 8.8　Instruct-NeRF2NeRF 的算法框架。引自参考文献[167]

显然,该框架在训练 NeRF 的过程中,对渲染的图像添加了噪声,然后使用 instruct-Pix2Pix 方法将图像风格化,并更新训练的数据集继续训练 NeRF,从而提高了结果的三维一致性,与 NeRF-Art 的效果相比,它更具优势,如图 8.9 所示。

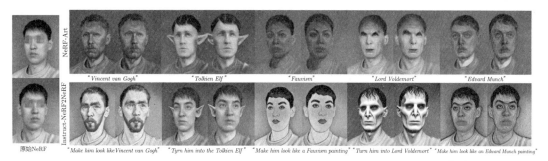

图 8.9　Instruct-NeRF2NeRF 与 NeRF-Art 的效果对比。引自参考文献[167]

8.3.3　使用文本语义搜索三维场景的 LERF

NeRF 重构了细节丰富的三维场景,但结果场景本身没有语义,只是单纯对场景的几何与外观进行描述。在三维场景构建中,一项重要的任务是对场景有某种程度的理解或感知,这样可以在一系列下游智能应用(比如机器人等)中取得理想的引导作用。如果可以使用自然语言对 NeRF 场景进行查询,那么应用将有能力对场景进行分析和理解。例如,如果希望在 NeRF 场景中找到所有的勺子,或者从场景中找到所有的黄色区域,那么算法可以定位到这些描述所对应的实际区域,接下来机器人就可以根据物体的位置进行路径规划、行为规划等。

LERF[168] 解决了这个问题。它在 NeRF 的基础上增加了一个稠密且多尺度的语言场(Language Field),并将二维的 CLIP 语义特征蒸馏到三维表达中,于是可以使用文本对训练完成的场景进行体积搜索。在查询 LERF 模型时,将输入的文本进行嵌入,并计算它与渲染语言场的相关性分数与尺度,然后将其转化成搜索结果的可视化显示。LERF 的框架图如图 8.10 所示。

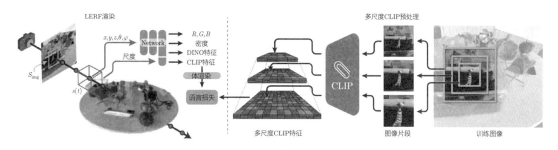

图 8.10　LERF 的框架图。引自参考文献[168]

本节介绍了三种基于文本的 NeRF 交互式搜索、编辑与风格化的方法。可以看出，由于 NeRF 框架的灵活性极大，它可以让我们放开想象力，结合各种已有的技术或概念，提升或实现一些新的想法。关于 NeRF 编辑和风格化的方法，还有其他一些概念，例如 SINE[169] 使用单张图片或文本描述生成新的视角和 NeRF 模型，PaletteNeRF[170] 使用调色板调整颜色，RecolorNeRF[171] 通过分层的方法对 NeRF 场景完成涂色等。

8.4 NeRF 物体分割、去除、修复、操控和合成方法

在三维场景的应用环境中，不仅需要重建场景，还需具备对此场景的后期编辑能力，这是三维表达方式的核心之一。后期编辑能力涵盖了对三维场景的分割、物体的移除、修正及场景的合成等方面。在过去几十年里，三维网格在各产业中得到了广泛应用，这不仅归功于其出色的表达能力和对现实感的再现，更重要的是其各类网格相关的工具链非常完善，能进一步提升对网格的编辑能力，从而满足了各方面对其应用的需求。NeRF 被提出后，同样受到了工业界的期待，已经有不少针对其后期重编辑的研究。

8.4.1 基于少量交互的编辑方法 SPIn-NeRF

SPIn-NeRF[172] 的主要研究目标是从 NeRF 中通过尽可能少的交互来分割出指定的物体，并在训练过程中删除和修补（Inpainting）背景。其中，SPIn-NeRF 的名称中的"SPIn"代表**分割和感知修复**（Segmentation and Perceptual Inpainting）。虽然 SPIn-NeRF 本身无法主动识别需要分割的物体，但它提供了稀疏标记分割方案，即在训练过程中，通过在一系列输入图像 $I = \{I_i\}_{i=1}^{n}$ 的一张中使用简单的标记，来指导模型分割特定的物体，如图 8.11 所示。基于这个简单的分割，SPIn-NeRF 可以执行其余的工作流程。

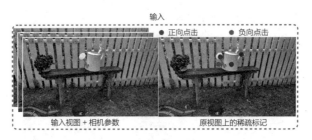

图 8.11　SPIn-NeRF 稀疏标记分割。引自参考文献[172]

1. 使用 NeRF 优化物体掩码，并分割三维物体

首先，SPIn-NeRF 使用 EdgeFlow 算法，并根据输入的标记，将物体从二维图像 I_1 中分割出来，得到一个掩码 M_1。然后，利用视频分割算法，将 $\hat{M}_1$ 的掩码扩展到所有输入图像，得

到 $\{M_i\}_{i=1}^n$。但是，这样的分割结果可能在一致性和连贯性上存在问题，重建过程中也可能出现噪声干扰。因此，SPIn-NeRF 设计了一个语义 NeRF，在学习场景 NeRF 表示的同时，得到物体置信度概率 $s(x)$，基于语义 NeRF 的多视角分割框架如图 8.12 所示。

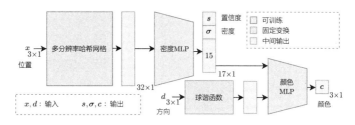

图 8.12　基于语义 NeRF 的多视角分割框架。引自参考文献[172]

接下来，可以使用密度值来推算物体置信度和光线的物体置信度。

$$\hat{P}(r) = \mathrm{Sigmoid}\left(\sum_{i=1}^{N} T_i(1 - \exp(-\sigma_i \delta_i))s(r(t_i))\right) \tag{8.20}$$

为了训练置信度，需要使用物体的掩码进行监督，因此单独设计了一个分类的正则项。

$$\mathcal{L}_{\mathrm{clf}} = \frac{1}{|\mathcal{R}|}\sum_{r \in \mathcal{R}} \mathrm{BCE}(\mathbb{I}_{r \in \mathcal{R}_{\mathrm{masked}}}, \hat{P}(r)) \tag{8.21}$$

最终生成的 NeRF 模型的损失函数由重建损失与分类损失的加权和构成。

$$\mathcal{L}_{\mathrm{mv}} = \mathcal{L}_{\mathrm{rec}} + \lambda_{\mathrm{clf}}\mathcal{L}_{\mathrm{clf}} \tag{8.22}$$

这样，SPIn-NeRF 可以将原始的粗糙且高噪声的掩码优化为一个平滑的三维掩码，并按照此掩码将标记的三维物体分割出来。

2. 物体的修复

在获得三维掩码后，可以尝试删除三维物体并使用场景信息进行修复。此时，可以借助已有的二维修复方法，在二维空间内移除目标物体后对输入图像进行修复，以此生成一组新的输入图像。本实验中使用的二维图像修复方法可以是任何成熟的算法。在 SPIn-NeRF 中使用 LaMa 算法，但理论上，其他算法也应该具有同等效力，目标都是填补图像的空白部分。然后，可以使用这组修复后的图像重新训练一个 NeRF 模型 $\widetilde{I}_i$，该模型中的标志物体已被移除。

$$\widetilde{I}_i = \mathrm{INP}(I_i, M_i) \tag{8.23}$$

INP 指某种二维图像修复算法。然而，与所有其他二维图像处理后重建的问题一样，其空间一致性和模糊感较强，这是因为在修复阶段，每张图像都是单独完成的，没有考虑空间一致性。因此，需要添加正则项来惩罚这些问题。

首先添加的是一个感知损失 $\mathcal{L}_{\text{LPIPS}}$，可以通过计算重建图像与修复图像之间的 LPIPS 值的平均值来衡量，以提高两者的一致性。

$$\mathcal{L}_{\text{LPIPS}} = \frac{1}{|\mathcal{B}|} \sum_{i \in \mathcal{B}} \text{LPIPS}(\hat{I}_i, \widetilde{I}_i) \tag{8.24}$$

接下来添加的是场景中的深度损失，以增强空间连续性。如前文所述，NeRF 模型可以渲染预测的深度图，SPIn-NeRF 通过原始 NeRF 场景渲染的深度图与修复后渲染的深度图之间的 L2 距离得到，以便在几何上平滑生成的结果。在这里，$\hat{D}$ 表示原始 NeRF 模型渲染的深度图，而 $\widetilde{D}$ 表示修复后 NeRF 模型渲染的深度图。理论上，两者应该是相近的。

$$\mathcal{L}_{\text{depth}} = \frac{1}{|\mathcal{R}|} \sum_{r \in \mathcal{R}} |\hat{D}(r) - \widetilde{D}(r)|^2 \tag{8.25}$$

SPIn-NeRF 实现了物体的有效分割和修复，其修复效果如图 8.13 所示。SPIn-NeRF 将二维分割和修复技术融合到三维 NeRF 空间，为 NeRF 效果的后期处理开辟了一条新的路径。只需要在二维空间中对源图像进行适当的处理，然后在训练得到的三维空间中增强空间的一致性和平滑度，就可以完成相关操作。整个修复过程大约需要 40 分钟，其中重复训练的过程是时间消耗的主要部分，这也是此类方法的常见问题。

图 8.13　SPIn-NeRF 的修复效果。引自参考文献[172]

8.4.2　将二维分割提升至三维的方法 Panoptic–Lifting

SPIn-NeRF 被提出后不久，来自慕尼黑工业大学的研究者提出了一种名为全景提升（Panoptic Lifting）[173] 的新型 NeRF 分割及其下游应用方法。在 Lifting 这一类别的问题研究中，研究者通常试图将低维问题的解决方案应用于更高的维度，通过使用二维的分割方法生成的结果和 Panoptic Lifting，最终在三维空间中获得高质量且一致的分割效果。完成这一过程之后，就可以在 NeRF 中实现诸如物体移除、移动、复制等操作。

实质上，实现对场景中物体的高级语义编辑和控制能力，其核心在于对场景的理解。这种理解能力在三维视觉领域已经存在了很长时间，并且可以衍生出大量新的应用模式。同时，这个问题类似通用人工智能的表现，随着大型语言模型的迅速发展和三维视觉技术的不断突破，三维场景理解问题在隐式空间将会有显著的提升和进展。Panoptic Lifting 是在这一领域中的一个创新尝试。其算法框架如图 8.14 所示。

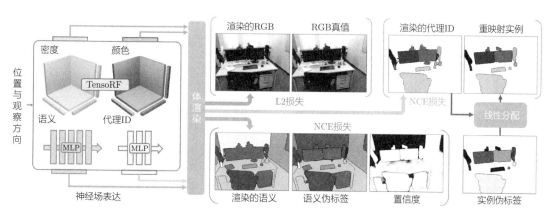

图 8.14   Panoptic Lifting 算法的框架。引自参考文献[173]

Panoptic Lifting 的目标是通过接收带有相机位姿的输入图像 I 和他们对应的二维分割结果，构建三维空间中的体场景表示、三维物体实例及语义属性，即能够让在二维空间中获得的物体标记在三维空间中表现出一致性。

1. 输入数据的处理

对于所有二维输入图像，采用预训练的二维分割算法，获得该图像相对于特定光线 r 的渲染结果，包括 RGB 颜色 $\hat{c}_r$，语义类别 $\hat{k}_r$ 和二维实例 ID——$\hat{h}_r$。在 Panoptic Lifting 框架中，采用 Mask2Former[174] 方法来实现这一过程，然而，其他二维分割方法也能产生类似的效果。

所有二维升维到三维应用时，都存在噪声较大、一致性较差的问题。接下来，通过优化神经网络来解决这些问题，这也是解决此类问题的常规方式。

2. Panoptic Lifting 神经场的表达

Panoptic Lifting 定义了一个神经场，通过空间位置 x 和观察方向 d 获得体密度 σ、语义类别 k，以及在代理标识符领域 $\mathcal{J}$ 中的分布 π。使用这些数据，可以标定三维空间中任意点的物体语义标识。Panoptic Lifting 使用了 TensoRF 方法来构建基础的神经辐射场，使用单独的、小型的多层感知器来构建语义和代理标识符。通过输入的所有图像信息和语义信息，对这个网络结构进行训练。

在渲染和查询过程中，使用常规的 NeRF 推理来查询某光线的密度、颜色和语义分类。在提取语义分类时，只需选择该点语义分类和代理标识符概率最大的类别即可。

$$
\begin{aligned}
k_r^* &= \arg\max_{k \in \mathcal{K}} \kappa_r(k) \\
j_r^* &= \arg\max_{j \in \mathcal{J}} \pi_r(j)
\end{aligned}
\tag{8.26}
$$

3. 损失函数的设计

为了降低噪声并提升一致性，在训练这个网络时，需要考虑适当的正则项来提升训练的有效性。

1）外观重建损失

这也是常见的损失，使用模型推理的颜色与真值的颜色计算欧氏距离即可。

$$
\mathcal{L}_{\mathrm{rec}} = \frac{1}{|R|} \sum_{r \in R} \|\boldsymbol{c}_r - \hat{\boldsymbol{c}}_r\|^2
\tag{8.27}
$$

2）语义损失

在测试阶段，每个光线都可以得到相应的语义分类 $\hat{k}_r$ 及预测的信心度 ω_r，这与语义分类的先验信息 k_r 相关。因此，可以将它们之间的交叉熵损失作为重建语义的损失。

$$
\mathcal{L}_{\mathrm{sem}}(R) = -\frac{1}{|R|} \sum_{r \in R} \sum_{k \in K} \hat{\kappa}_r(k) \lg \kappa_r(k)
\tag{8.28}
$$

3）实例损失

在场景理解问题中，每个实例的准确度也是重要的评价指标，因此，Panoptic Lifting 单独设计了代理标识符的实例损失。对于某图像生成的一系列光线 R，使用其二维先验分割数据，用 R_h 表示 R 中属于某个二维实例 $h \in \mathcal{H}_I$ 的子集，而 $H_R \subseteq H_I$ 代表光线 R 所表示的二维实例子集。然后，使用对数似然损失来建模实例损失。

$$
\mathcal{L}_{\mathrm{ins}}(R) = -\frac{1}{|R|} \sum_{r \in R} \omega_r \lg \pi_r(\Pi_R^*(\hat{h}_r))
\tag{8.29}
$$

其中，Π_R^* 是在给定二维实例预测时，三维空间中最适合的代理标识符之间的映射函数，该映射函数的优化问题可以通过线性分配问题解决。

$$\Pi_R^* = \arg\max \Pi_R \sum_{h \in H_R} \sum_{r \in R_h} \frac{\pi_r(\Pi_I(h))}{|R_h|} \tag{8.30}$$

Π_R^* 的优化问题可以使用线性分配方法解决。

4）分割一致性损失

对于分割结果的一致性，可以采用与监督相似的方法进行管理。根据 panoptic 分割的结果，将图像 I 产生的全部射线集合 R 分成一系列的光线集合 $R_1, R_2, \cdots, R_m$。通过对数似然损失，可以求出分割一致性的损失。

$$\mathcal{L}_{\mathrm{con}}(R) = -\frac{1}{R} \sum_{r \in R} \omega_r \sum_{i=1}^m \lg \kappa_r(K_i) \tag{8.31}$$

在此，K_i 是 R_i 中最可能的预测语义分类。

$$K_i = \arg\max_{k \in K} \sum_{r \in R_i} w_r \kappa_r(K_i) \tag{8.32}$$

至此，所有的正则项都已经定义清楚，最终的损失函数是由这些损失项的加权和构成的。

$$\mathcal{L}(R) = \lambda_{\mathrm{rec}} \mathcal{L}_{\mathrm{rec}}(R_S) + \lambda_{\mathrm{con}} \mathcal{L}_{\mathrm{con}}(R_I) + \lambda_{\mathrm{ins}} \mathcal{L}_{\mathrm{ins}}(R_I) + \lambda_{\mathrm{sem}} \mathcal{L}_{\mathrm{sem}}(R_S) \tag{8.33}$$

在实际的训练过程中，通常会增大对分割一致性损失的影响，故设置：

$$\lambda_{\mathrm{con}} = 1.35, \lambda_{\mathrm{ins}} = \lambda_{\mathrm{sem}} = \lambda_{\mathrm{rec}} = 1 \tag{8.34}$$

这样便能得到一致性的三维分割结果。通过使用这个分割结果，实际上获得了一种对三维场景的理解结果，可以设计多种方法来基于它进行场景内被标记为不同语义物体的移除和复制等操作。例如，当复制一个物体时，原本需要查询一块空白的三维空间，这时，只需查询被分割出来的物体部分。

Panoptic Lifting 正如其名，它将二维分割结果提升到了三维空间，并实现了优秀的分割效果。从算法结构来看，它与 SPIn-NeRF 相似，都是将二维图像空间提取的特征学习到三维空间，然后使用一个神经网络结构来优化其平滑性和一致性，最终在三维空间中取得良好的效果。随着各项基础技术的持续发展，三维空间场景理解的问题最终将得到解决，并且在更广泛的应用场景中发挥作用。

8.5 基于 NeRF 的动画方法

与第 6 章中所描述的动态场景 NeRF 技术不同，基于 NeRF 的动画技术通过对原始场景中的物体或元素进行变形创造出新的场景。这可以包括各种情境，如机器人行走、人类动作等，偏向三维图形学。在这一领域，相关研究相对较少，主要采用两种策略解决问题。一种是将三维网格技术与 NeRF 结合，通过笼体控制来生成动画；另一种是根据物理规则创建基于 NeRF

的动画。这两种方法各有优缺点，可以根据实际情况选用。

8.5.1 基于笼体控制的动画方法 CageNeRF

通过笼体控制生成三维网格动画的研究工作在 2008 年左右就已展开。其主要方法是利用一个粗糙的三维网格将原始几何体包裹起来，然后通过操控笼体的运动来实现对包裹几何体的动画生成。由于其具有一定的实用价值，在某些三维动画应用中被采用。

浙江大学的研究者发现，通过为 NeRF 场景设计笼体并利用特定的算法进行控制，也可以以显式的方式操控隐式的表达，从而实现高质量的三维动画效果。CageNeRF[175] 的算法流程如图 8.15 所示。

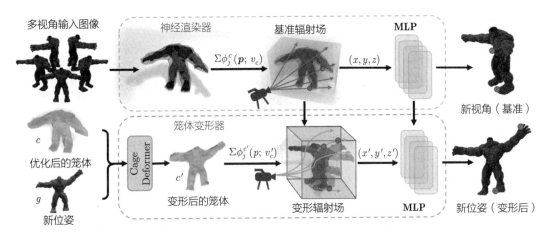

图 8.15 CageNeRF 的算法流程。引自参考文献[175]

1. 训练 NeRF 典范空间

在此过程中，标准的 NeRF 算法被用于训练输入的多视角图像，从而生成 NeRF 基准神经场。利用最终的训练结果，可以通过体渲染生成空间中任意一个点的体密度和颜色。这一阶段完全依赖标准的 NeRF 模型和算法，从而得到一个可以在后续步骤中使用笼体控制的典范空间。其中，γ 表示位置编码方法，读者应该比较熟悉了。

$$F_{\Theta} : (\gamma(\boldsymbol{p}), \gamma(\boldsymbol{d})) \rightarrow (\boldsymbol{c}, \sigma) \tag{8.35}$$

2. 笼体初始化和优化

采用一个粗略的网格结构，对整体空间中的物体进行包裹，透过优化算法，使该网格与场景中的物体实现高度匹配。这里，v, f 分别表示网格的节点和面片。若无适当的初始网格，则可以使用 8.1.1 节介绍的行进立方体算法生成一个网格。为了确保网格的节点与几何体的包裹性高度匹配，再次使用 MVC 方法进行优化，并对负的 MVC 节点进行惩罚。

$$\mathcal{G} = \{\boldsymbol{v}, \boldsymbol{f}\}$$
$$\min_{v} |\min(\phi_i(\boldsymbol{v}), 0)|^2, \boldsymbol{v} \in \mathcal{G}, i = 1, 2, \cdots, N \tag{8.36}$$

如此，笼体 $\mathcal{C}$ 即为在几何体 $\mathcal{G}$ 上采样 N 个节点所得到的控制结构。经过以上步骤，网格体初始化和优化完成，可在变形动画中作为动画的驱动器使用。

3. 笼体的显式变形

由于当前的三维表示已经转换为一种隐式与显式的混合模式，所以可以通过操作显式空间中的几何节点，生成一个新的三维几何形状。此结果可用于引导 NeRF 进行动画渲染以产生后续的 NeRF 效果。此外，也可以利用其他物体的动作来指导当前的 NeRF 模型进行形状变换，从而实现类似动画迁移和物体再现的效果。CageNeRF 实现了一个笼体的 PointNet++ 变形网络，并从 ShapeNet 和 Surreal 数据集中学习变形动作和动画的知识，以获得一个变形后的笼体 $\mathcal{C}'$，用于驱动笼体进行变形动作的迁移。

笼体是整体显式集合的子集，它相比完整的几何建模节点更少，因此在实际计算过程中更易于操作。笼体变形结束后，可以采用 MVC（Mean Value Coordinates）坐标，并通过笼体驱动几何运动的方法，得到新的几何表达 $\mathcal{G}'$。更具体地说，对于原始几何的每一个点，可以计算其对应的 MVC 坐标。

$$v_i = \mathcal{C}(\boldsymbol{v}_i) = \sum_{j-1}^{N} \phi_j^{\mathrm{C}}(\boldsymbol{v}_i) \boldsymbol{v}_j, \boldsymbol{v}_i \in \mathcal{G}, \boldsymbol{v}_j \in \mathcal{C} \tag{8.37}$$

其中，ϕ_j^{C} 是使用笼体节点 v_j 和网格节点 v_i 生成的一系列权重函数。当笼体几何发生变化后，整体几何 $\mathcal{G}'$ 可以通过 MVC 坐标变换得到。

$$v_i' = \sum_{j=1}^{N} \phi_j^{\mathrm{C}}(\boldsymbol{v}_i) \boldsymbol{v}_j', \boldsymbol{v}_i' \in \mathcal{G}', \boldsymbol{v}_j' \in \mathcal{C}' \tag{8.38}$$

值得注意的是，即使欧氏空间点的坐标发生改变，MVC 的坐标也保持不变。因此，在每次变形时，只需维持 MVC 坐标位置稳定，以替换变形后的新笼体。对于每个点的变形，可以采用以下公式。

$$\mathcal{F}_{\mathrm{d}} = \{p = (\phi_1^{\mathrm{C}}, \phi_2^{\mathrm{C}}, \cdots, \phi_N^{\mathrm{C}}) | p \in \mathcal{F}\} \tag{8.39}$$

将变形后笼体空间的坐标转换到参考空间后采样，就可以渲染变形后的神经场。这使得渲染过程变得简单，可以通过以下步骤完成。

（1）在渲染空间中，以变形后的几何 $\mathcal{G}'$ 作为遮罩进行采样。

（2）插值生成采样点的 MVC 坐标。

（3）使用笼体映射方法将变形空间的点坐标映射回典范空间，从而获取对应点的位置信息。

（4）在典范空间中获取该点的体密度和颜色，即渲染变形空间中该点的体密度和颜色。通过使用标准的体渲染方法，可以完成对参考空间图像的渲染。

CageNeRF 对于变形的处理十分巧妙，它借助了笼体的坐标映射关系，成功地与典范空间的属性关联。这样一来，可以结合隐式空间和显式空间的表达，利用它们的灵活性完成渲染，不仅可以使用笼体控制直接变形，也可以使用其他的几何变形来引导动作迁移。CageNeRF 不仅为 NeRF 动画提供了解决方案，也为显式和隐式表达的联合处理提供了新的思路。

8.5.2　基于物理规则的 NeRF 动画方法

在动画生成方面，主要存在两种方法，它们与传统的图形学理论有许多相似之处。第一种是通过一种代理的几何结构驱动动画生成。第二种是利用物理规则引导动画生成。本节将重点介绍第二种方法在 NeRF 中的构建原理和应用方法，其典型代表是 PIE-NeRF[176]。

PIE-NeRF（Physics-based Interactive Elastodynamics with NeRF，PIE），意为在 NeRF 基础上实施基于物理的交互式弹性动力学动画生成方法。

PIE-NeRF 能够在 NeRF 模型中实现特定区域的拉动操作，进而引发整个空间的弹性运动，可以模拟物体在物理空间中的运动。与 CageNeRF 不同，PIE-NeRF 旨在寻求一种无须三维网格的几何结构，以实现对整体几何的显式表达和控制。这种设计使得表达更具灵活性，不会受到线面逻辑关系的约束。PIE-NeRF 的算法流程如图 8.16 所示。

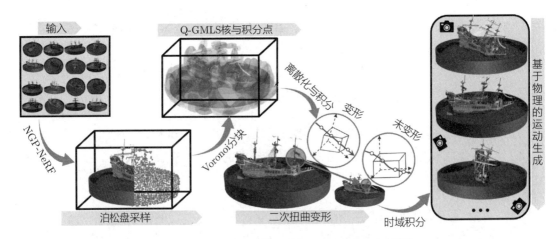

图 8.16　PIE-NeRF 的算法流程。引自参考文献[176]

1. 输入处理

PIE-NeRF 的输入与标准 NeRF 相同。对于静态场景，进行多视图图像的采样，然后借助 Instant-NGP 算法对 NeRF 空间进行建模，从而获得一个连续的隐性空间表达。

2. 泊松盘采样

从动画操作的视角，需要对 NeRF 连续的隐式表达进行离散，以便物理模拟。PIE-NeRF 采取的做法是，使用更灵活的几何表达来处理，选择了全局场景几何点的采样方法。具体来说，PIE-NeRF 采用了自适应的**泊松盘采样**（Poisson Disk Sampling，PDS）方法，这种方法速度较快，且对场景物体几何的拟合度高。为保证分布的合理性，PIE-NeRF 保持各 PDS 采样点之间具有一定距离，使其分布尽可能分散。通过图 8.17 中与其他几种采样方法效果的对比，可以感受到 PDS 的采样效率是比较高的。

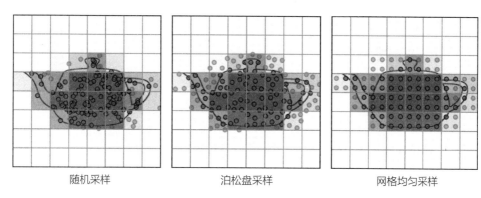

随机采样　　　　　　　泊松盘采样　　　　　　　网格均匀采样

图 8.17　几种不同的采样方法。引自参考文献[176]

理论上，采用全部 PDS 采样点进行积分，便可使用拉格朗日方程对模型进行非线性动力学处理。然而，由于采样点数量多，PIE-NeRF 将采样点稀疏化到 n 个二次广义移动最小二乘核（Q-GMLS Kernels）上，并以各核心的中心点，以及部分描述场景边界的 PDS 采样点为核心积分点（Integrator Points），从而充分实现对原始场景的离散化表达。

3. 动画生成

在获得核心积分点后，便可以与模型进行交互式的动画生成。PIE-NeRF 能实现基于物理的弹性动态运动合成，无须使用类似 8.5.1 节中的代理结构来控制模型运动，并能高质量地捕捉隐式模型上的非线性动力学与大运动效果，从而便捷地实现高真实感的超弹性材料的动画合成效果。

为了展示 PIE-NeRF 的实时互动效果，作者还设计了一个交互界面，用户可以通过拖曳场景中的点来改变场景中物体的形态。

PIE-NeRF 代表了 NeRF 动画中罕见的基于物理的动画模拟方法。这种方法是为真实材质的弹性动力学模拟设计的，其中采用了无须三维网格代理的动画控制手段。它同样为隐式三维表达的动画驱动方法提供了前所未有的实现途径。

目前，NeRF 的动画生成主要通过将显式表达和隐式表达结合来实现。无论是使用网格笼体来引导变形的 CageNeRF，还是通过核心积分点使用物理模拟引导的 PIE-NeRF，都能实现目标。通过几何或物理方法模拟出显式的变化后，改变 NeRF 的渲染方法，就可以获得最终的动画渲染效果。

未来，NeRF 动画在三维后期制作中将具有一定的应用潜力。这一领域的知识涵盖了图形学的许多内容。本书仅对相关思想进行串联，更为详细和深入的算法，可以参考相关图形学文献。

8.6　NeRF 压缩与传输方法

NeRF 的端到端压缩和传输技术主要用于实时生成、流式传输，以及其他对实时性和网络交互性要求较高的 NeRF 场景。值得一提的是，一些早期的研究已经在这个方向进行了探索。多年前，MPEG 组织的 MPEG Immersive（MIV）就已经尝试了 6 个自由度（DOF）的场景压缩和采集技术。然而，NeRF 出现后，其带来的隐式表征在体验上相较于 MIV 有着显著的优势，因此，MPEG 组织也开始研究静态和动态隐式数据表征的压缩方法。从长远来看，这将是一个实际需求，特别是在 NeRF 应用越来越广泛的情况下，其发展路线将与二维媒体技术类似。在此方向的研究中，上海科技大学及 NeuDim 提出的一些成果，例如 ReRF 等，具有较强的代表性。

8.6.1　ReRF 的设计框架和思路

ReRF[177] 的设计融合了 NeRF、基于网格的显式表征以及传统的媒体压缩算法的理念。在压缩和结构传输环节，ReRF 借鉴了众多二维视频的压缩框架和方法进行处理，包括码流结构中的 GOP 格式等。ReRF 的算法框架如图 8.18 所示。可以看出，ReRF 主要的压缩方法和架构与视频压缩算法中的前向预测结构有很多共通之处。该算法使用上一个时间片的内容对当前时间片的表象进行动作预测，并记录预测和残差信息，通过压缩技术（三维离散余弦变换，量化，熵编码等）来实现数据量的压缩。

ReRF 选用体素网格和一个小型的 MLP 进行特征存储，从数据角度看，其更易于规范化，且更符合压缩算法的逻辑与结构。因此，可以将一段时间的神经场划分为静态和动态两部分。

　　静态神经场通常位于一段时间的内容的起始部分，这时没有任何可参考预测的数据，因此只能对神经场的内容进行完整的表述。这时，整个特征网格 f（每个节点的特征由该点的体密度和颜色构成，而中间任何一点的特征，由周边 8 个节点进行三次线性插值生成），加上一个小的 MLP Θ，直接进行压缩处理，得到一个类似关键帧的数据包。与视频压缩算法一致，ReRF 将其称为一组神经网格的 **I 特征网格**（Intra Feature Grid，对应视频压缩中的 I 帧），也就是重建这个网格只需要得到它本身的数据，而不需要参考其他网格的数据，将其记为 f_1。

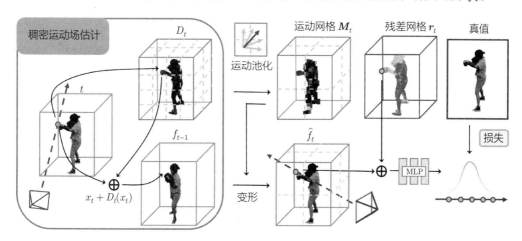

图 8.18　ReRF 的算法框架。引自参考文献[177]

　　对于动态神经场，前面都会有一个已经被重建的特征网格，因此在当前时间戳下，可以对前一个时间戳的特征网格进行运动估计，得到两个新的网格，一个用来表示运动特征，一个用来表示运动估计。ReRF 将当前网格与前一网格之间的预测残差称为一组神经网格的 **P 特征网格**（Prediction Feature Grid，可对应视频压缩方法中参考帧只有一帧的前向预测 P 帧）。也就是说，使用 f_1 作为已知信息，预测得到当前时间 t 的运动网格 M_t 和残差网格 r_t。这样，当前时间点的特征网格就可以表示为

$$\hat{f}_t(p) = f_{t-1}(p + M_t(p)) \tag{8.40}$$

而从存储的角度来讲，可以表示为

$$f_1, M_1, r_1, M_2, r_2, M_3, r_3, \cdots \tag{8.41}$$

这个流程持续循环，直至整个时间序列的内容被表示完成，如图 8.19 所示。

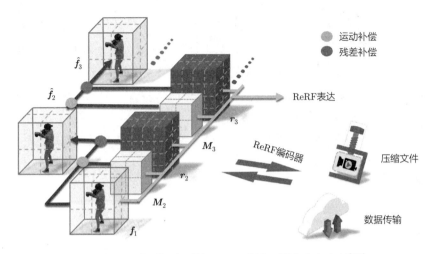

图 8.19　一个时间序列的 ReRF 表达。引自参考文献[177]

8.6.2　运动估计与残差估计

较为复杂的部分在于运动估计的环节。ReRF 采用了 DeVRF 方法，以前一时间点的特征网格作为典范空间，对当前时间戳下的网格进行预测，从而获得一个密集的动态场 D_t。随后，通过动态池化的操作将动态场 M_t 进行平滑处理，得到的当前时间戳网格与预测网格之间的差值，称为**残差网格**（Residual Grid）。

从逻辑上推断，残差网格应该是稀疏的，而且从数据角度来看，其相较于完整的网格已经显著缩小了尺寸，这对压缩存储及传输都十分有利。可以使用以下损失函数来得出最优的残差预测结果。

$$\mathcal{L}_{\text{total}} = \sum_{l \in \mathbb{L}} \|c(I) - \hat{c}(I)\|^2 + \lambda \|r_t\|_1 \tag{8.42}$$

这里，$c(I)$ 和 $\hat{c}(I)$ 分别代表预测颜色值和真值，这样最优化了重建质量，并使残差表达最小化。

8.6.3　压缩算法的设计与常用表达技巧

在完成 I 特征网格和 P 特征网格的表达处理之后，可以借助压缩技术进一步处理。具体的压缩流程如图 8.20 所示。

图中涉及的技术，包括三维离散余弦变换进行空间到频域的转换、量化算法进行质量损失处理、熵编码算法进行数据压缩、重构特征缓存机制，以及变形运动补偿机制等，都是视频和图像压缩中常见的算法。其设计细节可以参考相关文献以及官方提供的实现方法。

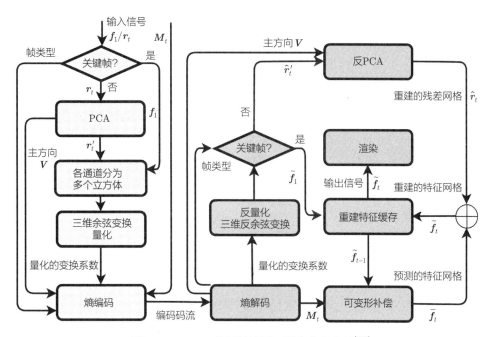

图 8.20　ReRF 的压缩流程。引自参考文献[177]

在流式传输中，存在一个重要的问题，即时间序列长度的变化。每个 P 网格都需要获取前面的所有时间网格才能进行重构，这使得无法在传输过程中随时接收和解码数据，而必须从头开始接收所有数据才能重新构建场景。在视频压缩领域，这个问题的解决方法是采用 GOP（Group of Pictures），ReRF 也采用了相同的理念，但由于涉及三维空间，所以将其称为 **GOF**（Group of Feature Grid），如图 8.21 所示。对于一个长时间序列表面，每 20 秒重新编码一个 I 特征网格，从而为接收和解码端提供新的接入机会。接收和解码端只需持续接收数据，直到收到下一个 I 网格，然后启动正常的解码流程。GOF 的第二个应用场景是在网络传输中出现数据包丢失等不稳定因素时，等待下一个 I 特征网格，然后恢复解码和渲染。GOF 的第三个应用场景是通过时间定位法从指定的时间点开始播放。

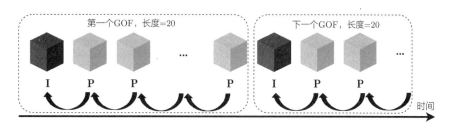

图 8.21　ReRF 中的 GOF。引自参考文献[177]

因此，ReRF 的表达结构具有较高的灵活性，可以便捷地构建四维播放器，并支持丰富的播放功能。同时，可以基于 ReRF 实现端到端的神经场景直播系统，将 6DOF 的现场情况精确地复原到远端。

ReRF 结合了二维视频压缩方法和三维网格表征的成熟技术，几乎构建了一个可落地的压缩、流式传输框架。一方面，借助其算法框架，可以轻松实现目前在流媒体上的大部分视频效果，考虑周全。另一方面，从视频压缩算法的技术历史来看，当前四维网格的压缩算法设计尚未复杂化。在框架层面，其复杂性相当于 MPEG-2，即 DVD 光盘时代，还有许多技术未得到应用，如双向预测及帧内的许多技术。此外，三维空间中的许多特征成果也有较大的优化空间。因此，尽管 ReRF 在 NeRF 被大规模应用之前发布，时机可能稍早，但其为后续在四维神经场和特征网格空间中实现流式压缩传输的研究提供了坚实的基础。

8.7 NeRF 其他方向的一些技术

NeRF 其他方向的一些技术相对不容易分类。但也有相当重要的意义。本节将对这部分技术进行简单的介绍，但不会讲得太细，对相关技术感兴趣的读者可以查阅相关文献。

8.7.1 NeRF 用于开放曲面建模的技术

在建模场景中，水密曲面或近似水密曲面的建模问题较为常见。然而，从更广的角度来看，任意拓扑曲面的建模不仅包括水密曲面的建模，还包括开放曲面的建模问题，例如衣物和半封闭的盒子等。2022 年，腾讯公司和香港大学等机构参与的两项研究工作开始致力于此领域，并提出了 NeAT[51] 和 NeuralUDF[178]。

1. 使用 SDF 建模任意拓扑曲面的 NeAT

NeAT 的全称是 Learning Neural Implicit Surfaces with Arbitrary Topologies from Multi-view Images，它是从多视图学习任意拓扑的隐式神经表面方法。NeAT 将三维表面表示为带有有效性分支的 SDF 等值集，并对表面存在的可能性进行评估。同时，NeAT 引入了一种神经体积渲染方法，以避免渲染有效性低的点。该算法流程如图 8.22 所示。

NeAT 在任意采样点 $\rho(t)$ 上使用由三个子网络构成的 NeAT-Net，分别用以预测 SDF 值 $f(p(t))$、颜色值 $c(p(t))$ 和可用性值 $V(p(t))$。然后将这三个值作为输入，通过 NeAT 的渲染器可以生成渲染图像 I_{pred} 和掩码 M_{pred}，并计算其与实际值的差异，从而完成 NeRF 训练。

在渲染过程中，传统的 SDF 渲染器只考虑从外到内的渲染过程，因此在物体的前方可以看到物体，但是在物体后方，即光线从内到外的情况下，不进行渲染，这导致了知觉上的缺陷。NeAT 优化了这一问题，无论哪个方向的射线都有颜色。这也是 NeAT 能够在任意拓扑下重建的原因，其效果如图 8.23 所示。

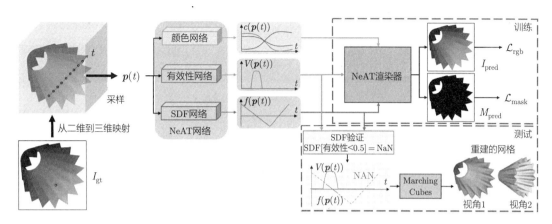

图 8.22　NeAT 的算法流程。引自参考文献[51]

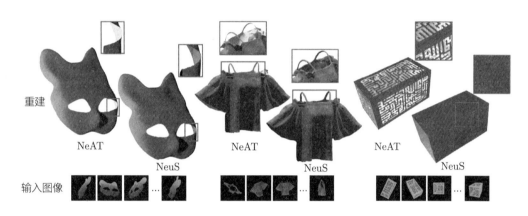

图 8.23　NeAT 的重建效果。引自参考文献[51]

2. 使用 UDF 建模任意拓扑曲面的 NeuralUDF

与 NeAT 的策略不同，NeuralUDF 没有使用 SDF 对表面进行建模，而是使用了**无符号距离函数**（UDF）。对于表面的点，使用 0 表示，而对于其他所有的点，都使用与表面的最小距离表示，排除了符号的影响。UDF 对任意拓扑曲面的表示有天然优势，因为不需要区分射线与表面的方向关系，所以只需使用 UDF 表示取代之前的 SDF 方法，就可以对任意拓扑表面进行建模，而在零水平集的点即为曲面的表达。使用 UDF 会遇到两个挑战，一个是在表面零水平集上通常不可微，另一个是不感知遮挡。因此，作者提出了相应的解决方案进行优化，实现了对任意拓扑曲面的建模，效果如图 8.24 所示。

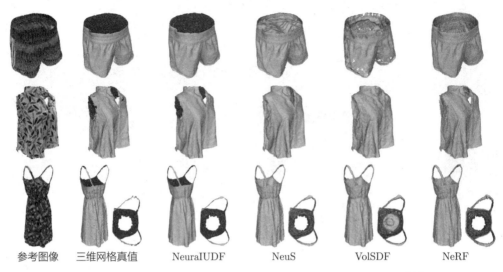

参考图像　　三维网格真值　　NeuralUDF　　　NeuS　　　　VolSDF　　　　NeRF

图 8.24　NeuralUDF 对任意拓扑曲面的建模效果。引自参考文献[176]

8.7.2　使用特殊场景线索引导 NeRF 重建的技术

在某些特定情境下，图像数据的采集只能在特定位姿下完成，但场景中的光照条件是可以调整的。例如，在确定了摄像机位姿后，可以在场景中任意位置设置点光源，或者进行特定的光影变换。在这类情况下，由于缺乏多样的摄像机位姿，重建问题通常是不适定问题（Ill-Posed Problem）。然而，由于点光源位置的改变引起了采集图像的光影效果的差异，作者巧妙地利用场景中的影子和着色信息，开发了一种新的重建算法——S³NeRF[179]。该算法不仅可以还原直接接触光线的物体的几何特性，还可以重建摄像机无法直接观察到的物体背面的几何信息。算法名称中的 S³ 代表算法面对的情景和所采用的先验知识：着色（Shading）、影子（Shadow）和单视点（Single Viewpoint），算法流程如图 8.25 所示。

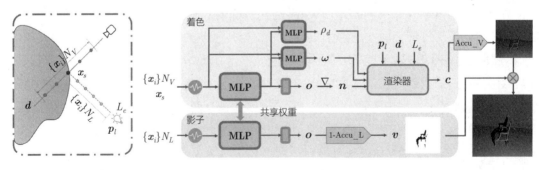

图 8.25　S³NeRF 的算法流程。引自参考文献[177]

S³NeRF 算法能够找到光线与物体表面的交点 x_s，并使用从该点到摄像机的向量来构建着色，同时使用从该点到光源的向量来构建影子，从而得到最终的颜色值。然后将最终的颜色值与采集到的实际颜色值进行比较，以此进行训练。一旦模型训练完毕，就可以从任意角度生成新的视图。这种方法对于存在物体遮挡的重建情况有极大的帮助，其单视角重建效果如图 8.26 所示。

输入　　　法向和侧视角真值　　　　S³NeRF　　　　　　ZL18　　　　　　HS20

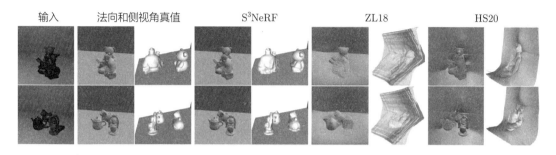

图 8.26　S³NeRF 的单视角重建效果。引自参考文献[177]

8.7.3　其他相关工作

除了前面讲到的，还有一些更细分且具有特殊用途的技术，如 "Seeing the World Through Your Eyes" [180] 和 Mirror-NeRF[181]。前者将眼球等折射物作为虚拟相机，利用微弱的信息重建未采集的场景。后者通过在场景中添加镜面，在神经场中模拟镜面效果。本书作者在 GitHub 仓库中对它们进行精细的分类和快速更新，以便读者按类别搜索和跟踪。

这些研究工作展示了 NeRF 的高度灵活性和更多可能。我们需要从场景中挖掘先验知识，并对算法框架、损失函数进行严谨的设计和思考，以期发现新的知识。从三维视觉的角度来看，这是一个富有想象力的领域，读者可以拓展思维，在各种应用场景中寻找 NeRF 及其他基于神经渲染方法的应用，可能会有意想不到的收获。

8.8　总结

本章介绍了在实施 NeRF 时需要用到的一系列技术，涵盖了将 NeRF 导出为传统三维格式、NeRF 的各种后处理技术、NeRF 的动画生成技术及 NeRF 的压缩与传输技术等。读者可以根据自己的兴趣和方向，查阅相关文献了解新技术的进展情况。

NeRF 的落地与应用场景探索

We believe the immediate applications of NeRF are novel view synthesis and 3D reconstruction of Urban environment, and of human avatars. Further improvements can be made by facilitating the extraction of 3D mesh, point cloud or SDF from density MLPs and integrating faster NeRF models. Urban environment specifically requires the division of the environment into separate small scenes, each to be represented by a small scene specific NeRF model. The baking or learning of separate scene features for speed based NeRF models for city scale models is an interesting research direction. For human avatars, the integration of a model which can separate view-specific lighting such as RefNeRF would be highly beneficial to applications such as virtual reality and 3D graphics. NeRF is also finding applications in fundamental image processing tasks such as denoising, deblurring, upsampling, compression, and image editing, and we expect more innovations in these areas in the near future as more computer vision practitioners adopt NeRF model.

— NeRF: Neural Radiance Field in 3D Vision, A Comprehensive Review (2022)

以上文字摘自 2022 年的一篇关于 NeRF 技术发展的综述，截至本书编写时，该综述中对 NeRF 未来应用场景的大部分预测已经实现，甚至超出了预期，这是研究者和产业人员日复一日地在这个领域积累和开拓的结果。技术的发展正如车轮一样，不断向前推进，每天都会有新的研究成果问世，带来新的突破。

读到这一章的读者可能已经对 NeRF 在重塑各类技术和产品方面的潜力有了深刻的理解。那么，哪些业务场景适合使用 NeRF？哪些行业或产品已经实现了 NeRF 技术的落地应用？如何找到 NeRF 的优势应用场景？对于这些问题，每个人可能都有自己的答案和想法。从行业分类来看，确实有很多值得关注的领域。无论是大家熟知的物体和场景建模领域，还是近年备受关注的数字人和自动驾驶领域，NeRF 无处不在。尽管 NeRF 技术仍存在一些问题，但其应用前景令人期待。

与前述章节中介绍的 NeRF 基础技术进展不同，应用方向的发展一方面繁多，另一方面速度极快，每天都有新的进展。本章将按应用领域分类，介绍 NeRF 在各领域的进展、所使用的技术，以及已经发布的产品。应用层面的工作往往需要将多种不同的工具组合使用，理论突破相对较少，因此本章对技术细节的介绍相对较少。

9.1 NeRF 在基于拍摄的三维生成中的落地

三维生成是一个至关重要的应用场景，主要包括针对实物、目标物体或场景进行设计与模型搭建。传统的搭建流程涵盖创新设计、草图绘制等环节，涉及大量三维建模师和动画师的劳动。对于一个专业的三维制作工作室而言，大部分成本会用于精准建模和持续优化。在这种情况下，NeRF 技术具有显著的优势。

三维资产的生成过程主要包括对已有物体的扫描重建和对概念物体的建模。本节将重点介绍几家在已有物体的扫描重建领域表现出色的公司。

1. Luma AI

Luma AI 创立于 2021 年，公司的核心创始人包括 Plenoxels、PlenOctrees，以及 pixelNeRF 的技术发明人 Alex Yu。随着 NeRF 的提出者之一 Matthew Tancik 的加入，该团队在三维视觉和 NeRF 领域的专业技术已经趋于炉火纯青。

Luma AI 近年推出了两款应用程序。其中一款以 Luma 为名，允许用户利用视频或引导拍摄的多视角图像重构高质量的 NeRF 模型，并能将其导出为.obj 等接受度高的传统三维格式。另一款名为 FlyThrough，是一个用于遨游大规模 3D 场景的软件，其可能采用了类似 ZipNeRF 的技术来实现。这两款应用程序都是业内顶尖的产品。此外，该公司还提供了将视频转换为三维图像的 API，帮助开发者创建自己的应用场景。由于在 NeRF 领域的突出贡献，Luma AI 已经成为三维神经渲染领域的全球独角兽公司，总融资额达到数千万美元，并仍在快速发展中。

2. KIRI Engine

KIRI Engine 由三位创始人于 2018 年共同创立，公司总部位于深圳，其宗旨是创造所有人都能使用的三维扫描工具。2023 年，KIRI Engine 在消费电子展（CES）上推出了一款不依赖 LiDAR 的 NeRF 重建产品，消除了 Luma AI 对于高端 iPhone 的依赖，在 iPhone 和 Android 手机上都可以提供基于 NeRF 的三维重建服务。

与 Luma AI 一样，KIRI Engine 也向开发者提供 API 和移动端的 SDK，让开发者可以轻松创建自己的三维产品。作为国内最早一家三维资产生成服务商，KIRI Engine 一直是基于手机进行三维重建领域的"排头兵"。

3. 如视

如视团队隶属于房产服务平台贝壳，他们利用 VR 等核心技术，实现了在线看房的功能。2023 年，如视团队发布了在线重建 NeRF 模型平台，通过用户上传围绕物体拍摄的视频，利用后端重建算法，即可生成 NeRF 模型，并可以在浏览器中进行预览和分享。同时，如视团队考虑将生成的模型用于商品展示和销售，这可被视为三维重建与电商结合的一种尝试。

经过不断努力，如视团队在房产服务体系外打造了一个新的产品分支，展示了其在 NeRF 技术上的强大能力。

随着时间的推移，越来越多的相关产品问世。一些面向企业的服务公司将 NeRF 应用于家具、室内装饰、文物保护、动植物建模、濒危物种记录等多个领域，甚至有人开始使用 NeRF 重建进行场景记录，并使用特效来实现发射子弹、场景穿梭等效果。笔者相信，这个领域会有更多现象级的应用诞生，它们可被应用于更广泛的场景，实现更强的沉浸感。

9.2　NeRF 在文本生成三维模型中的应用

2023 年是 Stable Diffusion 技术的重大突破年，文本生成图像和图像生成图像的 AIGC 技术引发了巨大轰动，Midjourney 等公司发布的产品与技术令人惊叹。

在三维生成领域，人们最初想到的方法是，利用大量的文本训练一个完整的扩散模型，然后生成三维模型。然而，我们至今没有足够的数据用于训练。值得庆幸的是，研究者最终突破了三维方向 AIGC 的瓶颈，快速提升了三维生成的效果。随着相关技术不断被优化，一些公司开始将其作为主营业务方向进行探索。

9.2.1　文本生成三维模型的一些关键技术

在文本生成三维模型领域，有两项成果必须被提及。第一项是由谷歌发表的 DreamFusion，它构成了由文本生成 NeRF 的初始关键技术。第二项是清华大学发表的 ProlificDreamer，它引入了 VSD 技术，大幅提升了文本生成三维模型的质量。

1. DreamFusion

DreamFusion[180] 的创作团队由 NeRF 的创始团队和 DDPM 的发明人组成，阵容可谓豪华。DreamFusion 基本上可被视为 NeRF 技术和扩散技术的结合，其算法框架如图 9.1 所示。

该框架实际上可以分为两部分。左侧部分是 NeRF 的算法框架，右侧部分是扩散模型的框架。DreamFusion 的最大贡献在于它利用扩散模型生成的结果进行评分，并将这个误差反向传播给 NeRF，从而引导 NeRF 进行优化，实现三维效果。DreamFusion 将这种方法称为 SDS（Score Distillation Sampling）。

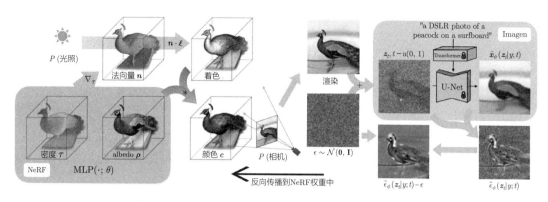

图 9.1 DreamFusion 的算法框架。引自参考文献[182]

在使用 ELBO 训练扩散模型时，可以定义损失打分函数。

$$\mathcal{L}_{\text{diff}}(\phi, x) = \mathbb{E}_{t \sim u(0,1), \varepsilon \sim \mathcal{N}(\mathbf{0}, \mathbf{I})}\big[w(t)\|\epsilon_\phi(\alpha_t x + \sigma_t \epsilon) - \epsilon\|_2^2\big] \tag{9.1}$$

通过损失打分函数，可以对模型参数 θ 进行求导，这里的方程较长，其实它只是标准的链式算法。

$$\nabla_\theta \mathcal{L}_{\text{diff}}(\phi, x = g(\theta)) = E_{t,\epsilon}\left[w(t)(\hat{\epsilon}_\phi(z_t; y, t) - \epsilon)\frac{\partial \hat{\epsilon}_\theta(z_t; y, t)}{\partial z_t}\frac{\partial z_t}{\partial x}\frac{\partial x}{\partial \theta}\right] \tag{9.2}$$

其中，

$$z_t = (\alpha_t x + \sigma_t \epsilon) \tag{9.3}$$

因此，

$$\frac{\partial z_t}{\partial x} = \alpha_t I \tag{9.4}$$

此项为常数，因此可以与 $w(t)$ 合并。最难计算的部分是 $\frac{\partial \hat{\epsilon}_\theta(z_t; y, t)}{\partial z_t}$，它是扩散模型 U-Net 的雅可比项，计算复杂度极高。如果直接忽略这一项，可以提高优化效率，因此作者做了这样的尝试。这样的做法具有一定的实验性质，尽管在严谨性上可能有所欠缺，但实验效果确实验证了忽略它对生成的结果没有影响。因此，损失打分函数可被简化为

$$\nabla_\theta \mathcal{L}_{\text{diff}}(\phi, x = g(\theta)) = E_{t,\epsilon}\left[w(t)(\hat{\epsilon}_\phi(z_t; y, t) - \epsilon)\frac{\partial x}{\partial \theta}\right] \tag{9.5}$$

换句话说，只需要计算扩散模型生成的图像 x 和预测得到的噪声 $\hat{\epsilon}$ 的梯度，反向传播给 NeRF 模型，就可以完成整个优化过程，这大大简化了计算过程。至此，所有需要的技术都已准备就绪，DreamFusion 的算法流程如下。

1）初始化

在接收到文本提示后，通过随机噪声来初始化一个 NeRF 模型。值得注意的是，在每次启动生成任务时，都需要重新初始化 NeRF 模型。DreamFusion 采用的目标渲染图像尺寸为 64 像素 ×64 像素，这是一个相对较低的分辨率，在后续的生成过程中，图像分辨率将逐步提高。

2）随机相机和光照采样

在每次迭代时，随机选择一个相机位置，包括相机的方位角、俯仰角及原点距离，并在场景中设置一个点光源位置 l，以便进行场景图像的生成。在生成三维模型时，使用范围更广的相机位置通常更有可能获得优质的结果。

3）渲染过程

使用当前的相机位置进行渲染并将图像渲染到初始化的 64 像素 × 64 像素的图像上，作为一个渲染结果。

4）扩散损失

DreamFusion 使用了谷歌的 Imagen 模型，通过输入的文本提示生成图像。值得注意的是，这里引入的扩散模型是一个预训练好的模型，在三维生成过程中，该模型是被锁定的，不参与优化。

然而，这引发了一个问题：Imagen 模型或者任何一个扩散模型只是根据文本提示生成对应的图像，多个图像之间没有一致性。因此，如果用它们来监督渲染的结果，一定会出现如何保持三维一致性的问题。为了解决这个问题，DreamFusion 在文本提示中添加了一些位置信息，以生成尽可能具有视角相关一致性的图像，从而提高监督质量。例如，如果方位角大于 60°，会在文本提示中添加 "overhead view"；若方位角小于 60°，则会添加 "front view"。根据俯视角的大小，会向文本提示中添加 "front view"、"back view" 或 "side view" 等描述词，以引导生成更符合文本输入和相机位置的视图。

最后，基于渲染得到的图像和时间戳 t，获取采样噪声 ϵ，使用 SDS 函数来计算 NeRF 参数的梯度。如前文所述，在整个计算过程中，扩散模型 Imagen 是不被调整的，作为预训练模型直接使用，而且也不需要考虑其中 U-Net 的梯度传播问题，这巧妙地规避了大量的计算和架构复杂性。

以上就是 DreamFusion 的基本思路，但实际操作中还有很多细节需要注意，建议读者仔细查看原文以及相关代码。DreamFusion 开启了 NeRF 与扩散模型结合的新篇章，使得模型的生成效果显著提升。其中最关键的部分是其创新性地推导出了 SDS，成功地搭建了二维图像生成与三维模型生成之间的桥梁。DreamFusion 生成的表面非常平滑，与输入的文本提示匹配度较高，但仍存在一些问题，例如生成时间较长，主要时间成本花费在 NeRF 的推理及扩散模型生成图像上。另外，它生成的三维模型饱和度较高，这个问题在后期的大量工作中得到了缓解。

2. ProlificDreamer

另一个重要的里程碑是在 2023 年由清华大学朱军教授团队提出的 ProlificDreamer[41]，该项目在文本生成三维模型方面取得了显著的成果。该项目的核心成果是被称作 VSD（Variational Score Distillation）的算法，相较于前文所述的 SDS，VSD 可以被视为一种更为泛化的解决方式，而 SDS 只能被视作 VSD 的一种特殊形式。理论和实验数据都表明，VSD 在解决饱和度高、过度平滑和缺乏多样性等问题方面，效果显著。以 VSD 为基础的 ProlificDreamer 验证了其生成效果优于 SDS 算法的结论。ProlificDreamer 生成的三维模型的效果图如图 9.2 所示。

Michelangelo style statue of dog reading news on a cellphone.

A pineapple.

A chimpanzee dressed like Henry VIII king of England.

An elephant skull.

A model of a house in Tudor style.

A tarantula, highly detailed.

A snail on a leaf.

An astronaut is riding a horse.

图 9.2　ProlificDreamer 生成的三维模型的效果。引自参考文献[41]

VSD 算法找到了 SDS 算法的两个核心问题：一是使用单个 NeRF 模型来限制预训练多样化的扩散模型，从而限制了扩散模型多样性的展现；二是每个文本提示对应多种外观效果，在训练过程中将多处外观效果混合，导致饱和度过高。因此，VSD 引入了两项主要的改进：一是使用多个 NeRF 或网络离子进行训练，以增加生成内容的多样性；二是使用一个 LoRA 模型将 SDS 算法中的固定噪声变为动态的噪声预测。VSD 的算法流程如图 9.3 所示。

因此，如果将粒子数设置为 1，就消除了 LoRA 模块的影响，VSD 就会退化为 SDS。这就是说，SDS 只是 VSD 的一种特殊情况，VSD 在生成能力上比 SDS 更加强大和多样，且生成的模型具有更多细节。

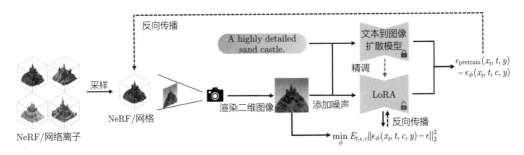

图 9.3　VSD 的算法流程，引自参考文献[41]

参考文献 [41] 中的数学推导过程可供参考，但其结论是易于理解的。

$$\nabla_\theta \mathcal{L}_{\text{VSD}}(\theta) = E_{t,\epsilon,c} \left[w(t)(\epsilon_{\text{pretrain}}(x_t; y, t) - \epsilon_\phi(x_t, t, c, y)) \frac{\partial g(\theta, c)}{\partial \theta} \right] \tag{9.6}$$

这里将固定的 ϵ 替换为 LoRA 预测的噪声 $\epsilon_\phi(x_t, t, c, y)$。在实际应用中，为了降低计算复杂度，通常使用不超过 8 个粒子，即 8 个源 NeRF 模型进行生成。

ProlificDreamer 还有一个重要贡献，即通过优化 NeRF 的初始化算法提升生成质量。当生成目标是以物体为中心的场景时，可以预设场景中心的体密度较大，而周围的体密度较小。因此，在场景初始化时，无须使用随机噪声，而应使用与场景分布相近的数据。如果生成目标是更复杂的场景（如室内场景），通常中心部分为空，四周则是复杂的。因此，在初始化时可以将中心设置为空，四周设置为高体密度。还有一类场景是将复杂的场景与以物体为中心的场景结合，可以在中心区域使用物体中心的初始化算法，在周围使用复杂场景的初始化算法。这样的初始化策略将提升生成内容的细节感和丰富度。

DreamFusion 和 ProlificDreamer 是在文本生成三维领域的两项里程碑式成果，它们构成了许多其他三维 AIGC 项目的基础。此外，还有诸多技术，例如 Magic3D[183]、Fantasia3D[184]，以及 SJC[185] 等，它们各具特色，并在细节处理上有着显著的优化效果。然而，由于篇幅有限，本书无法逐一进行详细介绍。

9.2.2　文本生成三维模型的部分产品

产品实施阶段不仅需要考虑质量，还需要对性能进行充分的考量。否则，从商业角度来看，过高的运营成本将会抵消所有的技术优势，从而使项目无法持续。因此，本书所提到的方法的最终表达形态未必局限于 NeRF，还可能是其他更易于生成的显式表达方式。在许多情况下，商业产品在进行底层设计时，往往需要在质量和速度之间进行权衡，比如在采用二维到三维的提升方案与直接利用模型库训练以得到模型的方案之间进行权衡。需要注意的是，商业产品的技术方案大多不公开细节，因此本书所列举的产品可能并非都涉及 NeRF 技术，敬请读者知悉。

1）Meshy

Meshy 是一款可以让内容创作者简便地将文本和图像转化为三维模型的产品。它的表现极其优秀,一经推出,便引起了广泛关注。

从公开的信息中可以看出,Meshy 在技术上巧妙地融合了两种方法的优点:一种方法是从文本或二维到三维进行转换,相对较慢;另一种方法是利用现有数据集进行训练,生成速度较快。通过对质量和速度的平衡,Meshy 在技术实现上取得了一定的成功。

从生成的结果来看,截至本书编写时,Meshy 在处理文本到三维生成领域确实处于领先地位。在文本提示中,可以看到许多扩散模型的影子,并且生成的模型质量明显优于在学术论文中看到的。Meshy 的生成效果如图 9.4 和图 9.5 所示。

图 9.4 使用 Meshy 对文本提示 "Armor for man and horse, medieval, 4k, hdr, high quality" 进行三维生成

图 9.5 使用 Meshy 对文本提示 "A Medieval Horns, ancient, 4k, hdr, best quality" 进行三维生成

目前，可以通过在官方网站注册或 discord 使用 Meshy，此外，开发者还可以通过 API 将其接入自己的应用场景。

2）Keadim

Keadim 是一家于 2020 年在英国创立的创新型企业，其早期的主要目标是为游戏开发者打造更为便捷、高效且成本低廉的三维生成工具。游戏对于创新性的需求度高，开发周期也相对较长，其中投入时间最大的通常是三维模型设计环节。利用人工智能技术有望显著提升游戏中三维模型生成的效率。2023 年，Keadim 开始提供由文本生成三维模型的功能，这项功能目前仍然只对部分用户开放。

尽管这个项目仍处于初级阶段，但可以明显察觉到，Keadim 生成的模型更偏向卡通和游戏网格，对于休闲类游戏的制作能提供较多帮助，其模型效果如图 9.6 所示。

图 9.6　使用 Keadim 对文本提示"space blaster, cartoon 3d style, simple background, front and back"进行三维生成

3）Tripo3D

Tripo3D 是由三维 AIGC 初创公司 VAST 推出的产品，其目标是让所有人都能成为"超级创作者"。Tripo3D 坚持使用三维原生数据训练大模型，并在 2023 年 12 月成功地上线了其产品。由于其采用的技术路径更倾向于学习大规模三维库，因此相比其他方案，其生成速度更快，泛化能力也更强。此外，Tripo3D 支持使用文本或图像生成三维模型，因此，它成为最早推动三维 AIGC 生成技术发展的一股力量。

尽管生成质量与 Meshy 仍有差距，但由于 VAST 是在高速发展领域成长速度极快的团队，因此笔者相信，Tripo3D 的生成质量会快速提升，其生成的三维模型如图 9.7 所示。

图 9.7　Tripo3D 生成的三维模型

4）Genie

Genie 是 Luma AI 新推出的一款文本生成三维模型的工具，这是该公司推出的第三款产品，其前两种产品已在 9.1 节进行了介绍。目前，Genie 的第一个版本刚刚发布，能够生成多种不同风格的三维模型，并支持一定的 PBR 后期效果。作为一款探索性的工具，与 Luma 和 FlyThrough 相比，Genie 更具实验性，并符合 Luma AI 对三维生成的愿景。

Genie 的生成速度较快，能在数十秒内生成以图像物体为中心的三维模型。截至本书编写时，Genie 仍处于早期阶段，但相信它将迅速发展并成为该领域强有力的竞争者，其生成的三维模型如图 9.8 所示。

图 9.8　Genie 生成的三维模型

NeRF 出现和爆发的时机恰逢 AIGC 兴起，各种使用人工智能进行媒体数据生成的技术、工具和软件层出不穷。由于三维模型相较于图像等其他资源在数量上天生不占优势，因此，研究者投入巨大的精力将二维成果提升至三维。随着需求的增加，相信三维生成技术将持续快速发展。

VAST 团队在一次访谈中提到，三维生成领域主要包括表示、模型和数据三个方面。从 NeRF 的角度看，它仅解决了表示方面的问题，随着时间的推移，将会出现更多更高效的、计算友好的表示方式。例如，第 2 章提到的几种显式表示和第 11 章将要讨论的 3DGS 技术等。技术的核心和生成模型的思路并未改变，因此，即使我们不清楚当前商业公司实际使用的表示方式，也不了解未来各公司在推进这个方向时使用的表示方式，但仍然可以猜测这些表示方式的底层思路大概率是由几个重大技术突破带来的方法。对于那些从事该方向研究或寻求产品突破的读者来说，理解这些方法的本质最为重要。

9.3　NeRF 在数字人中的应用

目前，"数字人"这一概念并未被明确定义。广义上，可以将其理解为利用图形学和人工智能技术等创建的具备多重人类特征的数字化人物形象。这表明通过数字人技术可以呈现出众多形态，有的侧重于头部或面部的生成，有的侧重于全身形象的生成，因应用场景的差异而不同。

数字人技术的关键在于两点：一是高质量、具有真实感的数字人表示，二是进行有意义的智能对话。数字人的商业应用场景和产品化需求丰富，涉及电商、游戏、企业服务等多个领域，因此数字人技术在任何阶段都极为活跃。

数字人技术已经被提出并应用于商业领域一段时间，很多基于传统三维渲染技术的数字人服务仍活跃于多种场景中。近年来，在上述两个关键技术点上的突破使得这一领域有了较大的提升。一方面，大语言模型的兴起使得数字人的驱动模式从简单的规则提升到高度的智能化。另一方面，NeRF 的出现使得数字人的渲染真实感有了显著的提升。因此，出现了更多的概念，如"数智人"等，这显然是对交互能力更强、更具真实感的数字人的"包装"。

事实上，这种趋势在 GAN 流行时就已经开始，使用文本或音频驱动的数字人合成技术可以在二维图像序列或视频中取得良好的效果。截至本书编写时，市场上仍有很多基于 GAN 的商业级别的数字人产品，而 NeRF 的出现使得相关技术再次升级。

数字人包括二维真人数字人、二维卡通数字人、三维卡通数字人、三维高真人数字人等分支，还可以根据不同风格进行更精细的分类。NeRF 技术高度的真实感和还原度影响了二维和三维的真人数字人的发展。相对于通用场景，数字人的场景更明确，先验知识更多，因此有更多种方法获取更好的效果。

值得注意的是，本节提到的都是在对数字人进行重建后，使用某种驱动方式对数字人进行控制，并重新生成新的动画的方法。许多使用高质量视频采集的算法构建数字人的方法并不能生成新的动画，而更侧重于动态 NeRF 对数字人重建方法的优化，如 HumanRF、InstantAvatar 等，这些属于动态 NeRF 的扩展，不在本节介绍范围之内。

9.3.1 NeRF 生成数字人的主要技术

1. Talking Head 的典型解决方案：AD-NeRF

Talking Head 技术在主持人及新闻主播类场景中具有广泛的应用，近年来更是被大量用于短视频播报内容生成。该技术将一张静态图像或一段视频，以及需要由数字人讲述的音频或文本作为输入，生成具有高度真实感的人物播报视频。只需由主持人录制多个样例视频，便可以无限生成新的播报视频。

在 NeRF 出现之前，通常使用 GAN 来应对这一问题。其中，Wav2Lip 便是较为知名的由音频驱动的 Talking Head 项目。在 NeRF 出现后，最典型的成果是 AD-NeRF[186]（Audio Driven Neural Radiance Field），这个名称的含义是使用音频驱动的 NeRF 在 Talking Head 生成方向的应用。在处理复杂的运动场景时，最常见的方法是将不同类型的元素解耦，核心在于将头部和躯干从原始视频中分割出来，然后使用两个独立的 NeRF 进行训练和表达。在推理阶段，通过音频特征和神经网络重新驱动两个神经场渲染，以此得到变形后的结果，然后将之融合，得到最终的 Talking Head。本节重点介绍 AD-NeRF，其他内容请读者自行查阅相关资料。

AD-NeRF 的算法流程如图 9.9 所示。

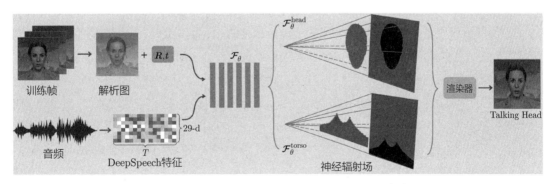

图 9.9 AD-NeRF 的算法流程。引自参考文献[186]

为了训练头部和躯干两个 NeRF，需要从视频中提取头部和躯干的图像、相机位姿，以及对应时间点的音频特征，这可以表示为

$$\mathcal{F}_\theta : (\boldsymbol{a}, \boldsymbol{d}, \boldsymbol{x}) \to (\boldsymbol{c}, \sigma) \tag{9.7}$$

其中，a 代表音频的特征，d 为观察方向，x 为三维空间点的坐标，输出观察得到的空间点的颜色 c 和体密度 σ。在这一过程中，相比原始的 NeRF，增加了音频特征维度。训练的过程如图 9.10 所示。

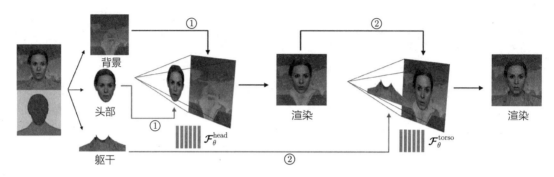

图 9.10　AD-NeRF 训练两个 NeRF 的过程。引自参考文献[186]

AD-NeRF 使用 DeepSpeech 方法每 20 ms 生成 29 维的音频特征。为了避免噪声对训练的干扰，AD-NeRF 使用 16 个周边 20 ms 的数据生成特征 a，因此 a 属于 16×29 维的实数空间。对于训练图像，使用 MaskGan 算法，可以自动将训练视频图像分割为背景静态图像、头部和躯干部分，这样所有训练需要使用的数据就准备完成了。

训练得到的两个 NeRF 可以利用新的观察方向、空间点坐标和目标音频特征生成新的头部和躯干图像，最后与背景图像融合为新图像，从而完成生成过程。

整个 AD-NeRF 算法的流程清晰明确，从生成的效果看，其连贯性、一致性和清晰度都很高，说明 NeRF 对场景的重建能力非常强。随后出现的 RAD-NeRF[187] 也沿着这条路径向着更高真实感、更实时化的方向发展。RAD-NeRF 引入了网格来加速 NeRF 的训练和推理速度，并对头部和躯干两部分的建模方法进行了优化，最终生成了更高质量的 Talking Head，并且比 AD-NeRF 的生成速度提升了 500 倍以上，达到了应用的要求。因此，实现实时、音频驱动、使用 NeRF 表达的 Talking Head 技术已经达到数字人的应用标准。此类方法可以通过扩展支持全身数字人、解决语音与口唇之间的对应关系问题，在各类数字人场景中得到应用。

2. 控制视频建模动态 NeRF 实现数字人

这类数字人生成技术通常从多视角视频或单目视频中提取动态的人体 NeRF 表达，生成的模型可以借助骨骼动画生成人体动画。这类技术在本书的第 6 章中有详细介绍，可以通过隐式编码查询得到各种位姿。先通过一个人体模型（这也是与其他场景最大的不同，人体有着丰富的先验信息可以利用）拟合当前的人体模型，实现对模型的虚拟绑定，再通过对模型的关键点进行控制实现对数字人模型的控制，并生成新的动画。在这种场景下，只需录制一段视频来训练模型，便可以通过火柴人的骨骼动画生成新的动画，并保持真实感。

在这个方向上，较早且真实感很好的成果是浙江大学和康奈尔大学提出的面向动态人体建模的可动画 NeRF（Animatable Neural Radiance Fields for Modeling Dynamic Human Bodies）[188]，其算法流程如图 9.11 所示。

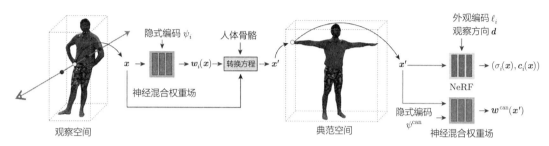

图 9.11　面向动态人体建模的可动画 NeRF 的算法流程。引自参考文献[188]

1）动态人体建模基础模型的构建

多视角视频输入的动态 NeRF 建模，与一般的动态 NeRF 场景重建方法一致，核心是通过学习典范空间得到某帧对应空间位置的体密度和颜色。

$$
\begin{aligned}
(\sigma_i(\boldsymbol{x}), z_i(\boldsymbol{x})) &= F_\sigma(\gamma_x(T_i(\boldsymbol{x}))) \\
c_i(\boldsymbol{x}) &= F_c(z_i(\boldsymbol{x}), \gamma_d(\boldsymbol{d}), l_i)
\end{aligned}
\tag{9.8}
$$

其中，$\sigma_i(\boldsymbol{x})$ 和 $c_i(\boldsymbol{x})$ 是第 i 帧在坐标 $\boldsymbol{x}$ 处的体密度和颜色，$z_i(\boldsymbol{x})$ 是第 i 帧在坐标 $\boldsymbol{x}$ 处的形状特征，γ 为位置编码方法，遵循原始 NeRF 的位置编码方法。F_σ 和 F_c 分别是体密度和颜色两个典范空间，$T_i(\boldsymbol{x})$ 为第 i 帧在坐标 $\boldsymbol{x}$ 处的变形映射函数。D-NeRF 使用位移向量场来实现变形，但这种表达方式没有借助人体所有的先验知识，因此无法实现高质量的动态人体建模。当然，变形场本身也无法解释，也就没有办法使用它来驱动数字人进行动画行为。

2）使用神经混合权重场进行空间位置的映射

诞生于 2000 年的 PSD（Pose Space Deformation）使用人体的 3D 骨骼来实现基于骨骼的变形。首先，将人体分为 K 部分，每部分拥有独立的变形矩阵。然后，使用线性混合蒙皮算法将典范空间的坐标转换为观察空间的坐标。最后，通过逆运算，将观察空间的坐标转换为典范空间的坐标。

$$
\boldsymbol{x}' = \left(\sum_{k=1}^{K} w^{\mathrm{o}}(\boldsymbol{x})_k \boldsymbol{G}_k\right)^{-1} \boldsymbol{x}
\tag{9.9}
$$

其中，$w^{\mathrm{o}}(\boldsymbol{x})$ 为混合权重函数，$\boldsymbol{G}_k$ 为第 k 部分的变形矩阵。那么，通过 K 部分人体骨骼

的映射变换就可以实现整个动态场景的变形。接下来的问题就是如何得到各帧的混合权重函数表达，从而进行人体动态 NeRF 的训练。

3）权重的初始化与每帧人体权重的残差计算

每帧的混合权重构成为权重初始化数据与每帧残差数据的和，为了归一性，将权重进行归一化。

$$w_i(\boldsymbol{x}) = \mathrm{norm}(\Delta w_i + w_i^\mathrm{s}) \tag{9.10}$$

其中，w_i^s 为权重的初始化值，Δw_i 为每帧对应的残差。权重的初始化可以通过人体的一些先验模型来实现。这里选择了常用的 SMPL 模型进行权重初始化，已经有一些研究实现了这点，例如 Arch 算法，对任一空间三维点，找到它在 SMPL 网格上的最近点，使用对应网格面片的三个节点的权重的重心插值混合权重值，得到初始化结果如下。

$$w_i^\mathrm{s} = w^\mathrm{s}(\boldsymbol{x}, S_i) \tag{9.11}$$

其中，S_i 为 SMPL 人体模型。每帧权重的残差难以建模，因此引入一个小的 MLP 来对残差进行预测，并在训练过程中进行优化。

$$\Delta w_i = F_{\Delta W}(\boldsymbol{x}, \psi_i) \tag{9.12}$$

其中，ψ_i 是每帧的隐式编码，也是可学习参数。至此，体渲染所需的所有参数都有了明确的表达，可以将输入的视频作为真值，构建神经网络对各参数进行学习。可训练的参数包括体密度典范空间 F_σ、颜色典范空间 F_c、每帧权重残差场 $F_{\Delta W}$、每帧的外观隐式编码 $\{l_i\}$ 和每帧的隐式编码 ψ_i。

为了可以驱动训练得到的模型生成动画，还需要在典范空间中学习混合权重 w^can，因为观察空间和典范空间的权重是一致的，因此在训练过程中，除了计算重建损失 $\mathcal{L}_\mathrm{rec}$，还需要增加一个权重的一致性正则项。如果应用场景中不需要生成新人体姿势的动画，则不需要训练典范空间权重。

$$\mathcal{L}_\mathrm{nsf} = \sum_{x \in \mathcal{X}_i} \|w_i(\boldsymbol{x}) - w^\mathrm{can}(T_i(\boldsymbol{x}))\|_1 \tag{9.13}$$

4）基于训练模型使用骨骼动画生成新动画

一旦获得完整的训练模型，便可以将制作完成的骨骼动画迁移到已经学习到的数字人身上，进而生成新的动画。利用 SMPL 对人体骨骼动画进行操作，从而得到新的参数 S^new。通过已有的权重生成公式，可以生成新的混合权重。

$$w^{\text{new}}(\boldsymbol{x}, \psi^{\text{new}}) = \text{norm}(F_{\Delta W}(\boldsymbol{x}, \psi^{\text{new}}) + w^{\text{s}}(\boldsymbol{x}, S^{\text{new}})) \tag{9.14}$$

此外，帧的隐式特征 ψ^{new} 也可以通过训练获得，它也遵循一致性正则化规则。

$$\mathcal{L}_{\text{new}} = \sum_{x \in \mathcal{X}_{\text{new}}} \|w^{\text{new}}(\boldsymbol{x}) - w^{\text{can}}(T^{\text{new}}(\boldsymbol{x}))\|_1 \tag{9.15}$$

在获取了生成新动画所需的所有参数后，可以根据相机的位置来计算空间各点的体密度及颜色。通过使用体渲染方法，可以获得最终的渲染结果，从而生成数字人的新动作。

该技术的提出时间相当早，对于使用多视角或单视角视频重建动态人体 NeRF，并利用新的动作参数来驱动数字人的运动方向，产生了重大影响。后续基于可动画人体 NeRF 的研究工作大多数是基于此进行优化组合得到的。

9.3.2 NeRF 生成数字人的应用说明

如今，数字人行业的竞争压力剧增，拥有众多的参与者。其中，利用神经网络进行渲染生成动画的技术公司不在少数，其主要应用领域包括短视频生成、企业服务机器人、直播助手等。然而，由于性能上的限制，当前商用的数字人主要偏向使用生成对抗网络（GAN）技术，而使用 NeRF 相关技术的产品更多出于探索，演示性产品较多。然而，目前的公开信息严重不足，笔者无法得知，也无法泄露哪些线上产品采用了基于 GAN、基于 NeRF 或基于 3DGS 的数字人技术。另外，线上产品的性能需求常常使得不同技术快速融合。因此，本书不详列相关企业和产品，后续将在本书配套的代码仓库中更新这些信息供读者阅读。

作为一种三维表达方式，NeRF 在数字人生成和驱动方向上的优势在于其超强的真实感构建能力，能够高质量地还原数字人的真实状态。其缺陷在于，数字人本质上是一种高实时互动的应用场景，NeRF 对模型训练和推理生成带来的压力较大，因此实现难度也较大。然而，技术的发展往往是从"好但慢"到"好且快"的过程，对于 NeRF 速度的优化有多种可行的方法。我们不能静态地看待技术，而应该积极追求相对确定的技术思维和方法论，在自己的应用场景中做出相应的优化，吸收 NeRF 的优点，规避 NeRF 的缺点，以此构建更具竞争力的产品。

9.4 NeRF 在大规模场景中的应用

对城市级别或更大规模级别的模拟应用，使用 NeRF 进行建模能够生成清晰度和还原度极高的建筑、街道、树木等物体的模型。

然而，大规模场景建模会面临一些在小规模场景建模中不会出现的问题。

（1）由于建模规模过大，单个 NeRF 可能无法实现，可能出现内存和显存不足的情况。

（2）由于城市中存在大量的动态物体，因此难以采集到静态场景。

（3）由于时间和光照变化，在数据采集时无法保证场景光照的一致性。

（4）无法保证在数据采集过程中静态建筑物不出现变化，例如重建或装修等。

除了三维环境，在二维街景中也存在类似的问题。解决这类问题的办法是将大场景切分为更可控、更易于表达的小场景。由于在不同视角下，可见的场景范围是有限的，因此只需要渲染相应的区域。然而，场景切分会带来新的技术挑战，主要是如何高效地将分块的大规模场景无感地、平滑地缝合并渲染。

第 4 章讨论了 NeRF 的快速渲染方法。kiloNeRF 使用多个 MLP 代替一个 MLP 对整个场景进行表达，从而加速训练和推理。大规模场景下的应用也遵循了类似的逻辑，只是面对的场景规模更大。

另外，虽然二维模型也会面对场景采集相关的问题，但静态图像中的这些问题相对容易处理。在三维空间中，需要采用新的技术手段处理这些问题，否则可能影响浏览体验。

9.4.1 大规模场景 NeRF 的建模技术

再一次地，几乎同时出现了两种典型的大规模场景 NeRF 建模技术，它们均在 CVPR 2022 会议中被公布。这表明，技术的发展已经到达相应的阶段，研究者开始集中关注 NeRF 解决复杂问题的能力。这两种技术分别是 BlockNeRF 和 MegaNeRF，它们对大规模场景的建模方法给出了高效的指引方案，尽管后续的相关研究层出不穷，但在理论框架上难以超越它们。本节将以这两种技术为基础，介绍 NeRF 在大规模场景建模中取得的成果。

此外，大规模场景重建在许多情况下与近年来自动驾驶对室外地面场景重建的需求密切相关。因此，9.5 节将介绍 NeRF 在自动驾驶场景中的相关应用，其中大部分涉及大规模场景的重建问题。读者可以对这两节内容进行关联阅读。

1. BlockNeRF

BlockNeRF[189] 是由来自加利福尼亚大学伯克利分校、自动驾驶公司 Waymo 及谷歌等机构的研究者共同提出的，多位 NeRF 的创始人也参与了这个项目。BlockNeRF 这个名字的由来是它将大规模场景分解为多个分块。为了实现这个项目，研究团队花费了 3 个月的时间，在旧金山的阿拉莫广场附近拍摄了 280 万张图像，用于实验。数据的规模和时间跨度都反映了这个研究方向的复杂性。

1）解决大规模场景的问题

如前所述，BlockNeRF 解决大规模场景问题的方式是将场景切分为多个分块，场景的切分方法如图 9.12 所示。

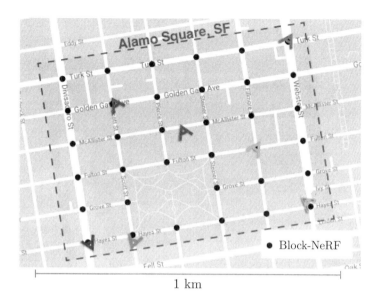

图 9.12　BlockNeRF 场景的切分方法。引自参考文献[189]

在重建过程中，每个分块会单独进行建模，需要保证每两个分块之间有 50% 的重叠，以便进行连接。在渲染过程中，根据相机的位置来判断哪些构建单元是可见的。渲染得到相应位姿的图像后，按照观看角度进行融合，就可以得到当前相机的观察结果。如阿拉莫广场附近的街区规整，每个分块都非常规则。然而，这并非强制的，只要满足上述放置条件，就可以得到良好的重建效果。场景切分完成后，在训练过程中，各个分块可以并行训练，同时后续的动态问题和曝光问题等也可以在单个分块内解决。

2）单个 NeRF 优化方案

（1）解决动态物体的问题。

在街道场景中进行重建，经常面临的一个问题是道路上一直有移动的物体，如行人、车辆等。这种动态性会在分块训练过程中造成强烈的模糊并出现漂浮物，也会给训练的收敛带来各种问题。为解决此问题，BlockNeRF 采用了已有的语义模型 Panoptic-deeplab[190] 对场景进行分割，分割过程如图 9.13 所示。通过场景分割，可以得到常见移动物体的掩码和相应的语义标签（如行人、动物、汽车等）。在训练过程中，可以忽略掩码内的物体，而对于剩下的物体，如建筑物等，则可以保持不变。

这种方法可以消除移动物体的影响。然而，值得注意的是，Panoptic-deeplab 无法有效处理移动物体带来的影子。因此，后续有些工作对于影子还有专门的处理。第 8 章中对影子的处理方法在这里也是适用的。

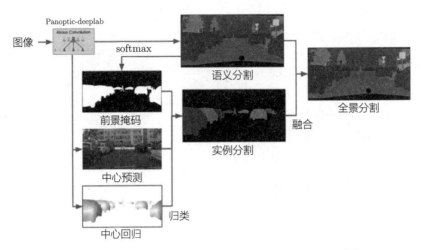

图 9.13　Panoptic-deeplab 的分割过程。引自参考文献[190]

（2）应对采集环境变化的策略。

BlockNeRF 的另一个核心贡献是引入了一个基于生成对抗网络（GAN）的外观嵌入方法 GLO（Generative Latent Optimization）。通过该方法，分块能够在不同的光照条件、季节和天气条件下对场景进行良好的处理。

（3）曝光问题。

BlockNeRF 还发现，将相机的曝光度加入分块的训练过程，可以在一定程度上帮助优化不同相机采集的曝光。从本质上讲，不同曝光度会对拍摄结果产生不同的影响，增加相应的描述可以提升重建质量。进行消融测试时，可以观察到 0.5dB 左右的峰值信噪比（PSNR）增益。

$$\gamma(\text{快门速度} \times \text{ISO}/t) \tag{9.16}$$

在实际建模过程中，通常将伸缩因子 t 设定为 1000。γ 指原始 NeRF 中采用的编码方式，在进行曝光度编码时，通常选择使用四层信号。

（4）优化相机位姿的策略。

虽然在数据采集时，相机参数已知并被记录在数据集中，但 BlockNeRF 在训练过程中仍然将相机参数和分块的训练一起进行了优化。从消融实验中可以看到，同步优化相机位姿对结果有一定提升，与曝光信息类似，这里也有 0.5dB 左右的峰值信噪比（PSNR）增益。

分块训练的结构如图 9.14 所示。

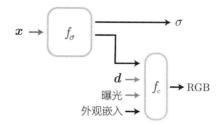

图 9.14　BlockNeRF 中单个 NeRF 训练的体密度和颜色的结构。引自参考文献[189]

（5）BlockNeRF 可见度预测网络。

在训练单一分块 NeRF 期间，一个至关重要的特性是判断在给定的空间位置和观察方向下，该 NeRF 是否可见。这一判断将对后续的图像拼接操作起到关键作用，因为需要确定哪些分块是可见的，然后将对这些可见的分块渲染出的图像进行拼接，才能形成最终的视图。BlockNeRF 采用了一个小型神经网络，以空间点的坐标 x 和观察方向 d 为输入，利用 NeRF 中的累积不透明度进行可见性判断，可见度预测网络如图 9.15 所示。

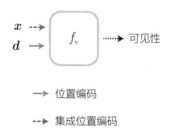

→ 位置编码

--→ 集成位置编码

图 9.15　可见度预测网络。引自参考文献[189]

神经网络的训练与体密度训练同时进行，由于其运行并不依赖对颜色的渲染，因此效率极高。经过可见度预测网络的计算，通常只剩下 1 到 3 个分块需要进一步考虑，这就使得图像拼接变得相对简单。BlockNeRF 也常将可见度预测剩下的分块称为过滤后区块（Filtered Block）。

3）解决场景缝合的问题

在所有的分块经过完整训练后，可以根据给定的视点生成相应的视图。首先，为了提高计算效率，通常只考虑所给视点在一定半径范围内的分块。可以通过视点的位置和方向，利用可见度预测网络得到过滤后区块，从而得到对当前视点有贡献的 1 到 3 个分块。

完成所有可见块的 NeRF 渲染并生成二维图像后，需要将这些图像在二维图片域内进行插值，以实现融合。可以理解为，插值的权重应与视点之间的距离呈反比。因此，遵循这一原则来计算权重。

$$w_i \propto \text{distance}(\boldsymbol{c}, \boldsymbol{x}_i)^{-p} \tag{9.17}$$

在此公式中，c 代表相机的原点，x_i 代表块 NeRF 的中心点，p 是一个超参数，用于控制融合的比重。较小的 p 值会使得过渡更加平滑。

在进行融合时，还需要考虑不同块之间的外观差异，这通常是由采集过程中时间、天气的变化引起的。在此情况下，可以使用在单个 NeRF 训练时使用的外观嵌入编码来解决问题，使用不同的外观编码会让 NeRF 生成不同的外观效果。但由于不同分块之间的外观编码可能不同，需要迭代调整外观嵌入值，以使多个 NeRF 之间的效果匹配。

具体流程如下：对于需要缝合匹配的两个 NeRF，可以选取一个三维空间的点计算对应关系，将 BlockNeRF 网络锁定，通过调整外观嵌入值生成对应点附近区域的颜色，并最小化它们的 L2 距离。通常，在大约 100 次迭代后，就可以收敛。计算的结果通常可以实现较好的外观一致性，使用对齐后的外观进行混合插值，即可完成缝合过程。

总的来说，BlockNeRF 是 NeRF 在大规模场景应用中的一个里程碑级别的成果，它针对一些问题提出了可参考的解决方案，同时投入了大量的时间和资源采集真实世界的场景，对问题进行了验证，实现了预期的效果。然而，BlockNeRF 最大的问题在于，它无法实现实时化。当然，关于 NeRF 的加速，本书提到了许多解决方案，它们都可以应用在算法的加速上。另外，因为场景被分割成小的分块，而且渲染只考虑周边几个分块，所以远处的场景无法被渲染出来。

2. MegaNeRF

MegaNeRF[191] 是由卡内基梅隆大学和自动驾驶公司 Argo AI 联合完成的一项重要的大规模场景重建工作。其主要侧重于重建无人机拍摄的大规模场景，与 BlockNeRF 主要研究汽车视角下的街景效果稍有区别。MegaNeRF 对大规模的地表、城市级别的建筑等具有更好的建模能力。

MegaNeRF 所需解决的问题是，在大规模数据环境下，外观一致性较差，如何有效地进行重建和渲染的缝合。

1）解决大场景的分块问题

MegaNeRF 采用了与 BlockNeRF 相同的分块分治策略，将目标区域进行切分，然后在每个区域中使用一个 NeRF 模型进行描述。与 BlockNeRF 不同的是，由于数据采集是通过无人机进行的，因此可以对拍摄范围进行均等切分，使切分方法更为简化。例如，在建模时，将整个方形区域分为 9 个面积相等的分块，并在每个块中设定一个中心点，然后对每块独立建模，MegaNeRF 的场景切分方法如图 9.16 所示。

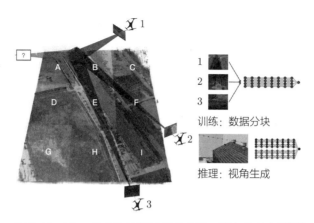

图 9.16 MegaNeRF 的场景切分方法。引自参考文献[191]

2）解决多块之间的可见性问题

另一个与 BlockNeRF 相同的问题是，确定每条光线对各个分块的可见性。在实际情况中，光线在传播时可能被建筑或其他障碍物阻断，使得建筑或其他障碍物后方的部分无法被观察到。因此，MegaNeRF 设计了一种在训练了一定次数后，可以根据训练得到的空间密度对光线进行剪枝操作的方法，确定一些光线在某个分块后不再传播，从而将这些分块从训练中剔除。这与 BlockNeRF 中的可见性预测功能类似。

3）场景前后背景分离方法

MegaNeRF 采用了与 NeRF++ 类似的前后背景分离方法进行场景建模，以便将更多的渲染关注度分给前景，而后景的关注度相对较低。因此，MegaNeRF 设计了一个椭圆形的包裹体，将前景包围起来，并对其进行专门的建模，定义不在前景区域的部分为背景。然而在实际操作中，该方法主要适用于具有明显边界线、前后背景差异较大的场景，对于其他场景的建模质量的提升效果微乎其微。

4）MegaNeRF 的渲染方法

训练后的 MegaNeRF 模型面临的主要挑战是渲染性能问题，因为场景规模的庞大使得实时渲染压力巨大。MegaNeRF 采用了多种方法进行加速。

（1）使用与 Plenoxels 类似的方法进行缓存。

为了解决 MLP 推理速度慢的问题，MegaNeRF 采用了与 Plenoxels 类似的方法，将密度和球谐系数的值从 MLP 中提取出来，并使用八层八叉树进行存储。在使用时，通过三次线性插值得到任意点的特征，相比直接查询 MLP，性能有了显著提升。

为了提高渲染质量，可以在当前视点附近的区域采用动态分层策略，使用更小的网格进行表达，使得采样点更加密集，信息所表达的细节更丰富。

（2）优化时序一致性。

在典型的应用场景中，例如"fly through"场景，相机的拍摄方位通常是连续的。在通过 MegaNeRF 对时序一致性进行优化的过程中，大量的细分动作已经提前完成，因此无须从头开始对网格进行细分，只在空间位置上尽可能地复用之前已经细分过的网格数据，如图 9.17 所示。

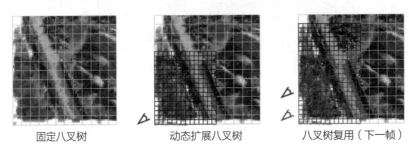

固定八叉树　　　　动态扩展八叉树　　　　八叉树复用（下一帧）

图 9.17　MegaNeRF 的缓存策略、动态细分策略和复用策略。引自参考文献[191]

（3）采样策略的调整。

相较于原始 NeRF 采用的两阶段采样方法，MegaNeRF 已在动态细分八叉树阶段完成了对场景重要性的分析，因此能够使用相应的数据来引导采样算法。同样，通过使用空间密度，可以获得相应的累积不透明度，从而实现更早的采样终止策略。

通过以上步骤，便可以完成 MegaNeRF 的重建过程。相较于 BlockNeRF，MegaNeRF 在处理过程中没有深入考虑光线和视觉效果一致性等细节问题，因此在不同区域的边界可能出现一些异常效果。然而，MegaNeRF 所面对的重建场景规模远超 BlockNeRF，其重建效率和渲染速度都远胜于 BlockNeRF，在进行行政区级别或大面积重建时，能够获得更快的训练和渲染速度，具有特定的应用价值。

尽管在大规模场景重建领域存在多种方法，但 BlockNeRF 和 MegaNeRF 算法无疑是其中最为经典的。通过对这两种方法进行深入分析，可以轻松掌握新的算法优化和应用技术。

值得注意的是，在大规模场景建模领域，自动驾驶公司的参与度极高。这主要是因为大规模场景建模的应用场景包括对街景的理解和处理，与自动驾驶息息相关。9.5 节将进一步探讨自动驾驶场景中的相关技术和应用，并展示这些技术如何对大规模场景建模进行深度优化，如何在自动驾驶仿真等领域得到应用。毋庸置疑，三维场景的应用将对高级语义应用领域产生深远影响。

9.4.2　大规模场景 NeRF 建模技术的商业产品

在大规模场景的商业产品中，NeRF 的主要突破之一是谷歌地图的三维街景。2022 年年末，谷歌在发布会上展示了这项创新的沉浸式街景体验服务，其中运用 NeRF 技术实现高度逼真的街景效果，旨在为用户提供真实感强烈且能自由穿梭的三维街景效果。谷歌计划将此技术应用在谷歌地图中，用实时的三维效果展示道路和街景的状态。相较于传统的产品效果，它能更好、更直接地帮助用户理解地图上的具体情况。在当时的演示中，使用的底层技术是 BlockNeRF。

谷歌所演示的产品甚至能够让用户浏览建筑物内部。目前，伦敦、洛杉矶、纽约、旧金山等城市已经可以使用此服务。同时，这项服务将逐步向其他城市推广。

除了谷歌地图，NeRF 相关技术还被许多自动驾驶公司用于自动驾驶仿真及导航方面的产品开发。越来越多的公司开始尝试使用 NeRF 相关技术进行产品升级，从而为用户提供更优质的体验。从公开的资料来看，其性能指标还不能满足实时应用的要求，大多数成果在落地前都进行了高强度的性能提升。

此外，相似的方案也正在被其他技术领域继续优化和提升。

9.5　NeRF 在自动驾驶场景中的应用

近年来，自动驾驶领域飞速发展，尤其在特斯拉等领先汽车制造商的推动下，自动驾驶技术已成为汽车行业的焦点。自动驾驶技术的核心在于利用车载视频摄像头和 LiDAR 采集的数据，通过数字孪生技术对场景进行重建。此外，模拟仿真技术也被用于模拟现实世界中难以复现的场景，例如车祸、车辆异常并线、逆行及其他驾驶行为。这不仅可以验证自动驾驶技术的有效性，也有助于构建一个与自动驾驶算法和策略匹配的闭环决策反馈系统。

将 NeRF 应用于自动驾驶时，在给定**自动驾驶车辆**（Self Driving Vehicle, SDV）拍摄的稠密视频数据、相对稀疏的 LiDAR 数据及相应的位姿信息的情况下，应考虑以下主要问题。

（1）对大规模路面场景进行数字孪生建模，并能够进行具有自然感的渲染。

（2）区分场景中的动静元素，对路面和背景等静态元素进行静态建模，对车辆和行人等动态元素进行动态建模。

（3）能够对路面上的动态对象进行移除、添加等操作，可以为路面上的某个对象定义新的运动行为，如转弯、并行、减速等。

（4）可以调整相机位置以实现车辆自身的变形，用于模拟其他类型的车辆。

（5）向自动驾驶控制算法提供场景数据，并接受自动驾驶路线规划和决策系统的指令，执行当前车辆的减速、并行或其他对场景变化的反馈。

从多个角度看，自动驾驶和仿真技术都在神经渲染领域中处于前沿地位，对技术的复杂性和先进性要求相对较高。此外，由于自动驾驶公司的投入较大，因此对技术成熟度的要求也相对较高。Waabi、Waymo 等自动驾驶公司，以及英伟达研究院、多伦多大学、清华大学和浙江大学等研究机构，都在这个方向上取得了显著的成果，为整个自动驾驶领域的快速发展提供了可能。

9.5.1 自动驾驶闭环仿真方案 UniSim

UniSim[192] 是一种基于神经渲染的自动驾驶闭环仿真方案，于 2023 年由自动驾驶公司 Waabi、多伦多大学与麻省理工学院联合提出。所谓"闭环"，指模拟器数据重建、自动驾驶策略及驾驶指令反馈能同时联动。通过使用自动驾驶车辆的日志数据，可以实现场景的数字孪生。UniSim 即 Unified Simulator，通过将场景分为动态的 Actor 部分（如场景中的车辆、行人等）和静态的背景部分，能动态调整 Actor 的位置以模拟新的场景。UniSim 的算法框架如图 9.18 所示。

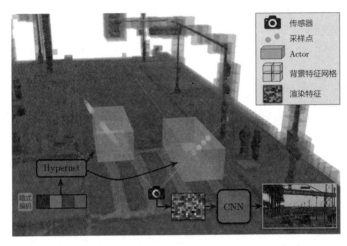

图 9.18 UniSim 的算法框架。引自参考文献[192]

1. 场景的动静建模

在场景的动静建模中，UniSim 并未使用语义算法进行切分，而是对场景中的物体进行标注，以获取精确的表述，包括大块的背景区域与由 N 个边界框包围的 Actor：$\{A_i\}_{i=1}^N$。Actor 的运动轨迹由一系列的位姿变化表示。

确定了场景中的初始数据，根据 NeRF 的方法，开始对模型进行训练。由于自动驾驶技术经常需要在大规模场景中进行生成，原始 NeRF 使用的策略无论是从表达的空间占用还是计算复杂度来看，都是无法接受的。另外，在后期场景合成时，使用 MLP 对 Actor 进行行为调整是一项复杂的任务。因此，在进行场景建模时，UniSim 需要对这两部分进行整体考虑。

在处理复杂问题时，通常可以利用一些其他条件实现平衡。自动驾驶场景至少具有两个可利用的优势。首先，背景空间通常是稀疏的，空间中的大部分区域是空白的。其次，若将动态物体看作一个包围盒，那么大部分运动是刚性运动，不存在过于复杂的运动场景。这两个优势可以用来处理场景的表达。

1）空间的表示方式

直接使用 MLP 来表示背景和 Actor 可能不利于后期对它们的运动进行控制。如果使用体素网格来表示，就可以有效解决这个问题。对于背景和每个 Actor，都需要定义一个特征网格和一个 MLP 头来处理隐式空间的训练和推断问题。在这种定义下，只需调整特征网格，即可移动和删除 Actor。

由于车辆被视为刚体，因此可以利用包围盒的中点来标定一个 Actor，使用它来构建车辆本身的坐标系，从而让每辆车的坐标计算完全独立。在渲染场景时，只需将它们都对齐到背景的世界坐标系下，便可进行合成。

2）背景的建模

如本书第 1 章所讲，体素表达带来的问题是，如果希望得到一个高分辨率的体素表达，就需要付出大量的存储代价。对于大规模场景的自动驾驶，对存储的要求可能难以实现。因此，必须利用好场景的稀疏性。

自动驾驶车辆通常有相对稀疏的激光雷达数据可以用来判断场景中的深度和密度分布情况。因此，UniSim 使用激光雷达数据作为先验知识，以初始化一个场景的占用网格 V_{occ}，并通过形态学方法，将大部分空白区域合并，以降低场景的存储消耗，从而有效地减轻体素表达对存储的压力。

3）Actor 的建模

在解决了场景背景的建模问题后，进一步解决 Actor 的建模问题。如果使用体素网格对每个 Actor 进行建模，那么由于 Actor 的数量增多，表达的代价会大大提升。UniSim 的作者考虑到所有车辆的外形高度相似，因此采用了一个超网络来实现车辆的通用表达。只需要训练超网络 f_z，然后对每个 Actor 求得隐式特征，就可以生成相应 Actor 的特征网格。

$$\mathcal{F}_{\mathcal{A}_i} = f_z(z_{\mathcal{A}_i}) \tag{9.18}$$

其中，$z_{\mathcal{A}_i}$ 为 $\mathcal{A}_i$ 在超网络 f_z 中的隐式编码。这相当于将车辆参数化，在节省车辆表达的消耗上起到了非常重要的作用，特别是在车辆数量较多的情况下。

4）对 Actor 位置调整的考虑

上述 Actor 的建模方式降低了在场景中对 Actor 进行操控的难度，同时保证了效果。但仍然存在一个问题：当车辆移动时，车辆所遮挡的场景在采样时可能是缺失的。因此，在使用体渲染生成时，可能出现很多缺陷。为此，UniSim 修改了渲染流程，不直接使用体渲染生成颜色，而是先生成一个特征图，然后通过卷积神经网络（CNN）g_{rgb} 生成最终的颜色。

$$g_{rgb} : F \in \mathbb{R}^{H_f \times W_f \times N_f} \to I_{rgb} \in \mathbb{R}^{H \times W \times 3} \tag{9.19}$$

这样，CNN 可以自动填充缺失的图像细节。另外，在渲染时，只需要渲染一个小分辨率的特征图，再利用 CNN 即可完成在 RGB 上采样的过程。

5）相机与 LiDAR 的模拟

借助上述模块，可以使用 NeRF 的方法，采用体渲染的方式，对相机和激光雷达进行模拟，然后将自动驾驶车辆的日志数据作为真值进行学习。对任意光线，可以生成逐像素的特征。

$$
\begin{aligned}
f(\boldsymbol{r}) &= \sum_{i=1}^{N_r} w_i f_i \\
w_i &= \alpha_i \prod_{j=1}^{i=1}(1 - \alpha_j)
\end{aligned}
\tag{9.20}
$$

其中 α 为不透明度，可以使用 SDF 信息 s_i 进行逼近。

$$
\alpha = \frac{1}{1 + \exp(\beta \cdot s_i)}
\tag{9.21}
$$

这时可以使用 4）中提到的 g_{rgb} 对渲染颜色进行推理。

2. 场景学习与优化方法

为了对场景有一个全面的理解，UniSim 构建了一组特征网络。这个网络包括所有的特征网格 $\mathcal{F}$、超网络 f_z，以及 Actor 的隐式编码 $z_{\mathcal{A}_i}$；考虑了 MLP 头 f_{bg} 和 $f_{\mathcal{A}}$、CNN 解码器 g_{rgb}，以及密度解码器 g_{int}。其网络结构庞大、参数多，必须考虑一些正则项以强化优化目标。

1）图像重建损失

UniSim 采用了 L2 颜色损失加感知损失来计算渲染图像与实际值之间的差异。

$$
\mathcal{L}_{\text{rgb}} = \frac{1}{N_{\text{rgb}}} \sum_{i=1}^{N_{\text{rgb}}} \left(\|I_i^{\text{rgb}} - \hat{I}_i^{\text{rgb}}\|_2 + \lambda \sum_{j=1}^{M} \|V^j(I_i^{\text{rgb}}) - V^j(\hat{I}_i^{\text{rgb}})\|_1 \right)
\tag{9.22}
$$

其中，V^j 表示一个预训练的 VGG 网络的第 j 层。

2）LiDAR 重建损失

使用 L2 损失来计算 LiDAR 模拟结果与观察到的实际值之间的差异。

$$
\mathcal{L}_{\text{lidar}} = \frac{1}{N} \sum_{i=1}^{N} (\|D(r_i) - D_i^{\text{obs}}\|_2 + \|l^{\text{int}}(r_i) - \tilde{l}_i^{\text{int}}\|_2)
\tag{9.23}
$$

其中，LiDAR 密度可以通过将像素特征 $f(r)$ 送入 MLP 密度解码器 g_{int} 获得。

$$
l^{\text{int}}(r) = g_{\text{int}}(f(\boldsymbol{r}))
\tag{9.24}
$$

3）权重分布损失和 Eikonal 损失

首先，UniSim 期望所学习的样本权重分布集中在物体表面。其次，由于在表达中使用了 SDF，所以引入了 SDF 常用的 Eikonal 损失。

$$\mathcal{L}_{\text{reg}} = \frac{1}{N} \sum_{i=1}^{N} \left(\sum_{\tau_{i,j} > \epsilon} \|w_{ij}\|_2 + \sum_{\tau_{i,j} \leqslant \epsilon} (\|\nabla_S(x_{ij})\|_2 - 1)^2 \right) \tag{9.25}$$

其中，$\tau_{i,j}$ 表示样本点 x_{ij} 及其对应的 LiDAR 观察真值点之间的距离，当它超过阈值 ϵ 时，惩罚它的权重；当它小于或等于阈值时，惩罚 Eikonal 损失。

4）对抗性损失

为了实现照片级别的真实感，UniSim 训练了一个 CNN——$\mathcal{D}_{\text{adv}}$，用于区分观察到的视角和未观察到的视角。具体方法是通过一个渲染得到的 $P \times P$ 的图像块 $R = r(\boldsymbol{o}, \boldsymbol{d}_j)_k^{P \times P}$ 和一个被扰动射线原点的视角渲染得到的图像块 $R' = r(\boldsymbol{o} + \epsilon, \boldsymbol{d}_j)_{jP \times P}$，使用 CNN 最小化以下函数。

$$-\frac{1}{N_{\text{adv}}} \sum_{i=1}^{N_{\text{adv}}} \lg \mathcal{D}_{\text{adv}}(I_i^{\text{rgb},R}) + \lg(1 - \mathcal{D}_{\text{adv}}(I_i^{\text{rgb},R'})), \epsilon \in \mathcal{N}(0,\sigma) \tag{9.26}$$

其中，$I_i^{\text{rgb},R}$ 是观察视角渲染的图像块，$I_i^{\text{rgb},R'}$ 是未观察视角渲染的图像块，使用 $\mathcal{D}_{\text{adv}}$ 来确保两者的渲染差异较小。训练得到的 $\mathcal{D}_{\text{adv}}$ 可以生成对抗性损失，用于惩罚对抗性损失大的情况。

$$\mathcal{L}_{\text{adv}} = \frac{1}{N_{\text{adv}}} \sum_{i=1}^{N_{\text{adv}}} \lg\left(1 - \mathcal{D}_{\text{adv}}(I_i^{\text{rgb},R'})\right) \tag{9.27}$$

综上，总体损失函数的表达为上述所有正则项的加权和，完成对场景的训练。

$$\mathcal{L} = \mathcal{L}_{\text{rgb}} + \lambda_{\text{lidar}}\mathcal{L}_{\text{lidar}} + \lambda_{\text{reg}}\mathcal{L}_{\text{reg}} + \lambda_{\text{adv}}\mathcal{L}_{\text{adv}} \tag{9.28}$$

3. 场景模拟与自动驾驶闭环验证

获得场景训练的结果后，便能对自动驾驶场景进行模拟和仿真。由于场景是由背景和 Actor 共同构成的，且它们都是由特征网格组成的，因此可以在世界空间内对 Actor 的位置进行重新定义，同时可以重新设定相机的位置和高度，由此模拟出不同的情况。例如：

（1）通过在场景中移除所有 Actor 来消除所有车辆创造一个无车辆的路面。

（2）为场景中的车辆设定新的行驶轨迹，如并线、转弯、减速等。

（3）通过向场景中添加车辆模拟逆行问题。

（4）通过在场景中添加障碍物模拟驾驶过程中可能出现的特殊场景。

（5）通过改变相机所在的车道模拟自动驾驶车辆（SDV）并线的过程。

（6）通过提高相机的高度模拟更高的车辆视角，如卡车等。

由此可见，这样的仿真环境能提供丰富的模拟场景，包括在现实环境中难以模拟的场景，极其便利。

另外，所谓的闭环验证指，自动驾驶策略在感知到场景变化后给出应对方案，并向自动驾驶汽车反馈，以便自动驾驶汽车做出应对，如图 9.19 所示。UniSim 的框架支持闭环的自动驾驶验证，能够在车辆数据采集完成后、车辆系统投入使用前，进行丰富的、与实际环境相关的、有效的验证，从而确保车辆在实际路面上的驾驶安全性。

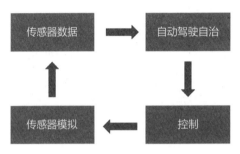

图 9.19　自动驾驶闭环验证

UniSim 已经提出了一个全面、连贯的逻辑与实况方案，该方案涵盖从场景分离建模到场景模拟渲染，再到场景合成处理，最后到闭环自动驾驶应用的全过程。相较于之前的 SUDS 等技术，它的仿真和对大规模场景特征的深入挖掘的能力均有显著的提升。值得注意的是，UniSim 对于 Actor 的手动标记依赖可能会增加实际场景下的应用门槛和成本（包括时间成本和人力成本）。然而，通过本书前面提到的一些语义方法，动态区域的自动标记是可实现的。读者也可以回顾 UniSim 的作者之前的一些工作，对动态车辆的自动分析和建模，以及一些无法用 SMPL 建模的人体自动分析和建模进行深入了解。无论从哪个角度来看，UniSim 都是 NeRF 在自动驾驶方向应用的突破。

9.5.2　开源的高度模块化的自动驾驶仿真框架 MARS

几乎在同一时间，清华大学、香港科技大学及北京理工大学等高等院校联合发布了一个新型的，专门针对自动驾驶领域的开源的模块化建模与仿真框架。该框架被命名为 MARS[42]，即 An Instant-aware, Modular and Realistic Simulator for Autonomous Driving 的缩写，准确地反映了该框架的主要特性。据研究团队透露，MARS 的名字是 ChatGPT 给出的。

与 UniSim 相比，MARS 和 UniSim 主要解决的问题相同。然而，MARS 首先是一个开源框架，可作为一个完整的系统运行，尽管它并未提供闭环功能，但各制造商可在其基础上无难度地实现闭环。另外，MARS 高度模块化的特性为开发者提供了在同一个模块里实现配置的能力，以便他们在不同的解决方案中进行取舍。相比之下，UniSim 更像 Waabi 的最佳实践，省略了许多不符合逻辑的实现方式（例如仅采用 MLP 来表示场景等）。

如图 9.20 所示，从抽象层面上看，MARS 的算法流程与 UniSim 有极高的相似性。

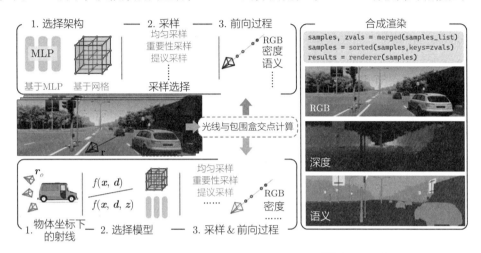

图 9.20　MARS 的算法流程。引自参考文献[42]（见彩插）

1. 场景动静切分表达与渲染

与 UniSim 相同，MARS 也通过将静态的背景（这是 Scene Node）和动态的车辆（这是 Object Node）结合来构建场景。MARS 同样采用人工标注的方式来区分动态和静态元素，因而可以获得相对准确的车辆包围盒。这种方法能够分别对两种不同的元素进行建模，进而综合表示整个场景。

若使用过多模型来表示汽车，则会导致存储内容的大幅增加。考虑到常见汽车的相似性极高，在 UniSim 中使用一个抽象模型，配合汽车的隐式编码来有效地表示汽车。MARS 的方法与 UniSim 的不同之处在于，MARS 并未在场景内对汽车的超网络进行学习，而是利用了 MARS 团队之前的研究成果——CarStudio。CarStudio 通过分析超过百万辆汽车的外观和几何结构，生成了大量的先验数据。因此，对于场景中标注的汽车，只需要生成相应的编码，这非常方便。

应用此方法，可以得到静态和动态的场景。

$$f_{\text{scene}}(\boldsymbol{x}, \boldsymbol{d}) = \boldsymbol{c}, \sigma : [\mathbb{R}^3, \mathbb{S}^2] \to [\mathbb{R}^3, \mathbb{R}^+]$$
$$f_{\text{obj}}(\boldsymbol{x}, \boldsymbol{d}, \boldsymbol{z}) = \boldsymbol{c}, \sigma : [\mathbb{R}^3, \mathbb{S}^2] \to [\mathbb{R}^3, \mathbb{R}^+]$$
$$(9.29)$$

其中，$z \in \mathbb{R}^k$，为使用 CarStudio 生成的隐式编码。模型训练完成后，采用与 UniSim 相似的场景渲染方法，通过体渲染进行采样。

2. 模块化的设计

下一个要考虑的问题是：应采用何种表达方式来存储背景场景以及前景的动态车辆？MARS 选择了一种可配置的方式，这为开发者提供了选择的自由。在不同的场景中，开发者可以选择使用特征网格或 MLP 进行表示，并且可以根据应用场景进行配置。

此外，训练和渲染时的采样方法也存在多种配置，例如均匀采样、重要性采样、提议采样等，开发者也可以通过可配置的方式选择适合的采样方法。

再从一个不同的角度来看，读者可以将 MARS 配置成与 UniSim 类似的实现逻辑。虽然无法与 UniSim 完全对齐，例如在 UniSim 中使用卷积神经网络（CNN）进行图像生成、基于占据网络生成稀疏背景特征场等，但从框架的角度看，MARS 的完成度非常高。

3. 正则项设计

MARS 的损失函数，考虑了 5 个不同的正则项。

1）颜色重建损失 $\mathcal{L}_{\text{color}}$

指重建得到的颜色损失，通过渲染得到的颜色与采集的真值颜色之间的 L2 距离计算而得。

2）深度重建损失 $\mathcal{L}_{\text{depth}}$

指重建得到的深度损失。考虑到有些车辆可能没有配备 LiDAR 传感器，因此这里有两种计算方式。对于有 LiDAR 数据的情况，使用重建的深度值和采集的深度值之间的 L2 距离作为深度重建损失；对于没有 LiDAR 数据的情况，使用 7.1.3 节中 MonoSDF 的深度损失进行估计。

3）语义损失 $\mathcal{L}_{\text{sem}}$

与 SemanticNeRF 保持一致，使用重建后的语义和所提供标注的语义之间的交叉熵损失得到。

$$\mathcal{L}_{\text{sem}} = \text{CrossEntropy}(s(r), S(r)) \tag{9.30}$$

4）天空重建语义损失 $\mathcal{L}_{\text{sky}}$

为了增加真实感，MARS 独立建模了无穷远的天空，通过合成天空、背景和动态物体来实现完整的场景渲染。使用体渲染函数，可以得到无穷远处的累积不透明度，即

$$\text{accum} = \sum_{P_i} T_i \alpha_i \tag{9.31}$$

在计算损失时，需要把背景和天空区分开，因此使用 BCE 损失可以有效地正则化天空的重建效果，即

$$\mathcal{L}_{\text{sky}} = \text{BCE}(1 - \text{accum}, S_{\text{sky}}) \tag{9.32}$$

5）背景截断样本密度损失 $\mathcal{L}_{\text{accum}}$

由于场景的背景和动态车辆是一起进行训练的，可能出现背景的颜色采样到一些动态车辆

的点的情况。在移除场景中的动态车辆后，重建过程可能会产生一些鬼影。为了解决这个问题，增加了一个将背景截断样本密度和损失项最小化的步骤，即

$$\mathcal{L}_{\text{accum}} = \sum_{P_i^{\text{tr}}} \sigma_i \tag{9.33}$$

其中，P_i^{tr} 是背景被截断的样本。

综合上述所有的正则项，即可得到最终的训练损失函数。

$$\mathcal{L} = \lambda_1 \mathcal{L}_{\text{color}} + \lambda_2 \mathcal{L}_{\text{depth}} + \lambda_3 \mathcal{L}_{\text{sem}} + \lambda_4 \mathcal{L}_{\text{sky}} + \lambda_5 \mathcal{L}_{\text{accum}} \tag{9.34}$$

4. 场景的仿真

在成功获取全部场景元素的表示，以及对场景进行优化训练从而生成模型之后，能够利用该模型对场景中的动态物体进行控制，如 UniSim 一样。具体而言，能够对物体进行移动、旋转和跳动的操作，并且能够模拟一些现实中复杂且危险的车辆运动情况。MARS 的场景模拟能力与 UniSim 基本一致，具体细节可以在 9.5.1 节进行查阅，这里不再赘述。

MARS 是一个全面的、模块可配置的开源框架，尤其适用于自动驾驶的真实感建模和仿真。其出色的可配置性让研究者和行业专家能够在众多方案中进行选择，非常适合用于商业化项目。MARS 的研究团队非常开放，他们持续与行业人士进行交流，并提供使用建议，让技术更具灵活性和可复制性。基于 MARS，可以整合其他模块或特定场景所需的功能。然而，目前 MARS 的仿真过程尚不能实时进行，这也是未来可以改进的部分。

9.5.3 自动动静分离的自动驾驶方案 EmerNeRF

在本书即将完成之际，英伟达、南加州大学、佐治亚大学、多伦多大学、斯坦福大学及 Technion 等机构联合发表了一项在自动驾驶领域具有重大意义的成果，名为 EmerNeRF[193]。该技术摒弃了之前对动态车辆的标记及独立的处理流程，将动静分离的过程转化为一个纯自监督学习的过程，并且利用多帧连续数据对动态场景进行优化，取得了显著的效果。这种方法节省了大量标注所需的人力和物力。EmerNeRF 的算法流程如图 9.21 所示。

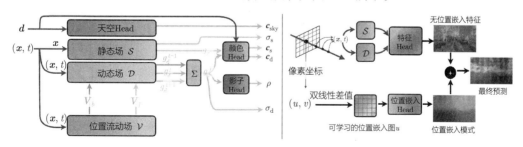

图 9.21 EmerNeRF 的算法流程。引自参考文献[193]（见彩插）

可以看出，输入的场景无须预处理，通过设计静态场 $\mathcal{S}$、动态场 $\mathcal{D}$ 和场景流场 $\mathcal{V}$，即可对场景进行切片建模。同时，可以通过一个影子的 MLP 头学习影子区域。这样，在合成渲染的过程中，可以考虑更多因素，从而增强渲染的真实感。网络输出多个场景参数，包括动态和静态部分的颜色值 c_s 和 c_d、相应的体积密度 σ_s 和 σ_d、影子的比重 ρ，以及天空的颜色 c_{sky}，每个点的颜色可以通过加权得到。

$$c = \frac{\dot{\sigma}_s}{\sigma_s + \sigma_d}(1-\rho)c_s + \frac{\sigma_d}{\sigma_s + \sigma_d}c_d \tag{9.35}$$

每条射线的颜色则可以通过体积渲染与天空颜色的加权和得到。

$$\hat{C} = \sum_{i=1}^{K} T_i \alpha_i c_i + \left(1 - \sum_{i=1}^{K} T_i \alpha_i\right)c_{sky} \tag{9.36}$$

针对 NeRF 在语义处理问题上的缺陷，EmerNeRF 采用了 ViT 模型，将二维的特征提升到四维，实现了 NeRF 与 ViT 技术的有效融合。

总的来说，EmerNeRF 在功能逻辑上与 UniSim 和 MARS 一致，但 EmerNeRF 成功地实现了动态和静态处理部分的自监督学习，从而产生了非常好的自动标注效果。通过融合多项技术，可以使整个场景的构建更为灵活、简捷且有效。

9.5.4 NeRF 在自动驾驶中的现状和未来

本节通过大量篇幅分析了 NeRF 在自动驾驶领域中的技术细节，它融合了静态场景建模、动态场景建模、隐式空间场景的合成与处理、高性能渲染方法，以及逆渲染等技术，体现了该方向对技术的高需求程度和复杂性。

NeRF 技术在全球自动驾驶领域占有一席之地，参与研究 NeRF 自动驾驶的商业公司众多，如 Tesla、Waabi、Waymo、Argo AI 等国际知名企业，这也使得 NeRF 的落地较为快速。这个领域每年都会取得重大突破，产生新颖且具有高商业价值的技术。在我国，理想、长安、小鹏、小米等公司也取得了显著的技术成果。本书不再详细列举这些公司的产品，读者可关注自动驾驶行业的最新动态，更直观地了解 NeRF 及其他神经渲染技术在行业中的应用和贡献。

此外，NeRF 的仿真能力强大，也值得其他行业思考借鉴，我们期待有更多的人利用这项技术创造出更多的新技术。

9.6 NeRF 在 SLAM 中的应用

SLAM 的全称是 Simultaneous Localization And Mapping，意为同时定位与地图构建。这项技术在机器人、无人驾驶、AR/VR 等领域发挥着至关重要的作用。在计算视觉领域，通过相机对环境进行拍摄，无须依赖先验知识就能构建出环境模型，这项技术被称为视觉 SLAM。在 SLAM 中，两个最关键的模块是地图构建（Mapping）和轨迹跟踪（Tracking），它们分别对应场景建模和相机位姿跟踪。SLAM 技术已经有近 40 年的发展历史，相关的研究著述甚丰，例如《视觉 SLAM 十四讲：从理论到实践》等，都深入地介绍了 SLAM 技术的内容和发展过程。

对于 NeRF 来说，地图构建和轨迹跟踪这两个问题具有很高的契合度。原始的 NeRF 存在一些问题，导致它不适合用于 SLAM。具体来说，原始的 NeRF 无法应用于大规模场景建模，且重建效果过于平滑，缺乏高频细节信息。然而，从 NeRF 在大规模场景中的应用可以看出，这些问题是可以解决的。因此，在 SLAM 领域也很快看到了 NeRF 的影子，最著名的项目是由浙江大学、ETH、MPI 等机构联合提出的 NICE-SLAM[27]。值得一提的是，该项目的主要作者朱紫涵博士在本科四年级时完成了这项工作。

NICE-SLAM 的全称是 Neural Implicit Scalable Encoding of SLAM，即面向 SLAM 的隐式神经可扩展编码方法。其命名巧妙，易于记忆。该方法在 iMAP 的基础上进行研究，指出 iMAP 使用单个 MLP 对场景进行表示，当场景规模扩大时，会出现 MLP 遗忘问题。因此，其核心在于解决大规模场景问题。

9.6.1　NICE-SLAM 的总体架构

NICE-SLAM 的算法流程如图 9.22 所示。图中的绿色区块将图像分为两部分，左侧的部分展示了传感器采集到的 RGB-D 真实值，分别包括深度值和 RGB 图像；右侧的部分则展示了由模型推导得到的预测深度值和 RGB 图像。NICE-SLAM 系统被用来优化这两部分之间的差异。通过训练，得到了右侧黄色区块中的分层特征网格和相机位姿，两者均被输入蓝色的可微渲染器中，从而完成了模型对 RGB 图像和深度图像的预测。

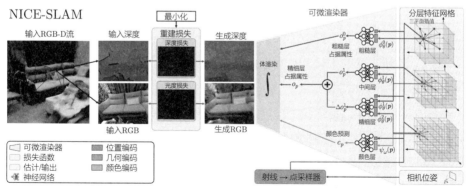

图 9.22　NICE-SLAM 的算法流程。引自参考文献[27]（见彩插）

换句话说，分层特征网络实际上就是 NICE-SLAM 系统中的场景表达方式，对这个网络进行预测的过程就是地图构建的过程。类似地，对相机位姿的预测过程就是轨迹跟踪的过程。如此，便实现了完整的 SLAM 流程。

9.6.2 NICE-SLAM 的场景表示方法

NICE-SLAM 采用了三个分层的特征网格 $\phi_\theta^l, l \in 0, 1, 2$，以对场景进行表达，分别对应长度为 2 米的粗糙网格、32 厘米的中等网格和 16 厘米的精细网格。它们与预训练的解码器等配合使用，可以对几何和颜色进行建模。

1. 中等和精细几何的表示

场景的几何特性是通过中等和精细特征网格表示的。对于每一个点 $\boldsymbol{p} \in \mathbb{R}^3$，可以使用中等特征网格进行预测。

$$o_{\boldsymbol{p}}^1 = f^1(\boldsymbol{p}, \phi_\theta^1(\boldsymbol{p})) \tag{9.37}$$

而更细致的几何特性则使用中等和精细特征网格的输入进行预测。

$$\Delta o_{\boldsymbol{p}}^1 = f^2(\boldsymbol{p}, \phi_\theta^1(\boldsymbol{p}), \phi_\theta^2(\boldsymbol{p})) \tag{9.38}$$

最后的占用特征为两者的和。

$$o_{\boldsymbol{p}} = o_{\boldsymbol{p}}^1 + \Delta o_{\boldsymbol{p}}^1 \tag{9.39}$$

其中，f^1 和 f^2 是使用 ConvONet 预训练的解码器，因此在训练过程中，它们不再被优化。同时，ϕ_θ^1 和 ϕ_θ^2 在中等和精细网格上进行三次线性插值，以生成输入点位置的特征。

2. 粗糙几何表示

如前所述，粗糙网格的长度为 2 米，尺度较大，用于表示场景的高级几何特性。在训练完成后，被用于预测尚未观察到的场景几何特性。因此，可以通过粗糙网格获取相应的预测结果。

$$o_{\boldsymbol{p}}^0 = f^0(\boldsymbol{p}, \phi_\theta^0(\boldsymbol{p})) \tag{9.40}$$

其中，f^0 是一个用于预测和插值的 MLP。

3. 颜色的表示

在构建地图和轨迹跟踪场景时主要关注场景的几何特性，但作者发现对颜色进行建模有助于提高跟踪的准确度。因此，使用了一个单独的解码器 g_w 和一个单独的网格 ψ_w 来生成颜色。然而，由于整个场景的规模较大，这可能导致场景遗忘问题，训练的目标是提高局部的一致性。

$$\boldsymbol{c}_p = g_w(\boldsymbol{p}, \psi_w(\boldsymbol{p})) \tag{9.41}$$

9.6.3　NICE-SLAM 的场景渲染方法

采用类似渲染的技术，能生成粗糙层和精细层的深度图，以及 RGB 图像。定义射线在粗糙层和精细层的停止传播概率为

$$
\begin{aligned}
w_i^{\mathrm{c}} &= o_{p_i}^0 \prod_{j=0}^{i-1}(1 - o_{p_j}^0) \\
w_i^{\mathrm{f}} &= o_{p_i} \prod_{j=0}^{i-1}(1 - o_{p_j})
\end{aligned}
\tag{9.42}
$$

可以利用这个方法渲染粗糙深度图、精细深度图和颜色图，实现图 9.22 右侧的生成过程。

$$
\begin{aligned}
\hat{D}^{\mathrm{c}} &= \sum_{i=1}^{N} w_i^{\mathrm{c}} d_i \\
\hat{D}^{\mathrm{f}} &= \sum_{i=1}^{N} w_i^{\mathrm{f}} d_i \\
\hat{I} &= \sum_{i=1}^{N} w_i^{\mathrm{f}} c_i
\end{aligned}
\tag{9.43}
$$

9.6.4　NICE-SLAM 的地图构建与轨迹跟踪方法

该地图构建过程即分层特征网络的训练过程，轨迹跟踪过程则是相机位姿的训练过程。因此，设计两部分网络的损失函数，通过误差的反向传播，可以完成地图构建和轨迹跟踪。

1. NICE-SLAM 地图构建过程

在地图构建过程中，需要计算深度粗糙图、深度精细图和 RGB 图像的损失，这些损失的计算方式如下。

$$
\begin{aligned}
\mathcal{L}_g^l &= \frac{1}{M} \sum_{m=1}^{M} |D_m - \hat{D}_m^l|, l \in \{\mathrm{c}, \mathrm{f}\} \\
\mathcal{L}_p &= \frac{1}{M} \sum_{m=1}^{M} (|I_m - \hat{I}_m|)
\end{aligned}
\tag{9.44}
$$

其中，M 表示采样点的数量。在训练过程中，采用多阶段的优化策略来训练特征网格。首先，使用精细网格的几何损失 $\mathcal{L}_g^{\mathrm{f}}$ 优化中等网格；然后，同步优化粗糙和精细网格；最后，通过**光束平差**（Bundle Adjustment，BA）方法联合优化所有层的参数、颜色解码器和相机的外参。

$$
\min_{\theta, \omega, \{R_i, t_i\}} \mathcal{L}_g^{\mathrm{c}} + \mathcal{L}_g^{\mathrm{f}} + \lambda_p \mathcal{L}_p
\tag{9.45}
$$

2. NICE-SLAM 轨迹跟踪过程

轨迹跟踪过程与地图构建过程类似，使用两层深度图的 L1 损失来优化相机位姿的估计。NICE-SLAM 为两个 L1 损失添加了权重，分别使用渲染深度时的标准差的倒数来实现。

$$\hat{D}_{\text{var}}^{\text{c}} = \sum_{i=1}^{N} w_i^{\text{c}} (\hat{D}^{\text{c}} - d_i)^2$$

$$\hat{D}_{\text{var}}^{\text{f}} = \sum_{i=1}^{N} w_i^{\text{f}} (\hat{D}^{\text{f}} - d_i)^2 \tag{9.46}$$

则深度损失定义为

$$\mathcal{L}_{g\text{-var}} = \frac{1}{M_t} \sum_{m=1}^{M_t} \left(\frac{|D_m - \hat{D}_m^{\text{c}}|}{\sqrt{\hat{D}_{\text{var}}^{\text{c}}}} + \frac{|D_m - \hat{D}_m^{\text{f}}|}{\sqrt{\hat{D}_{\text{var}}^{\text{f}}}} \right) \tag{9.47}$$

最后，结合颜色重建损失，可以定义轨迹跟踪过程的损失函数。

$$\min_{R,t}(\mathcal{L}_{g\text{-var}} + \lambda_{\text{pt}}\mathcal{L}_p) \tag{9.48}$$

在 NICE-SLAM 之后，还有一些算法将 NeRF 和 SLAM 结合，如朱博士在 2024 年的中国三维视觉大会上提出的 Nicer-SLAM[194]，以及由 MIT 提出的 NeRF-SLAM[195] 等，为 SLAM 这个庞大的技术群提供了新的解决方案。从性能的角度来看，使用 NeRF 的 SLAM 技术已经能够满足实时性要求。随着场景规模的不断扩大，更多的大规模场景 NeRF 建模技术也将被引入，同时可能引入更高精度的算法，以持续优化性能。

9.6.5 另一种 SLAM 思路 NerfBridge

NICE-SLAM 和 Nicer-SLAM 等通过在算法层面紧耦合来实现完整的 SLAM 系统。来自斯坦福大学的航空航天和机械工程的研究者决定通过另一条路径来实现基于机器人的自动化 SLAM。他们的思路非常工程化：将完整的**机器人操作系统**（Robot Operating System，ROS）、NeRF 重建中的 nerfstudio、相机位姿估计中的 ORBSLAM3 等成熟的工具作为黑盒，让它们发挥各自的优势，搭建一个工程系统来实现自动化的 SLAM 过程。于是他们构建了以下系统架构，实现了 NerfBridge[196] 系统，其架构如图 9.23 所示。

该系统中通过装备了摄像头的机器人（如无人机）采集信号，通过网络将采集到的图像数据流等信息传输到 NerfBridge 节点，而 NerfBridge 节点通过 ORBSLAM3 估计相机位姿，通过 nerfstudio 重建场景。无人机运行在 Raspberry Pi 4B 上，通过 ROS Noetic 系统操纵摄像头并与 NerfBridge 节点进行基于网络的交互。而 NerfBridge 节点使用一台配备了 RTX 3090 的后台服务器，并行运行 ORBSLAM3、nerfstudio，以及 NerfBridge 的控制程序。研究者使用这个系统在室内场景和室外场景进行测试，完美地实现了预期效果。

这个系统的学术性不强，但实用性很强，在构建大型系统时使用多个成熟组件是自然、合理的想法。

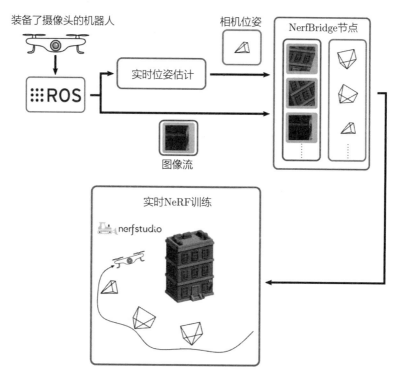

图 9.23　NerfBridge 的系统架构，引自参考文献[196]

9.7　NeRF 在电商场景中的应用

在电子商务领域，NeRF 的应用主要可以分为两大类。一类是以产品展示为目标，基于 NeRF 的全景产品浏览应用；另一类是以试衣为主要目标的应用，通过 NeRF 将虚拟服饰施加于衣镜中或手机中的动态人像上，用于辅助用户做购买决策。

9.7.1　物品展示类的应用

物品展示类应用的共性是，对用户端而言，浏览渲染的速度必须高度实时且资源占用率低。然而，训练端有一定的容忍度，因为训练阶段可以离线完成，所以没有实时性要求。相信读者阅读至此，一定能够想出很多种构建此类场景的方法。

目前已公开使用 NeRF 技术进行商品展示的是谷歌。在其搜索引擎中，特定国家和地区的某些搜索词会触发 NeRF 的搜索结果。例如，在谷歌的美国版本中，如果搜索"shoes"，那么在 iPhone 手机端会显示谷歌 Shopping 中的鞋类 NeRF 结果，并可以 360° 旋转查看产品。这项工作由谷歌的工程团队与 Jon Barron 的研究团队共同完成，已应用于大规模流量产品。

一些国内电商平台也曾做过类似尝试，但尚未有官方报道。未来，随着展示设备的发展，终将出现更易于用户浏览且体验的形式，而 NeRF 可能是其中的一种。

9.7.2　基于 NeRF 的虚拟试衣应用

NeRF 是非常有效的三维表示方式，它渲染的空间具有高度真实感，这使得它与任何三维空间融合时都能表现出极高的兼容性，特别是在虚拟试衣等应用场景中，NeRF 的优势更为明显。然而，虚拟试衣应用对于渲染的实时性有着极高的要求，只有当渲染性能达到超实时的水平时，才能在相机取景器或虚拟穿衣镜内贴图，从而呈现出理想的试穿效果。

在先前的研究中，Snap Inc 和西北大学合作提出了一个名为 MobileR2L[197] 的模型，它采用神经光场方法实现了接近 NeRF 的渲染效果。MobileR2L 模型是 MobileNeRF 的 $\frac{1}{24} \sim \frac{1}{15}$，渲染一张 1008 像素 × 576 像素的照片只需 18.04 ms。以此模型为基础，研究者在手机上实现了直接试穿鞋子的效果，其具体表现如图 9.24 所示。

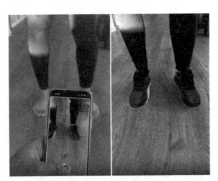

图 9.24　基于 MobileR2L 实现的虚拟试衣功能。引自参考文献[197]

虚拟试衣应用已经提出近 15 年，但至今尚未得到有效的应用。其中的原因：一方面，其带来的交互复杂性相较于用户体验，没有显著的提升；另一方面，使用手机等交互设备进行试衣操作过于烦琐，如无法有效观察全身效果、缩放操作复杂等。尽管通过神经渲染进行优化可以实现理想的渲染效果，但从产品交互的角度来看，无论是通过硬件还是软件，都需要设计出更优秀的交互方式。

在泛娱乐领域，试穿技术得到了广泛应用，例如在直播或其他视频特效中为角色添加虚拟服饰。目前主要采用二维或伪三维方法，通过特征检测获取贴图坐标，再使用带仿射的贴图实现。然而，NeRF 等神经渲染技术的采用可以实现更为真实的生成效果。

电商和泛娱乐是两个具有高价值的应用领域,它们对于新体验的渴望驱使技术不断创新。然而,这也对技术的成熟度和可玩性提出了更高的要求。对于 NeRF 这类交互场景,各大公司都保持着高度的关注,一旦行业内出现优秀的应用,将会有大量的企业采用类似方案。这已经成为行业的规律。相信随着沉浸式媒体技术的发展,一定会有更多被消费者接受的产品形态出现。

9.8　NeRF 在游戏中的应用

游戏行业是另一 NeRF 技术实际应用价值极高的领域。游戏玩家数量庞大,对游戏的真实感有着严苛的要求。在传统的游戏制作流程中,建模、动画等环节的投入巨大,被视为游戏成功的关键因素。NeRF 技术有可能解决游戏中的道具建模和场景建模等重大问题,然而,对于游戏而言,实现某种效果与运用这种技术制作游戏是完全不同的概念。

游戏中包含大量的三维资源,渲染压力巨大,优秀的游戏体验对渲染质量和帧率的要求非常高,需要使用消费级显卡。另外,由于显存资源的稀缺,NeRF 所建的模型大小会成为游戏行业是否采用这项技术的重要考量因素。同时,游戏开发者能否使用 NeRF 重建的模型来轻松地实现某些效果,也是关键因素。这意味着主流的游戏引擎,如 Unreal 3D、Unity 等,必须支持 NeRF 场景的加载、渲染和特效,并能与其他三维资源进行交互,实现预期的游戏效果。

然而,NeRF 技术尚处于发展初期,目前的显卡对于 NeRF 的加载和渲染并不支持。未来,随着技术的发展,可能会有硬件厂商,如英伟达,开放对神经渲染更好的硬件支持,但从短期来看,这并不现实。

值得一提的是,2023 年,Luma AI 发布了一款关于 Unreal 3D 的 NeRF 插件,使得开发者可以加载离线训练的 NeRF 模型,在引擎中进行渲染,并与场景交互。这引起开发者,特别是独立游戏开发者的极大关注。他们都积极尝试通过一些小规模的游戏进行测试,快速构建具有真实感的三维场景,使某些游戏能更快地制作完成。

可能的实现原理类似 MobileNeRF,使用片段着色器实现神经网络,利用现有的图形流水线加速 NeRF 的渲染。该方法的实现复杂度较高,正如 Peter Hedman 在一次报告中提到,采用这种方法,需要向游戏工作室交付一个包含大量着色器实现的引擎,这反而会增加游戏制作的压力。目前该方法还处于探索阶段,大多数游戏制造商仍然将 NeRF 生成的模型导出为显性的网格,作为传统的三维资源在游戏里应用。

NeRF 还可以自动将文本或图像转化为三维模型。如 9.2 节所述,在游戏制作过程中,道具等元件的制作成本极高,因此,能够高效地生产三维道具对游戏制作的意义重大。目前,包括 Keadim 在内的多家公司都在这个领域积极尝试,这里不再赘述。

9.9　NeRF 在其他领域的应用

作为一种基础的场景表示方法，NeRF 在理论上能够与各个学科融合，解决相关的重建和仿真问题。我们经常能够看到一些类似的方法，然而，这些方法通常较为琐碎。本节将这些方法分类，并简要介绍每种方法的基本思路。需要注意的是，由于各个应用领域的特殊性，这些方法相对垂直，本书不会介绍这些方法的细节，而只是指出其中的代表性工作，以供感兴趣的读者阅读。对于非相关领域的读者，了解这些方法也有助于激发新的想法。

9.9.1　NeRF 在卫星图像中的应用

在应用于卫星图像的场景中，NeRF 主要解决的是比 9.4 节中的场景更大规模的建模和浏览效果的问题。商业上最著名的应用可能就是谷歌 Earth 了。它收集了从卫星级别到高空角度，再到无人机角度的多层次二维图像，并实现了在三维空间的展示效果。这使得用户能够在全球范围内进行多尺度的地图浏览，无论是在实用性还是在趣味性上，它都深受用户喜爱。香港中文大学和 MPI 等机构推出了 BungeeNeRF[198]，在 NeRF 场景中实现了这个效果。它最初名为 CityNeRF，因为它展现了对城市级别场景建模的效果，后来因为其所实现的场景可以从高空通过**层次细节**（Level of Details，LOD）效果过渡到街景，很像蹦极，所以被重新命名为 BungeeNeRF。BungeeNeRF 并未直接处理卫星图像，而是直接利用了谷歌 Earth Studio 中已有的多尺度数据将卫星图像分层，并在训练过程中利用层次之间的残差预测，逐渐向新的场景中添加高频信息。这样，随着观察视角的变化，可以使用不同层的数据进行渲染，以实现细节效果，让用户体验到连续的高质量三维渲染效果。BungeeNeRF 的算法流程如图 9.25 所示。

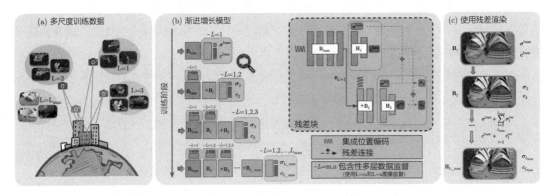

图 9.25　BungeeNeRF 的算法流程。引自参考文献[198]

还有一种大规模城市级别的 NeRF 重建方法是直接基于卫星图像完成的。这种方法通过分析卫星在不同区域拍摄到的不同位姿的高清晰度照片，学习地面的 NeRF 建筑物等结构信息，而不需要使用能量消耗大的 LiDAR 数据。在处理这类问题时，需要解决几个主要问题。

（1）地面上存在不同的运动物体，空气中存在云层等遮挡物。

（2）如果使用同一天的数据，则一致性会较好，但数据稀疏；如果想要数据稠密，则必须采集多天的数据来补偿，但这样一致性会差。

（3）采集数据时通常使用 RPC 相机，使用针孔相机进行模拟会有一定的质量损失。

对于这些问题，最早的解决方案是 2021 年提出的 S-NeRF[199]。通过分析高清卫星图像中的阴影部分，可以得到更好的场景形状，对位置的估计更准确，得到的表面高度预测与 LiDAR 采集的真值的差异相比普通 NeRF 降低了 $\frac{1}{2}$ 以上，效果如图 9.26 所示。

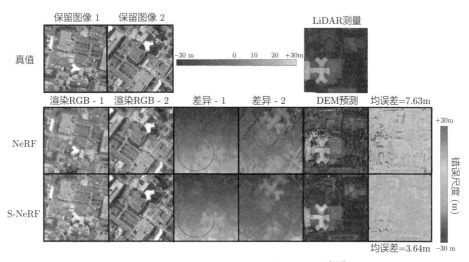

图 9.26　S-NeRF 的效果。引自参考文献[199]

在 S-NeRF 的研究基础上，两项并行的研究——Sat-NeRF[200] 和 SpS-NeRF[201] 相继出现。这两项研究优化了 S-NeRF 中针孔相机的近似方法，使用 RPC 相机进行建模，并在输入数据的一致性与稀疏性之间做出了权衡。具体来说，Sat-NeRF 更倾向于数据的一致性，采用了多天的密集采样数据，并利用稀疏的深度先验进行监督。SpS-NeRF 则选择了单天的稀疏采样，使用了密集的深度先验进行监督。相比之前的方法，这两项研究在定量和定性结果上都有了显著的提升，Sat-NeRF 与 SpS-NeRF 的比较如图 9.27 所示。

此后，上海交通大学提出了 SateznsoNeRF[202]。在 Sat-NeRF 的基础上，SateznsoNeRF 剔除了对太阳方向和图像索引的输入依赖，采用了更为轻量的张量辐射场，从而实现了更高效的训练和推理，以及更小的模型。此外，通过学习扩散图、镜面图、深度和环境图，该模型的重建效果也得到了显著提升。

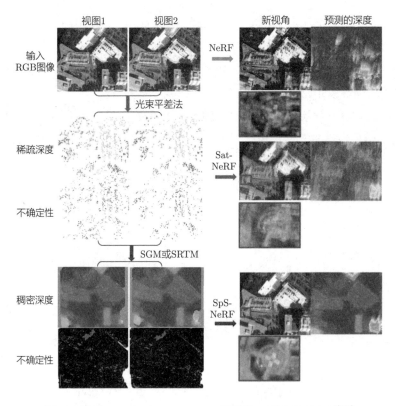

图 9.27 Sat-NeRF 与 SpS-NeRF 的比较。引自参考文献[201]

作为大规模场景重建的一个重要扩展，卫星图像重建对遥感领域具有重大的意义。在最低的成本和功耗下，该技术能够构建出准确且清晰的场景，对于洪水灾害预防、生物量估算、地面覆盖分类和变化检测等多个领域具有重要的实用价值。

9.9.2　NeRF 在医疗中的应用

NeRF 在医学图像领域的应用也获得了深入的研究。利用其构造能力，能在更安全的数据采集方式下生成高质量的医学影像，降低对人体伤害的同时能够为医疗工作者提供重要的诊断信息。以下列举几个典型的案例。

传统的计算机断层扫描（CT）和磁共振成像（MRI）需要使用大剂量的放射性药物，相对于传统的 X 光片，对人体带来的伤害较大。另外，CT 设备的采购和维护费用较高，且不便携带。MedNeRF 将生成辐射场（Generative Radiance Fields，GRAF）应用到医学图像领域，采用了自监督方法和 DAG 方法从数字重建射线照片（DRR）中提取高质量特征，利用多张或单张 X 光片来生成类似 CT 的效果，以补偿训练数据的不足。MedNeRF 的算法流程如图 9.28所示。

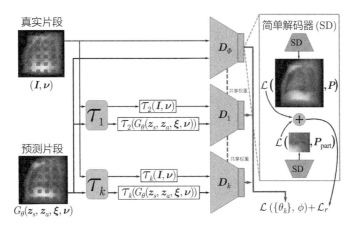

图 9.28 MedNeRF 的算法流程。引自参考文献[203]

在血管建模方面，4D 数码血管造影（4D Digital Angiography）技术被广泛用于临床诊断动静脉畸形、动静脉瘘等疾病。然而，为了获得足够的视角图进行重建，患者需要注射大剂量的造影剂。对此，华中科技大学的研究者提出了 TiAVox[204] 技术，通过采用四维的体素网格，利用少量的二维造影图像来重建四维造影图像，并在诊断时将其渲染为三维或二维的医学图像，以降低对病患健康的影响。TiAVox 的算法流程如图 9.29 所示。

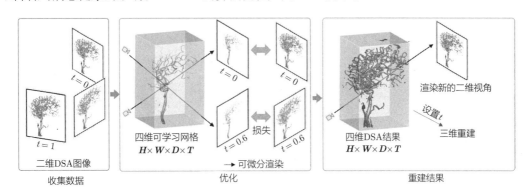

图 9.29 TiAVox 的算法流程。引自参考文献[204]

此外，还有大量研究专注于身体器官的重构（例如 ColonNeRF 等），或者基于锥形束计算机断层扫描（CBCT），这些研究主要使用基于图像的、二维的、采样次数较少的方法，以便在较低的辐射剂量下为患者提供高质量的诊断。尽管这些技术目前还无法替代计算机断层扫描（CT）等更高精度的医学诊断手段，但对于某些特定环境，或者对高精度图像要求不高的术前计划等场景，已经处于可使用的状态。

9.9.3 NeRF 在动物与植物建模中的应用

NeRF 的优越性体现在其以物体为中心的建模方法上，这使得它在农林牧渔业相关的可视化和仿真应用中能发挥重要作用。一些具有代表性的应用案例如下。在农业领域，天气环境、病虫害对植物生长的影响是显著的，对于植物的三维重建，其复杂性主要在于需要捕捉丰富的几何细节。因此，监控植物的外观常常需要消耗大量的人力资源。华南农业大学的研究者提出了使用 NeRF 来重建高保真度植物三维结构的方法[205]，他们运用 InstantNGP 和 InstantNSR[206] 创建植物的 NeRF 模型，从而能够以具有高度真实感的方式再现植物的生长状态。这一方法使得在大规模种植的情况下，可以采用部分自动化手段进行生长状况的分析和比对，效果如图 9.30 所示。

NeRF渲染的图像　　　　　　　　NeRF重建的网格

图 9.30　植物的 NeRF 模型。引自参考文献[205]

关于动物方面的应用，一个典型的例子是由 UIUC、加利福尼亚大学默塞德分校、Snap 研究院、多伦多大学等于 2023 年年末提出的 Virtual Pets[207]。该技术能在给定的三维场景中生成虚拟宠物，并使其对环境有所感知，生成连续的三维动画。Virtual Pets 通过构建一个物种级别的模板，提取动物的轨迹和关节运动，并对视频内容进行微调，生成动态动物的前景。同时，以已有的三维场景为背景，将生成的结果与之融合优化，输出最终的视频，效果如图 9.31 所示。在一系列关于猫的实验中，Virtual Pets 生成了具有很好时域连贯性的视频内容。该技术对电影后期、AR/VR 及游戏等行业具有潜在的应用价值。

图 9.31　虚拟宠物的效果图。引自参考文献[207]

9.9.4　NeRF 在工业监控中的应用

在工业领域，近年来建造了大量大型工业设施，包括粒子加速器、核电站、光刻机等。这些设施共有的特征是规模较大、设计精密，不便于人工进行现场维护和检测，需要大量的传感器收集信息，以便对整个场景进行监控。然而，传统的监控方式只能监控常规的指标，无法根据场地的情况进行全局监控。因此，基于 NeRF 的工业级监控应用应运而生，其中，Magic NeRF Lens[208] 便是典型代表。

Magic NeRF Lens 类似于一个放大镜，它将 NeRF 重建的结果与 CAD 设计结果进行混合渲染和关联比对。这样既能给予观察者身临其境的体验，又能够与最初的工厂设计进行一比一的比对，为发现潜在问题提供了巨大的帮助，其效果图如图 9.32 所示。

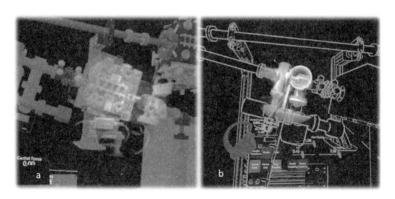

图 9.32　Magic NeRF Lens 的效果图。引自参考文献[208]

对于其他类型的工业级监控，也可利用 NeRF 重建的真实效果，与原始设计进行自动化或半自动化的比对，精确定位问题所在，实现以往无法实现的宏观和微观处理能力。

9.9.5 NeRF 与地理信息系统的结合应用

在大规模场景建模的过程中，之前所述的方法主要依赖各类传感器，如视频采集设备和 Li-DAR 设备，或其他辅助采集手段，提升建模效果。此外，还有一个学科分支——地理信息系统（GIS），GIS 所提供的数据可用于重建建筑物级别的 NeRF 场景[209]，很多建筑物和自然环境有已经被整理并保存好的 GIS 信息。通过对场景进行分割，可以获得场景中的多个实体对象，例如多栋大楼等。GIS 中有每栋大楼的高度和其他基础几何信息，这些信息可用作辅助数据以强化 NeRF 的建模过程，如利用高度信息对场景进行辅助分割，以及引导采样点的分布等。作为真实的先验知识，GIS 能够减少大量的预处理和数据检测成本，因此可以用更少的视角输入实现更快的建模速度和更好的建模效果。对于场景建模问题，只要获得了类似这样的辅助信息的真实值，就有可能提高重建效果的速度和质量，GIS 只是其中一个例子，如图 9.33 所示。

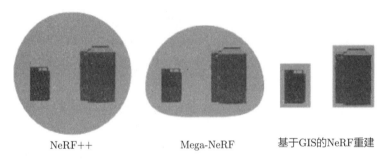

NeRF++   Mega-NeRF   基于GIS的NeRF重建

图 9.33　使用 GIS 信息辅助重建，可以获得比其他方法更多的先验信息。引自参考文献[209]

9.10　总结

本章介绍了 NeRF 在各种场景中的应用方法，其发展速度迅猛，每天都可能出现新的研究成果。尽管这些研究成果在学术界和应用界可能并未受到与其他主流方向相同的关注，但它们所要解决的问题，是很多领域都面临的。每个行业都有特定的问题解决思路，因此，笔者决定将这些内容介绍给大家，希望读者能从中获得知识和启发。

NeRF 在各个应用领域中的实践方法，以及相应的产品，进一步表明了它在解决实际问题时的多元能力。这并不令人惊讶，因为新的解决方案往往能在各个方面超越以前的大部分方案，无论是效果、速度，还是生产效率。然而，任何新的技术从提出到成熟并满足各种工业需求都需要一段时间，同时需要从业者不断深挖其中的细节，或者需要研究者再次取得重大突破。从观察者的视角看，在一些高度商业化且高度依赖可视效果的行业（如数字人、三维生成、自动驾驶等），技术的发展速度更快，这也让更多的技术可以被其他领域直接复用，进一步促进了技术的发展。

这将是一个持续的过程,每天都有新的发展和变化,值得读者持续关注。很多时候,行业会重新塑造技术的形态,技术的名字不重要,这也是本书一直强调的观点。读者看到的一些优秀技术可能并未以 NeRF 的形态呈现,它们可能是基于 NeRF 的各种技术优化的,也可能是受到 NeRF 启发而产生的新技术。一切皆有可能,想象力才是最大的限制。

10 NeRF 面临的问题和突破点

Neural Radiance Fields in Future (Work in Progress ···)

— Ansh Mittal, from Neural Radiance Fields: Past, Present and Future

上面的内容撰写于 2024 年年初，出自南加州大学一位硕士研究生的 NeRF 综述[210]，该综述长达 413 页，而此段文字正是该综述第 9 章的全部内容。作者当时可能尚未完成这一章的写作。当笔者写到本章时，NeRF 技术已经取得了众多成果并有成功应用的实例，且每日的进展依然迅速，很多科研人员在这个领域持续不断地努力和提升。但对于大多数人而言，NeRF 仍是一个新概念、新事物，处于发展中。相信这也是目前从业者的普遍感受。

对于一种新兴或发展中的技术，这是一种非常正常的现象。这种感觉一部分源于其历史较短，对于很多人来说仍是全新的领域和高级的技术；一部分源于行业上下游的成熟度不足，以及尚未出现关键的应用带来的观望情绪；还有一部分源于技术本身的适用性和完备性尚未达到让诸多产业从业者有足够信心大胆应用的程度。目前 NeRF 令人畏惧的重要原因仍然是其高昂的训练成本、使用成本及整合难度等技术相关问题。

然而，乐观的研究者和创业者往往会被新事物的优点吸引，并将困难和障碍视为机遇。随着时间的推移和行业的发展，NeRF 面临的这些问题将一个个被解决。最终被大众和行业接受的技术可能并不是 NeRF 本身，而是由神经渲染技术的高速发展带来的某种新技术。

从科技史的视角来看，实现这一点需要完整的技术生态、硬件环境的支持，以及一个高质量的、能满足大部分需求，并且可以轻松进行二次开发的开源项目的支持。

本章将尝试罗列和分析 NeRF 面临的挑战和问题，并尽可能地给出可能的突破点。本章内容具有极大的开放性和变数，新的问题随时可能出现，也随时可能得到解决。因此，读者应以发展和辩证的眼光看待本章提到的内容。笔者认为，这些问题不仅 NeRF 会遇到，其他神经渲染技术也会遇到，这些问题犹如一扇扇通往新技术的大门，需要关键人物去开启。

10.1　硬件资源消耗的问题

NeRF 对硬件资源的开销包括存储和计算。存储上不仅包括生成模型对硬盘的压力，也包括模型加载后对内存的压力，以及渲染推理对显存的压力。NeRF 模型从最初的数百兆字节，到如今单个模型可达到 100MB 以下，已经取得了显著的进步，然而与传统的三维网格表达或其他常见表达相比，其仍然较大。模型的大小和清晰度之间存在正比关系，因此仍有一定的平衡空间。随着信号表达能力的持续提升，以及硬件配置的不断改进，存储的压力将逐渐降低，不再成为限制 NeRF 或其他神经表达发展的主要因素。

从计算的角度来看，目前最快的 NeRF 可以实现超过 100 帧每秒的高清晰度渲染，例如之前提到的 MobileNeRF 等，可以解决大多数渲染问题。然而，在三维应用中，总会遇到整体场景渲染的问题，例如，一个游戏场景可能有数百甚至数千个物体。在过去 30 年里，游戏行业的快速发展使得在消费级别的显卡上渲染如此多的模型不再是问题。但是，如果有大量的 NeRF 模型需要同时渲染，那么速度仍然是一个严重的问题。此外，除了渲染三维模型，系统还需要处理很多其他逻辑，如控制逻辑和交互逻辑等，当渲染所占比例过高时，设备发热等问题会导致用户体验急剧下降，使得产品无法在实际应用中落地。

偏向 B 端的应用场景对资源消耗和硬件的容忍度较高，NeRF 所面临的问题和受到的限制相对较小。笔者预计，在未来一段时间内，将在越来越多的企业解决方案中看到 NeRF 的应用；而在 C 端，将有更多的产品出现，但大规模应用短期内仍然面临一定的困难。

C 端技术的大规模普及取决于两个因素：技术的生产效率和产品的浏览效率。目前最大的困扰仍是技术的生产效率，无法高效、高质量地生成数字资产导致内容匮乏，这也是目前没有现象级产品的主要原因。在计算方面，下一个突破点可能在高性能的表达和渲染上，或是新的交互硬件产品上，例如苹果的 Vision Pro 等下一代空间计算设备。当计算环境发生变化时，内容需求的快速变化将推动技术的快速演进。在此之后，才可能出现足够好的产品设计和用户体验，被用户广泛接受。

然而，就像在科幻电影中看到的那样，全息的沟通模式和场景的沉浸式观看效果在体验上都远优于二维媒体。因此，出现现象级的应用和产品只是时间问题。在接下来的 XR 时代，期待设备端资源问题的完美解决方案，并出现现象级的应用。

10.2　隐式表达的格式标准化

在当前的 NeRF 领域，新的算法与优化策略每天都在被提出。许多行业同人在讨论此问题时，表达了对不同技术优劣及适用场景、技术的最大应用价值、神经渲染应用场景构建中的启动策略等问题的困惑。这些问题的确十分棘手，各方都有自己的理解，部分技术实现了开源，部分则处于学术性交流阶段，整个行业无法在一致的环境下确认并评估技术的价值，无法形成通用规范。

其他行业也有过类似的阶段。经历过二维媒体大发展时期的读者应该知道，从最初各式各样的二维媒体表达的散乱多样化，到最后产品应用大发展，最关键的环节就是引入了国际化的标准格式。健康的行业标准由行业实践者参与制定，基于这些标准，所有科研机构都可以贡献自己的技术和提案，从而持续提升，形成国际标准。对于厂商而言，有了标准，就可以将内容的生产与消费分开，形成完整的应用生态。

国际标准化组织 ISO、国际电信联盟 ITU、中国标准化协会等标准化组织是这项重大历史使命的承担者。过去，他们推行了许多标准，大部分已经深入大众生活的各个方面，如 JPEG、MPEG 系列标准等，这些标准降低了行业的参与门槛，让大量复杂的技术成为众人皆知的常识。

如果没有形成国际化标准，通常会出现一些大型企业推出的私有化标准。随着产品使用量及用户接受度的增长，这些私有化标准逐渐成为事实标准。有时，这些标准会被开源，供大众免费使用。

如果沉浸式媒体大行其道，那么 NeRF 的标准化是必然要经历的阶段，它将长期影响技术和产业的发展。

10.3　与现有图形管线整合的问题

目前，英伟达的产品在显卡市场上占有很大比例。英伟达花了近 25 年时间在与 ATI 和 Intel 的传统图形渲染管线竞争中脱颖而出，又用了近 15 年时间陆续推出 CUDA、深度学习、AI 算法等作为其基础设施，目前其地位已然稳固。

在神经渲染领域，最大的消耗源于对 MLP 的大量推理操作，这在传统的光栅化管线中并不存在。NeRF 的模型只有被转化为网格（Mesh）数据，才能与传统管线进行无缝对接。然而，这样做会使 NeRF 模型丧失其可微性和无限分辨率的推理能力。为了解决这一问题，目前包括谷歌在内的一线公司，只能通过大量的着色器将 NeRF 的推理过程视为一个经典的图形处理单元中的通用计算（GPGPU）问题来解决。虽然这可以大幅度提高与传统图形管线的整合能力，但相应地，整合方案看起来也非常复杂，更像一种过渡性方案。这与笔者多年前参与的通过大量的 GPU 加速媒体处理的研究有些类似，当时的技术最终还是被专有的加速芯片及 CUDA 技术所取代。在遇到问题的当时，解决方案看似合理，但在历史的长河中，它只是一个过客。

然而，深度学习和神经渲染的大势已经确立，英伟达也在这个方向投入很多，其他竞争者在技术能力、资金规模、人才储备、市场规模等方面暂时与英伟达差距较大，所以技术突破大概率会由英伟达取得。笔者相信，随着时间的推移，英伟达会提供相关的技术和产品供开发者和企业使用。其他企业一直在紧追英伟达，未曾放缓步伐。我国甚至将此视为国家级的重要任务，致力于攻克 GPU 技术与生态难关，只有先取得重大突破，才能有新的策略来解决这一问题。

10.4　上下游工具链的问题

NeRF 模型和神经渲染模型需要与上下游的工具链整合，以便作为一个完整的流程来实现应用生成。传统的三维流程已经拥有了完整的工具链，如以 3DMax、Maya、Blender 等三维模型生产软件为主，以 Unreal Engine、Unity 等三维渲染引擎为主的工具链。它们提供了强大的三维模型处理、加工和渲染能力，使得三维模型的应用变得非常方便。这也是过去几十年里，三维技术在影视、娱乐和游戏领域大放异彩的原因。

相比之下，通过 NeRF 生成的模型在真实感上的表现显然优于传统的建模手段生成的模型，这是行业所普遍期待的。然而，由于 NeRF 存在的时间相对较短，目前还没有像传统三维软件那样完善的工具链，也没有成熟的商业软件可以对 NeRF 模型进行编辑、修改、重照明、风格化等操作，因此在创新过程中，很多效果无法实现。

以上绝大多数方向有初步成果被提出，然而，科研成果和实际产品是两回事，当前仍然缺少一个完整的产品来将这些重要的能力整合起来，使 NeRF 变成一种易用、可控的格式。

目前，还无法确定谁拥有这把开启整合之门的钥匙。虽然 nerfstudio 可以被认为是一个整合得相当好的建模和渲染工具，但对于上下游来说，它仍然只是整个流程中的一小部分。因此，笔者期待未来在工具链上会有更多的突破和进展。

10.5　NeRF 导出几何的质量问题

这是一个非常让人纠结，但又不能回避的问题。在 NeRF 提出之初，其目标并未包含高质量的几何生成。然而，尤其在当前，不可忽视的是，高质量的显式几何生成对于产业的推进具有重大的作用，这就形成了一种困境。

对于 NeRF 技术的发展，其一大限制在于由 NeRF 导出的网格几何质量存在一定的不足，这导致 NeRF 生成的模型在传统的工业和产品中的应用难度较高。从第 8 章关于 NeRF 导出三维网格的方法来看，传统的行进立方体是一种均匀采样的网格生成方法。虽然导出的网格能够满足三维拓扑的需求，但与手动创建的三维模型存在显著的差距。

手动建模对于传统的图形学和三维应用具有重大意义。一方面，手动模型的规整度高，稠密度合理，且其表达的细节与面片数量能够实现良好的平衡，使其在应用时更为合理。另一方面，在模型的动画控制方面，手动建模对于某些关键节点的设计和加强，能够对动画实现提供极大的帮助。

然而，行进立方体直接生成的网格分布过于均匀，稠密度合理性较差，只能满足基本的使用需求，并不能提供良好的使用体验。因此，NeRF2Mesh 算法的出现获得了广泛的关注。由 NeRF2Mesh 导出的网格在几何合理性上有了显著的提升，更容易实现表达与几何规模的平衡。然而，直接使用 NeRF2Mesh 需要对模型进行重新训练，这也是其难以很快被广泛应用的原因。

从另一个角度来看，人工建模也具有一定的艺术性，比如在设计中合理布线是一项纯粹的艺术性工作。布线的合理性会影响三维网格的实用性，但这是一个更为抽象的概念，难以量化。从理论角度来看，合理的布线可以通过某种策略进行学习生成，例如，Stable Diffusion 对图像的理解来自对大量图像的学习，模型具有丰富的表达能力。然而，由于三维模型资源较少，导致三维生成目前处于技术存在、数据不足的状态。

在过去的一年中，除了传统的 ShapeNet，还出现了 Objaverse 等开源模型库。值得注意的是，其他 AI 相关领域也经历过这个阶段。随着高质量的模型库及商业化需求的增加，许多技术的发展路径会受到影响。

10.6　总结

本章相对较短，不同于前 9 章对技术进展的介绍，本章对这些技术的局限性进行说明。NeRF 存在时间尚短，作为一项基础技术，其技术、产业和生态的成熟与完善无疑需要很长时间。然而，对于大部分研发人员来说，这正是寻找机会和突破的关键。此外，对于某些产业的支持问题需要由头部公司来解决，以确保其可行性。

这也是笔者创建 NeRF & Beyond 社区的初衷。通过搭建人与人之间的桥梁，能实现资源和信息的互通，链接更多的专家，让所有人共同学习和进步，共同推动行业发展。这不是一蹴而就的，笔者相信，随着时间的推移，社区将为这个庞大的生态系统增添更多的力量。

第四部分

3DGS技术

11 | 三维高斯喷溅，开启新纪元

Our choice of a 3D Gaussian primitive preserves properties of volumetric rendering for optimization while directly allow fast splat-based rasterization. Our work demonstrates that —contrary to widely accepted opinion: a continuous representation is not strictly necessary to allow fast and high-quality radiance field training. We also demonstrated the importance of building on real-time rendering principles, exploiting the power of the GPU and the speed of software rasterization pipeline architecture. In conclusion, we have presented the first real-time rendering solution for radiance fields, with rendering quality that matches the best expensive previous methods, with training time competitive with the fastest existing solutions.

— Bernhard Kerbl, et al, from 3D Gaussian Splatting

在本书的筹备阶段，笔者计划在本章探讨所有可能取代 NeRF、被业界更广泛接受的三维表达方式。然而，在撰写本章时，所有可能都指向一个具体的技术——**三维高斯喷溅**（3D Gaussian Splatting, 3DGS）[211]。这项技术在 2023 年的 ACM Siggraph 会议上由 INRIA 和马克斯·普朗克研究所的研究者提出。在接下来的几个月里，它凭借与 NeRF 相似的表现力、数百倍于 NeRF 的训练和推理速度，以及在高分辨率图像和场景中的超实时渲染等特性，迅速成为有竞争力的技术路径。

3DGS 的主要贡献者之一 Georgios Kopanas 是一位 NeRF 研究者，他还参与了 NeRFShop 等 NeRF 领域的重要成果的开发工作。他的博士研究课题是基于点的可微渲染。另一位主要贡献者 Bernhard Kerbl 的专长是 GPU 技术、实时渲染、并行计算和点云处理。其他两位作者都是在图形学和计算视觉领域拥有超过二十年经验的顶尖专家。经过三年的持续积累，他们完成了这项引人瞩目的工作。

相较于 NeRF，3DGS 是显式的三维表达方式，其设计遵循"大道至简"的原则，用简捷的逻辑构造了三维空间。随着时间的推移，到 2024 年年初，3DGS 的关注度迅速攀升，许多人预测它将取代 NeRF，成为三维视觉走进千家万户的核心技术。截至本书编写时，学术界众多新的思路和实时应用都倾向于基于 3DGS 进行。

从技术特性上来说，NeRF 和 3DGS 一个是对表面的隐式表达，一个是对表面的显式表达，各有优缺点，究竟哪种技术更胜一筹并不重要。读者可能还记得那张被广泛传播的 NeRF 范围表格，虽然它只是一个玩笑，但确实揭示了二者之间的密切联系。站在技术历史的角度上看，无论是 NeRF 还是 3DGS，推动其发展的都是同一批不断在三维视觉领域深耕的研究者和行业从业者。因此，笔者不将它们视为两种截然不同的技术，它们将会持续交叉发展，共同进步。

11.1   3DGS 原理与方法

11.1.1   3DGS 的建模原理

想象点云的表达。当密度足够高时，点云能从任意视角描述一个三维物体的几何形状和外观。如果点云中的每个点都投影到一个二维平面上，便可以获取一张该三维物体的图像。然而，为了简单地描述三维物体，点云的密度不能过高。在空间中，有些区域平滑，有些区域复杂。要用相对稀疏的数据来表示这些区域，点云中的点不仅需要有位置，还需要有一定的体积。

如果点云中的每个点都是一个服从特定分布的形体，那么当这些形体再次被投影到二维平面上时，就可以高质量地重构图像。同时，我们需要思考，对于一个点，哪种分布最适合用于几何重构？

3DGS 提供了一个解决方案。以点为中心构建一个符合三维高斯分布的形体，以此描述三维物体。从空间上看，三维高斯分布是椭圆体，各向异性，无须法线等辅助信息，具有较强的描述能力。因此，整个场景可以被表示为一系列符合三维高斯分布的椭圆体。在成像过程中，将所有这些椭圆体映射到二维平面上，即可生成相应的渲染结果。

名称中的"喷溅"二字形象地将该过程比喻为一系列喷溅到画板上的椭圆球。如果这个渲染过程是可微的，便可以利用深度学习方法，学习每一点的三维高斯分布，使重建的损失最小，从而完成重建过程。只需记录这些学习到的点及其为了渲染所携带的属性（如坐标位置、点的高斯表达、点的不透明度、点的颜色表达的球谐函数系数等），便可形成一种稀疏的、可微的、显式的三维表达方法。这便是 3DGS 的基础方法。

11.1.2   3DGS 流程的数学表达

1. 3DGS 数学表达的建模与推导过程

笔者在这里给出多维变量的高斯分布与协方差计算的过程。对于任意一个三维变量 x，其多维高斯分布概率函数可以被定义为

$$p(\boldsymbol{x}) = (2\pi)^{-\frac{3}{2}} |\boldsymbol{\Sigma}|^{-\frac{1}{2}} \exp\left(-\frac{1}{2}(\boldsymbol{x} - \boldsymbol{\mu})^{\mathrm{T}} \boldsymbol{\Sigma}^{-1}(\boldsymbol{x} - \boldsymbol{\mu})\right) \tag{11.1}$$

对于每个点，可以将其视为以该点中心为原点的多元高斯分布，因此，可以假设 $\boldsymbol{\mu} = 0$。函数中的 $(2\pi)^{-\frac{3}{2}} |\boldsymbol{\Sigma}|^{-\frac{1}{2}}$ 部分控制了概率的归一化，约束了函数的空间。故对于一个任意尺度的三维高斯分布概率函数，可被简化为

$$p(\boldsymbol{x}) = \exp\left(-\frac{1}{2}(\boldsymbol{x})^{\mathrm{T}} \boldsymbol{\Sigma}^{-1}(\boldsymbol{x})\right) \tag{11.2}$$

在表示多元高斯时，只需要空间坐标点与协方差矩阵。而协方差矩阵可以通过矩阵分解进行计算

$$\boldsymbol{\Sigma} = \boldsymbol{U}\boldsymbol{\Lambda}\boldsymbol{U}^{\mathrm{T}} \tag{11.3}$$

其中，$\boldsymbol{U}$ 的每列都是相互正交的单位特征向量，满足 $\boldsymbol{U}^{\mathrm{T}}\boldsymbol{U} = \boldsymbol{I}$。$\boldsymbol{\Lambda}$ 则是在角线上由大到小排列特征值，其余位置为 0 的对角矩阵。进行如下转写。

$$\boldsymbol{\Sigma} = \boldsymbol{U}\boldsymbol{\Lambda}^{\frac{1}{2}}\boldsymbol{\Lambda}^{\frac{1}{2}}\boldsymbol{U}^{\mathrm{T}} = \boldsymbol{U}\boldsymbol{\Lambda}^{\frac{1}{2}}(\boldsymbol{U}\boldsymbol{\Lambda}^{\frac{1}{2}})^{\mathrm{T}} = \boldsymbol{A}\boldsymbol{A}^{\mathrm{T}} \tag{11.4}$$

在这里，$\boldsymbol{A}$ 是用于消除向量相关性的线性变换矩阵。通常，它可以表示为

$$\boldsymbol{A} = \boldsymbol{R}\boldsymbol{S} \tag{11.5}$$

因此，协方差矩阵也可以通过旋转矩阵和伸缩矩阵来计算。

$$\boldsymbol{\Sigma} = \boldsymbol{R}\boldsymbol{S}\boldsymbol{S}^{\mathrm{T}}\boldsymbol{R}^{\mathrm{T}} \tag{11.6}$$

这样，便可以以非常简捷的方式来表示协方差矩阵。对于三维空间点，只需要存储三维伸缩向量 s 和四元数 q。此外，使用三维伸缩向量和四元数可使表达具有出色的数值性质，对插值计算非常友好，这也是 3DGS 采用这种表示法的优势之一。

2. 3DGS 的渲染算法

3DGS 的目标是超高的重建和渲染质量，同时实现超实时的渲染和推理。在渲染过程中，采用加速算法对基于射线采样后的 α 混合算法进行优化，以在重建阶段实现每秒数百帧的渲染速度。具体的实现方法是，利用基于瓦片（Tile）结构的可微光栅化渲染算法，在渲染前对三维高斯点进行预排序。在像素渲染阶段，根据预排序结果进行 α 混合计算，无须重新排序，这意味着在完成初始排序后，整个渲染过程将持续使用这个顺序，不再进行调整。

这种设计充分利用了 CUDA 的线程结构，先将整个图像划分为大小为 16 像素 × 16 像素的瓦片，然后以瓦片为 CUDA 线程块（Thread Block）进行光栅化。

1）三维高斯剪枝策略

为减少计算量，对每个瓦片视锥体内的三维高斯元进行适当的剪裁。

（1）依据高斯特性，对于置信度较低的瓦片进行直接剪裁。

（2）处于边缘位置的三维高斯元也应进行剪裁。

2）三维高斯排序策略

三维高斯使用高度并行化的 GPU Radix 实现排序，通过视图的空间深度和瓦片的索引标识生成关键值，并对关键值进行排序。尽管在对像素进行渲染时，这样的排序可能会产生一些误差，但实验证明，当渲染进入像素级别时，这些误差基本可以忽略。

3）三维高斯光栅化渲染终止策略

进一步地，为减少计算量，引入三维高斯光栅化渲染的终止策略。当饱和度达到一定值后，后续三维高斯点的渲染不再对结果产生影响。在遇到这种情况的像素点时，选择提前终止，类似策略在 NeRF 中非常多见。

对于每个像素的 α 混合渲染，按照射线发射通过的三维高斯的顺序进行颜色混合，以生成该像素点的颜色。此过程的逻辑与 NeRF 的颜色生成逻辑类似。

4）为了避免在不同角度观察场景时所需付出的查询代价，3DGS 采用了与第 4 章 Plenoxels 算法中相同的球谐函数。对于任意一个三维高斯点，只需学习它的球谐函数系数，即可从任意角度计算颜色。

11.1.3 3DGS 的算法流程

基于前述理论，可以确定 3DGS 的算法流程，如图 11.1 所示。

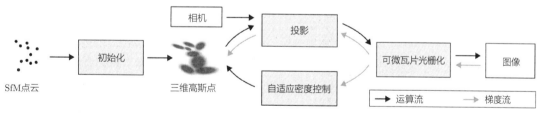

图 11.1 3DGS 的算法流程。引自参考文献[211]

1. 初始化过程

在 3DGS 的提出阶段，提供了两种初始化方法。一种是使用 SfM 算法，对多个视角的输入视图进行处理，生成一个初始的点云作为初始化结果；另一种是随机选择一些点进行初始化。虽然不同的预热策略对于速度的影响确实存在，但幸运的是，3DGS 的算法简捷而有效，在大多数情况下，即使随机生成的点云也可以迅速收敛到较高的质量。

2. 训练过程

训练过程实际上是每个点参数的优化过程。3DGS 的表示效率极高，损失函数的设计也不复杂，仅使用了颜色重建 L1 损失和重建后图像 D-SSIM 损失加权。在实际测试过程中，通常使用 $\lambda = 0.2$ 进行优化。训练的速度非常快，在 7000 次迭代后，已经可以实现非常好的效果。

$$\mathcal{L} = (1 - \lambda)\mathcal{L}_1 + \lambda\mathcal{L}_{D-SSIM} \tag{11.7}$$

3. 自适应密度控制

在训练过程中，3DGS 会自适应地控制点云的密度，如图 11.2 所示。

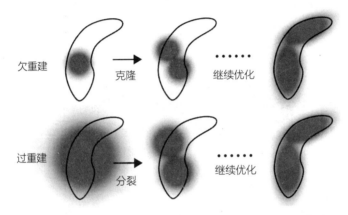

图 11.2　3DGS 的自适应密度控制方法。引自参考文献[211]

这个过程是针对 3DGS 的初始点云结构设计的。在预热结束并开始训练后，每运行 100 次，就需要检查空间中的三维高斯重建状态。

（1）如果某个三维高斯函数的透明度过低或形状过大，则应将其从模型中移除。

（2）若目标大于当前三维高斯函数的规模，则表明处在欠重建状态，需要通过克隆并添加一个新的三维高斯函数以满足建模需求。

（3）反之，若目标小于当前三维高斯函数的规模，则表明处于过重建状态，需要拆分当前三维高斯函数以满足建模需求。

借助这种方法，训练过程最大可能地将点云分布优化到合理的状态。

3DGS 的算法简捷明了，低冗余，无过度设计。这些特点通常是高质量原创工作的标志。3DGS 能够实现高效率的运行，一方面归功于它高效的表达能力，另一方面由于其算法恰当运用了优化技巧，并充分利用了 CUDA 的特性。自 3DGS 提出以来，不断有人围绕其进行优化并扩展应用场景，但鲜有真正对 3DGS 的算法进行深度优化的，这与 Instant-NGP 的状况相似。

要进一步提升它们的速度，门槛相对较高，因为这不仅需要找到一些结构性的优化点，还需要让 CUDA 的架构取得优势。

尽管如此，3DGS 已经表现出显著的优势。研究者已经在许多 NeRF 提到的场景中进行了 3DGS 的研究和实施工作。相比于 NeRF，3DGS 的渲染更容易在传统图形管线上实现，很快就有主流的三维引擎和工具链推出了相关的插件。

11.2 3DGS 在重建效果和效率上的提升

11.2.1 3DGS 混叠效应优化

研究者发现，3DGS 在调整相机焦距、改变相机距离或者进行低分辨率渲染时，会出现锯齿效应。更为严重的是，渲染速度在低分辨率渲染的情况下会严重下降。此时，两项抗混叠成果发表，一项是由图宾根大学和上海科技大学等机构发表的 Mip-Splatting，另一项是由新加坡国立大学发表的多尺度 3DGS。这两项成果几乎同时发表，都发现问题出现在 3DGS 渲染时使用的 **EWA 算法**上。

在 3DGS 的初始工作中，对 EWA 算法在渲染应用上的考虑仅仅一带而过。对于高频信息，采样不足会导致信号混叠。EWA 算法在每个高斯元上增加了一定的低通滤波，使三维高斯元根据 2D 屏幕像素大小增加协方差。这与形态学的膨胀方法一致，当一个高斯元距相机较近且其较小时，该操作会引起高斯元的膨胀，从而导致渲染结果出现混叠。这个过程可以通过以下公式表达，其中，s 是一个伸缩因子，其伸缩程度根据投影出的二维高斯元所占的像素空间而变化。具体效果如图 11.3 所示。

$$\mathcal{G}_k^{2D} = \exp\left(-\frac{1}{2}(\boldsymbol{x} - \boldsymbol{p}_k)^{\mathrm{T}}(\boldsymbol{\Sigma}_k^{2D} + s\boldsymbol{I})^{-1}(\boldsymbol{x} - \boldsymbol{p}_k)\right) \tag{11.8}$$

图 11.3 3DGS 在低分辨率渲染情况下会出现的混叠效应。引自参考文献[212]

此外，另一个问题是，在低分辨率下，需要膨胀的高斯元会增加，因此渲染速度受到了大幅度的影响。在这个背景下，3DGS 中两项反走样成果被提出。

1. Mip-Splatting

Mip-Splatting[212] 提出了两项对原始 3DGS 的改进，以缓解锯齿效应。首先，它在投影至屏幕空间前，对三维高斯元进行了一次三维平滑滤波操作，确保每个高斯元的最高频率均不超过奈奎斯特采样定律规定的最高采样率的一半。这样，这个策略从信号输入层面显著降低了混叠发生的可能性。

其次，考虑到在相机缩放的情况下可能出现超低采样率引发混叠，使用新的二维 Mip 滤波器来替代 EWA 滤波器的策略被提出。新的二维 Mip 滤波器的行为更类似 Box 滤波器，并未像 EWA 滤波器那样直接截断频率，导致过度平滑。

实验结果表明，原本在 3DGS 中可能出现的锯齿效应已被有效消除。这种方法的不足之处在于，对于某些场景，高频信息被平滑处理，导致重建结果的模糊感增加，Mip-Splatting 的重建效果与其他方法的对比如图 11.4 所示。

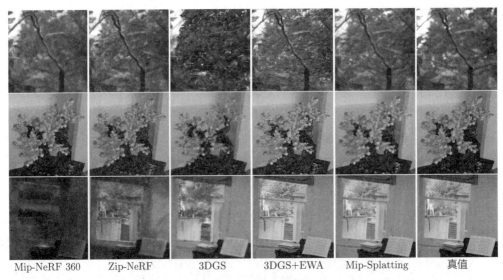

| Mip-NeRF 360 | Zip-NeRF | 3DGS | 3DGS+EWA | Mip-Splatting | 真值 |

图 11.4　Mip-Splatting 的重建效果与其他方法的对比。引自参考文献[212]

2. 抗混叠多尺度 3DGS

该项研究[213] 关注在低分辨率环境下如何改善因混叠效应导致的渲染效果下降问题，以及在大量三维高斯元扩张操作中如何减少计算量，从而提高渲染速度。其算法与传统图形学中的 Mipmap 方法相似，使用不同的 mip 层级渲染多尺度图像，算法流程如图 11.5 所示。

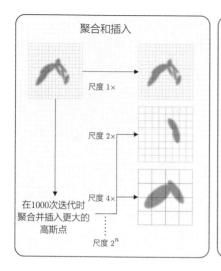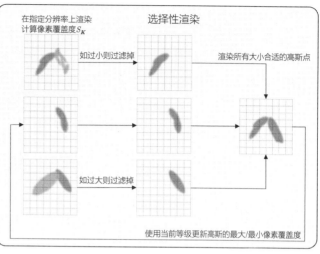

图 11.5 抗混叠多尺度 3DGS 的算法流程。引自参考文献[213]

在训练过程中，将体素内低于某一阈值的三维高斯元素进行聚合、放大，并加入不同的分辨率层级，从而生成各个尺度的体素网格。在渲染过程中，定义了 **"像素覆盖度"** 的概念，用以描述三维高斯元素映射到二维空间后的大小与对应分辨率下像素大小的比例关系。若某一像素覆盖度小于奈奎斯特采样率设定的标准，则会被过滤掉，以防止发生锯齿效应。在最终渲染过程中，对这些小高斯元素进行聚合，以确保低频信号的存在。并且，由于存在不同尺度的表达，避免了 EWA 膨胀过程带来的性能损失，从而有效地解决了在低分辨率渲染时性能下降的问题。

抗混叠多尺度 3DGS 在低分辨率时的渲染效果有显著提升，如图 11.6 所示。

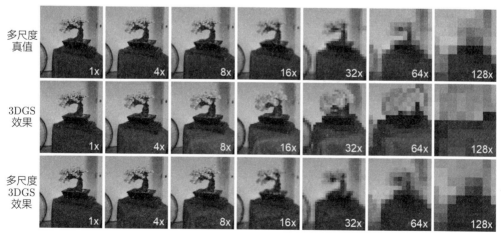

图 11.6 抗混叠多尺度 3DGS 在低分辨率时的渲染效果有显著提升。引自参考文献[213]

采样算法决定了是否发生混叠，这本质上是一个信号处理问题。无论在传统的图形学中，还是在 NeRF 和 3DGS 中，都是对质量影响最大的因素。相关技术仍处于快速发展阶段，就主观效果而言，现有技术已经解决了低分辨率的渲染问题，但对于相机缩放和焦距变化问题，效果有待提高。目前，相关技术的发展尚处于早期，期待在不久的将来能看到一些新的、能提升质量的技术。

11.2.2　视角适应的渲染方法

为了更好地适应各种训练视图的视角，3DGS 采用了大量的三维高斯点进行建模。然而，这一方法导致了三维高斯点的大量冗余，且在显著的视角变化、无纹理区域的学习以及光照效果变化等情况下，模型的鲁棒性显著降低。同时，由于所使用的点过多，导致模型尺寸较大，存储成本较高。这被视为 3DGS 方法的主要缺陷之一。

针对上述问题，来自上海人工智能实验室、香港中文大学、南京大学和康奈尔大学的研究者提出了 Scaffold-GS[214] 方法，该方法将三维高斯点云进行了结构化处理，以实现视角自适应的渲染，不仅大幅度降低了存储的代价，而且通过结构化的存储方式使模型对变化的适应性加强，从而提升了渲染的质量和速度。同时，由于其层次化的表达，其对场景的抗混叠能力也得到了提升。Scaffold-GS 的算法流程如图 11.7 所示。

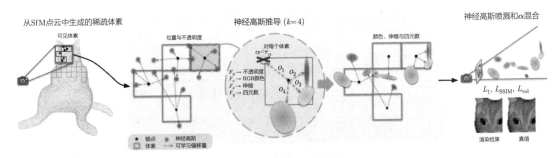

图 11.7　Scaffold-GS 的算法流程。引自参考文献[214]（见彩插）

在实现上，Scaffold-GS 方法使用由 SfM 方法得到的点云作为输入，生成一个稀疏的体素网格，并在每个体素中初始化一个可伸缩的锚点（Anchor），形成一个场景的占据表示。每个锚点都具有特定的属性，如与多分辨率的视角相关的局部上下文特征 $\hat{f}_v$、一个伸缩因子 l_v 和 k 个可学习的偏移量 O_v。

在这种情况下，对于某一相机视野，并非场景中所有锚点都可见，因此可以将可见的锚点筛选出来，用于训练和渲染。对于每一个可见且坐标为 x_v 的锚点，可以生成 k 个神经高斯元，其坐标可以由以下公式计算得出。

$$\{\mu_0, \cdots, \mu_{k-1}\} = \boldsymbol{x}_v + \{\boldsymbol{O}_1, \cdots, \boldsymbol{O}_{k-1}\} \cdot l_v \tag{11.9}$$

每个神经高斯元的属性（包括不透明度、颜色、四元数和伸缩因子）都由相应的 MLP 生成。而对于那些不透明度较低的高斯元，可以直接删除。剩余的神经高斯元对当前相机视野都是可见的，并对渲染有所贡献，从而可以实现对当前相机位姿下的自适应渲染。

在训练过程中，锚点的位置可以优化。通过对神经高斯元在多分辨率体素中的梯度的分析，对于超过一定阈值的体素，可以生成新的锚点。而对于某些累积不透明度过高的锚点，则可以移除。因此，最终的锚点分布和几何分布保持了良好的一致性。

在实验中，一般选择锚点生成的神经高斯元数为 $k = 10$，每迭代 100 次进行一次锚点优化。与原始的 3DGS 算法相比，Scaffold-GS 方法的训练收敛速度有了显著提升，同时，由于对视角的自适应性，需要的锚点显著减少。Scaffold-GS 与 3DGS 的对比效果如图 11.8 所示。

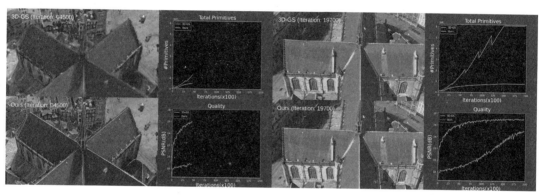

图 11.8　Scaffold-GS 与 3DGS 的对比效果。引自参考文献[214]

Scaffold-GS 充分利用了 3DGS 的表示特点，优化了点云的存储结构，并在该存储框架下实现了视角自适应的渲染效果，在一定程度上解决了 3DGS 的锯齿问题，尤其在大规模场景的训练和渲染中，相比 3DGS，Scaffold-GS 展现出了显著的优势。

11.3　3DGS 在动态场景中的方法

相对于 NeRF 在动态场景中需要构建各类典范空间和变形空间的隐式模型，以及由此带来的复杂性，3DGS 的显式表示法的优势显而易见。在 3DGS 中，空间表示和变形状态可以逐一考虑，没有隐式空间的抽象性。从 3DGS 被提出至 2023 年年底，众多研究工作聚焦于动态场景建模。

11.3.1 动态 3DGS

可以设想，在简化的场景中，若整个动态时间周期中没有新的物体加入，那么场景的构成就可以是一组固定的三维高斯元。各高斯点在每帧中的位置和旋转角度可能不同，但其余的点云信息在时域上保持一致，因此会呈现不同的状态。通过学习每帧数据的参数，可以得到真实、自然的动态场景。

基于这一考虑，来自卡内基梅隆大学、德国亚琛大学和 INRIA 的学者提出了动态 3DGS 方法[215]，该方法很快引起了广泛的关注，并迅速引发了大量后续研究。它的效果图如图 11.9 所示。

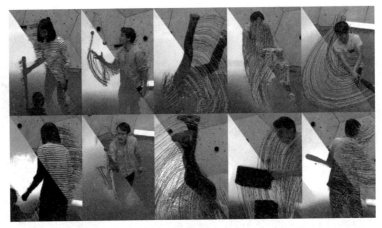

图 11.9 动态 3DGS 效果图。引自参考文献[215]

从效果图中能够看到，对于场景中初步建模的三维高斯点，只要知道其在每个时间戳上变形至何处，便可以进行时间序列的渲染。而将不同帧的三维高斯位置连接起来，便可以看到像光流一样的三维高斯位置变化示意图。在实际的建模过程中，场景通常由 20 万到 30 万个三维高斯点构成，其中动态的通常只有 3 万到 10 万个，其余的则分布在背景中。因此，在整个动态场景中，每个三维高斯点都具有以下属性（前两个属性与时间有关，后三个属性与时间无关）。

（1）每个时间戳下该三维高斯点的中心 (x_t, y_t, z_t)。

（2）每个时间戳下该三维高斯点的旋转四元数 (qw_t, qx_t, qy_t, qz_t)。

（3）该三维高斯点的大小的标准差 (sx, sy, sz)。

（4）该三维高斯点的颜色 (r, g, b)。

（5）该三维高斯点的透明度 $\mathrm{logit}(o)$ 和背景 $\mathrm{logit}(\mathrm{bg})$。

因此，每个三维高斯点有 $7t + 8$ 个参数。使用 3DGS 渲染流程可以重构每帧图像，并与输入的真值计算损失，从而训练得到每一帧的准确表示。

这个方案的提出时间较早，效果非常惊艳，因此受到了极高的关注。然而，由于其设计初衷是解决约束环境下的重建问题，因此存在一些问题。首先，场景中不能在时间推进过程中引入新的物体，因为在场景上下文中没有对应的三维高斯点。其次，无法使用单目视频进行重建。然而，这两个问题在 NeRF 动态场景和 NeRF 大规模场景中已经得到解决，因此不构成复杂问题。然而，与 NeRF 动态场景建模一样，如何在更复杂的场景中有效地进行动静分离，是该方案尚未解决的问题。

11.3.2   可支持运动编辑的动态稀疏控制高斯喷溅方法

动态稀疏控制高斯喷溅方法（Sparse-Controlled Gaussian Splatting，SC-GS）[216] 仅将运动信息锁定在部分点上，利用 MLP 典范空间查询不同时间点上三维高斯点的运动和变形状态。通过控制点，可以驱动其他的三维高斯点，从而实现对动态场景的建模。该方法专门针对可编辑的动态场景，算法流程如图 11.10 所示。

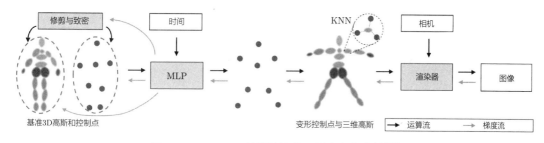

图 11.10   SC-GS 的算法流程。引自参考文献[216]

显然，SC-GS 方法采用了剪枝和加密的策略来生成三维高斯的典范空间和控制点，并利用变形 MLP 引导场景产生动作。这样，每个控制点都可以生成六个自由度的运动估计，并通过驱动其 K 近邻高斯点实现场景的运动，最终将其渲染为二维图像。该方法还可以计算重建损失，并使用深度学习的方法完成对场景参数的优化，实现动态场景的表示。

基于控制点的方法的优点是，除了能够建模动态场景，还可以通过编辑控制点驱动整个场景生成新的动画，从而实现其他方法无法实现的效果。

除了本节提到的这两个代表性的动态三维高斯场景建模和表示方法，还有许多其他的算法也表现出优异的性能。三维高斯的显式表示属性决定了许多传统的图形学方法可以迁移到这个领域，或者通过适当的修改获得出色的表示效果。此外，这些方法实现了超实时的渲染速度，训练速度也非常快，这对于动态场景的建模是非常有利的。因此，可以预见，动态三维高斯建模方向（也被称为四维高斯建模）将会出现越来越多的新技术和应用场景。

11.4　3DGS 在弱条件下的重建方法

在 3DGS 的建模过程中，同样会遇到若干弱条件重建问题，例如，在无法获取相机位姿的情况下进行重建，或者在视角稀疏或单一视角的情况下进行重建。

11.4.1　联合学习位姿的 CF-3DGS

3DGS 和 NeRF 中的初始位姿通常需要通过 SfM 方法获取，而在 SfM 方法中，COLMAP 是最常用的工具。加利福尼亚大学圣克鲁兹分校、英伟达和加利福尼亚大学伯克利分校的研究者提出了一个新的方法，称为 CF-3DGS（COLMAP-Free 3DGS）[217]，其可以在不使用 SfM 方法的情况下，通过单目视频或一系列位姿各异的图像序列来重建场景。该算法流程如图 11.11 所示。

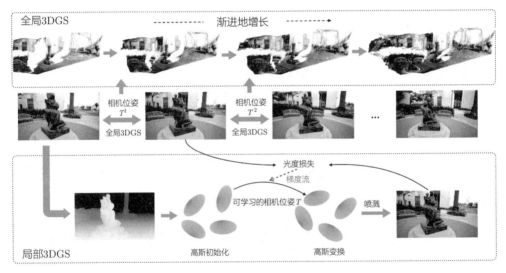

图 11.11　CF-3DGS 的算法流程。引自参考文献[217]

可以看出，CF-3DGS 与 NoPe-NeRF 具有相似性，都是将各图像相机的位姿与场景同时训练。CF-3DGS 会选取两个相邻的图像帧，并通过对高斯变换的逼近得到一个局部的 3DGS。在局部范围内，其可以学习到一组 3DGS 点之间的变换关系，以及对应的相机位姿。随着图像帧的不断推进，新的三维高斯点会被不断加入，并构建新的局部 3DGS。同时，CF-3DGS 会使用全局的 3DGS 来逐渐建模整个场景。因此，通过持续迭代优化局部和全局的 3DGS，CF-3DGS 能够实现对相机位姿和场景的最终优化学习。此外，与 NoPe-NeRF 相比，CF-3DGS 在效果和学习速度上都有所提高。据报道，对于运动幅度较大的场景，其效果也相当出色。

11.4.2 实时的稀疏视角 3DGS 合成 FSGS

对于稀疏视角场景生成的问题，3DGS 技术相较于 NeRF 具有一定的优越性。这是因为，3DGS 基于一系列的三维高斯点，可以通过类似于网格细分或点云细分的方法进行优化，从而使三维高斯表示逐渐增密，实现高质量表达。FSGS（Real-time Few-shot View Synthesis using Gaussian Splatting）[218] 是一个具有代表性的方法，使用了近邻点引导的高斯反池化算法（Proximity-guided Gaussian Unpooling）来解决稀疏视角重建问题，其算法流程如图 11.12 所示。

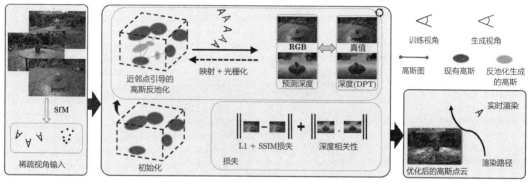

图 11.12 FSGS 的算法流程。引自参考文献[218]

首先，通过稀疏的视角输入，可以通过 COLMAP 等 SfM 方法获得 3DGS 的初始点云。接着，利用这些点构建有向图，将三维高斯点与其 K 近邻点连接，并以该点与近邻点的欧氏距离平均值作为分数进行记录。该分数具有几何意义，反映了该点周围的稠密程度。然后，通过 3DGS 的渲染方法将这些点渲染为二维图像和对应的深度图，并通过颜色重建和深度重建的损失计算模型的质量。

$$\mathcal{L}(G, C) = \lambda_1 \|C - \hat{C}\|_1 + \lambda_2 D - \mathrm{SSIM}(C, \hat{C}) + \lambda_3 \|\mathrm{Corr}(D_{\mathrm{ras}}, D_{\mathrm{est}})\|_1 \tag{11.10}$$

接下来的环节是至关重要的：类似于网格细分算法，新的高斯元被插入距离较远的两个三维高斯元之间以进行细分。FSGS 将这个过程称为**高斯解池化**（Gaussian Unpooling）。通过这个过程，三维高斯点云逐渐增稠，三维场景的表达精细度也不断提升，渲染图像与实际值之间的误差降低。

FSGS 的推理速度可以达到每秒 200 帧以上，使得高速采集三维场景并进行实时推理成为可能。笔者相信，未来，将有更多的稀疏视角、单视角场景建模方法采用 3DGS 技术实现，也许会有更多传统图形学方法被整合到这个流程中。

11.5 3DGS 在应用层的进展

11.5.1 3DGS 在大规模场景和自动驾驶中的进展

2024 年伊始，浙江大学与理想汽车的研发团队提出了一种名为 Street Gaussians[219] 的模型化方法，该方法主要用于动态城市场景建模，通过动静合成能力实现场景仿真。与 9.5 节中 NeRF 在自动驾驶里的应用一致，该方法是在自动驾驶仿真方向上使用 3DGS 实现的版本。二者的 street Gaussians 的框架性与 9.5 节提到的 UniSim、Mars 和 Emernerf 等逻辑一致，如背景和车辆分离建模，车辆动态建模，车辆可被添加、移除等。Street Gaussians 的算法流程如图 11.13 所示。

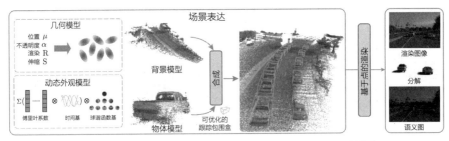

图 11.13 Street Gaussians 的算法流程。引自参考文献[219]

类似于 MARS，Street Gaussians 通过标注将场景背景和动态车辆分离，并分别建模。不同之处在于，Street Gaussians 使用三维高斯对各模块进行建模，并生成各三维高斯的位置、透明度、协方差等信息。在颜色外观方面，背景被指定了球谐函数系数，而动态车辆则绑定了一个四维球谐函数模型。因此其整体的渲染效果非常好，可以实现高分辨率的实时渲染。

训练阶段的损失函数设计与此相似，主要包括颜色的重建损失、重建后与真值的语义损失和对漂浮物的正则约束，其中以重建损失为主。

$$\mathcal{L} = \mathcal{L}_{\text{color}} + \lambda_1 \mathcal{L}_{\text{sem}} + \lambda_2 \mathcal{L}_{\text{reg}} \tag{11.11}$$

由于场景中的背景、道路等与动态的车辆是完全分离的，可以在场景中操控车辆的位置和行为进行仿真，因此 Street Gaussians 的功能与 MARS 相当。从模拟的结果看，Street Gaussians 的渲染速度可达 133fps，远超 NeRF。

截至本书编写时，此项研究尚未开源，因此其效果无法复现。从理论上看，实现这样的速度并不意外，使用 3DGS 进行自动驾驶模拟和仿真的应用的结果也在预期内。这充分展示了 3DGS 对场景构建、场景合成及编辑的强大能力。

11.5.2　3DGS 在数字人重建方向上的进展

在三维表达应用中，数字人生成领域的活跃程度一向颇高。这是因为它在学术研究方面具有丰富的可挖掘和产出点，同时拥有巨大的商业价值。无论是在 NeRF 还是 3DGS 领域，都有针对图像、单目视频、多视角视频等方面进行的数字人重建的大量研究。以 3DGS 方向为例，短短几个月内就出现了几十项研究成果，其中最引人关注的是来自苹果、马克斯·普朗克研究所和苏黎世联邦理工学院的成果 Human Gaussian Splats（HUGS）[220]。从生成目标上看，它与浙江大学提出的面向动态人体建模的可动画 NeRF 高度相似。但从性能上看，HUGS 使用单目视频，在 30 分钟内即可使用 $50 \sim 100$ 帧图像学习到可生成动画的数字人，远远超越了 NeRF 方案。HUGS 的算法流程如图 11.14 所示。

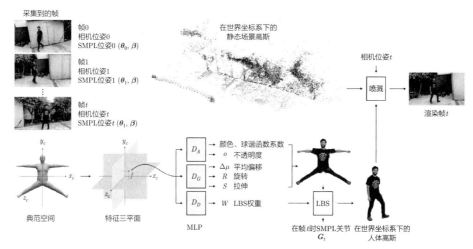

图 11.14　HUGS 的算法流程。引自参考文献[220]

HUGS 使用 Human in 4D 对输入的每张图像估计出 SMPL 模型的位姿参数和身体参数，同时将人体与静态场景分离，对静态背景进行 3DGS 建模。人体部分的参数化是通过人体三维高斯的典范空间以及特征三平面实现的，从而实现了整个空间的表达。

为了生成渲染人体所需的参数，HUGS 设计了三个不同的 MLP：D_A、D_G 和 D_D，分别用于预测颜色的球谐函数系数、不透明度，以及位置的平均位移、旋转和伸缩，也用于线性混合蒙皮（LBS）。因此，可以通过时间查询来获取控制数据和数字人的位姿，然后与背景融合，使用 3DGS 渲染方法得到最终的图像。

除 HUGS 外，还有大量的使用 3DGS 进行数字人表示的成果，如 GaussianAvatars[221]、GauHuman[222]、3DGS-Avatar[223] 和 Human101[224] 等，它们均体现了 3DGS 技术在数字人生

成与表达上的有效性和优势。

11.5.3 3DGS 在文本生成三维模型上的进展

由于基于文本或图像的生成式三维建模正在如火如荼地发展，相应地，在 3DGS 领域，利用文本或单图生成 3DGS 三维表示的研究不断被提出，并且已经成功地实现了与 NeRF 一样的视觉效果，同时其生成速度超过了 NeRF。其中，最早的一项成果是由北京大学、南洋理工大学和百度公司联合提出的 DreamGaussian[225]。从其命名可以看出，该技术利用了扩散模型生成 3DGS 模型。具体而言，DreamGaussian 提出了一种三维生成的框架方法，结合了网格生成和 UV 空间的纹理优化方法，从而能够通过单张图像或文本生成三维模型。从算法结构上看，这有点儿像 DreamFusion 的 3DGS 版本。DreamGaussian 可以在 2 分钟内生成高质量且带纹理的网格，相比之前的三维生成方法，速度提升了十倍。DreamGaussian 的算法流程如图 11.15 所示。

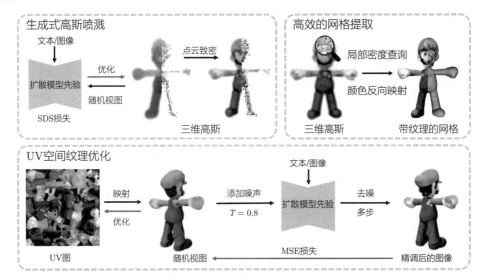

图 11.15　DreamGaussian 的算法流程。引自参考文献[225]

DreamGaussian 的生成过程可以分为以下三个阶段。

1）生成式高斯喷溅

该阶段的目标是利用给定的文本或图像生成一个相应的初始的 3DGS 表达。首先，使用一组标准尺度的、不旋转的三维高斯点来随机初始化 3DGS 表达。然后，在训练过程中不断增加三维高斯点的密度，以拟合输入的先验图像信息，并使用 SDS 对生成结果进行评分，以指导优化过程。如果输入的是图像，则使用前文提到的 Zero-1-to-3 算法生成一个二维扩散模型的先验，以优化扩散模型的学习；如果输入的是文本，则使用 Stable Diffusion 生成目标图像，然后定义

SDS 损失来引导优化。

2）提取三维网格

该阶段的目标是利用学习到的 3DGS 表达生成一个带纹理的网格。这部分本应是 3DGS 的基础任务，但到目前为止，只有 SuGaR 的工作专注于网格提取部分，而且其实际测试结果仍有待改进。直接强行提取网格的方法较为低效，因此 DreamGaussian 提出了一个基于分块的局部密度查询方法来获得基础几何体，然后展开 UV 并使用几何的反向映射方法将颜色烘焙到 RGB 纹理中。最后，可以使用后处理方法对生成的网格进行几何优化，使结果更为平滑。

3) UV 空间的纹理优化

直接从 3DGS 导出的图像纹理通常较为模糊，受到 SDEdit 的启发，研究者使用任意视角渲染一张模糊的图像，然后通过噪声扰动该图像，使用降噪方法获得一个优化后的纹理图像。通常来说，通过 50 次迭代就能获得质量更高的纹理图像。DreamGaussian 的生成效果如图 11.16 所示。

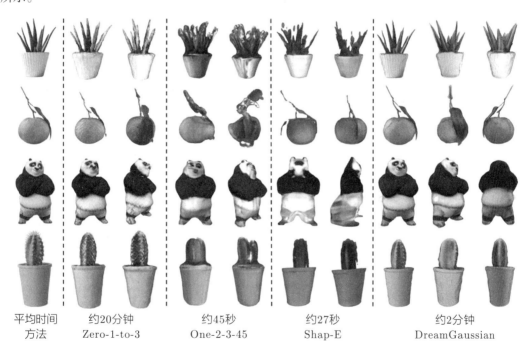

图 11.16　DreamGaussian 的生成效果。引自参考文献[225]

可见，一方面，DreamGaussian 的算法流程与 DreamFusion 有许多相似之处，但它能够获得更好的效果；另一方面，达到更好的效果时，所需的生成时间明显减少了。这正是显式表达的优势，通过预测表面相关的结构，可以更直接地得到对物体本身的描述。

在此之后，又陆续出现了 DreamGaussian4D[226]、Align Your Gaussians[227] 和 4DGen[228] 等三维空间动画级别的生成算法。尽管它们都处于早期阶段，但该领域的技术路径已经清晰可见。

11.5.4 3DGS 后期编辑

在 3DGS 生成完毕后，还可以进行后续编辑操作。ETH 的研究团队提出的 Gaussian Grouping[229] 正是此类工作的典范。该方法同时完成了重建任务与分割任务，使得建模过程中得到丰富的物体级别的切割及语义支持。重建完成后，可以进行物体移除、插入合成、重上色等操作，而无须重新训练。Gaussian Grouping 的算法流程如图 11.17 所示。

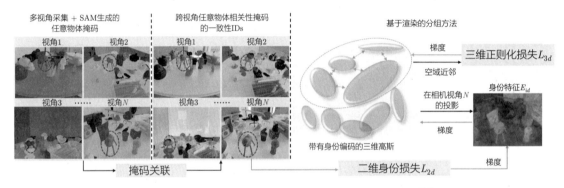

图 11.17 Gaussian Grouping 的算法流程。引自参考文献[229]

首先，在二维空间中通过 SAM 方法进行切分，为场景中的所有物体生成相应的掩码。然后，在不同的视图中匹配掩码的 ID，从而得到具有视角一致性的物体切分效果。接着，利用这个结果进行场景 3DGS 的表达学习，期间对每个物体进行区分，并且清晰地知道它们在 3DGS 中的位置及语义信息。最后，通过学习得到的 3DGS 进行正常渲染。

由于场景中的所有物体都是单独表达的，所以后期编辑较为容易。例如，对于物体的移除，只需要删除对应物体的三维高斯点；对于物体位置的调换，只需调整两个独立的三维高斯集合的位置；对于修复任务，只需要移除目标物体，并对该区域使用二维的修复工具（如 LAMA）进行处理，等等。Gaussian Grouping 的后期处理效果与 SPIn-NeRF 的对比如图 11.18 所示。

Gaussian Grouping 的后期处理效果与 SPIn-NeRF 相当，在有些情况下甚至更佳，且处理速度数倍于 SPIn-NeRF。其主要原因是 3DGS 采用了点云式的显式表达，使几何调整变得更为容易，无须在后期编辑前经历混合表达的构造等过程。此外，同一时期有更多场景编辑的成果被提出，如 GaussianEditor[230] 等，它们都展示了强大的几何和外观调整能力。

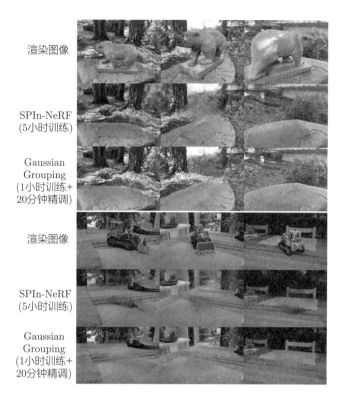

图 11.18　Gaussian Grouping 的后期处理效果与 SPIn-NeRF 的对比。引自参考文献[229]

11.5.5　3DGS 在游戏中的应用

由于 3DGS 对传统图形管线的兼容性远超 NeRF，截至本书编写时，已有多家公司、组织及个体成功地在传统渲染引擎上实现了对 3DGS 的支持。当前，Unreal Engine、Unity 3D 的官方插件商店中已上架 3DGS 的渲染插件，且 Blender 的相关插件也已有可用版本。相较于 NeRF，3DGS 实现这一里程碑的速度更快，且有更多的人具备达成此项成就的能力，这无疑是对该行业蓬勃发展的积极预示。

11.6　总结

阅读至此，相信读者已经对 3DGS 相关技术的迅速发展以及其在质量、效果和性能方面所带来的提升有了一定的理解。除了本章提及的这些进展，还有许多其他值得读者关注的方面，例如使用 3DGS 导出三维网格的 SuGaR[231]，尽管目前实测显示其导出效果还有待提高，但其对导出几何体流程的优化仍值得参考；此外，上海科技大学和 NeuDim 推出的 HiFi4D[232] 探索了在表演中使用 3DGS 进行演员建模及压缩传输的可行性。在大部分可以使用 NeRF 的场景中，

3DGS 也在积极探索应用的可能。

由于表示方式的原因，3DGS 的渲染速度通常非常快，但质量并不比 NeRF 有优势。笔者注意到，目前的大部分研究仍然聚焦于使用 3DGS 替换 NeRF 已经做得较好的工作，并将提升速度作为主要目标。目前，在 3DGS 的特性上进行深入推进的研究还不多，期待看到对此更多的投入。

一些读者可能会纠结 3DGS 和 NeRF 哪个会赢，哪个是未来，应该学习哪个。3DGS 和 NeRF 就像同一条大道上的两辆马车，本质上都在追求真实的建模与渲染效果，没有所谓的输赢或对错之分。两种技术的适用场景不同，更多的技术分支也会使整体技术的演化速度加快。如果必须狭义地认为 NeRF 需要 MLP 来构建场景，而 3DGS 则不能使用 MLP，就过于教条了。未来很可能是两者相互融合、取长补短的过程，站在研究者和技术人员的角度，更应关注使用哪些技术解决了什么样的问题。例如，3DGS 使用的底层技术都是在过去已经存在的，它是在 NeRF 的启发下将已有技术重新组合和优化的产物。

3DGS 是三维视觉领域的重大突破，有无尽的潜力等待读者去挖掘，它将与 NeRF 技术一起，开启三维沉浸式媒体技术的新纪元。

后　记

在两位尊敬的编辑的努力之下，本书从定稿至审核完成的过程，仅历时不足三个月。从出版业的角度来看，这样的速度无疑是惊人的。然而，对于一个快速演进的技术领域而言，三个月的时间可能意味着新的一批高质量的研究成果的涌现。为了尽可能完整地呈现本书出版之间在该领域的核心进展，笔者临时增加了本书的后记，以摒除可能的遗憾。

首先，本书第 11 章提到的 SuGaR[231] 算法是为了解决许多读者关注的 3DGS 的高质量或精确几何重建问题的早期尝试，但其并未实现预期的高重建质量。在 2024 年的 SIGGRAPH 大会上，来自上海科技大学等高校的研究者再次创新性地将三维体积折叠为一组二维椭圆高斯盘，设计并实现了 2DGS[233] 算法，该算法在保持重建与训练速度的同时，大幅提升了几何重建的效果。此外，来自 Technion 的研究团队提出了 GS2Mesh[234] 算法，将 3DGS 与 MVS 方法结合，得到了较好的重建效果。他们使用 3DGS 建模结果生成立体校准的新视图，随后应用传统的 MVS 思路进行精确几何的重建，同样取得了良好的几何效果。因此，尽管 3DGS 的设计初衷是实现真实感的场景表达和渲染，并非面向高质量几何重建，但随着研究者的不断突破，两者得以兼顾，为 3DGS 的实用化提供了有利的保障。

其次，3DGS 在大规模场景的表达与渲染方面也引起了广大读者的关注。在过去几个月中，有三项重要的相关研究成果被提出：清华大学等高校的研究者提出的 VastGaussian[235]，通过使用渐进式分区策略将大场景表达为多个单元，从而实现大规模场景的高效表达；浙江大学等高校的研究者提出的 LoG[236]，采用类似于图形学中的层次细节方法，实现对城市级别场景的高效表达和渲染；上海 AI 研究院等机构的研究者基于 Scaffold-GS 优化而得到的 Octree-GS[237]，通过使用八叉树结构实现了大规模场景的层次细节，实现了城市级别的 3DGS 场景实时渲染效果。这些工作都证明，大规模场景的新视角生成与场景建模已逐步进入成熟阶段。

再次，来自香港中文大学（深圳）的研究者，提出了名为 GauStudio[238] 的项目。该项目实现了一个模块化的框架，与 nerfstudio 在 NeRF 领域的作用一致，它同时支持各种不同的 3DGS 算法以及核心算法模块，旨在方便研发人员对 3DGS 算法的深入研究和实际应用。此外，nerfstudio 团队也扩展了对 3DGS 重建算法的支持，让更多的研究者和开发者有机会轻松掌握 3DGS 的使用方法。

最后，3DGS 在 SLAM、数字人生成、医学图像、物理模拟、场景编辑等多个领域都有广泛的应用。中国科学院的高林教授领导的团队撰写了一篇最新的 3DGS 综述[239]，这篇综述不仅对最新的技术进行了分类和总结，还非常可贵地对各种算法进行了定量的测试，以便读者对各种算法的质量和性能有更深入的了解。

无疑，我们将在不远的将来看到更多高质量的新研究成果，工业界也会在各种场景中提及、实验和实际应用这些技术。NeRF 和 3DGS 在当前的三维视觉技术爆发中发挥了历史性的作用。